Mattia Butta

L'elaborazione numerica dei segnali spiegata ai miei nonni

Zkusme být blázny a žádat se
vší vážností o změnu údajně
nezměnitelného.

Václav Havel

A te che vuoi piratare questo libro.

Sei uno stronzo.

Ok, aspetta che preciso. Se sei povero e non hai di che comprare questo libro piratalo pure. Non me la sentirei di chiedere dei soldi a una persona che sta alla canna del gas, e al contempo penso sia comunque un suo diritto istruirsi anche se è povero. Quindi non mi arrabbio se pirati questo libro.

Ma se appena appena puoi permetterti di comprarlo e preferisci fotocopiarlo sei uno stronzo. Sì, perché parliamoci chiaro: questo libro è messo in vendita a 17 euro, un prezzo con cui in italia ti fai tre o quattro birre, oppure un'uscita in pizzeria (senza esagerare). Puoi benissimo rinunciare a un'uscita un sabato sera e comprare onestamente questo libro. Davvero credi che 17 euro sono un prezzo giusto per tre birre ma è un prezzo eccessivo per questo libro?

No, ovviamente non lo pensi. Lo sai benissimo che questo libro vale di più di tre birre, ma la birra non la puoi rubare, questo libro sì. O meglio, se rubi delle birre sei un ladro, mentre se pirati un libro lo fai per il sapere libero, perché la conoscenza non deve avere un prezzo, per il diritto allo studio, per il *copyleft* e così via. Uh, quanto sei figo a parlare di *copyleft*! Già, facile fare quelli del *copyleft* col libro degli altri.

Lo sai quanto impegno serve per scrivere un libro? Magari non sembra, ma scrivere un libro tecnico come questo porta via un sacco di tempo: prova anche solo a pensare a quanto tempo serve per generare tutte le immagini contenute nelle pagine che seguono. Non ho contato le ore che ho impiegato per finire questo libro ma sono tante. Tutto tempo che avrei potuto usare per attività più piacevoli come dormire o ubriacarmi. Ti sembra così strano remunerare questo tempo? Non ci vivo coi soldi che faccio con questo libro, sia chiaro. Quindi non crepo di fame se pirati questo libro, però io potevo passare un sacco di serate ad ubriacarmi e invece le ho dedicate a scrivere per fare imparare qualcosa a te. Vedetela così: coi soldi che mi date comprando onestamente questo libro andrò all'osteria a recuperare il tempo perso.

Indice generale

Introduzione

Innanzitutto devo ammettere che il titolo è volutamente fuorviante. I miei nonni sono morti da decenni quindi non posso insegnare loro niente. Ma anche se fossero ancora in vita dubito che sarebbero interessati a imparare qualcosa su come si campionano i segnali (ok, lo dico più chiaramente: non gliene fregherebbe niente). Il titolo del libro ha quell'aggiunta (*spiegata ai miei nonni*) per essere accattivante; è un misero stratagemma di *marketing*, un po' come i prezzi del supermercato che finiscono in virgola novantanove centesimi. È solo un modo per dire che qui l'elaborazione numerica dei segnali è spiegata in modo semplice. Ma "semplice" non rendeva bene l'idea.

Mi sono capitati tra le mani tanti trattati di questa materia e il più delle volte mi facevano rimbalzare i maroni per terra. Certo, non sono così noiosi come le dimostrazioni matematiche che trovi su wikipedia® (onestamente, qualcuno è mai riuscito ad arrivare in fondo a una di quelle dimostrazioni?) ma sono pur sempre pieni zeppi di formalismi.

Di solito iniziano il libro sprecando qualche pagina con delle definizioni, poi continuano descrivendo tutte le condizioni in cui sono valide, poi tra un lemma e un altro ti dicono tutte le proprietà di un operatore e ogni tanto ci infilano dentro a tradimento uno spazio numerico dal buffo nome. Il tutto nell'illusione di essere completi e matematicamente impeccabili. E via di enunciati, formule, ipotesi... tirando alla lunga prima di mostrarti qualcosa di succoso. Sembrano quelle ragazze che prima di arrivare al dunque devi fare tutte le stazioni della via crucis chiedendoti quanto durerà il supplizio. E senza mai avere la certezza che le stazioni siano solo quattordici.

In questo libro non si fa così. Il formalismo c'è – perché è comunque utile e necessario – ma viene dopo la spiegazione. Prima capiremo i concetti con metodi pragmatici, senza drogarci di formule ed equazioni. Poi, quando il concetto sarà assimilato scriveremo sotto forma di formula; ma questo avverrà solo quando ormai sapete cosa dovranno significare le formule.

Qualcuno troverà poco ortodosse le spiegazioni, qualcuno mi accuserà di faciloneria e poca pulizia nello stile. Ve lo dico subito: attaccatevi al tram. Lo scopo di questo libro non è scrivere le cose in maniera elegante. Questo non è un trattato né un articolo per una rivista scientifica; è un libro di testo e i libri di testo non devono essere eleganti nel formalismo, devono far capire le cose.

Questo libro include una buona parte di ciò che devi sapere per campionare bene, per applicare l'elaborazione numerica dei segnali nella pratica quotidiana. Non è un libro pensato per rendervi dei matematici. Se state usando questo libro per passare un esame universitario e il vostro insegnante pretende che sappiate qualche decina di teoremi a memoria con tutto il contorno di ipotesi e controipotesi elencate a memoria allora avrete bisogno di un altro libro che vi spieghi la materia dal punto di vista del formalismo matematico. C'è solo l'imbarazzo della scelta, ne troverete tanti. Ciò non significa che questo libro sia inutile, anzi. Prima leggete questo, capite i concetti e poi andate sui libri tradizionali e vedrete che li capirete molto più facilmente. Questo perché dopo aver studiato su questo libro avrete già assorbito i concetti per la strada semplice.

In teoria dovrei spiegare anche perché uno dovrebbe essere interessato a studiare l'elaborazione numerica dei segnali. Ho già annoiato fin troppo con l'introduzione, quindi sarà breve: nel mondo ci sono due cose che muovono tutto e la seconda sono i soldi. Sapendo qualcosa di elaborazione numerica dei segnali potrà capitarvi nella vostra vita professionale di risparmiare (o guadagnare) dei soldi. Datemi qualche pagina e vi spiegherò perché. Non vi sembrerà molto nobile come messaggio, ma non sono qui a fare il profeta delle belle intenzioni. I soldi come motivazione bastano.

Ah, poi ci sarebbe quel piccolo dettaglio dell'esame che dovete passare. Se siete francescani e non vi interessano i soldi, studiare l'elaborazione numerica dei segnali può sempre venirvi utile per passare l'esame, laurearvi e quindi dedicarvi a ciò che vi interessa davvero dimenticandovi per sempre l'elaborazione numerica dei segnali. Penso che anche lasciarsi alle spalle un esame noioso sia sufficiente come motivazione. Se sperate che vi descriva l'elaborazione numerica dei segnali come la cosa più importante della vita, come qualcosa che vi aprirà un mondo nuovo e vi farà diventare persone migliori state cascando male. Dimenticavo: se il vostro insegnante vi dice una cosa del genere scappate a gambe levate: diffidate sempre da quelli che dànno troppa importanza alla propria materia.

M.B.

Praga (Repubblica Ceca)
Dicembre 2016 d.C.

Nota n. 1 - L'impaginazione

Il libro è stato impaginato cercando di occupare tutto lo spazio a disposizione nella pagina. Nonostante ciò è capitato che in alcuni punti una porzione non trascurabile della pagina sia rimasta vuota perché l'immagine che seguiva era troppo grossa ed è scalata alla pagina successiva. L'effetto estetico non è dei migliori, ma le alternative erano poche. Per evitare quei buchi in fondo alle pagine avrei dovuto mettere l'immagine in un altro punto e rimandarvi ad essa dicendo (vedi Fig. x.y). Lo fanno in molti, ma a me fa schifo. Non voglio farvi saltare da un punto a un altro del libro, preferisco fare scorrere il testo e le immagini nella struttura logica in cui è giusto che stiano. Se questo comporta qualche buco in fondo alla pagina e una minore gradevolezza estetica pazienza. Prediligo avere un senso logico lineare e non aggrovigliato piuttosto che una gradevolezza estetica. Quindi non fate le fighettine e non venite a lamentarvi se trovate qualche buco nell'impaginazione. È intenzionale.

Nota n. 2 – Segnala un errore e vinci una birra

Ho scritto questo libro da solo. Nonostante la cura messa nella scrittura e nella revisione, non escludo che sia rimasto qualche errore. Anzi, tendenzialmente mi stupirei se non ci fosse alcun errore. Se li trovate segnalatemeli scrivendomi un messaggio email a mattia@butta.org e guadagnerete la mia stima. Se poi passate da Praga vi offro anche una birra.

Nota n. 3 – Il separatore decimale

Nel libro ho usato sempre – tranne dimenticanze – la virgola come separatore decimale, come si fa in italiano. Purtroppo però i grafici hanno il punto come separatore decimale. Lo so, in italiano è sbagliato (il punto in italiano è il separatore delle migliaia) ma non ho trovato un modo comodo per generare le figure – centinaia di figure – con la virgola al posto del punto. Sopportate con santa pazienza questa piccola imprecisione.

Nota n. 4 – A chi è rivolto il libro

Questo libro è stato scritto per studenti con limitate facoltà mentali. Se trovi il libro banale significa che sei troppo intelligente per questo libro. Comprane un altro, uno di quelli più difficili e non venire a rompere i maroni a me lamentandoti perché questo libro spiega le cose troppo lentamente. È fatto così apposta per aiutare gli studenti un po' indietro di comprendonio.

1. Come campionare bene

1.1 Quanti punti servono per campionare bene?

Allora, prendiamo una sinusoide. Perché una sinusoide? Ecco, non iniziare a far domande a cui non posso rispondere ora. Dopo te lo spiego perché prendo una sinusoide e non un'onda quadra, una triangolare o una rampa. Per adesso fidati, ci serve una sinusoide, il motivo lo vediamo dopo.

Dicevamo, prendiamo una sinusoide: l'ampiezza e la frequenza non sono importanti, facciamo che l'ampiezza è 1 e la frequenza 1 (Hz). Che fantasia, vero? La nostra sinusoide apparirà così:

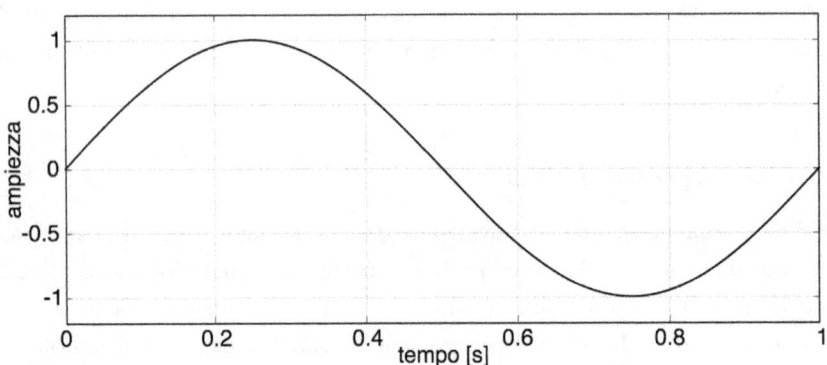

Fig. 1.1 – Una sinusoide con frequenza 1 Hz e ampiezza 1

Se proprio volete descriverla con un'equazione potete scrivere:

$$y = 1 \cdot \mathrm{sen}(1 \cdot 2\pi t + 0) \tag{1.1}$$

L'ampiezza è 1, la frequenza è 1 e la fase è 0. Tutto a posto. Adesso proviamo a disegnarla con dei punti. Prendiamo cioè dei punti di questa sinusoide e li uniamo, un po' come si fa nel gioco "unisci i puntini" delle riviste di enigmistica. In particolare facciamo due prove, prima proviamo a prendere 10 punti:

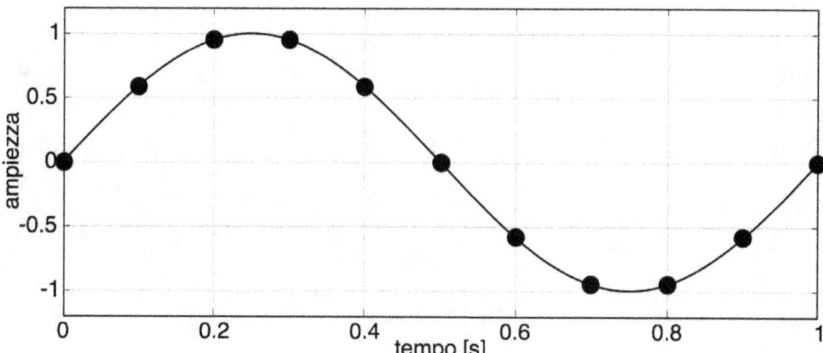

Fig. 1.2 – Sempre la stessa sinusoide, presa con 10 punti

e poi con 50 punti:

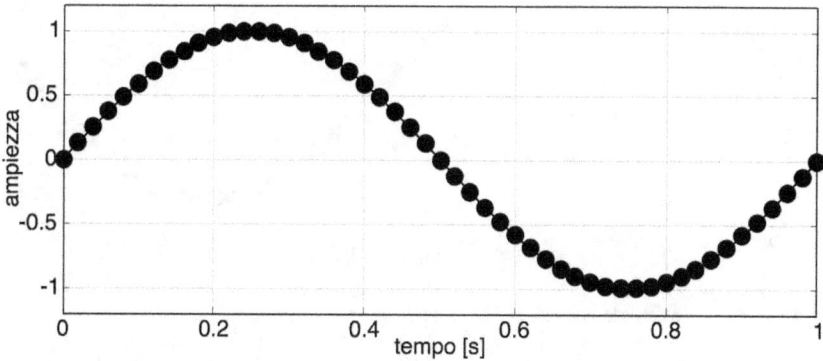

Fig. 1.3 – Per la terza volta, la stessa sinusoide ma ora presa con 50 punti.

Ora vi chiedo: quale delle due figure dà una rappresentazione migliore della sinusoide di partenza? In altre parole, dove vedere meglio la sinusoide? Nella figura in cui ho preso 10 punti o in quella in cui ho preso 50 punti?

Fate attenzione: nella Fig. 1.2 e nella Fig. 1.3 sotto ai punti ho disegnato anche la sinusoide originaria, quella linea continua che passa per i punti. L'ho fatto per mostrarvi che non baravo, che i punti li prendevo proprio da dove passava la sinusoide. Ora però disegniamo solo i punti, cancellando la sinusoide dal fondo. Se prendo 10 punti avrò questa immagine:

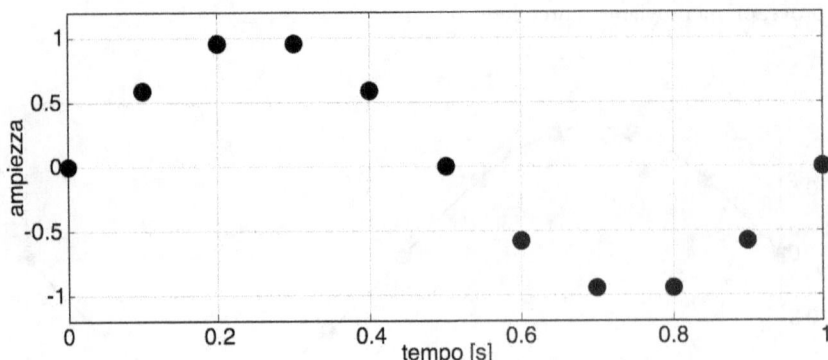

Fig. 1.4 – I 10 punti presi dalla sinusoide di Fig. 1.2 senza la sinusoide originaria

mentre se prendo 50 punti avrò questa immagine:

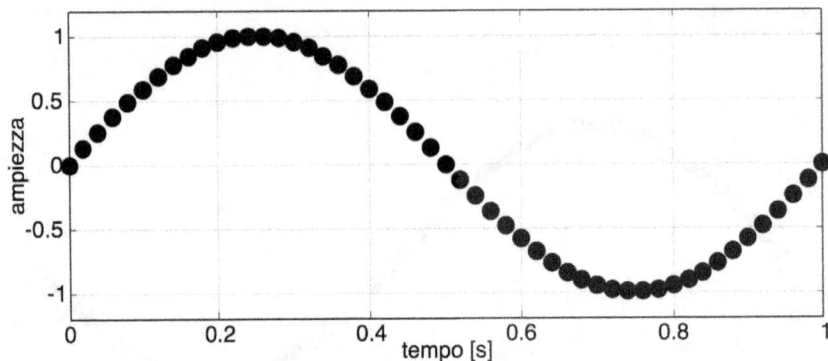

Fig. 1.5 – I 50 punti presi dalla sinusoide di Fig. 1.3 senza la sinusoide originaria

Ora, guardate la Fig. 1.4 e la Fig. 1.5: abbiamo solo i punti. Vi rifaccio la stessa domanda: dove si vede meglio la sinusoide?

Probabilmente avrete risposto che si vede meglio nella Fig. 1.5, perché ci sono più punti. In effetti se prendo solo 10 punti ho soltanto un abbozzo della sinusoide. Facciamo uno zoom sull'immagine e guardiamo il picco della sinusoide: se prendo 10 punti lo sego via con l'accetta, mentre se prendo 50 punti lo approssimo molto meglio, non è vero?

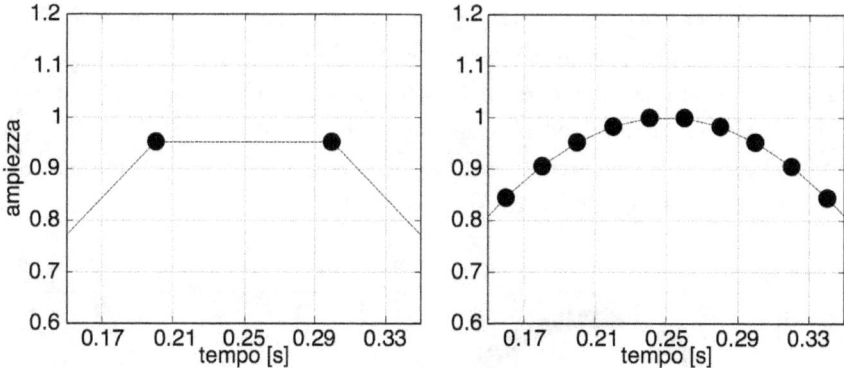

Fig. 1.6 – Ingrandimento vicino al picco delle sinusoidi prese con 10 punti (a sinistra) e 50 punti (a destra)

Penso che ognuno di noi vedendo queste immagini possa ragionevolmente pensare che 50 punti rappresentano meglio la sinusoide rispetto a 10 soli punti.

C'è però un problema. Quando prendo 10 punti sego via il picco con l'accetta, e fin qui siamo tutti d'accordo. Ma non faccio forse lo stesso prendendo 50 punti? Certo, rispetto a prendere 10 punti le cose vanno un po' meglio, ma se mi avvicino un po' di più con lo zoom al picco mi accorgo che anche prendendo 50 punti sego via ugualmente il picco. Lo si vede bene nella Fig. 1.7, dove ho disegnato sempre gli stessi 50 punti presi dalla nostra sinusoide ma con uno zoom molto stretto sul picco.

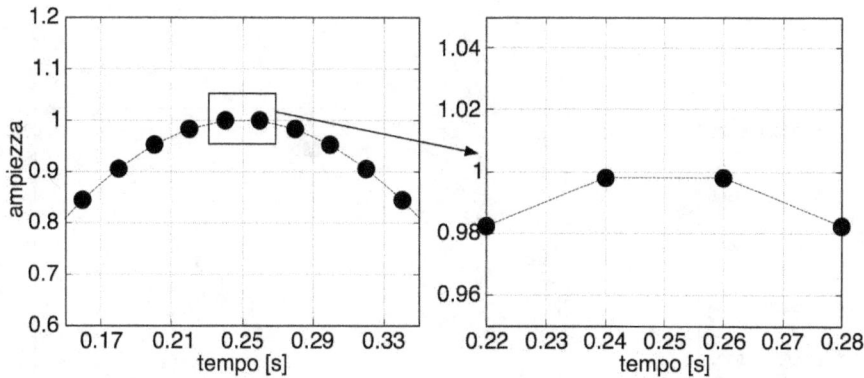

Fig. 1.7 – Sinusoide presa con 50 punti: se aumentiamo lo zoom a sufficienza notiamo che anch'essa ha il picco segato via.

A questo punto potremmo prendere 200 punti dalla sinusoide al posto di 50 e di sicuro il picco sarà meglio definito. Ma ancora una volta ci basterebbe avvicinarci un po' di più con lo zoom per accorgerci che risulta segato via con l'accetta.

Qualcuno a questo punto si starà chiedendo: c'è un numero minimo di punti da prendere per avere una rappresentazione perfetta della sinusoide? Voglio dire: 50 non bastano, 200 neppure... però magari se ne prendo mille oppure un milione...

Prendi pure un milione di punti, te lo concedo, ma ti basterà fare uno zoom molto elevato e il picco della sinusoide risulterà sempre segato via con l'accetta.

Non ci credete? Eccovi accontentati. Questa è sempre la nostra cara sinusoide presa con un milione di punti (a dire il vero sono 1.000.002):

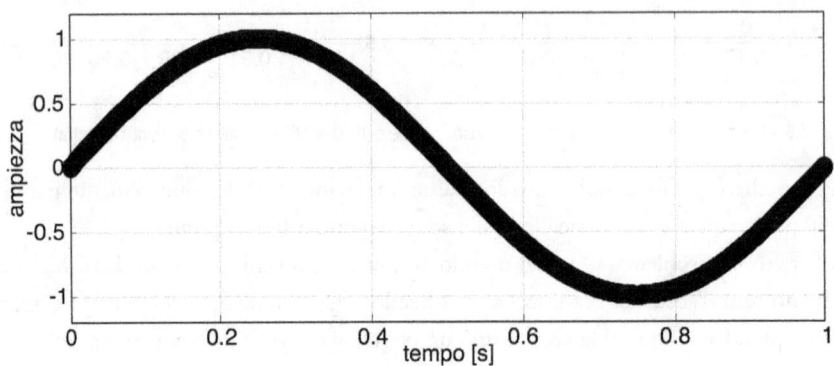

Fig. 1.8 – Sempre la stessa sinusoide presa con ben un milione di punti

I punti sono così tanti che la sinusoide sembra rappresentata perfettamente. Eppure se facciamo uno zoom molto spinto arriviamo a scoprire che anche in questo caso il picco è segato via.

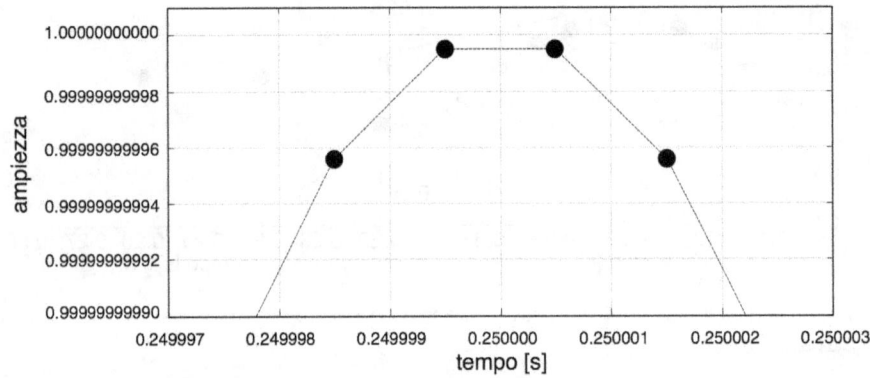

Fig. 1.9 – Ingrandimento vicino al picco della sinusoide presa con un milione di punti. Anche questa ha il picco segato via, basta aumentare a sufficienza il zoom (in questo caso lo abbiamo aumentato tantissimo) per vederlo

Osservando le etichette degli assi notate che lo zoom è davvero grande, siamo d'accordo, eppure il picco è ancora segato via. E questo vale per qualsiasi numero di punti prendiate; potete prendere un numero altissimo di numeri dalla vostra sinusoide, ma alla fine il picco resta sempre segato via. Vi basta solo aumentare lo zoom: tanto più sono numerosi sono i numeri che prendete tanto più deve essere elevato lo zoom, ma alla fine a furia di ingrandire lo zoom arriverete sempre a trovare il picco della sinusoide segato via.

A questo punto il più furbo tra di voi starà iniziando a pensare che sto barando. Perché in effetti fino ad ora ho scelto accuratamente un numero di punti tale per cui il picco della sinusoide risultasse segato via (10, 50, 1.000.002). Se notate nessuno di essi è un multiplo di 4. Se invece scelgo un multiplo di 4 finisce che vado a beccare un punto proprio all'apice del picco. Poniamo ad esempio di prendere 40 punti:

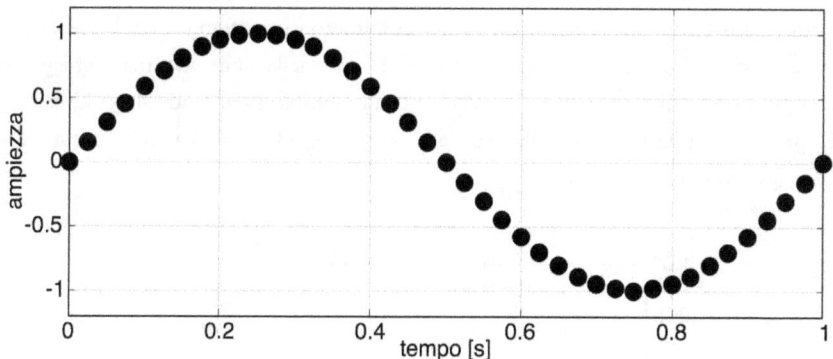

Fig. 1.10 – La stessa sinusoide presa con 40 punti

Questa volta se faccio lo zoom sul picco scopro che non sego via la vetta, ma un punto lo prendo esattamente in cima:

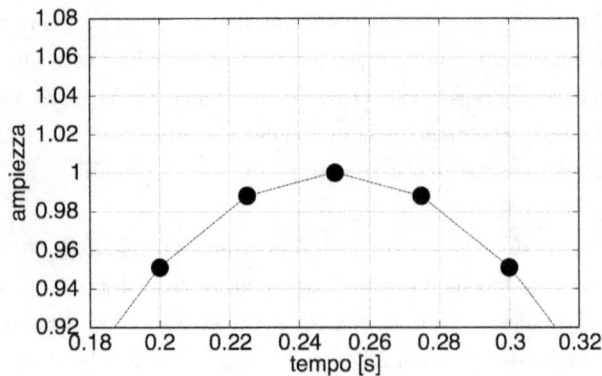

Fig. 1.11 – Ingrandimento vicino al picco della sinusoide presa con 40 punti. In questo caso il picco non è segato via: abbiamo risolto il problema? Spoiler: no

Tutto a posto dunque? Basta selezionare un numero di punti multiplo di 4? Neanche per idea. È vero che adesso non seghiamo via il picco della sinusoide, ma seghiamo via comunque altre parti della sinusoide. Facciamo un esempio prendendo 40 e 42 campioni. Se prendo 42 punti sego via il picco della sinusoide, e fin qui ci arriviamo tutti, l'abbiamo già visto in tutte le salse.

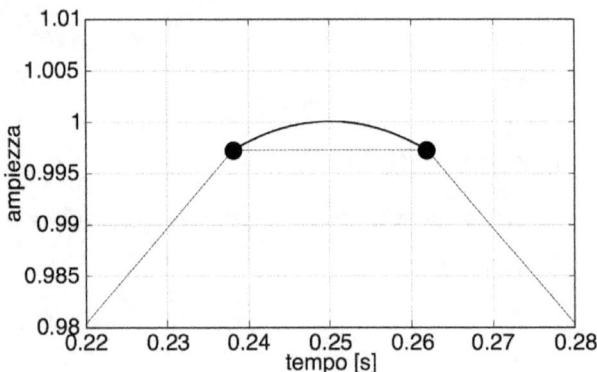

Fig. 1.12 – Sinusoide presa con un numero limitato di punti. Il picco segato via e ci perdiamo la parte di segnale marcata con la linea continua

Se invece scelgo un numero di punti multiplo di 4, come per esempio 40, è vero che becco un punto all'apice della sinusoide, e quindi non sego via il picco, ma pur sempre sego via una fetta laterale della sinusoide.

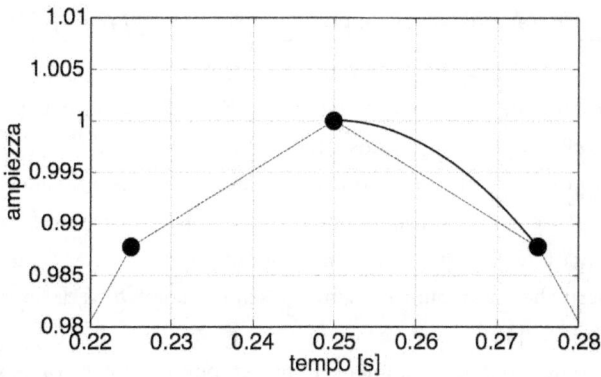

Fig. 1.13 – Sinusoide presa con un numero limitato di punti. Il picco in questo caso non è segato via, ma ci perdia - mo comunque una parte di segnale, ad esempio quella marcata con la linea continua (ma non solo quella)

Ovviamente non sego via solo quella, sego via tutte le fette di sinusoide tra un punto e l'altro. E questo vale per qualsiasi numero di punti prenda. Ad esempio, prendiamo 53 punti:

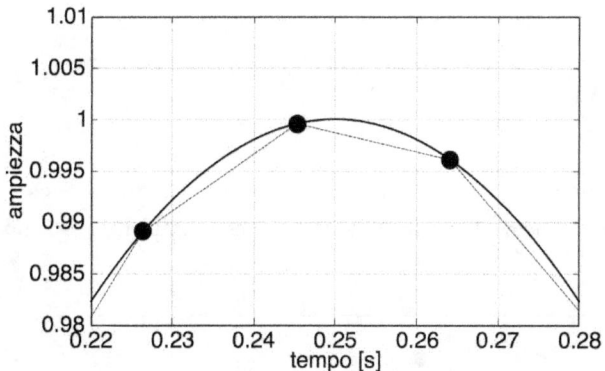

Fig. 1.14 – Generalizziamo Fig. 1.13: prendendo un numero finito di campioni perdiamo per strada tutte le parti del segnale tra un punto e l'altro marcate con linea continua

Tutte le fette di sinusoide tra un punto e l'altro sono segate via, anche se non sono dei picchi.

Anche in questo caso, come abbiamo visto prima nel caso dei picchi, non ho speranza di evitare la perdita aumentando il numero di punti, perché vale il discorso che facevamo prima: posso anche prendere un milione di punti ma se guardo da vicino una fettina di sinusoide, per quanto piccola, sarà sempre segata via.

Ma allora siamo a un punto morto? Insomma, vi rifaccio la domanda di prima:

> c'è un numero minimo di punti da prendere per avere una
> rappresentazione perfetta della sinusoide?

E fate particolarmente attenzione all'aggettivo *perfetta*. Non deve mancare niente, non devo segare via nulla: voglio *tutta* la sinusoide.

Voi ora mi risponderete che non è possibile, perché non basta prendere 10, 50 o un milione di punti. Per quanto alto sarà il numero di punti questi saranno sempre insufficienti a rappresentare *perfettamente* la sinusoide. Infatti puoi sempre aumentare lo zoom a piacere e accorgerti che tra un punto e l'altro c'è sempre una fettina di sinusoide che viene tagliata via. Piccola quanto vuoi, ma c'è.

Quindi a meno di prendere un numero infinito di punti (ma nella pratica non possiamo) ci è impossibile rappresentare una sinusoide con dei punti. Possiamo andarci vicino, ma non avremo mai una rappresentazione perfetta, giusto?

E invece no, non è così. Vi ho ingannato.

> Esiste un numero minimo di punti che dà una rappresentazione
> perfetta della sinusoide, e questo numero è 3.

1.2 Solo tre punti

Giuro.

Vi sembra strano? In effetti se proviamo a disegnare una sinusoide con solo tre punti la rappresentazione che ne diamo sembra tutt'altro che completa, figuriamoci perfetta:

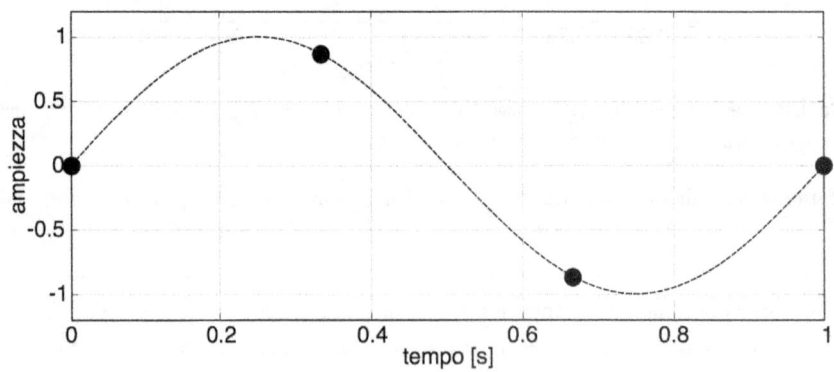

Fig. 1.15 – Una sinusoide presa con tre punti (sì, sono tre, contate bene). Non ne servono di più

Piccola nota: nella Fig. 1.15 i punti sembrano 4 ma in realtà sono 3. Il quarto punto in realtà appartiene al periodo successivo. Una sinusoide prosegue all'infinito, dopo il primo periodo ne verrà un altro e un altro ancora. Disegniamone tre periodi della sinusoide, per esempio:

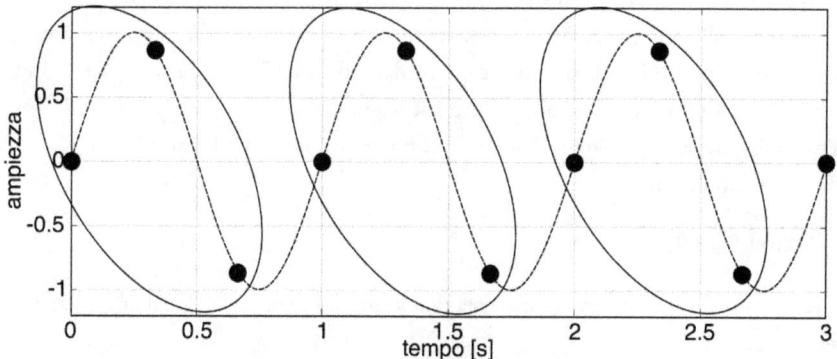

Fig. 1.16 – Come vedete i punti della Fig. 1.15 erano davvero tre per periodo

Forse ora vedete meglio che ogni sinusoide ha tre punti e non quattro. Il punto che prendiamo alla fine del periodo (ad esempio per t=1 s, t=2 s e t=3 s) è in realtà il primo punti del periodo successivo.

Benissimo, ora prendiamo la sinusoide di Fig. 15 e disegniamo soltanto i punti, cancellando la sinusoide dalla sfondo:

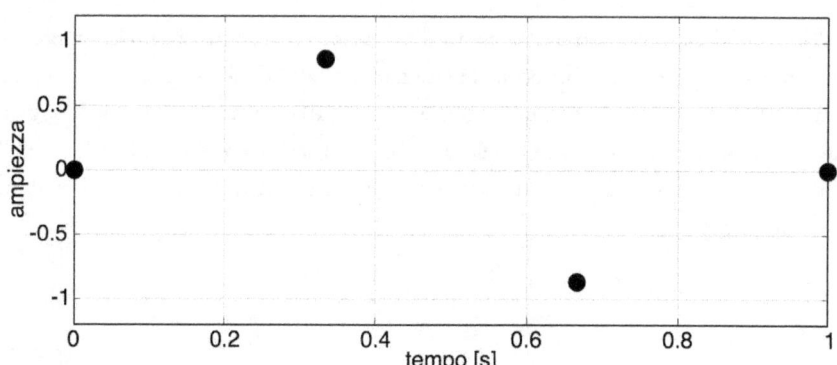

Fig. 1.17 – I tre punti per periodo di Fig. 1.15 senza la sinusoide disegnata sotto. Riuscite davvero a vedere una sinusoide da essi?

Ve lo assicuro, sono gli stessi punti che avevamo preso nella Fig. 15, ho solo cancella-
to la sinusoide. Ora, qualcuno è capace di vederci una sinusoide? È un po' difficile in effetti; ci vuole molta, molta immaginazione.

Eppure è così, quei tre punti rappresentano *perfettamente* la sinusoide da cui siamo
partiti, anche se la nostra intuizione ci farebbe dire l'opposto. Dopotutto abbiamo visto
che anche prendendo un milione di punti taglio via delle fettine minuscole di sinusoide;
qui taglio via delle fettone come una casa, come posso pretendere di rappresentare *perfettamente* la sinusoide? Guardate quei tre punti della figura 17: solo un orbo ci vedrebbe
una sinusoide. Eppure quei tre punti sono sufficienti.

Per capire come mai bastano solo tre punti per periodo prendiamo la nostra sinusoide da cui siamo partiti

$$y = 1 \cdot \sin(1 \cdot 2\pi t + 0) + 0 \tag{1.2}$$

e scriviamola in termini generici, ossia diamo un nome di variabile ad ampiezza e fase
e valore medio:

$$y = A_1 \cdot \sin(1 \cdot 2\pi t + \varphi_1) + A_0 \tag{1.3}$$

dove A_1 è l'ampiezza della sinusoide, φ_1 è la fase e A_0 è il valore medio. Nel nostro
caso:

$$A_1 = 1$$

$$\varphi_1 = 0$$

$$A_0 = 0$$

All'inizio del capitolo non avevo citato il valore medio perché era nullo, tuttavia se
vogliamo essere generici dobbiamo includere anche il valore medio, perché tu puoi anche avere la stessa sinusoide, con medesima ampiezza, frequenza e fase, ma se le aggiungi un valore medio diverso da zero allora traslerà verticalmente. Lo vedete bene nella
Fig. 1.18, dove abbiamo la stessa sinusoide di ampiezza 1, frequenza 1 Hz e fase 0, ma
con valore medio

$$A_0 = 0$$

$$A_0 = +0,3$$

$$A_0 = -0,6$$

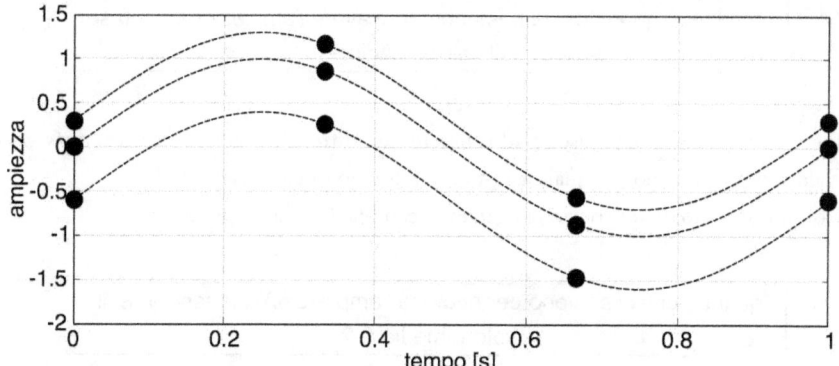

Fig. 1.18 – Tre sinusoidi tutte con la stessa ampiezza e frequenza ma con diverso valore medio. I campioni cambiano, quindi dobbiamo tenere conto anche del valore medio!

A priori non possiamo sapere qual è il valore medio aggiunto alla sinusoide, e per essere generali del tutto non dobbiamo escludere che il valore medio sia diverso da zero.

A questo punto abbiamo tre parametri che caratterizzano la nostra sinusoide:

- l'ampiezza A_1 ;

- la fase φ_1 ;

- il valore medio A_0;

Una volta che abbiamo questi tre valori possiamo inserirli nell'equazione che definisce la sinusoide

$$y = A_1 \cdot \sin\left(1 \cdot 2\pi t + \varphi_1\right) + A_0 \tag{1.4}$$

così che otteniamo

$$y = 1 \cdot \sin\left(1 \cdot 2\pi t + 0\right) + 0 \tag{1.5}$$

e possiamo calcolare il valore y della sinusoide per qualsiasi istante di tempo t. Infatti ci basta inserire nella (1.5) il valore di *t* desiderato per ottenere il valore *esatto* della sinusoide in quell'istante. E ripeto, il valore *esatto* – non approssimato! – della sinusoide. Se riguardate le Fig. 1.8 e Fig. 1.9 vi ricorderete che in quel caso avevamo preso oltre un milione di punti per periodo, eppure la sinusoide veniva sempre segata via; poco ma veniva segata via, non riuscivi mai ad ottenere una descrizione perfetta della sinusoide.

In questo caso stiamo seguendo un approccio diverso:

non cerchiamo di prendere quanti più campioni possibili, ma ne prendiamo quanti ce ne bastano per ricavare l'ampiezza a_1, la fase φ_1 e il valore medio A_0.

Poi una volta che sono riuscito ad ottenere questi tre valori posso ricavare *perfettamente* il valore della sinusoide in qualsiasi istante di tempo grazie alla (1.4).

Con questo nuovo approccio la domanda cambia. Ora la domanda è:

quanti punti ci servono per ricavare l'ampiezza A_1, la fase φ_1 e il valore medio A_0?

Be', sono tre valori, fate un po' voi. Create un sistema con tre equazioni indipendenti e tre incognite, normalmente funziona. Allora facciamo così: misuriamo il valore y della nostra sinusoide tre volte (in un periodo), lo misuriamo in tre istanti di tempo diversi che chiameremo t_a, t_b e t_c. I valori che otterremo saranno chiamati dunque y_a, y_b e y_c. Il sistema di tre equazioni sarà dunque questo:

$$y_a = A_1 \cdot \sin(1 \cdot 2\pi t_a + \varphi_1) + A_0 \quad\quad (1.6)$$
$$y_b = A_1 \cdot \sin(1 \cdot 2\pi t_b + \varphi_1) + A_0$$
$$y_c = A_1 \cdot \sin(1 \cdot 2\pi t_c + \varphi_1) + A_0$$

Visti in figura significa che prendiamo questi valori dalla sinusoide:

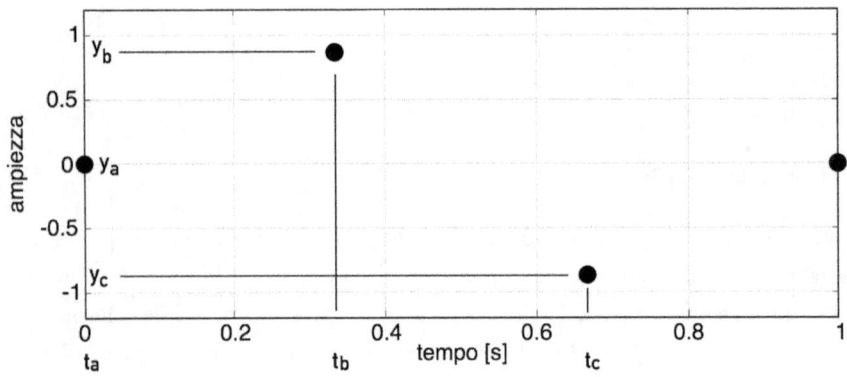

Fig. 1.19 – I nostri tre punti per periodo con le coordinate che li contraddistinguono (t_a, y_a), (t_b, y_b) e (t_c, y_c).

Significa che prendiamo il valore y della sinusoide al tempo

$t_a = 0$ s

$t_b = 1/3$ s

$t_c = 2/3$ s

e otteniamo

$y_a = 0$

$y_b = \sqrt{3}/2$ s

$y_c = -\sqrt{3}/2$ s

Oh, non scandalizzatevi se ho scritto il valore di t_b e t_c in frazioni (un terzo di secondo e due terzi di secondo) anziché con numeri decimali. Un po' non dovreste scandalizzarvi comunque perché non c'è motivo per fare gli schizzinosi con le frazioni (sono poi sempre numeri!). Ma soprattutto non potete scandalizzarvi perché dovreste aspettarvelo. Abbiamo detto che vogliamo prendere tre punti in un periodo; se vogliamo che i punti siano equidistanziati (nel tempo) dobbiamo dividere il periodo in tre parti uguali, quindi se il periodo della sinusoide è di 1 s, va a finire che i campioni li prendiamo quando il tempo è 0 secondi, un terzo di secondo e due terzi di secondo.

A questo punto sostituiamo i valori di t_a, t_b, t_c e y_a, y_b, y_c nel nostro sistema (1.6) e otteniamo il seguente sistema:

$$0 = A_1 \cdot \sin(1 \cdot 2\pi \cdot 0 + \varphi_1) + A_0 \tag{1.7}$$
$$\frac{\sqrt{3}}{2} = A_1 \cdot \sin(1 \cdot 2\pi \cdot 1/3 + \varphi_1) + A_0$$
$$\frac{-\sqrt{3}}{2} = A_1 \cdot \sin(1 \cdot 2\pi \cdot 2/3 + \varphi_1) + A_0$$

A questo punto abbiamo un sistema di tre equazioni con tre incognite (A_1, φ_1 e A_0 ossia gli unici valori che non conosciamo in (1.7). Lo risolviamo e troviamo A_1, φ_1 e A_0. Problema finito.

Ovviamente non vi chiedo di risolvere il sistema di (1.7); è un sistema non lineare, visto che ci sono delle funzioni trigonometriche... chi ha voglia di risolverlo ci provi pure, io non mi ci metto neanche.

In realtà c'è un modo più intelligente per risalire a A_1, φ_1 e A_0, ve lo mostro dopo. Però vedete che basta prendere tre punti per periodo per ricavare i tre valori (ampiezza, fase e valore medio) che ci consentono di definire perfettamente la nostra sinusoide. Tre incognite da trovare, tre punti da misurare.

Adesso ritornate alla Fig. 1.17. Prima ci sembrava impossibile che quei tre punti per periodo potessero definire *perfettamente* la sinusoide, ché nemmeno un orbo avrebbe visto una sinusoide dietro quei punti. Ora invece inizia a non sembrarci più così strano.

È vero, quei punti non ci fanno vedere una sinusoide, ma solo perché i nostri occhi tendono a collegare i punti con linee rette, un po' come facevamo in Fig. 1.13 o in Fig. 1.14. Se usi questo approcci e colleghi i punti con linee rette nel caso di soli tre punti per periodo ti esce una schifezza mostruosamente diversa dalla sinusoide originale. Sembra più un'onda triangolare che una sinusoide.

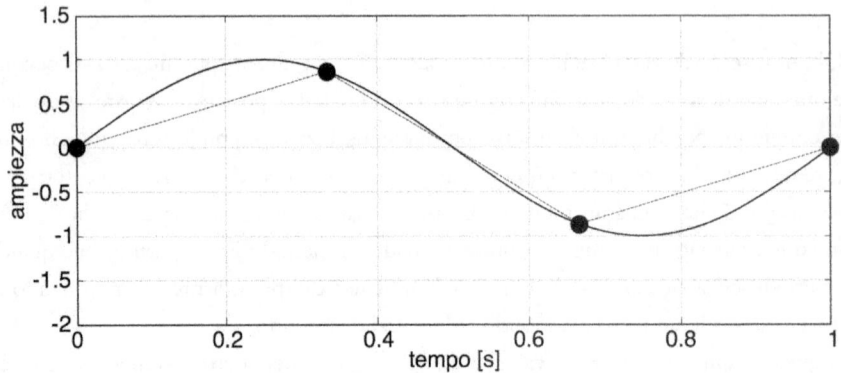

Fig. 1.20 – Tre punti per periodo sono sì sufficienti, ma non dobbiamo unirli tirando una riga. Questo è l'approccio sbagliato

Ma questo è l'approccio sbagliato.

Quei tre punti ci descrivono *perfettamente* la sinusoide, solo che non dobbiamo unirli come in Fig. 1.20. Dobbiamo usarli per calcolare A_1, φ_1 e A_0 e poi ottenere il valore della sinusoide tramite la (1.4). Questo è l'approccio giusto.

Per adesso ancora non sappiamo come calcolare A_1, φ_1 e A_0 perché non abbiamo voglia di risolvere il sistema in (1.7), però sappiamo che tre punti ci bastano.

Se volete potete pensarla in questa maniera: vi ricordate quando alle elementari ci hanno insegnato che per due punti passa una e una sola retta? Bene, quindi per identificare una retta vi basta prendere due suoi punti; una volta che avete due punti della retta conoscete *perfettamente* qualsiasi valore della retta; prendere un terzo punto sarebbe inutile perché ti bastano due punti della retta per calcolare qualsiasi altro punto della retta.

La stessa cosa per una sinusoide: possiamo dire rozzamente che per tre punti passa una e una sola sinusoide. Mi basta prendere tre punti per conoscere perfettamente ogni punto della sinusoide, non ce ne servono di più. Datemi tre punti di una sinusoide e vi posso calcolare qualsiasi altro punto di quella sinusoide. Ogni punto dopo il terzo sarebbe superfluo, tre bastano.

Se qualche pagina fa un'idea del genere ci sembrava bizzarra, ora invece ci sembra del tutto ragionevole. Quei tre punti contengono *tutte le informazioni* che ci servono per ricavare ogni altro punto della sinusoide. Se vuoi puoi prenderne anche di più, ma è fatica sprecata. Più punti non ti dànno una migliore descrizione della sinusoide: tre punti o mille punti ti dànno esattamente le stesse informazioni.

1.3 Il teorema del campionamento

Adesso facciamo un passo ulteriore. In aggiunta alla sinusoide di frequenza 1 Hz (e ampiezza 1), abbiamo anche una sinusoide di frequenza 2 Hz e di ampiezza 0,3

$$y = 1 \cdot \sin(1 \cdot 2\pi t + 0) + 0.3 \cdot \sin(2 \cdot 2\pi t + 0) + 0 \tag{1.8}$$

Le due sinusoidi sono sommate in modo che diano un segnale che sia la somma delle due sinusoide (Fig. 1.21).

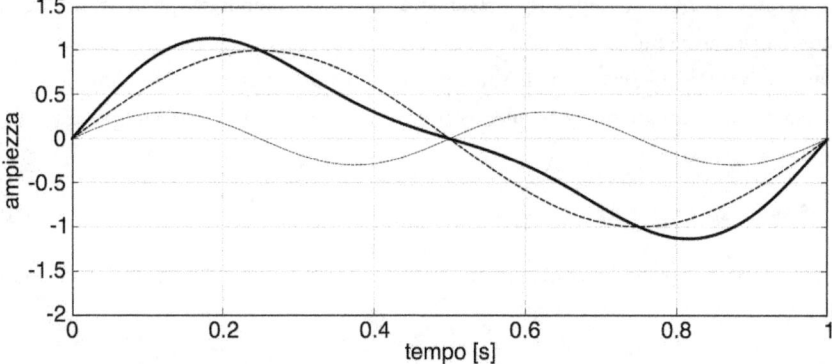

Fig. 1.21 – Due sinusoidi con frequenza 1 Hz e 2 Hz e la loro somma.

La domanda che ci facciamo è sempre la stessa:

> **quanti punti devo prendere per poter rappresentare perfettamente il segnale?**

Ora non ho più una sinusoide singola, ma la somma di due sinusoidi. Verrebbe istintivo dire che se per una sinusoide servono tre punti, allora per due sinusoidi servono sei punti (tre per ognuna delle due sinusoidi). Ma non è così. In effetti basta poco per accorgersene. Facciamo come prima, contiamo quante sono le incognite. Innanzitutto dobbiamo riscrivere la (1.8) in termini generici:

$$y = A_1 \cdot \sin(1 \cdot 2\pi t + \varphi_1) + A_2 \cdot \sin(2 \cdot 2\pi t + \varphi_2) + A_0 \qquad (1.9)$$

In questo caso quante sono le incognite?

- l'ampiezza della sinusoide a 1Hz, ossia A_1;
- la fase della sinusoide a 1Hz, ossia φ_1;

- l'ampiezza della sinusoide a 2 Hz, ossia A_2;
- la fase della sinusoide a 2 Hz, ossia φ_2;

- il valore medio A_0;

Quindi in totale abbiamo due ampiezze e due fasi (una per ogni sinusoide) e un valore medio. Il totale è cinque. Perciò se vogliamo rappresentare perfettamente quel segnale con due sinusoidi, la prima a 1 Hz e la seconda a 2 Hz, necessitiamo di 5 punti. O campioni, perché in effetti solitamente si chiamano campioni (quindi da qui in avanti li chiameremo così: campioni).

Qualcuno potrebbe dirmi: ma la sinusoide a 2 Hz non ha un valore medio?

Poniamo di sommare due sinusoidi, la prima ha frequenza 1 Hz e ha ampiezza 5, fase 0,2, e valore medio 1,5:

$$y_1 = 5 \cdot \sin(1 \cdot 2\pi t + 0,2) + 1,5 \qquad (1.10)$$

La seconda sinusoide ha come frequenza 2 Hz e ha ampiezza 4, fase – 0,6 e valore medio 0,1:

$$y_2 = 4 \cdot \sin(2 \cdot 2\pi t - 0,6) + 0,1 \qquad (1.11)$$

Quando le sommo per ottenere un segnale unico ottengo

$$\begin{aligned} y &= y_1 + y_2 \\ &= 5 \cdot \sin(1 \cdot 2\pi t + 0,2) + 1,5 + 4 \cdot \sin(2 \cdot 2\pi t - 0,6) + 0,1 \\ &= 5 \cdot \sin(1 \cdot 2\pi t + 0,2) + 4 \cdot \sin(2 \cdot 2\pi t - 0,6) + 1,6 \end{aligned} \qquad (1.12)$$

Mentre le due sinusoidi rimangono tali, i due valori medi si sommano fino a diventare un unico valore medio. In effetti, se ci pensate bene, che senso avrebbe parlare di due valori medi? Il valore medio è uno qualsiasi sia il numero di sinusoidi che si sommano, è il valore medio del segnale e basta.

Se volete potete guardare il valore medio come sinusoide a frequenza 0 e fase $\pi/2$. Se la frequenza è zero possiamo scrivere la sinusoide come:

$$y_0 = A_0 \cdot \sin(0 \cdot 2\pi t + \pi/2) = A_0 \cdot \sin(0 + \pi/2) = A_0 \cdot \sin(\pi/2) = A_0 \cdot 1 = A_0 \qquad (1.13)$$

Anche intuitivamente potete arrivarci, dire che una sinusoide ha frequenza 0 significa che non oscilla, quindi è sempre uguale.

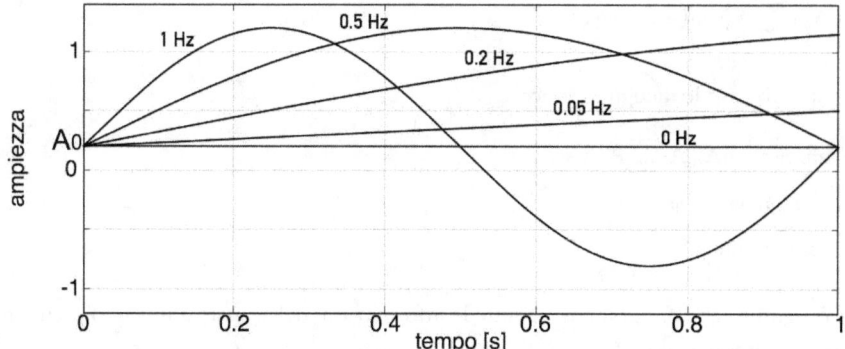

Fig. 1.22 – Una sinusoide a frequenza 0 Hz equivale al valore medio. Ossia, è una sinusoide con frequenza talmente bassa (da essere 0) che non oscilla per niente

Se vogliamo essere più precisi allora iniziamo a scrivere i termini del segnale in ordine di frequenza: prima il valore medio che è a frequenza 0 Hz, poi la sinusoide a 1 Hz e infine la sinusoide a 2 Hz:

$$y = y_0 + y_1 + y_2 = A_0 + A_1 \cdot \sin(1 \cdot 2\pi t + \varphi_1) + A_2 \cdot \sin(2 \cdot 2\pi t + \varphi_2) \qquad (1.14)$$

Ok, ci siamo persi un po' per strada. Ci stavamo domandando: quanti campioni ci servono per avere tutte le informazioni? Abbiamo detto che ce ne servono cinque: due ampiezze (A_1 e A_2) e due fasi (φ_1 e φ_2) delle due sinusoidi, più il valore medio A_0.

Ora che avete capito il gioco potete andare avanti da soli. Poniamo di avere ora un segnale composto da tre sinusoidi, la prima 1 Hz, la seconda a 2 Hz e la terza a 3 Hz.

Possiamo già scriverla in termini generici:

$$y = A_0 + A_1 \cdot \sin(1 \cdot 2\pi t + \varphi_1) + A_2 \cdot \sin(2 \cdot 2\pi t + \varphi_2) + A_3 \cdot \sin(3 \cdot 2\pi t + \varphi_3) \qquad (1.15)$$

Quante sono le incognite?

Tre ampiezze: **A_1, A_2 e A_3**

Tre fasi: **φ_1, φ_2 e φ_3**

Un valore medio: **A_0**

In totale ho 7 incognite, perciò dovrò prendere 7 campioni.

Facciamo un passo in più e consideriamo il caso più generale in cui ho N sinusoidi:

$$y = A_0 + A_1 \cdot \sin(1 \cdot 2\pi t + \varphi_1) + A_2 \cdot \sin(2 \cdot 2\pi t + \varphi_2) + \dots + A_N \cdot \sin(N \cdot 2\pi t + \varphi_N) \qquad (1.16)$$

ossia

$$y = A_0 + \sum_{n=1}^{N} A_n \cdot \sin(n \cdot 2\pi t + \varphi_N) \qquad (1.17)$$

In questo caso le incognite sono:

N ampiezze (A_1, A_2 ... A_N);

N fasi (φ_1, φ_2 ... φ_N);

1 valore medio, A_0.

Ciò significa che per poter avere tutte le informazioni del segnale dobbiamo prendere un numero di campioni[1] N_S

$$N_S = 2 \cdot N + 1 \qquad (1.18)$$

Questa è la regola generale:

> se hai un segnale che contiene armoniche fino a quella di ordine N dovrai campionare quel segnale prendendo un numero di campioni pari a 2·N+1.

Abbiamo introdotto una parola nuova: armonica. Un'armonica è una sinusoide con una frequenza multiplo della frequenza principale. Le armoniche vengono identificate tramite il loro ordine. Se hai un segnale di frequenza 30 kHz allora la terza armonica sarà la sinusoide a 90 kHz, la settima armonica sarà la sinusoide a 210 kHz e così via.

Ora che sai quanti campioni devi prendere, sai tutto. Ad esempio sai qual è l'intervallo di tempo tra un campione e l'altro, ossia il *periodo di campionamento* T_S. Se il periodo del segnale è T allora il periodo di campionamento è

$$T_S = \frac{T}{2 \cdot N + 1} \qquad (1.19)$$

---

1 La ragione per cui usiamo il pedice S è perché in inglese "campione" si chiamano *sample*. Non *champion* come ho sentito dire a un italiano fermato alla dogana dalla polizia di frontiera con dei campioni commerciali non dichiarati. *Champion* è il campione che vince nella gara della corsa o del salto, il campione (numerico o commerciale) si chiama *sample*.

Facciamo un esempio pratico. Consideriamo un segnale di frequenza f=500 Hz. Il suo periodo sarà

$$T = \frac{1}{500\,Hz} = 2\,ms \qquad (1.20)$$

Il segnale ha tre armoniche con queste ampiezze e fasi:

$$y = 0,4 + 9 \cdot \sin\left(1 \cdot 500 \cdot 2\pi t + 0,5\right) + 3 \cdot \sin\left(2 \cdot 500 \cdot 2\pi t - 0,15\right) - 2 \cdot \sin\left(3 \cdot 500 \cdot 2\pi t + 0\right) \qquad (1.21)$$

L'armonica di ordine più alto è la terza, ossia N=3. Perciò sappiamo che dobbiamo misurare 7 campioni per periodo:

$$N_S = 2 \cdot N + 1 = 2 \cdot 3 + 1 = 7 \qquad (1.22)$$

ciò significa che tra un campione e l'altro ci sarà un periodo di campionamento di:

$$T_S = \frac{T}{2 \cdot N + 1} = \frac{0,002\,ms}{7} \approx 0,2857\,ms \qquad (1.23)$$

Lo possiamo vedere in Fig. 1.23

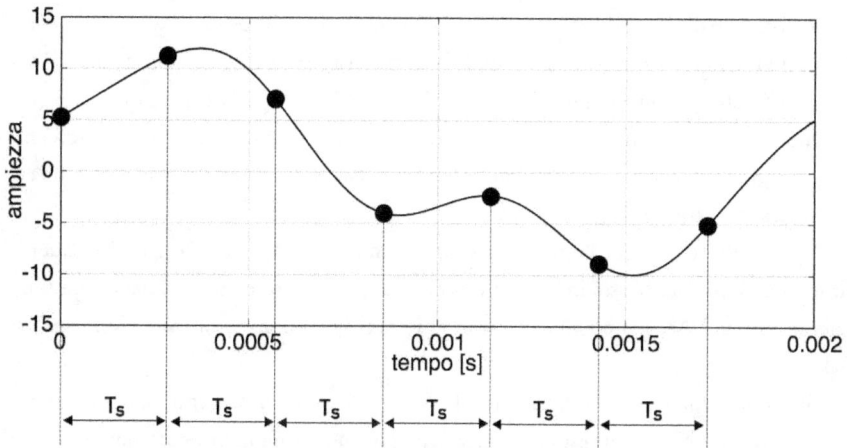

Fig. 1.23 – Un segnale con campioni ed evidenziazione del periodo di campionamento T s

Ovviamente potremmo essere estremamente masochisti e prendere i campioni a intervalli di tempo non regolari, ma perché dovremmo complicarci la vita? Appare del tutto logico prendere i campioni con un periodo di campionamento costante T$_S$. Ora che sappiamo come calcolare il periodo di campionamento T$_S$ facciamo l'ultimo sforzo e otteniamo la **frequenza di campionamento** ossia l'inverso del periodo di campionamento, quel valore che ci dice quanto velocemente, quanto frequentemente dobbiamo prendere i campioni:

$$f_S = \frac{1}{T_S} = \frac{1}{\dfrac{T}{2 \cdot N + 1}} = \frac{2 \cdot N + 1}{T} \tag{1.24}$$

Ma noi sappiamo che $1/T$ è la frequenza fondamentale del segnale, visto che T è il periodo del segnale. Quindi possiamo riscrivere la frequenza di campionamento come:

$$f_S = \frac{2 \cdot N + 1}{T} = (2 \cdot N + 1) \frac{1}{T} = (2 \cdot N + 1) \cdot f \tag{1.25}$$

dove f è la **frequenza fondamentale** del segnale.

Perciò, se abbiamo un segnale di frequenza f che contiene armoniche fino a quella di ordine N dobbiamo campionarlo con una frequenza di campionamento f_S pari almeno a

$$f_S = (2 \cdot N + 1) \cdot f \tag{1.26}$$

per essere sicuri di prendere un numero di campioni $N_S = 2 \cdot N + 1$ necessari per avere tutte le informazioni di quel segnale.

Se volete potete usare una frequenza di campionamento maggiore, non sarò certo io a vietarvelo; così facendo otterrete un numero maggiore di campioni di quelli necessari. Ciò non vi darà informazioni ulteriori, l'abbiamo visto prima: sono solo campioni ridondanti, visto che già un numero di campioni $N_S = 2 \cdot N + 1$ ci dà tutte, ma proprio tutte le informazioni su segnale. Ma se proprio volete strafare e usare un frequenza di campionamento maggiore per ottenere più campioni, fate pure. State solo facendo una cosa non necessaria, tutto qui.

Il problema c'è se fai l'opposto ossia se campioni il segnale con una frequenza di campionamento più bassa: in questo caso finirai per ottenere un numero di punti insufficiente. Avrai $2 \cdot N + 1$ incognite ma non altrettanti campioni: non puoi risolvere il sistema!

Ricapitolando: se vuoi campionare il segnale di frequenza f con armonica massima quella di ordine N dovrai usare una frequenza di campionamento pari almeno a $2 \cdot N + 1$ volte la frequenza del segnale f:

$$f_S \geq (2 \cdot N + 1) \cdot f \tag{1.27}$$

Un modo equivalente per dire la stessa cosa è dire che la frequenza di campionamento deve essere:

$$f_S > 2 \cdot N \cdot f \tag{1.28}$$

ossia

> se sai che la massima armonica nel segnale ha frequenza N·f
> allora devi campionare con una frequenza di campionamento f_s
> maggiore del doppio della massima frequenza nel segnale N·f.

Questo solitamente passa sotto il nome di *teorema del campionamento*. Altri lo teorema di Nyquist oppure teorema di Nyquist–Shannon. Altri aggiungono una manciata di altri nomi a caso giusto per il piacere di avere un modo più semplice per chiamarlo. E tutti a dire che il primo a enunciare il teorema è stato Tizio piuttosto che Caio, quindi va chiamato teorema di Tizio o di Caio. Non escludendo che lo stesso teorema si stato enunciato in precedenza da un monaco eremita della Val Seriana o da un insegnante di danze caraibiche di Vercelli, probabilmente dovremmo aggiungere un'altra mezza dozzina di nomi. No, grazie. Qui lo chiameremo semplicemente lo chiameremo *teorema del campionamento,* poi se proprio volete santificare qualcuno attribuendogli un nome, magari accapigliandovi col collega su quale nome si dovrebbe usare fate pure. Lascio queste bambinate a voi.

1.4 Attenzione ai cialtroni

Dicevamo, il teorema del campionamento ci dice che se in un segnale hai una armonica massima di frequenza N·f allora la frequenza di campionamento deve essere strettamente maggiore del doppio di N·f , ossia:

$$f_s > 2 \cdot N \cdot f \tag{1.29}$$

Purtroppo c'è un sacco di gente, compresi docenti universitari che invece sostiene che la frequenza di campionamento deve essere maggiore *o uguale* al doppio della massima frequenza nel segnale, ossia:

$$f_s \geqslant 2 \cdot N \cdot f \tag{1.30}$$

L'ho letto anche in alcuni libri. Ecco, questa è una emerita scemenza. Se la dice il vostro barista perdonatelo pure, se invece lo dice il vostro professore universitario vi autorizzo a prenderlo per i capelli e a sbattergli la faccia contro la lavagna, un po' come si fa quando si sfrega il muso dei gatti nella loro urina se pisciano fuori dalla lettiera per far loro imparare che hanno sbagliato.

> Non è così. La frequenza di campionamento deve essere
> ***strettamente maggiore*** non **maggiore *o uguale*** del doppio della
> massima frequenza nel segnale.

Se avete seguito fin qui la spiegazione vi risulterà ovvio. Abbiamo detto che se abbiamo N sinusoidi nel segnale ci servono $2 \cdot N+1$ campioni per periodo per poter trovare tutte le incognite. Ma se campiono con una frequenza di campionamento $f_S = 2 \cdot N \cdot f$ otterrò $2 \cdot N$ campioni, non $2 \cdot N+1$. Me ne manca uno, quindi non posso risolvere il sistema. Per ottenere i $2 \cdot N+1$ punti che mi servono devo campionare con una frequenza almeno pari a $f_S = (2 \cdot N+1) \cdot f$, ossia $f_S > 2 \cdot N \cdot f$. Ripeto: strettamente maggiore non maggiore o uguale del doppio della frequenza massima del segnale.

Di solito qualcuno a questo punto inizia a mugugnare: *mmm, be', però in effetti sei lì al limite, più o meno...*

Più o meno un corno. La frequenza deve essere strettamente maggiore. Se volete vi porto un esempio pratico per convincervi. Stiamo parlando di un teorema, no? Quindi basta un controesempio – uno solo! – in cui fallisce per dimostrare che il teorema non è valido. Voi mi dite che, dato un segnale di frequenza f con armonica massima di ordine N, la frequenza di campionamento può essere

$$f_S \geqslant 2 \cdot N \cdot f \tag{1.31}$$

e va tutto bene.

Allora vi prendo in parola. Prendo una segnale di frequenza fondamentale f=1 Hz, e con massima armonica di grado N=1. Ossia, prendo una banale sinusoide.

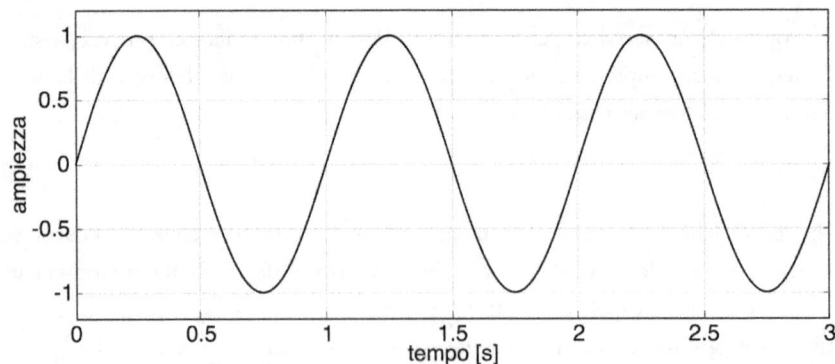

Fig. 1.24 – Sempre la solita sinusoide con frequenza 1 Hz (questa volta però prendo tre periodi)

Ora campiono questo segnale con frequenza esattamente doppia della massima frequenza nel segnale. In questo caso c'è soltanto l'armonica principale a f=1 Hz, quindi campiono con f_S=2 Hz.

$$f_S = 2 \cdot N \cdot f = 2 \cdot 1 \cdot 1 = 2\,\text{Hz} \qquad (1.32)$$

Una frequenza di campionamento a 2 Hz soddisfa la (1.31). Ebbene, campioniamo con f_S=2 Hz:

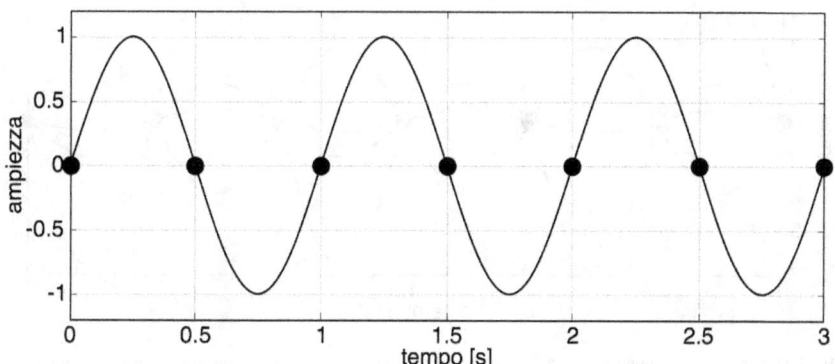

Fig. 1.25 – La sinusoide a 1 Hz di Fig. 1.24 campionata con frequenza di campionamento di 2 Hz, ossia esattamente il doppio

Iniziate a vedere che c'è qualcosa che non va? No? Allora proviamo a disegnare solo i campioni, cancellando il segnale originario:

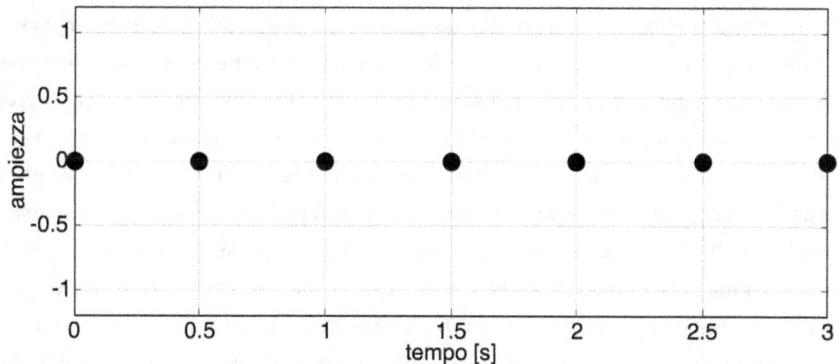

Fig. 1.26 – Gli stessi campioni di Fig. 1.25 senza la sinusoide disegnata sotto di essi: riuscite a vedere la sinusoide da questi punti? O meglio, riuscite a trovare una sola sinusoide che passa da essi?

I campioni sono sempre uguali a 0: come fai a identificare il segnale che abbiamo campionato guardando quei campioni? Semplicemente non puoi.

Basta poco per accorgersi che quei campioni non definiscono il segnale, basta accorgersi che ci sono infinite sinusoidi che passano da quei punti. Tutte le sinusoidi con frequenza f=1 Hz e fase 0 passano da quei punti, qualsiasi sia la loro ampiezza. Giusto per sfizio disegniamone un po' in Fig. 1.27.

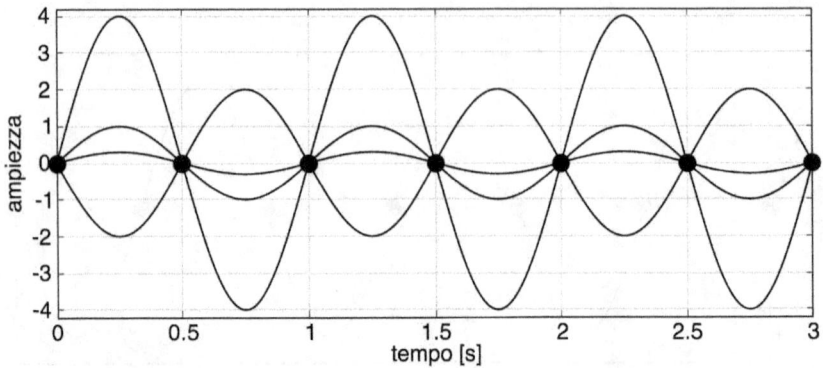

Fig. 1.27 – In realtà dai punti di Fig. 1.26 passano infinite sinusoidi (qui ne ho disegnate quattro, per esempio): come fate a sapere qual è quella giusta?

In Fig. 1.27 ho disegnato quattro sinusoidi, una con ampiezza 1, una con ampiezze 0,3, una con ampiezza – 2 e infine una con ampiezza 4. Tutte di frequenza 1 Hz e fase 0.

Ne ho disegnate quattro ma ne avrei potute disegnare quante ne volevo. Se campiono con f_S=2 Hz qualsiasi sia l'ampiezza i campioni che ottengo sono sempre gli stessi (ossia valgono tutti 0).

Da quei campioni (due per periodo) non posso ricavare com'è il segnale originario. Posso dire che ha fase 0 e valore medio nullo (che è pari per tutte le sinusoidi che passano da quei punti), ma non posso dire qual è l'ampiezza della sinusoide. Se ci pensate tutto torna: se prendo due punti per periodo posso ricavare due incognite, in questo caso la fase e il valor medio. Ma ciò non è sufficiente perché per identificare una sinusoide ci serve anche l'ampiezza. Abbiamo due campioni, quindi possiamo scrivere un sistema di due equazioni, ma le incognite sono tre: è evidente che non possiamo risolverlo, se le incognite sono più delle equazioni. Abbiamo un sistema che non possiamo risolvere.

Vediamo bene che per poter avere tutte le informazioni del segnale mi servono almeno tre punti, due non sono sufficienti. Ma per prendere almeno tre punti la frequenza di campionamento deve essere f_S>2 Hz. Se uso una frequenza di campionamento f_S=2 Hz ottengo solo due punti per periodo, che non sono sufficienti.

Ecco, questo era un esempio semplice e molto intuitivo per dimostrare che una frequenza di campionamento $f_S = 2 \cdot N \cdot f$ non è sufficiente. La frequenza di campionamento deve essere $f_S > 2 \cdot N \cdot f$, strettamente maggiore del doppio della frequenza massima del segnale, non maggiore uguale, perché quell'uguale non funziona.

Per poter dire che $f_S \geq 2 \cdot N \cdot f$ devi sapere a priori un parametro del segnale, devi conoscerlo ancora prima di campionare il segnale. Per esempio puoi ipotizzare che il valore medio sia 0, perché per qualche motivo sei sicuro che il segnale abbia valore medio nullo[2].

Se già conosci un parametro le incognite non sono più $2 \cdot N+1$ bensì sono solo $2 \cdot N$. A questo punto sì che puoi campionare con frequenza di campionamento pari al doppio della frequenza massima, ossia $f_S = 2 \cdot N \cdot f$, perché così facendo otterrò $2 \cdot N$ campioni e le incognite sono $2 \cdot N$. Ma il teorema dovrai enunciarlo in un modo diverso. Dovrai dire:

Dato un segnale di frequenza fondamentale f, armonica massima di ordine N e **valore medio noto**, la frequenza di campionamento deve essere $f_S \geq 2 \cdot N \cdot f$.

Se non specifichi che il valore medio è noto (oppure è nota una delle ampiezze o una delle fasi) non puoi permetterti di dire che $f_S \geq 2 \cdot N \cdot f$. Al contrario dovrai dire che :

dato un segnale di frequenza fondamentale f e armonica massima di ordine N la frequenza di campionamento deve essere $f_S > 2 \cdot N \cdot f$.

Tra l'altro, anche nell'ipotesi in cui un parametro del segnale, come il valore medio, sia noto non siamo ancora al sicuro. Poniamo ad esempio di avere il nostro segnale di frequenza f=1 Hz , ampiezza 1 e fase 0. Sappiamo che il valore medio è nullo, però campioniamo i punti partendo da t=0:

---

2 Ad esempio, hai filtrato il valore medio del segnale con un filtro passa alto prima di campionarlo. Capita spesso nel mondo dei segnale elettrici. Oppure stai campionando una tensione indotta da un campo magnetico variabile nel tempo in un solenoide; in questo caso sai che il valore medio è nullo perché affinché ci sia una tensione indotta il campo magnetico deve variare nel tempo, e così facendo induce una tensione – proporzionale alla sua derivata – che ha la stessa frequenza. In questo caso è la fisica a dirci che la tensione indotta nel solenoide avrà un valore medio nullo.

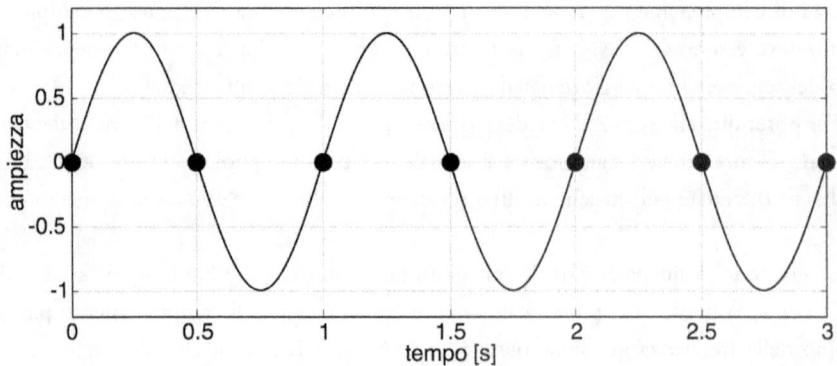

Fig. 1.28 – Riprendiamo la nostra sinusoide con frequenza di 1 Hz, in questo caso abbiamo iniziato a prendere i campioni quando la sinusoide valeva 0, e prendendoli con frequenza di campionamento di 2 Hz risultano tutti 0

Come abbiamo visto prima questo campionamento è fatto male, perché non ci consente di risalire all'ampiezza della sinusoide. Tra quei campioni passano infinite sinusoidi (Fig. 1.27).

Le cose non cambiano anche sapendo a priori che il valore medio è nullo. È vero che conoscendo un parametro (il valore medio) ci rimangono solo due incognite (la fase e l'ampiezza), ma campionando come in Fig. 1.28 in realtà andiamo a misurare la fase e il valore medio (che già sappiamo), non la fase e l'ampiezza (che sono le nostre incognite).

Campionando come in Fig. 1.28 misuriamo il valore medio che già conosciamo!

Se proprio proprio vogliamo usare due campioni per periodo (ossia $f_s = 2 \cdot N \cdot f$) dobbiamo scegliere bene quali campioni prendere. Un esempio è dato in Fig. 1.29:

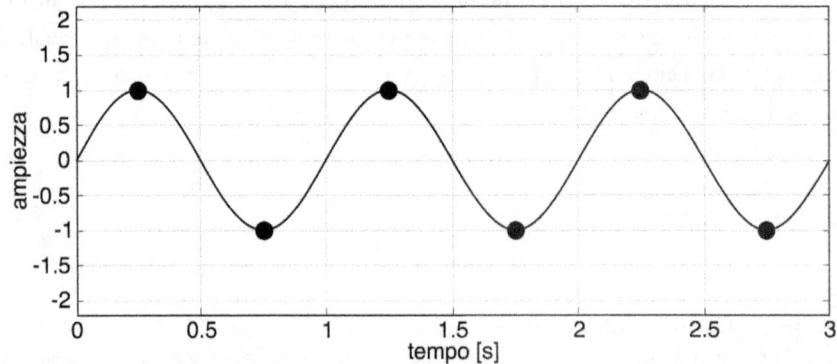

Fig. 1.29 – Anche in questo caso la sinusoide di frequenza 1 Hz è campionata con frequenza di campionamento di 2 Hz ma iniziamo a prendere i campioni un po' più tardi, quindi i campioni risultano sui picchi e sulle valli della sinusoide

In questo caso, prendendo i campioni ai picchi e alle valli della sinusoide, misuro la fase e l'ampiezza della sinusoide, ossia i due valori che mi mancavano (mentre il valore medio era già noto). Sapendo a priori che il valore medio è 0, posso scoprire che l'unica sinusoide che passa da quei campioni ha ampiezza 1, mentre sinusoidi con ampiezze diverse non vanno bene (Fig. 1.30):

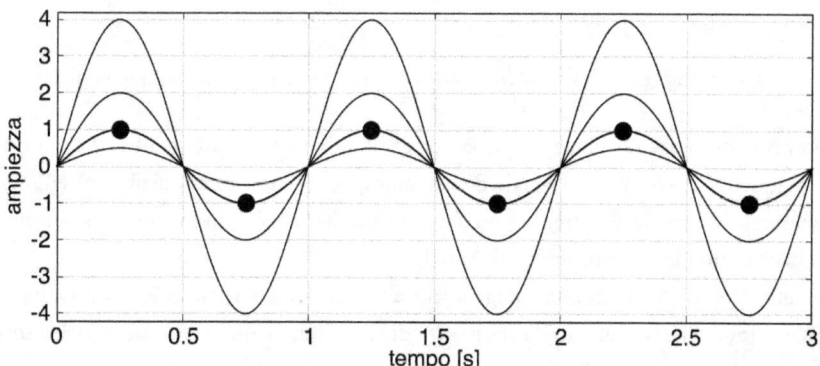

Fig. 1.30 – In questo caso non vale più il discorso di Fig. 1.27; c'è una sola sinusoide che passa da quei campioni. Ma attenzione, abbiamo assunto che il valore medio fosse zero, quindi il valore di una incognita già la sappiamo, ce ne mancano solo due, e i due punti bastano

Analogamente, sempre dagli stessi campioni possiamo dedurre che solo una sinusoide con fase 0 può passare da quei campioni, come vediamo in Fig. 1.31:

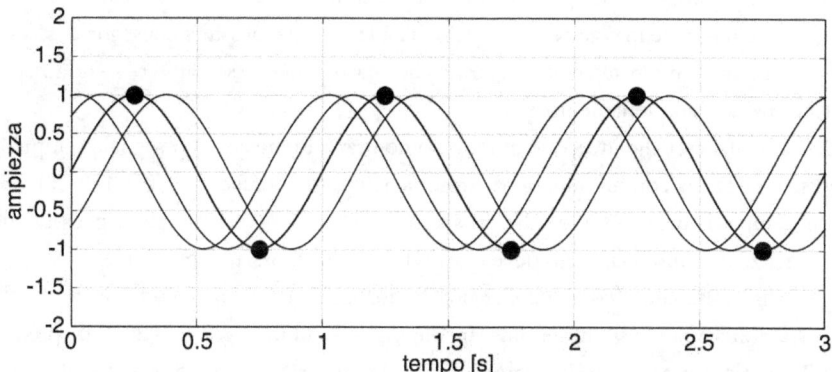

Fig. 1.31 – Come in Fig. 1.30, dai campione passa una solo una sinusoide pure cambiando fase anziché ampiezza

In questo caso possiamo dire che grazie a questi due campioni per periodo abbiamo scoperto che l'ampiezza della sinusoide è 1 e la fase è 0, e che l'abbiamo fatto solo con due campioni per periodo, ossia con $f_S = 2 \cdot N \cdot f$.

Ma una frequenza di campionamento pari esattamente al doppio della massima (e in questo caso unica) frequenza del segnale ha funzionato solo perché:

- già conoscevamo uno degli altri parametri (il valore medio), quindi avevamo un incognita in meno;

- siamo stati bravi a prendere i punti evitando situazioni come quella di Fig. 1.28.

Se proprio vuoi usare una frequenza di campionamento esattamente pari al doppio della frequenza massima del segnale devi aggiungere queste due condizioni all'enunciato del teorema, altrimenti il teorema non sta in piedi, da quei campioni che prendi non potrai ricavare tutte le informazioni sul segnale.

Se invece vuoi che il teorema valga sempre, se vuoi ottenere tutte le informazioni del segnale, allora necessariamente la frequenza di campionamento deve essere **strettamente** maggiore del doppio della frequenza della massima armonica (ossia $f_S > 2 \cdot N \cdot f$).

1.5 L'aliasing

Cosa succede se invece uso una frequenza di campionamento che è inferiore a quella necessaria? Un esempio l'abbiamo visto nel caso di Fig. 1.26 e seguenti, da quei campioni non potevi ricavare l'ampiezza della sinusoide. Ma quello era un caso un po' sfortunato, l'ho scelto appositamente per convincervi che la frequenza di campionamento doveva essere strettamente maggiore del doppio della frequenza massima nel segnale. Ho voluto portare un esempio *shock* per mostrare che cose brutte posso capitare se non rispetti il teorema del campionamento.

Ci sono altri casi che invece sembrano meno gravi. Prendiamo un segnale sempre di frequenza 1 Hz ma con un numero di armoniche molto alto, facciamo N=150. Il teorema del campionamento mi dice che mi servono $2 \cdot N+1 = 301$ campioni per periodo. La frequenza di campionamento deve essere $f_S > 2 \cdot N \cdot f$, ossia $f_S > 300$ Hz.

C'è della gente che è convinta che una frequenza di campionamento giusto un filo più bassa non sia poi così un dramma. Insomma, se campiono con $f_S = 290$ Hz, prenderò 290 campioni in un periodo anziché i 301 che mi servirebbero: *poco male – dicono – qualche armonica la misurerò male, ma le altre potrò misurarle comunque. Insomma, 290 incognite (tra fasi e ampiezze delle armoniche) le troverò, e le altre … pazienza.*

Sanno che non rispettando il teorema del campionamento non saranno mai in grado di recuperare tutte le informazioni del segnale, ma sono convinti che comunque un po' di informazioni saranno sempre in grado di ricavarle. Non descriveranno perfettamente il segnale, ma ci andranno vicino.

Invece no, non è così.

> Se non rispetti il teorema del campionamento i campioni che ottieni puoi prenderli e buttarli nel cestino, poiché non ti diranno **niente** del segnale che ha campionato.

Quando non rispetti il teorema del campionamento possono capitare le cose più bizzarre. Poniamo di campionare un segnale di frequenza 1 Hz con 13 campioni per periodo:

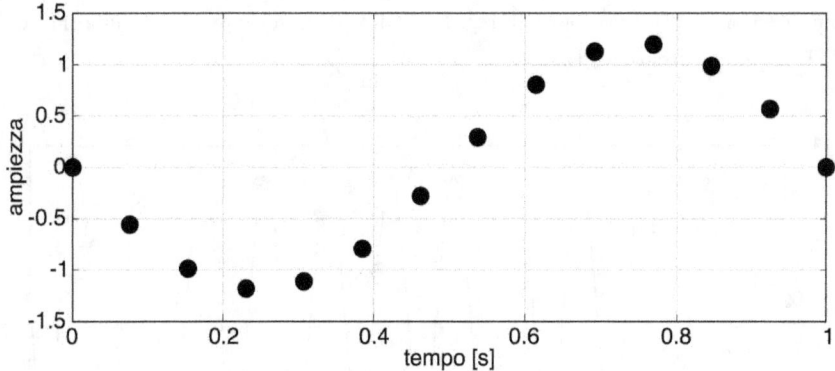

Fig. 1.32 – Abbiamo preso dei campioni e non sappiamo cosa c'è sotto. Istintivamente diremmo che è una sinusoide con fase -π, che ne dite?

Cosa possiamo dedurre guardando Fig. 1.32? Mi sembra istintivo pensare che il segnale originale è una sinusoide di frequenza 1 Hz e fase -π. Ossia un segnale di questo tipo:

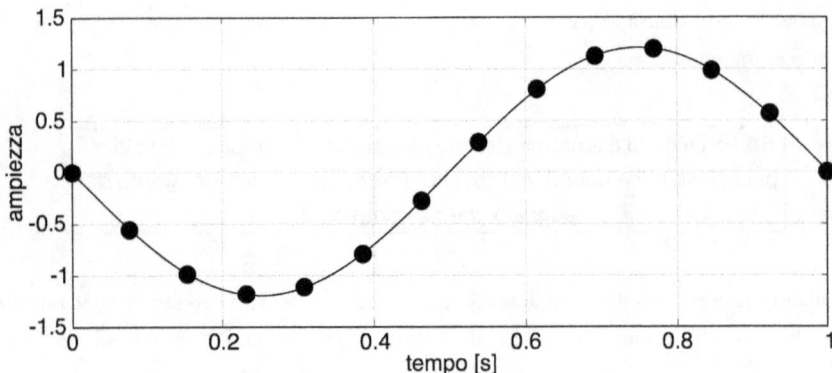

Fig. 1.33 – Istintiva interpretazione di ciò che sta sotto i campioni di Fig. 1.32

Eppure non è così. I campioni di Fig. 1.32 li ho ottenuti campionando una sinusoide a 12 Hz, come mostrato in Fig. 1.34:

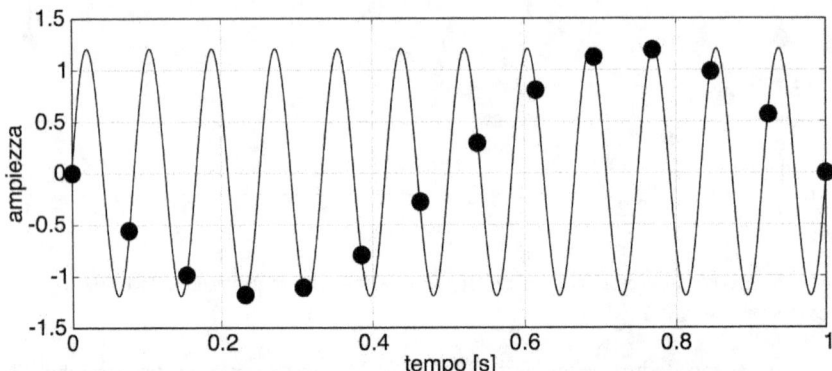

Fig. 1.34 – Sorpresa! Sotto i campioni di Fig. 1.32 c'era una sinusoide a frequenza molto più elevata, solo che abbiamo preso i punti male e sembrava tutt'altro

In questo caso il segnale è:

$$y = 1{,}2 \cdot \sin(12 \cdot 2\pi t) \tag{1.33}$$

La frequenza massima del segnale è 12 Hz (e a dire il vero è anche l'unica frequenza contenuta nel segnale). Perciò per rispettare il teorema del campionamento dovremmo campionare con una frequenza di campionamento

$$f_S > 2 \cdot 12\,\text{Hz} \tag{1.34}$$
$$f_S > 24\,\text{Hz}$$

Tuttavia prendiamo 13 campioni per secondo. La frequenza di campionamento è cioè 13 Hz, inferiore alla frequenza minima di 24 Hz necessaria

$$f_S = 13\,Hz < 24\,Hz \tag{1.35}$$

quindi non stiamo rispettando il teorema del campionamento. Come risultato i campioni che otteniamo non ci dicono niente, ma proprio niente. Non hanno alcun significato. E infatti lo vediamo in Fig. 1.34, abbiamo dei campioni che ci fanno credere di aver campionato una sinusoide a 1 Hz, mentre invece in realtà abbiamo campionato un segnale a 12 Hz.

È il cosiddetto fenomeno dell'**aliasing**, chiamato così perché vedi una cosa "altra" rispetto a ciò che è nella realtà. In generale si dà il termine di aliasing (si dice anche "essere in aliasing") ad ogni situazione in cui non è rispettato il teorema del campionamento.

In Fig. 1.34 ci accorgiamo dell'errore che abbiamo fatto perché in sottofondo ho disegnato il segnale originario, ma nella realtà non funziona così. Nella realtà tu campioni un segnale e tutto ciò che ottieni sono i campioni di Fig. 1.32: se hai solo quelli come fai accorgerti che in realtà c'è sotto un segnale a 12 Hz? Istintivamente finirai per pensare che stai campionando un segnale a 1 Hz.

Ovviamente non capita sempre così, questo esempio l'ho creato apposta per farvi vedere i pericoli che si corrono quando si campiona senza rispettare il teorema del campionamento. Se lo stesso segnale viene campionato con frequenza di 17 Hz anziché 13, ottengo una schifezza del genere:

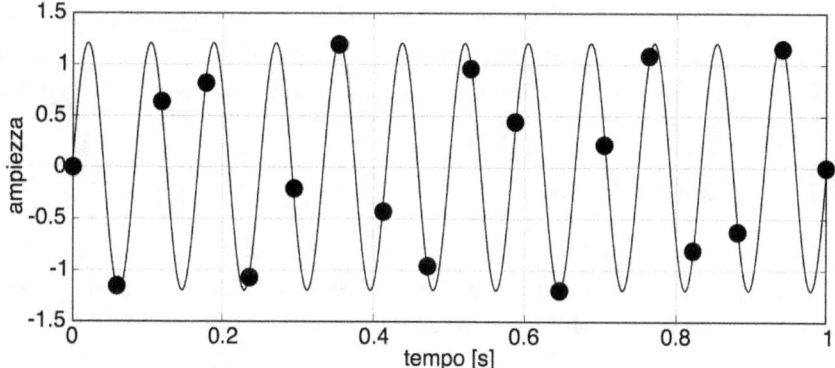

Fig. 1.35 – Anche in questo caso abbiamo preso i campioni con frequenza di campionamento troppo bassa, ma non accade lo stesso fenomeno di Fig. 1.34 in cui sembravano, per pura sfortuna, una sinusoide con frequenza più bassa che in realtà non esisteva. In questo caso semplicemente sembrano uno schifo che non suggerisce nulla

I campioni non suggeriscono niente, non ci vedi nessuna regolarità. In questi casi ti metti istintivamente sul chi va là. Magari ti aspettavi una sinusoide perché sai che il sistema da cui proviene il segnale dovrebbe fornire una sinusoide e ti trovi con dei punti che sembrano tutto tranne una sinusoide:

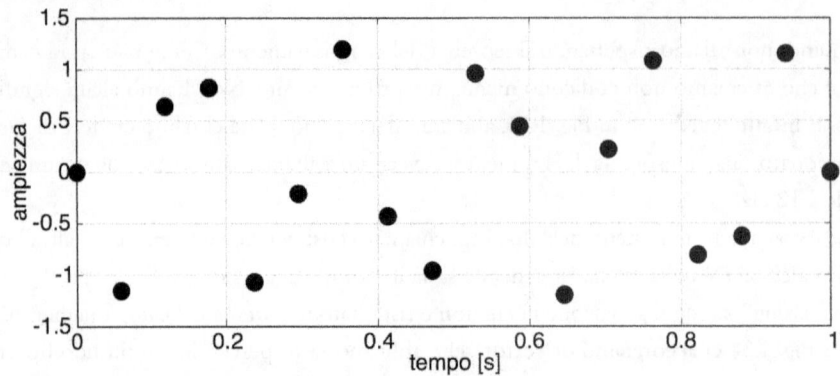

Fig. 1.36 – Lo schifo dei punti presi male in Fig. 1.35

Se vedi una schifezza del genere pensi che c'è qualcosa che non va e forse indaghi un po'. Se sei abbastanza fortunato ti accorgi di aver campionato male, senza rispettare il teorema del campionamento. Se invece sei sufficientemente sfortunato da cadere in un caso come quello di Fig. 1.32 ti assicuro che molto, molto probabilmente cadrai nel tranello e crederai che dietro a quei campioni c'è una sinusoide a frequenza 1 Hz e non a frequenza 12 Hz. È un'illusione in cui è istintivo cadere, anche perché non hai alcun strumento per supporre altrimenti.

Volete qualche altro esempio notevole in cui l'aliasing ti fa credere di aver misurato un segnale quando in verità il segnale è diverso? Eccolo: consideriamo un segnale che ha una frequenza fondamentale di 1 Hz e una quinta armonica. L'equazione che lo definisce è:

$$y = 1{,}5 \cdot \sin(1 \cdot 2\pi t) + 0{,}5 \cdot \sin(5 \cdot 2\pi t) \tag{1.36}$$

La frequenza massima è $N \cdot 5 = 10$ Hz, quindi la frequenza di campionamento deve essere $f_S > 20$ Hz. Tuttavia non rispetto il teorema del campionamento e campiono con $f_S = 10$ Hz. Sono in aliasing e il risultato lo vediamo in Fig. 1.37.

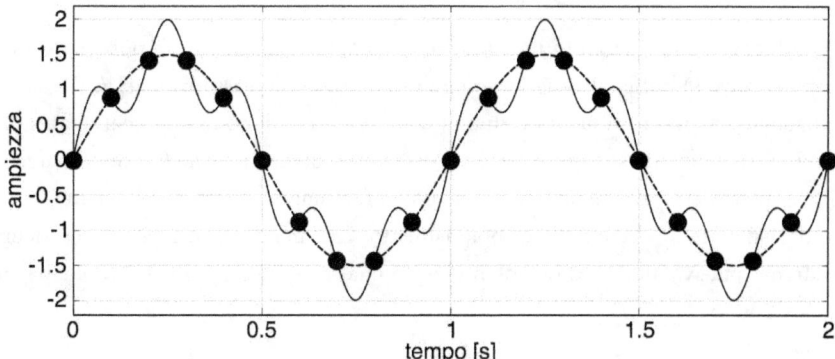

Fig. 1.37 – Un altro esempio di aliasing in cui prendiamo i campioni con frequenza di campionamento troppo bassa: se guardate solo i campioni sembrerebbe una sinusoide a 1 Hz quando invece c'è pure una componente a 5 Hz.

Dai campioni saremmo portati a pensare di avere una bellissima sinusoide a 1 Hz mentre la componente a 5 Hz ce la perdiamo per strada.

1.6 Una convinzione errata sull'aliasing

C'è molta gente che ha una convinzione sbagliata dell'aliasing; alcuni pensano infatti sia tollerabile "fino a un certo punto", un po' come se ci fosse "poco aliasing" e "molto aliasing". Invece no, l'aliasing o c'è o non c'è, e se c'è i tuoi dati non hanno più alcun valore, non è che sono "meno precisi". Puoi prenderli e sbatterli nel cestino della spazzatura. La cosa non dovrebbe sorprendere: stai cercando di risolvere un sistema con più incognite che equazioni.

Eppure molta gente è convinta che tutto sommato si può lasciar correre un po'. Se anche c'è un po' di aliasing non è una tragedia. Il caso di Fig. 1.37 è utilissimo per capire questo concetto (l'ho scelto apposta). Abbiamo un segnale composto da una sinusoide a 1 Hz e una sinusoide a 5 Hz, lo campiono male e vedo solo la sinusoide a 1 Hz mentre ho perso quella a 5 Hz. Ora qualcuno potrebbe dirmi: poco male, io ero interessato solo alla sinusoide a 1 Hz, se anche ho perso quella a 5 Hz non me ne frega niente. Dai campioni posso ricostruire perfettamente la sinusoide a 1 Hz e tanto mi basta, perché ero interessato solo ad essa. Quindi chi se ne frega se sono in aliasing.

In questo caso il nostro amico avrebbe anche ragione. In questo caso però, un caso in cui è stato estremamente fortunato. Infatti per puro caso ha preso i campioni nel momento in cui l'armonica a 5 Hz valeva zero. Pertanto, l'unica componente del segnale non nulla negli istanti in cui prendeva i campioni era quella a 1 Hz. Già, ma è stato fortunato a campionare il segnale quando l'armonica in aliasing era sempre zero. Non va sempre così.

Il problema è che a priori tu non sai dire se sarai fortunato o no. Ti potrà succedere di prendere i campioni in aliasing e capitare in uno di questi casi fortunati in cui vanno bene ugualmente, **ma non ne avrai mai la certezza**. Quindi non saprai mai se quei dati saranno buoni o no. Ma se non sai se i tuoi dati sono buoni, che te ne fai? Sono inutili.

Tutto questo ci fa capire quanto è pericoloso l'aliasing e quanto è importante essere sicuri di rispettare il teorema del campionamento. Già, ma come si fa a esserne sicuri? Lo vedremo più avanti. Per adesso però vi devo una spiegazione promessa molte pagine fa.

1.7 Perché sinusoidi?

All'inizio del capitolo vi avevo detto "prendete una sinusoide". Abbiamo visto che sono sufficienti tre punti per campionare *perfettamente* una sinusoide mentre se abbiamo un segnale con più sinusoidi ci servono $2N+1$ punti, dove N è l'ordine dell'armonica massima.

Ma perché ho parlato solo di sinusoidi o di segnali composti da somme di sinusoidi? Era una domanda che avevo lasciato in sospeso fin dall'inizio del capitolo. Molti di voi l'avranno intuito, per tutti gli altri la risposta è semplice: perché tutti i segnali sono somma di sinusoidi. La cosa può sembrare a prima vista bizzarra; pensate a un segnale a onda quadra, con tutte quelle discontinuità... come fa ad essere composto da sinusoidi che invece sono continue? Eppure è così, sommando delle sinusoidi continue puoi ottenere un'onda quadra con tutte le sue belle discontinuità nei gradini. Certo, ne devi sommare infinite di sinusoidi[3], ma alla fine anche un'onda quadra è una somma di sinusoidi.

Essendo questo un libro di elaborazione numerica dei segnali e non di matematica non mi soffermo ora a spiegare come si decompone un segnale qualsiasi in somma di sinusoidi. Sappiate che in generale si può fare usando la trasformata di Fourier (troverete mille testi che la spiegano). Qui ci limitiamo a discutere della trasformata di Fourier discreta, quella che usiamo quando abbiamo campionato il segnale – la incontreremo nel capitolo successivo. Per adesso vi basti sapere che un segnale può essere visto come somma di sinusoidi, con opportuna ampiezza, fase e frequenza. Perciò è possibile osservare lo stesso segnale da due punti di vista: nel dominio del tempo (ossia come siamo

---

3   Già questo ci fa capire che è impossibile campionare perfettamente un'onda quadra. Se è composta da infinite sinusoidi servirebbero infiniti campioni per soddisfare il teorema del campionamento, ma noi non possiamo prendere infiniti campioni. Nel mondo reale però non esistono le onde quadre. Un apparato non può generare o trasmettere un'onda quadra perché per fare ciò dovrebbe avere una larghezza di banda infinita, e ciò non è possibile. Ogni dispositivo ha una larghezza di banda finita, quindi qualsiasi segnale che viene spacciato per onda quadra in realtà è solo un'approssimazione dell'onda quadra.

soliti fare, dove il segnale è una funzione del tempo) oppure come somma di sinusoidi (detto dominio delle frequenze). Perché dovrebbe interessarci osservare un segnale come somma di sinusoidi? I motivi sono molteplici, e ne incontreremo alcuni nel corso di questo libro, ma già in questo capitolo ne avete visto uno importante: osservando il segnale come somma di sinusoidi possiamo facilmente dedurre quanti punti ci servono per campionarlo correttamente. Prendete il segnale di Fig. 1.23: se lo osserviamo nel dominio del tempo non sappiamo dire quanti punti servono per campionarlo bene. Se però lo guardiamo nel dominio della frequenza scopriamo che è composto da sinusoidi e che l'armonica massima è la terza, quindi $N=3$. In mezzo secondo sappiamo quindi che dobbiamo prendere 7 campioni. Senza osservare il segnale come somma di sinusoidi non l'avremmo mai scoperto.

2. Rappresentazione di un segnale tramite trasformata di Fourier

Verso la fine del capitolo precedente ci siamo posti una domanda: come facciamo ad essere sicuri di rispettare il teorema del campionamento? Prima di rispondere a questa domanda facciamo una piccola pausa che ci serve per imparare qualcosa che ci tornerà utile più tardi.

Abbiamo imparato che se abbiamo un segnale con armonica massima di ordine N dobbiamo campionare il segnale prendendo $2 \cdot N + 1$ campioni per periodo. Solo così rispettiamo il teorema del campionamento.

Questo perché per poter definire ogni armonica mi servono due parametri (ampiezza e fase), quindi ho $2 \cdot N$ incognite; in aggiunta ho un'ulteriore incognita, il valore medio. In totale ho $2 \cdot N + 1$ incognite. Se voglio trovarle mi servono dunque $2 \cdot N + 1$ equazioni. Lo abbiamo imparato alla scuola media: se hai p incognite ti serve un sistema di p equazioni indipendenti per trovarle. Metti le equazioni in sistema, lo risolvi e trovi le incognite. Tutto a posto quindi? Ci basta fare un sistema di $2 \cdot N + 1$ equazioni valutando il segnale in $2 \cdot N + 1$ punti?

2.1 Come trovare il valore delle armoniche partendo dai campioni

In teoria sì, in pratica no. Perché quel sistema dopo averlo scritto dobbiamo anche risolverlo, e un sistema del genere è tutt'altro che facile da risolvere. Infatti non abbiamo un sistema di equazioni lineari, bensì un sistema di equazioni trigonometriche. Abbiamo infatti detto che il segnale può essere visto come una somma di seni, oppure a piacere di coseni. Seni e coseni sono la stessa cosa sfasata di $\pi/2$, quindi possiamo scegliere seni o coseni a piacimento, si tratta solo di aggiungere o sottrarre $\pi/2$ alla fase. Questa volta scegliamo i coseni, quindi scriviamo il segnale come somma di coseni:

$$y(t) = A_0 + \sum_{n=1}^{N} A_n \cdot \cos(n \cdot 2\pi t + \varphi_N) \tag{2.1}$$

Se lo valutiamo (ossia prendiamo il suo valore) in $2 \cdot N + 1$ punti avremo un sistema di questo tipo

$$y_0 = A_0 + A_1 \cdot \cos(1 \cdot 2\pi t_0 + \varphi_1) + A_2 \cdot \cos(2 \cdot 2\pi t_0 + \varphi_2) + \dots + A_N \cdot \cos(N \cdot 2\pi t_0 + \varphi_N)$$
$$y_1 = A_0 + A_1 \cdot \cos(1 \cdot 2\pi t_1 + \varphi_1) + A_2 \cdot \cos(2 \cdot 2\pi t_1 + \varphi_2) + \dots + A_N \cdot \cos(N \cdot 2\pi t_1 + \varphi_N)$$
$$y_2 = A_0 + A_1 \cdot \cos(1 \cdot 2\pi t_2 + \varphi_1) + A_2 \cdot \cos(2 \cdot 2\pi t_2 + \varphi_2) + \dots + A_N \cdot \cos(N \cdot 2\pi t_2 + \varphi_N)$$
$$\dots$$
$$y_{2 \cdot N + 1} = A_0 + A_1 \cdot \cos(1 \cdot 2\pi t_{2 \cdot N + 1} + \varphi_1) + A_2 \cdot \cos(2 \cdot 2\pi t_{2 \cdot N + 1} + \varphi_2) + \dots + A_N \cdot \cos(N \cdot 2\pi t_{2 \cdot N + 1} + \varphi_N)$$

$$(2.2)$$

dove $y_0, y_1, y_2 \dots y_{2N}$ sono i campioni che prendo dal segnale e che pongo uguali all'equazione costitutiva del segnale (2.1) per trovare le incognite: $A_0, A_1, A_2 \dots A_N$ e $\varphi_0, \varphi_1, \varphi_2 \dots \varphi_N$. Ho $2 \cdot N + 1$ equazioni indipendenti e $2 \cdot N + 1$ incognite, quindi posso risolvere il sistema e trovare le incognite.

In teoria. In pratica risolvere un sistema pieno di coseni è tutt'altro che immediato; non è un sistema lineare con il quale metti tutto in una matrice e in un attimo l'hai risolto. Dunque, come lo risolviamo?

Per poter trovare tutte le ampiezze $A_1, A_2, A_3 \dots A_N$, tutte le fasi $\varphi_1, \varphi_2, \varphi_3 \dots \varphi_N$ e il valore medio A_0 si usa uno strumento apposito, la trasformata di Fourier. Probabilmente ne avrete già sentito parlare, perché la trasformata di Fourier è uno strumento molto famoso. Di solito si studia per segnali a tempo continuo, in questo caso usiamo la versione per i segnali a tempo discreto. I segnali a tempo discreto sono proprio quelli che otteniamo dopo aver preso un numero finito (nel nostro caso $2 \cdot N + 1$) di campioni dal segnale continuo: i segnali a tempo discreto sono cioè una sequenza di numeri.

Per i segnali a tempo discreto si usa la trasformata di Fourier discreta, in breve DFT (dall'inglese *Discrete Fourier Transform*). La DFT ci dice che se campioni il segnale ottenendo i campioni $y_0, y_1, y_2 \dots y_{2N}$ allora puoi calcolare ampiezza A_k e fase φ_k dell'armonica di ordine k usando questa formula:

$$Y_k = \sum_{n=0}^{2 \cdot N} y_n \cdot e^{-i \cdot k \cdot 2\pi \frac{n}{2 \cdot N + 1}} \tag{2.3}$$

A prima vista ci dovrebbe essere qualcosa che non quadra. Abbiamo detto che ci serve per calcolare A_k e fase φ_k dell'armonica k-esima e invece nella (2.3) non troviamo né A_k né la fase φ_k, bensì Y_k. Ma se guardiamo bene come calcoliamo Y_k ci accorgiamo che è la somma di numeri complessi, poiché l'esponenziale che troviamo all'interno della sommatoria ha l'esponente immaginario. Pertanto anche Y_k, essendo una somma di numeri complessi, sarà a sua volta un numero complesso.

A questo punto possiamo facilmente intuire che l'ampiezza A_k dell'armonica k-esima sarà il modulo del numero complesso Y_k mentre la fase φ_k sarà la fase di Y_k :

$$A_k = |Y_k|$$
$$\varphi = \angle\, Y_k$$

(2.4)

Quindi in realtà non calcoliamo ampiezze e fasi separatamente ma calcoliamo numeri complessi la cui ampiezza e fase corrispondono all'ampiezza e alla fase delle armoniche. Vediamo ora come si calcola questo Y_k complesso che racchiude in sé l'ampiezza e la fase dell'armonica k-esima. Innanzitutto, come abbiamo visto, abbiamo degli esponenziali del tipo

$$e^{-i \cdot k \cdot 2\pi \frac{n}{2 \cdot N + 1}}$$

(2.5)

Sappiamo che un esponenziale del tipo $e^{i\alpha}$ corrisponde a un fasore di ampiezza 1 e fase α poiché, per la formula di Eulero esso equivale a un numero complesso:

$$e^{i \cdot \alpha} = \cos(\alpha) + i \cdot \text{sen}(\alpha)$$

(2.6)

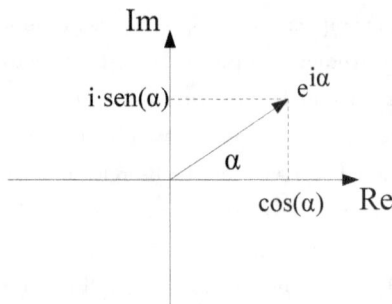

Fig. 2.1 – Banale rappresentazione grafica della formula di Eulero: un numero complesso può essere visto con un fasore di angolo α dove la sua componente reale quindi è cos(α) e la sua componente immaginaria sen(α)

Guardiamo dunque la fase degli esponenziali che troviamo nella formula della DFT, sono quelli che ci dicono quanto vale l'angolo α:

$$-k \cdot 2\pi \frac{n}{2 \cdot N + 1}$$

(2.7)

2.1.1 Prima armonica (k=1)

Per semplificare le cose iniziamo a guardare cosa succede quando calcoliamo la prima armonica, ossia quando k=1. Gli angoli dei fasori diventano

$$-2\pi\frac{n}{2\cdot N+1} \tag{2.8}$$

Abbiamo il fattore 2π (radianti), che corrisponde a un giro completo nel piano complesso, moltiplicato per un numero che va da 0 a (quasi)[4] 1. Ricordiamoci infatti che $2\cdot N+1$ sono i campioni che prendo dal segnale e n è l'indice della sommatoria che va da 0 a $2\cdot N$. Se dunque sto campionando un segnale con 4 armoniche (ossia N=4) all'interno della formula per calcolare la DFT trovo dei fasori con angolo:

$$-2\pi\frac{n}{2\cdot N+1}=-2\pi\frac{n}{9} \tag{2.9}$$

Il fasori avranno dunque angolo

$$0,\ -\frac{1}{9}2\pi,\ -\frac{2}{9}2\pi,\ ...,\ -\frac{8}{9}2\pi \tag{2.10}$$

Graficamente li possiamo raffigurare così:

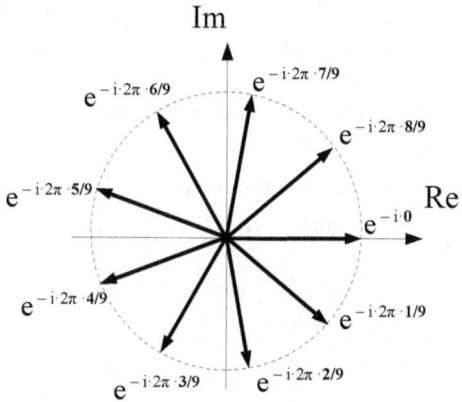

Fig. 2.2 – Fasori della DFT per i quali dobbiamo moltiplicare i campioni in caso di 2N+1=9

Ognuno di questi fasori viene poi moltiplicato per i campioni che abbiamo ottenuto dal segnale, poiché nella formula della DFT abbiamo una sommatoria di questi fasori moltiplicati per i campioni $y_0, y_1, y_2 \ldots y_{2N}$:

$$y_n\cdot e^{-i\cdot k\cdot 2\pi\frac{n}{2\cdot N+1}} \tag{2.11}$$

---

4   In realtà si ferma un passo prima perché se arrivasse a 1 sarebbe uguale a 0. Lo vedete bene in Fig. 2.2 dove i vettori vanno da 0/9 fino 8/9 (visto che a 9/9 il vettore sarebbe uguale a quello di partenza)

I campioni ovviamente sono dei numeri reali, quindi quando moltiplichiamo ogni fasore per i campioni otteniamo un fasore che non ha più ampiezza unitaria, ma avrà ampiezza pari al campione per cui l'ho moltiplicato. Il risultato sarà qualcosa di questo tipo:

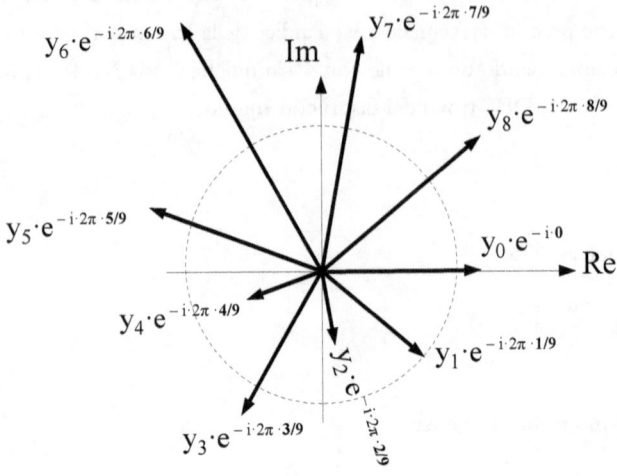

Fig. 2.3 – Un esempio di fantasia dei fasori della DFT (quelli di Fig. 2.2) moltiplicati per dei campioni y_n

Facendo la somma di tutti questi fasori otterrò un numero complesso Y_1 che mi dà ampiezza e fase della prima armonica.

A questo punto è forse utile fare un esempio pratico. Per semplicità consideriamo un segnale con solo due armoniche, quindi N=2. Poniamo che il segnale abbia questi parametri:

- valore medio $A_0 = 1{,}5$;

- ampiezza 1ª armonica $A_1 = 2{,}3$;

- fase 1ª armonica $\varphi_1 = 0{,}8$;

- ampiezza 2ª armonica $A_2 = 3{,}1$;

- fase 2ª armonica $\varphi_2 = -0{,}4$.

Il segnale sarà dunque definito dall'equazione:

$$y = A_0 + A_1 \cdot \cos(1 \cdot 2\pi t + \varphi_1) + A_2 \cdot \cos(2 \cdot 2\pi t + \varphi_2)$$
$$y = 1{,}5 + 2{,}3 \cdot \cos(1 \cdot 2\pi t + 0{,}8) + 3{,}1 \cdot \cos(2 \cdot 2\pi t - 0{,}4)$$

(2.12)

Visto che N=2 dobbiamo prendere $2 \cdot N + 1 = 5$ campioni, che risulteranno

$y_0 = 5,95771$

$y_1 = -1,17439$

$y_2 = -1,03197$

$y_3 = 3,20385$

$y_4 = 0,54479$

(2.13)

Se vi garba potete vederli anche in figura:

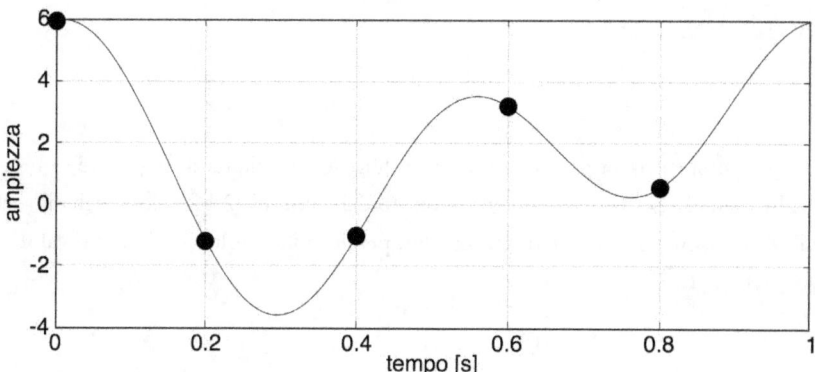

Fig. 2.4 – Un segnale composto da due sinusoidi (a 1 Hz e 2 Hz) campionato con cinque punti

Visto che abbiamo $2 \cdot N+1 = 5$ significa che i fasori sono equidistanziati di $2\pi/5$ radianti l'un l'altro, ossia avranno angoli pari a $\quad 0, \quad -\frac{1}{5}2\pi, \quad -\frac{2}{5}2\pi, \quad -\frac{3}{5}2\pi, \quad -\frac{4}{5}2\pi$

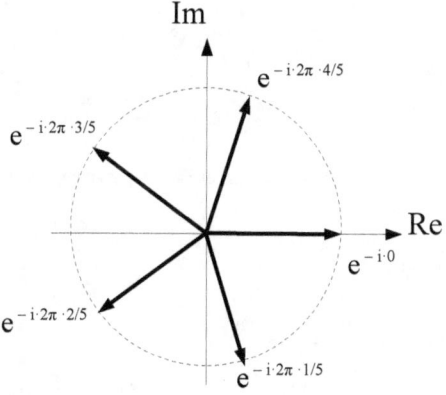

Fig. 2.5 – I fasori della DFT per 2N+1=5

Ora dobbiamo moltiplicare i fasori per i campioni che così diventano

$$y_0 \cdot e^{-i \cdot 0} = 5,95771 \cdot e^{-i \cdot 0}$$

$$y_1 \cdot e^{-i \cdot 2\pi \frac{1}{5}} = -1,17439 \cdot e^{-i \cdot 2\pi \frac{1}{5}}$$

$$y_2 \cdot e^{-i \cdot 2\pi \frac{2}{5}} = -1,03197 \cdot e^{-i \cdot 2\pi \frac{2}{5}}$$

$$y_3 \cdot e^{-i \cdot 2\pi \frac{3}{5}} = 3,20385 \cdot e^{-i \cdot 2\pi \frac{3}{5}}$$

$$y_4 \cdot e^{-i \cdot 2\pi \frac{4}{5}} = 0,54479 \cdot e^{-i \cdot 2\pi \frac{4}{5}}$$

$$(2.14)$$

Disegniamoli: ci basta prendere i fasori di lunghezza unitaria di Fig. (2.15) e modificare la loro lunghezza secondo quanto indicato dai valori di (2.14). Notate che il secondo e il terzo fasore sono ribaltati di π radianti perché sono moltiplicati per un valore negativo (-1,17 e -1,03).

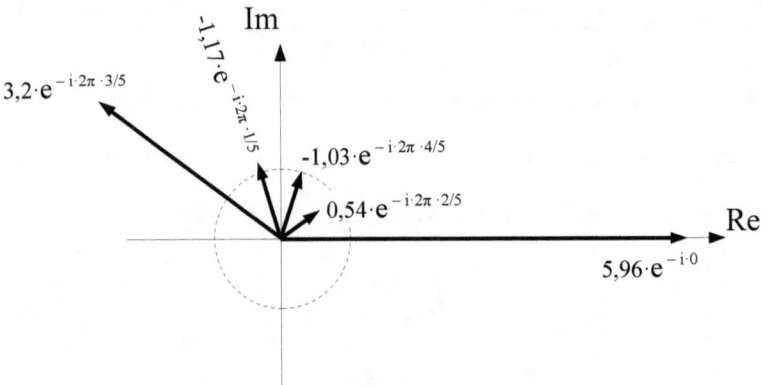

Fig. 2.6 – Vettori che otteniamo se moltiplichiamo i fasori di Fig. 2.5 per i campioni che abbiamo preso dal segnale in Fig. 2.4

Se ora li sommo ottengo:

$$Y_1 = y_0 \cdot e^{-i \cdot 0} + y_1 \cdot e^{-i \cdot 2\pi \frac{1}{5}} + y_2 \cdot e^{-i \cdot 2\pi \frac{2}{5}} + y_3 \cdot e^{-i \cdot 2\pi \frac{3}{5}} + y_4 \cdot e^{-i \cdot 2\pi \frac{4}{5}} \qquad (2.15)$$

$$= 1,9427 \cdot e^{-i \cdot 0} + 6,1888 \cdot e^{-i \cdot 2\pi \frac{1}{5}} - 1,9815 \cdot e^{-i \cdot 2\pi \frac{2}{5}} + 1,5658 \cdot e^{-i \cdot 2\pi \frac{3}{5}} + 0,2158 \cdot e^{-i \cdot 2\pi \frac{4}{5}}$$

$$= 4,0061 + 4,1248 i$$

Se non ci credete fate pure i conti da soli. Ora, calcoliamo modulo e fase di questo numero complesso che abbiamo ottenuto:

$$|Y_1| = |4,0061 + 4,1248\,i| = 5,75 \qquad\qquad (2.16)$$
$$\text{fase}(4,0061 + 4,1248\,i) = 0,8$$

A prima vista sembrerebbe che c'è qualcosa che non va. La fase viene 0,8 e su questo non ci sono problemi visto che il coseno della prima armonica ha fase 0,8 – vedi (2.12). Tuttavia il modulo di Y_1 risulta 5,75 mentre l'ampiezza della prima armonica è $A_1 = 2,3$. Cos'è andato storto? Abbiamo sbagliato a fare i conti?

No tutto torna. Per passare dal modulo di Y_1 all'ampiezza della prima armonica a1 dobbiamo fare due operazioni:

- dividere per $2 \cdot N + 1$

- moltiplicare per 2

Infatti se prendiamo 5,75 e lo dividiamo per 5 e lo moltiplichiamo per 2 otteniamo 2,3 che è proprio A_1:

$$\frac{|Y_1|}{2 \cdot N + 1} \cdot 2 = \frac{5,75}{5} \cdot 2 = 2,3 = A_1 \qquad\qquad (2.17)$$

Tutto torna, se non per un piccolo dettaglio: siccome non stiamo facendo della magia devo spiegarvi i motivi per cui ho dovuto dividere per $2 \cdot N + 1$ e moltiplicare per 2. Sulle prime può sembrare non ovvio, ma pensateci due secondi: se prendo più campioni la somma dei fasori moltiplicati per i campioni, come abbiamo fatto in (2.15) sarà più grande. Se riguardate la formula (2.3) della DFT infatti non contiene alcun peso che dipende dal numero dei campioni presi. In altre parole, davanti alla sommatoria non abbiamo un fattore del tipo $(1/2 \cdot N + 1)$ che la rende indipendente dal numero di fasori che sommi nella sommatoria. È normale dunque che il valore della singola armonica Y_k venga più grosso se prendiamo più campioni, in quanto quando calcoliamo la DFT sommiamo più fasori (pesati con quei campioni).

Se la cosa ancora non vi sembra naturale faccio un esempio concreto, così vedrete che lo capite al volo. Prendiamo una sinusoide semplice; niente somma di diverse sinusoidi, solo una sinusoide con ampiezza 1 e frequenza 1 Hz e valore medio nullo. La campioniamo con 5 punti, più che sufficienti per ottenere tutte le informazioni che ci servono (visto che ne basterebbero tre). I punti sono mostrati in Fig. 2.7 a sinistra. Nella stessa figura mostro i fasori che devo sommare per ottenere la prima armonica. Sono cioè i fasori a intervalli $1/5$ di 2π radianti come in Fig. 2.5 moltiplicati per i campioni presi dalla sinusoide. Notate ancora una volta che i fasori moltiplicati per un campione negativo vengono ribaltati di π radianti, quindi risultano nella stessa direzione ma con verso opposto. Notate anche che manca un vettore (sono quattro le frecce in Fig. 2.7, non cinque); in realtà non manca, è che ha ampiezza zero essendo $0 \cdot e^{-i0}$. Bene, se sommate i quattro vettori rimanenti ottenere un vettore con fase $-\pi/2$ (essendo un seno[5]) e lunghezza 2,5. Questo è il risultato che ci dà la DFT, questo è l'Y₁ che la formula della DFT ci dà quando facciamo la sommatoria.

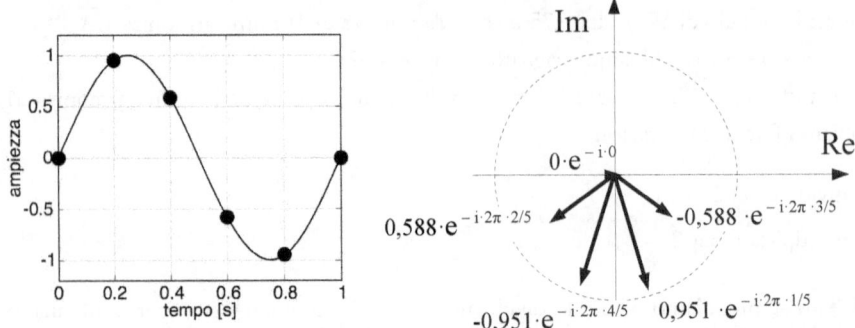

Fig. 2.7 – Esempio di una sinusoide a 1 Hz campionata con 2N+1=5 punti (a sinistra); a destra i vettori della DFT ottenuti moltiplicando i fasori di Fig. 2.5 per tali campioni

Ora prendiamo la stessa sinusoide e campioniamola con 11 punti (Fig. 2.8, sinistra). Ripetiamo la stessa operazione: per calcolare la prima armonica dobbiamo ancora una volta moltiplicare i campioni per dei fasori. In questo caso però i fasori saranno intervallati da angoli pari a 1/11 di 2π visti che abbiamo preso 11 campioni. Gli angoli dei fasori saranno dunque 0, -1/11 · 2π, -2/11 · 2π, -3/11 · 2π...

Bene, moltiplichiamo questi fasori per i campioni e otteniamo le frecce di Fig. 2.8 a destra (in questo caso non ho messo le etichette dei fasori perché non ci stavano). Anche in questo caso i fasori moltiplicati per un valore negativo vengono ribaltati cosicché tutti i fasori risultano nel terzo e quarto quadrante. Anche in questo caso si vede bene che la somma sarà un vettore con fase -π, visto che i vettori sono simmetrici rispetto all'asse verticale. La somma però sarà più grande: la lunghezza del vettore risulta 5,5 (prima, con cinque campioni, veniva 2,5).

Se guardate i due diagrammi coi vettori, quello in Fig. 2.7 e quello in Fig. 2.8, e considerate la somma dei vettori vi accorgerete facilmente che nel secondo caso la somma è maggiore. Banalmente, sommo più vettori che puntano nella stessa direzione... è ovvio che la somma viene più grande.

---

5   La DFT per convenzione considera a fase 0 il coseno, quindi il seno è sfalsato in fase di π/2

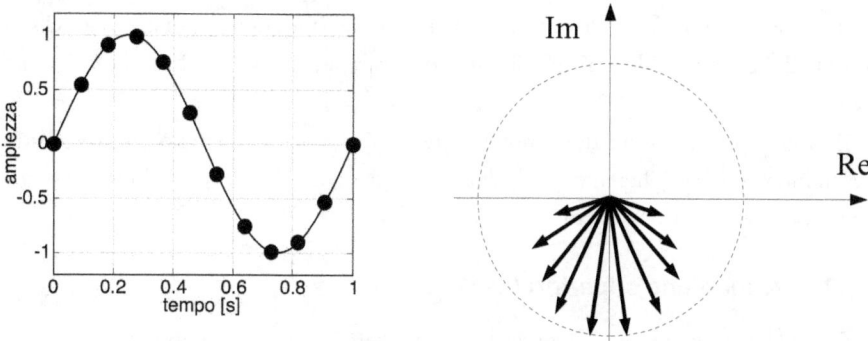

Fig. 2.8 – Stessa cosa di Fig. 2.7 ma questa volta con 11 campioni

Forse dovrei essere più preciso quando dico che i vettori puntano nella "stessa direzione". Ovviamente gli angoli dei vettori non sono gli stessi; nel primo caso avevamo

$$[0, -1/5, -2/5, -3/5...] \cdot 2\pi$$

mentre nel secondo caso avevamo

$$[0, -1/11, -2/11, -3/11...] \cdot 2\pi$$

Non sono gli stessi angoli, ovviamente. Ma neanche i numeri sono gli stessi. I numeri e gli angoli sono tali che la punta del vettore finisce sempre sullo stesso "petalo" che possiamo vede in Fig. 2.9.

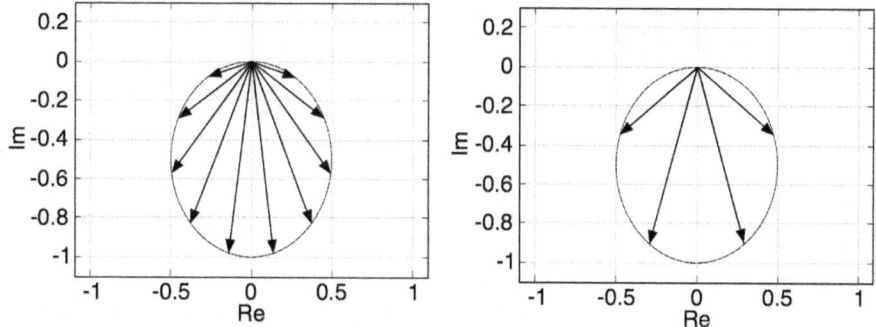

Fig. 2.9 – Qualunque sia in numero di campioni i vettori finiranno sempre su questo "petalo". In questo caso abbiamo gli esempi per 11 e 5 campioni. Sommando i vettori si ottiene l'armonica Yk che avrà sempre la stessa direzione (quella verso cui punta il petalo), quindi la stessa fase, ma ampiezza tanto più grande quanto più alto sarà il numero di vettori sommati.

Così quando sommiamo questi vettori otteniamo sempre un vettore la cui lunghezza è proporzionale al numero di vettori sommati. Se vogliamo dunque l'ampiezza della sinusoide dobbiamo dividere Y_1 per il numero di campioni, ossia dobbiamo dividere per $2N+1$.

Il motivo per cui invece devo moltiplicare per 2 dobbiamo metterlo nel congelatore per un momento; spiegheremo più tardi il perché di questo 2 (per spiegarlo mi serve prima introdurre un altro concetto).

2.1.2 Armoniche superiori (k>1)

Ora invece passiamo alla seconda armonica, perché fino ad ora abbiamo speso una montagna di parole solo per spiegare come si calcola Y_1 ossia il numero complesso che rappresenta la prima armonica. Tutto questo per una sola armonica! Ma ora che abbiamo capito come funziona per la prima armonica passare alla seconda è facile. Riguardiamo la formula per calcolare la DFT:

$$Y_k = \sum_{n=0}^{2 \cdot N} y_n \cdot e^{-i \cdot k \cdot 2\pi \frac{n}{2 \cdot N + 1}} \tag{2.18}$$

Se ora vogliamo la seconda armonica ci basta prendere k=2:

$$Y_2 = \sum_{n=0}^{2 \cdot N} y_n \cdot e^{-i \cdot 2 \cdot 2\pi \frac{n}{2 \cdot N + 1}} \tag{2.19}$$

I campioni y_n sono sempre gli stessi campioni (2.13) che abbiamo preso dal segnale, non sono cambiati. Solo che adesso li devo moltiplicare per dei fasori con fase doppia, visto che l'esponenziale del fasore ha il termine k che ora vale 2 perché stiamo calcolando la seconda armonica. Se dunque per la prima armonica i fasori facevano un giro completo ora ne fanno due.

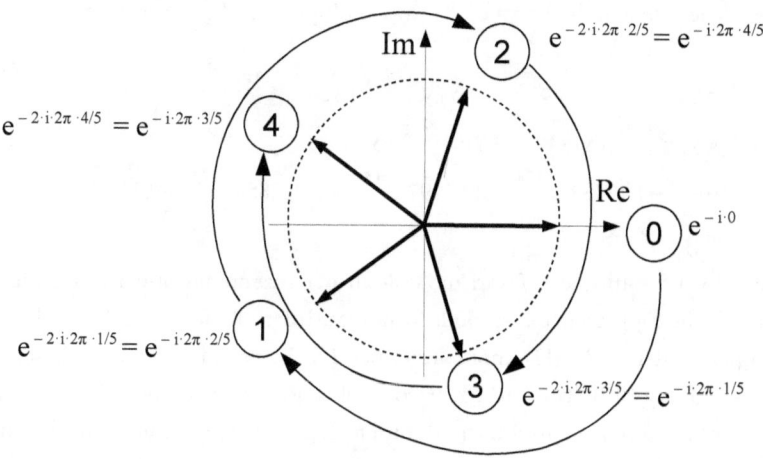

Fig. 2.10 – I fasori della DFT sempre per 2N+1=5 ma per k=2, ossia per il calcolo della seconda armonica

Se li guardate bene i fasori sono gli stessi di prima. Confrontateli pure con quelli di Fig. 2.5, i fasori hanno gli stessi angoli, ossia

$$0, \ -\frac{1}{5}2\pi, \ -\frac{2}{5}2\pi, \ -\frac{3}{5}2\pi, \ -\frac{4}{5}2\pi \qquad (2.20)$$

solo che sono in ordine diverso

$$0, \ -\frac{2}{5}2\pi, \ -\frac{4}{5}2\pi, \ -\frac{1}{5}2\pi, \ -\frac{3}{5}2\pi \qquad (2.21)$$

Non è difficile capirne il motivo. Abbiamo moltiplicato gli angoli per due, ma siccome gli angoli sono periodici di periodo 2π ottengo le seguenti equivalenze:

fasore originario	moltiplico per → ·k	ottengo	ossia
0	→ ·2	0	0
1/5 ·2π	→ ·2	2/5 ·2π	2/5 ·2π
2/5 ·2π	→ ·2	4/5 ·2π	4/5 ·2π
3/5 ·2π	→ ·2	**6/5 ·2π**	**1/5 ·2π**
4/5 ·2π	→ ·2	**8/5 ·2π**	**3/5 ·2π**

I fasori sono dunque gli stessi però sono in un ordine diverso. Ora ripeto la stessa operazione di prima: prendo la sequenza di campioni presi dal segnale $y_0, y_1... y_{2 \cdot N}$ e li moltiplico per i fasori, che però in questo caso sono in un ordine diverso. Ad esempio, il campione y_1 che prima moltiplicava $e^{-i \cdot 2\pi \cdot 1/5}$ ora moltiplica $e^{-i \cdot 2\pi \cdot 2/5}$, e così via.

$$
\begin{aligned}
Y_2 &= y_0 \cdot e^{-i \cdot 0} + y_1 \cdot e^{-i \cdot 2 \cdot 2\pi \frac{1}{5}} + y_2 \cdot e^{-i \cdot 2 \cdot 2\pi \frac{2}{5}} + y_3 \cdot e^{-i \cdot 2 \cdot 2\pi \frac{3}{5}} + y_4 \cdot e^{-i \cdot 2 \cdot 2\pi \frac{4}{5}} \\
&= y_0 \cdot e^{-i \cdot 0} + y_1 \cdot e^{-i \cdot 2\pi \frac{2}{5}} + y_2 \cdot e^{-i \cdot 2\pi \frac{4}{5}} + y_3 \cdot e^{-i \cdot 2\pi \frac{1}{5}} + y_4 \cdot e^{-i \cdot 2\pi \frac{3}{5}} \\
&= 5{,}95771 \cdot e^{-i \cdot 0} - 1.17439 \cdot e^{-i \cdot 2\pi \frac{2}{5}} - 1{,}03197 \cdot e^{-i \cdot 2\pi \frac{4}{5}} + 3{,}20385 \cdot e^{-i \cdot 2\pi \frac{1}{5}} + 0{,}54479 \cdot e^{-i \cdot 2} \\
&= 7{,}75 \cdot e^{-i \cdot 0{,}4}
\end{aligned}
\tag{2.22}
$$

Sommando poi tutti questi fasori moltiplicati per i campioni otteniamo il numero complesso Y_2 che rappresenta la seconda armonica. Infatti il modulo di Y_2 risulta 7,75, che diviso per 5 (ossia $2 \cdot N+1$) e moltiplicato per 2 fa 3,1 ossia l'ampiezza della seconda armonica – vedi la (2.12). Tutto torna. E così abbiamo sistemato anche la seconda armonica. Se ci fossero state armoniche di ordine superiore le avremmo calcolate nello stesso modo.

2.1.3 Il valore medio

Ci manca solo il valore medio, ma è facile: basta guardare la formula della DFT

$$
Y_k = \sum_{n=0}^{2 \cdot N} y_n \cdot e^{-i \cdot k \cdot 2\pi \frac{n}{2 \cdot N+1}}
\tag{2.23}
$$

per accorgersi che per $k=0$ risulta

$$
\begin{aligned}
Y_0 &= \sum_{n=0}^{2 \cdot N} y_n \cdot e^{-i \cdot 0} \\
&= \sum_{n=0}^{2 \cdot N} y_n \\
&= 7{,}5
\end{aligned}
\tag{2.24}
$$

Ossia, per ottenere Y_0 dobbiamo semplicemente sommare tutti i campioni, niente di più. Poi se vogliamo ottenere il valore medio dobbiamo dividere per il numero di campioni, $2 \cdot N+1$ (dividendo 7,5 per 5 otteniamo infatti 1,5 che era proprio il valore medio); ma questo non dovrebbe sconvolgervi perché è la definizione stessa di media (sommo tutti i campioni e divido per il numero di campioni).

2.1.4 Riflessioni sulla DFT

Come avete visto ora abbiamo una formula, la DFT, che ci consente di calcolare l'ampiezza e la fase di ogni armonica del segnale. Basta prendere i campioni dal segnale, moltiplicarli per i fasori con l'opportuna fase e sommandoli otteniamo un numero complesso che rappresenta ampiezza e fase di quella armonica.

Vedete che non abbiamo bisogno di risolvere un sistema di equazioni trigonometriche come quello in (2.2) paciugando con seni e coseni. Ci basta usare la formula della DFT per passare dalla sequenza di campioni y_0, y_1... y_{2N} alla sequenza di numeri complessi Y_0, Y_1, Y_2 ... Y_N che rappresentano le ampiezze e le fasi di ogni armonica, ossia lo spettro del segnale (o meglio, la DFT è un modo per risolvere quel sistema di equazioni trigonometriche).

campioni		spettro
y_0	$\xrightarrow{\text{DFT}}$	$Y_0 \rightarrow A_0$
y_1	$Y_k = \displaystyle\sum_{n=0}^{2 \cdot N} y_n \cdot e^{-i \cdot k \cdot 2\pi \frac{n}{2 \cdot N + 1}}$	$Y_1 \rightarrow A_1, \varphi_1$
y_2		$Y_2 \rightarrow A_2, \varphi_2$
...		...
...		$Y_N \rightarrow A_N, \varphi_N$
...		
$y_{2 \cdot N}$		

Piccola osservazione (un po' anche ovvia): le due sequenze non hanno la stessa lunghezza. La sequenza dei campioni ha $2 \cdot N + 1$ elementi mentre la sequenza dello spettro ha $N + 1$ elementi. Niente di strano: lo spettro è composto da un numero reale (Y_0, il valore medio) più N numeri complessi che contengono ognuno due informazioni (ampiezza e fase di ogni armonica). Quindi lo spettro contiene anch'esso $2 \cdot N + 1$ "numeri", poiché gli N numeri complessi valgono doppio.

Dopo tutta questa lunghissima e pedante spiegazione abbiamo capito una cosa fondamentale: lo spettro di un segnale può essere rappresentato da una sequenza con un numero reale (il valore medio) seguito N numeri complessi, ognuno di quali rappresenta ampiezza e fase della rispettiva armonica. E abbiamo pure visto come possiamo calcolare lo spettro del segnale partendo dai campioni presi dal segnale, grazie alla DFT.

Molto spesso si tende a raffigurare graficamente lo spettro di un segnale, poiché può tornare comodo per capire molte cose del segnale stesso. Pertanto si mostra in due grafici il modulo e la fase dello spettro per ogni armonica. Nel nostro semplice esempio avremo un raffigurazione come quella di Fig. 2.11.

Nella parte superiore c'è il modulo, mentre nella parte inferiore c'è la fase. Per la prima e la seconda armonica non c'è problema, raffiguriamo il modulo (2,3 per la prima armonica e 3,1 per la seconda armonica) nel grafico superiore, la fase (0,8 per la prima armonica e -0,4 per la seconda armonica) nel grafico inferiore. Leggermente diversa è la situazione per il valore medio; abbiamo detto fino ad ora che è un valore reale. Ora però ci troviamo nella necessità di disegnarlo con modulo e fase. Che fase ha un numero reale? Sulle prime uno risponderebbe 0. Infatti è abbastanza comune prendere la definizione di segnale come somma di coseni

$$y = A_0 + \sum_{n=1}^{N} A_n \cdot \cos(n \cdot 2\pi t + \varphi_N) \tag{2.25}$$

e includere il valore medio A_0 dentro la sommatoria (che a questo punto non parte più da 1 ma da 0):

$$y = \sum_{n=0}^{N} A_n \cdot \cos(n \cdot 2\pi t + \varphi_N) \tag{2.26}$$

In questo caso per n=0 il termine dentro la sommatoria risulta

$$A_0 \cdot \cos(\varphi_0) \tag{2.27}$$

e sarà uguale a A_0 solo per $\varphi_0 = 0$. Non stupisce dunque se in uno spettro del segnale il valore medio viene disegnato con fase nulla. Tuttavia dobbiamo specificare che il valore medio è sempre reale, mai complesso. Perciò io so già per certo che $\varphi_0 = 0$, quella fase è come se non ci fosse. Disegniamola pure nel grafico, ma potremmo lasciare anche un buco e dire che φ_0 non esiste, perché il valore medio è reale.

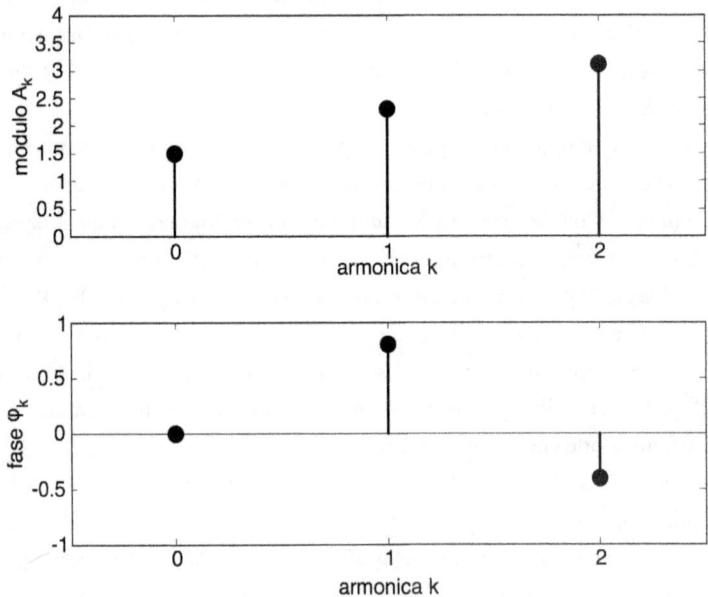

Fig. 2.11 – Spettro del segnale ottenuto con la DFT mostrato con entrambe le sue componenti, il modulo A_k e la fase φ_k

2.2 L'importanza della fase

La cosa importante da ricordare qui è che lo spettro di un segnale è composto da due componenti: modulo e fase. Molto spesso quando si raffigura lo spettro di un segnale si disegna solo il modulo, ossia la parte in alto della Fig. 2.11, mentre si trascura la fase. Lo faremo anche noi più tardi in questo libro, quindi non c'è da scandalizzarsi più di tanto se non si raffigura la fase. Però dobbiamo ricordarci che il modulo da solo non ci dà tutte le informazioni sul segnale. Per sapere tutto del segnale ci serve anche la fase. Se ho modulo e fase di ogni armonica infatti posso ricavare il valore del segnale y(t) per ogni t (davvero per qualsiasi t) usando la definizione del segnale

$$y(t) = \sum_{n=0}^{N} A_n \cdot \cos(n \cdot 2\pi t + \varphi_N) \qquad (2.28)$$

Mi basta inserire i vari valori di A_n e di φ_n e fare i conti. Ma se non ho i valori di φ_n non riuscirò mai a risalire al valore di y(t). Per nessun valore di t!

Di solito ci si dimentica della fase perché i motivi che spingono a calcolare lo spettro del segnale spesso non richiedono informazioni sulla fase. Faccio un esempio concreto: state registrando il suono della vostra chitarra per poterla accordare. Pizzicate una corda, ne registrate il suono e calcolate tramite la DFT lo spettro di quel suono. A questo punto guardate il modulo dello spettro e cercate dov'è il picco maggiore: se il modulo è maggiore a 434 Hz e state accordando il La allora sapete che dovere tirare la corda finché il picco non arriva a 440 Hz (è ciò che fanno le applicazioni installabili sui telefoni intelligenti per trasformarli in un accordatore). In questo caso siete interessati solo al modulo del segnale: se volete scoprire su che nota è accordata la vostra corda vi basta guardare a che frequenza il segnale è maggiore, e per fare questo vi basta il modulo. Della fase non vi interessa niente.

In altri casi invece è fondamentale conoscere non solo il modulo, ma anche la fase delle armoniche. Un caso tipico, che vi racconto come esempio, è quello dei fluxgate. Un fluxgate è un sensore di campo magnetico che viene alimentato da una corrente alternata e che come risposta dà una tensione a frequenza doppia di quella di eccitazione, ossia alla seconda armonica. Questa seconda armonica dipende linearmente dal campo magnetico H: quindi noi estraiamo la seconda armonica dalla tensione d'uscita e otteniamo un segnale proporzionale al campo magnetico H. La cosa è molto interessante perché ci consente di scartare molto rumore. Sappiamo infatti che il segnale è solo alla seconda armonica, quindi tutto quello che non è seconda armonica lo buttiamo via poiché già sappiamo che lì segnale non ce n'è. Ottimo, ma una volta che abbiamo estratto la seconda armonica (ad esempio facendo la DFT), qual è il valore che usiamo come segnale d'uscita (ossia il valore che dovrebbe essere proporzionale a H)? Uno potrebbe dire:

semplice, prendo l'ampiezza A_2 della seconda armonica. Già, ma cosa succede se il campo è negativo? La tensione in uscita è ribaltata, come vedete in Fig. 2.12 a sinistra (e come sembra anche logico). Bene, però a questo punto se prendiamo come segnale d'uscita l'ampiezza A_2 di questa seconda armonica otteniamo una caratteristica del sensore come quella di Fig. 2.12 a destra.

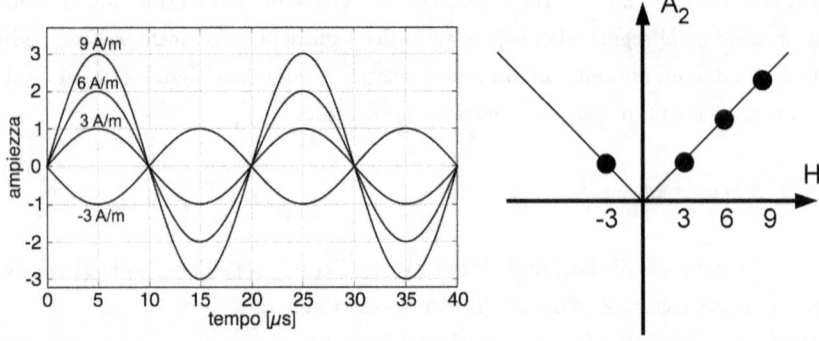

Fig. 2.12 – Esempio di tensione di uscita di un fluxgate per diversi valori di campo magnetico misurato (a sinistra) e caratteristica del sensore in caso scegliessimo l'ampiezza della seconda armonica come segnale in uscita (a destra). In questo caso non possiamo distinguere i campi magnetici positivi da quelli negativi perché ci dànno lo stesso valore di A_2

È evidente che con una caratteristica del genere non posso distinguere il segno del campo magnetico. Infatti l'ampiezza A_2 della seconda armonica è identica sia per un campo magnetico H' che per il suo opposto –H'. Se voglio essere in grado di distinguerli devo prendere in considerazione anche la fase della seconda armonica. Ad esempio come facciamo in Fig. 2.13: invece di A_2 usiamo come uscita $A_2 \cdot \operatorname{sen}\varphi_2$. Quando il campo magnetico diventa negativo la fase passa da $\pi/2$ a $-\pi/2$ quindi il seno cambia di segno. Il risultato è che ora abbiamo un'uscita $A_2 \cdot \operatorname{sen}\varphi_2$ che è positiva per campi magnetici positivi e negativa per campi magnetici negativi, così che possiamo distinguerli.

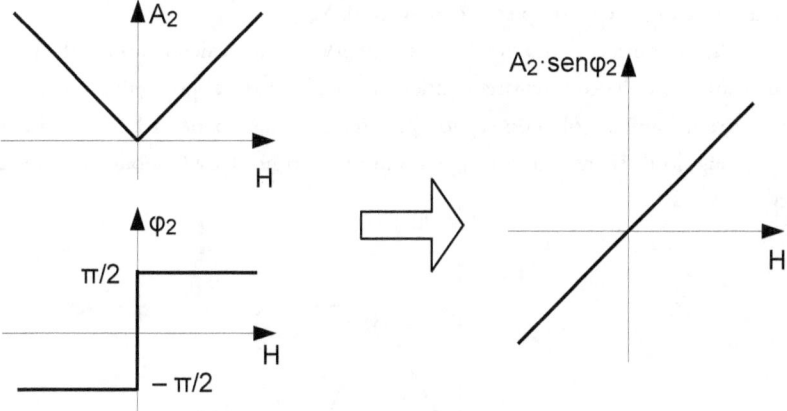

Fig. 2.13 – Modulo e fase della seconda armonica nel caso di Fig. 2.12: se invece di prendere solo l'ampiezza della seconda armonica A_2 prendiamo l'ampiezza moltiplicata per il seno della sia fase $A_2 \cdot$ senφ_2 otteniamo un sensore con una caratteristica lineare che ci consente di distinguere i campi magnetici positivi da quelli negativi.

Se ho fatto tutto questo pippotto non è perché vi voglio appassionare di sensori di campi magnetici (anche se in effetti...). Questo era solo un esempio per mostrarvi come è importante la fase. In questo caso se noi guardiamo solo all'ampiezza delle seconda armonica perdiamo un'informazione fondamentale: il segno del campo magnetico. Badate bene dunque che l'informazione non è solo nell'ampiezza delle armoniche che calcolate con la DFT ma spesso sta anche nella fase. Anche la fase è importante!

2.3 Uno spettro periodico

I più furbi tra di voi si saranno chiesti: ma la DFT vale per qualsiasi k? Quando l'abbiamo introdotta abbiamo semplicemente detto che la DFT si calcola così

$$Y_k = \sum_{n=0}^{2 \cdot N} y_n \cdot e^{-i \cdot k \cdot 2\pi \frac{n}{2 \cdot N + 1}} \qquad (2.29)$$

Se poni k=0 ottieni Y_0, ossia il valore medio. Se poni k=1 ottieni il numero complesso Y_1, che rappresenta modulo e fase della prima armonica; se scegli k=2 la DFT ti calcola la seconda armonica... Ma se scegli k=3? Se scegli k= −1? Che cosa ti dà la DFT?

Per rispondere a queste domande possiamo prova semplicemente a calcolare la DFT per questi nuovi valori di k e vedere cose esce. Partiamo dai valore negativi di k: in questo caso vediamo al volo che:

$$Y_{-k} = Y_k^* \qquad (2.30)$$

ossia il valore di Y_{-k} è il complesso coniugato di Y_k.

Dicevo che lo si nota al volo perché basta guardare come calcoliamo la DFT; l'esponenziale all'interno della sommatoria contiene il termine k: se al posto di k mettiamo –k allora il fasore ha avrà angolo con segno opposto. Lo vedete bene in Fig. 2.14: i due fasori hanno angolo di segno opposto perché in un caso ho +k all'esponente e nell'altro caso ho –k

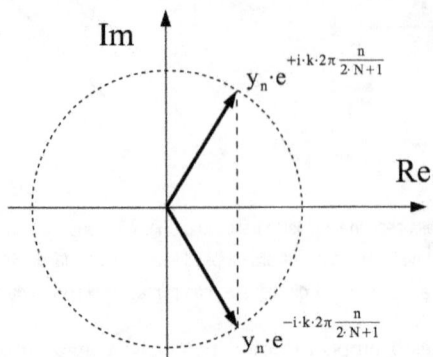

Fig. 2.14 – Proviamo a calcolare la DFT per valori di k negativi (ossia vogliamo calcolare Y_{-1}, Y_{-2} ...). I fasori della DFT sono i complessi coniugati di quelli che avevamo visto prima

Il risultato è che quei due fasori hanno la stessa parte reale ma opposta parte immaginaria, ossia sono complessi coniugati. Questo vale ovviamente per tutti i fasori della sommatoria: quando calcolo Y_{-k} sommo dei fasori che sono tutti complessi coniugati di quelli che sommo quando calcolo Y_k. Perciò Y_{-k} non può che essere il complesso coniugato di Y_k.

Riprendiamo l'esempio del paragrafo precedente. Avevamo già calcolato Y_0, Y_1 e Y_2 e li avevamo disegnati in un grafico dello spettro con il loro modulo e con la fase. Ora disegniamo anche Y_{-1} e Y_{-2}: essendo i complessi coniugati di Y_1 e Y_2 il modulo sarà lo stesso mentre la fase sarà invertita.

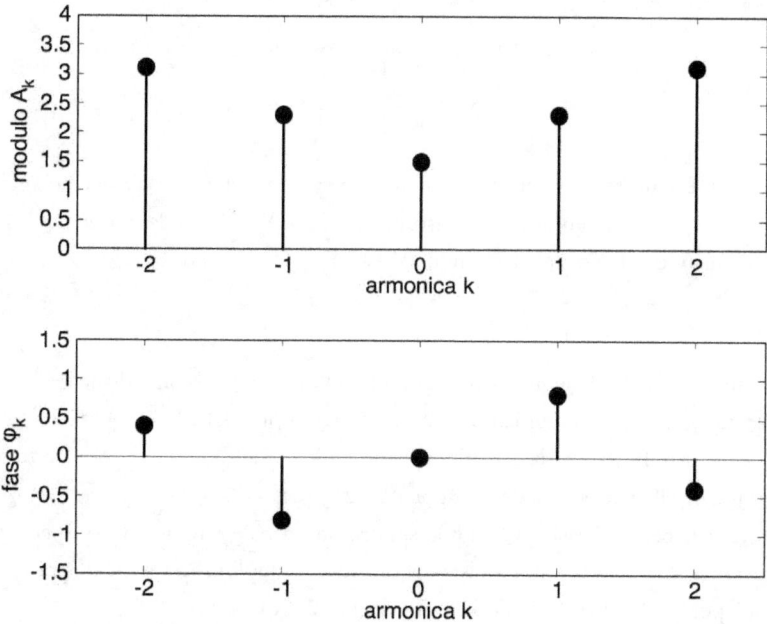

Fig. 2.15 – Spettro del segnale ottenuto dalla DFT mostrato anche per le armoniche a k negativo

Spesso quando si presenta uno spettro si mostrano sia le armoniche da 1 a N sia quelle da –1 a –N, come abbiamo fatto in Fig. 2.15. È bene precisarlo fin da subito: mostrare le armoniche a frequenze negative è totalmente superfluo. Già sappiamo che le armoniche a frequenza negativa hanno lo stesso modulo e fase opposta alle corrispettive armoniche di frequenza positiva. Già sappiamo che Y_{-k} equivale al complesso coniugato di Y_k. Tutte le informazioni sul segnale stanno nelle armoniche da Y_0 a Y_N. Le armoniche da Y_{-1} a Y_{-N} non ci dànno alcuna informazione in più, la metà sinistra del grafico in Fig. 2.15 è ridondante perché è una fotocopia della metà destra con la fase invertita.

Ora che conosciamo i valori delle armoniche Y_k da Y_{-N} a Y_N , vediamo cosa succede se aumentiamo il valore di k. Quando varrà l'armonica Y_3, l'armonica Y_8 o l'armonica Y_{29181}? Per scoprirlo prendiamo ancora la formula della DFT (2.3) e guardiamo l'esponenziale dentro la sommatoria. Il suo esponente è:

$$-i \cdot k \cdot 2\pi \frac{n}{2 \cdot N + 1} \tag{2.31}$$

Cosa cambia se al posto di k moltiplico per $k+(2 \cdot N+1)$? Calcoliamolo:

$$-i \cdot \left(k + \left(2 \cdot N + 1\right)\right) \cdot 2\pi \cdot \frac{n}{2 \cdot N + 1} = -i \cdot k \cdot 2\pi \cdot \frac{n}{2 \cdot N + 1} - i \cdot \left(2 \cdot N + 1\right) \cdot 2\pi \cdot \frac{n}{2 \cdot N + 1} \qquad (2.32)$$

$$= -i \cdot k \cdot 2\pi \cdot \frac{n}{2 \cdot N + 1} - i \cdot 2\pi n$$

$$= -i \cdot k \cdot 2\pi \cdot \frac{n}{2 \cdot N + 1}$$

Visto che n è sempre un intero aggiungere $2 \cdot N+1$ al valore di k equivale ad aggiungere 2π ossia 0. Questo significa che i fasori all'interno della formula per la DFT sono gli stessi sia quando calcolo Y_k, sia quando calcolo $Y_{k+(2 \cdot N+1)}$. Quindi

$$Y_k = Y_{k+(2 \cdot N+1)} \qquad (2.33)$$

Ma lo stesso vale se a k aggiungiamo un multiplo di $2 \cdot N+1$. Non è difficile da vedere: se nella equazione (2.32) mettiamo $k+2 \cdot (2 \cdot N+1)$ oppure $k+97 \cdot (2 \cdot N+1)$ il risultato è sempre lo stesso. Basta che la quantità aggiunta a k sia un multiplo $2 \cdot N+1$ e tutto si semplifica grazie alla periodicità degli angoli ($97 \cdot 2\pi = 2\pi = 0$).

E questo vale per qualsiasi k. Quindi lo spettro del segnale campionato si ripete tale e quale a distanza di $2 \cdot N+1$, e poi a distanza di tutti i multipli di $2 \cdot N+1$. In pratica abbiamo uno spettro che diventa periodico di periodo $2 \cdot N+1$.

Ritorniamo al nostro esempio: in Fig. 2.11 abbiamo visto lo spettro con le armoniche da Y_0 a Y_N che abbiamo calcolato con la DFT. Poi in Fig. 2.15 abbiamo raffigurato anche le armoniche negative. Ora allarghiamo un po' di più lo sguardo e ci accorgiamo che lo spettro diventa periodico, ossia si ripete uguale a se stesso. Lo vediamo ad esempio in Fig. 2.16 dove ho disegnato i valori Y_k (in ampiezza – normalizzata – e fase) per k che va da −12 a +12. Proprio per quello che abbiamo visto poche righe sopra in (2.33) lo spettro si ripete uguale a se stesso.

E qui notiamo una differenza con il segnale originario. Siamo partiti da un segnale che aveva uno spettro con due componenti e basta e siamo arrivati a uno spettro che invece è periodico. Lo spettro del segnale campionato quindi non è uguale allo spettro del segnale continuo da cui eravamo partiti, e questo è bene tenerlo a mente. Campionando abbiamo introdotto una differenza nello spettro; il significato di questa differenza lo vedremo poi nel prossimo capitolo.

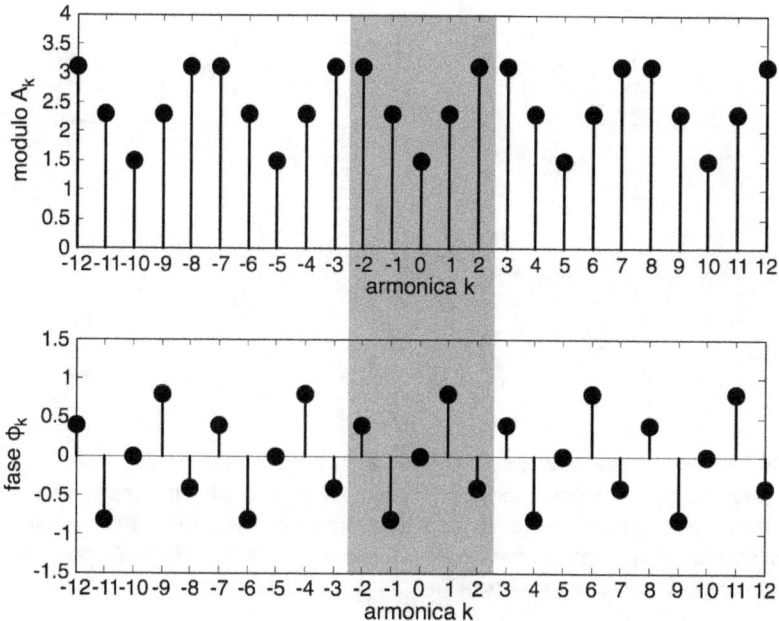

Fig. 2.16 – Se calcoliamo le armoniche Y_k per k>N=2 e k<N=2 (ossia l'armonica massima) ci accorgiamo che lo spettro si ripete uguale a se stesso fino all'eternità. Il campionamento con 2N+1 punti dunque ha reso lo spettro perio - dico

2.4 I danni dell'aliasing (ancora una volta)

Nel paragrafo precedente abbiamo visto che lo spettro del segnale campionato è periodico. Se passiamo da un segnale continuo a un segnale a campioni l'effetto nel dominio della frequenza è che lo spettro diventa periodico (con una periodicità pari a f_S).

Questo fatto ci conferma ancora una volta il teorema del campionamento. La frequenza di campionamento deve essere infatti sufficientemente alta per evitare che nel diventare periodico lo spettro si accavalli, un periodo sopra l'altro.

Prendiamo un generico spettro: se lo campioniamo con frequenza di campionamento sufficiente (secondo i dettami del teorema del campionamento) nel diventare periodico non succede niente di male (Fig. 2.17 sopra), mentre se lo campioniamo con una frequenza di campionamento insufficiente allora ci troviamo con le code degli spettri che non hanno un posto dove stare e si scontrano.

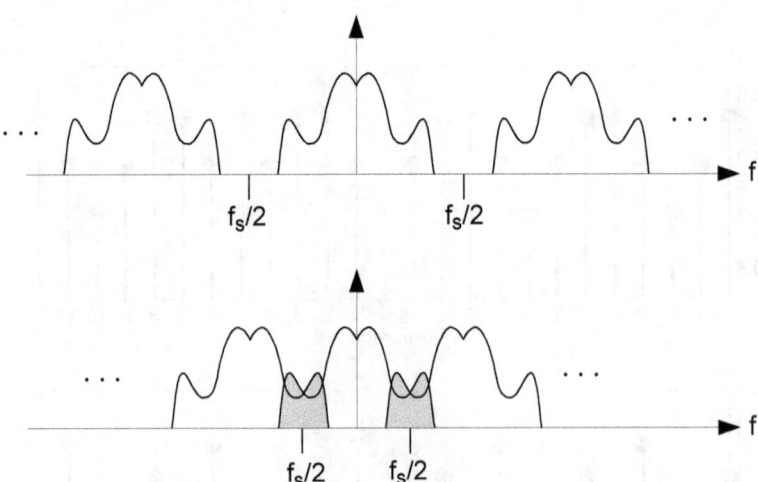

Fig. 2.17 – Lo spettro del segnale campionato con frequenza di campionamento fs diventa periodico di fs. Nell'immagine superiore il segnale è campionato correttamente (poiché fs/2 è maggiore della massima armonica). Nell'immagine inferiore fs è troppo bassa e questo provoca problemi perché le armoniche eccedenti fs/2 collidono per via della periodicità. [**Nota**: gli spetti sono disegnati con una linea continua per comodità anche se ovviamente sono spettri a righe visto che sono spettri di segnali campionati]

Queste frequenze che collidono con altre frequenze non è che scompaiono improvvisamente. Da qualche parte devono pure finire e l'unico posto dove possono finire è in quella parte dello spettro che sta sotto $f_s/2$ e che si trova ribaltate addosso tutte le frequenze in eccesso. L'effetto dell'aliasing è proprio questo: le armoniche che non hanno un posto sullo spettro (perché esso si ferma a $f_s/2$) si scontrano con quelle dello spettro che si ripete periodico e vanno a "sporcare" le armoniche che invece stavano sotto $f_s/2$. È per questo che se siamo in aliasing dobbiamo buttare via tutti i dati, è per questo che anche le armoniche sotto $f_s/2$ sono invalide, perché saranno la somma dell'armonica effettiva più tutta la potenza del segnale che sta sopra $f_s/2$ e che viene ribaltata sotto $f_s/2$.

2.5 La DFT inversa

Abbiamo calcolato la DFT ottenendo i valori dei complessi Y_0, Y_1 e Y_2, che equivalgono alle ampiezze A_0, A_1 e A_2 e alle fasi φ_1 e φ_2. A questo punto possiamo ricostruire il segnale y mettendo i valori nell'equazione

$$y = A_0 + A_1 \cdot \cos(1 \cdot 2\pi t + \varphi_1) + A_2 \cdot \cos(2 \cdot 2\pi t + \varphi_2) \tag{2.34}$$

ottenendo

$$y = 1{,}5 + 2{,}3 \cdot \cos(1 \cdot 2\pi t + 0{,}8) + 3{,}1 \cdot \cos(2 \cdot 2\pi t - 0{,}4) \tag{2.35}$$

che ci consente di ottenere il valore del segnale y a qualsiasi tempo t.

A questo punto uno potrebbe chiedersi: a cosa ci serve la metà spettro con le frequenze negative? Tutte le informazioni sono in i Y_0, Y_1 e Y_2, a che servono i Y_{-1} e Y_{-2}? In effetti uno potrebbe pensare che sono inutili, visto che non mi dànno alcuna informazione aggiuntiva (sono solo i complessi coniugati di Y_1 e Y_2). Infatti quando rappresentiamo lo spettro del segnale campionato ne rappresentiamo solo metà, come già dicevamo prima, mostriamo solo le frequenze positive. Perché allora dovrebbero interessarci queste frequenze negative? Perché dovrei badare del tutto a questi valori di Y_{-1} e Y_{-2}?

C'è in effetti un modo molto semplice per tornare indietro passando dal dominio delle frequenze (ossia dai valori delle armoniche Y_k) al valore del tempo (e cioè al segnale originario). Questo metodo è la trasformata di Fourier inversa (e discreta). Per comodità la chiameremo iDFT, dove la i sta appunto per *inversa*.

La iDFT si calcola con questa formula:

$$y_n = \frac{1}{2 \cdot N + 1} \cdot \sum_{k=0}^{2 \cdot N} Y_k \cdot e^{i \cdot n \cdot 2 \pi \frac{k}{2 \cdot N + 1}} \tag{2.36}$$

Se ci fate caso questa formula è terribilmente simile alla formula della DFT (2.3). Cambia l'ordine dei campioni y_n e delle armoniche Y_k perché in questo caso sommiamo le armoniche[6] per ottenere i campioni (e non l'opposto), così come si invertono i rispettivi indici n e k. Ah, un'altra differenza: i fasori hanno fase positiva, non negativa, perché manca il segno meno all'esponente; gli angoli però rimangono gli stessi. Quindi i fasori rimangono quelli di Fig. 2.5 ma sono presi nell'ordine che si ottiene "girando" in senso opposto.

Per il resto tutto uguale, il procedimento è lo stesso. Prendo le armoniche, Y_k le moltiplico per i fasori e poi faccio la sommatoria. Alla fine divido per 2N+1 per lo stesso motivo che avevamo raccontato sopra.

Facciamo un esempio e vediamo come funziona. Riprendiamo l'esempio di prima, dove avevamo calcolato che

$Y_0 = 7,5$	da (2.24)
$Y_1 = 4,0061 + 4,1248\ i$	da (2.15)
$Y_2 = 7,1282 - 3,018\ i$	da (2.22)

Ora proviamo a calcolare la iDFT per ottenere i campioni y_n. Partiamo con il primo campione, y_0 che – lo ricordo – valeva 5,96771 (2.13).

Applichiamo la formula (2.36) per n=0 e ottengo

---

6   …sempre moltiplicate per i fasori...

$$y_n = \frac{1}{2 \cdot N + 1} \cdot \sum_{k=0}^{2 \cdot N} Y_k \cdot e^{i \cdot n \cdot 2\pi \frac{k}{2 \cdot N + 1}} \tag{2.37}$$

$$y_0 = \frac{1}{5} \cdot \left[Y_0 \cdot e^{i \cdot 0 \cdot 2\pi \frac{0}{5}} + Y_1 \cdot e^{i \cdot 0 \cdot 2\pi \frac{1}{5}} + Y_2 \cdot e^{i \cdot 0 \cdot 2\pi \frac{2}{5}} + Y_3 \cdot e^{i \cdot 0 \cdot 2\pi \frac{3}{5}} + Y_4 \cdot e^{i \cdot 0 \cdot 2\pi \frac{4}{5}} \right]$$

siccome gli esponenti sono tutti 0 (visto che n=0) tutti gli esponenziali risultano 1 quindi per calcolare y_0 ci basta sommare tutte le Y_k:

$$\tag{2.38}$$

$$y_0 = \frac{1}{5} \cdot \left[Y_0 + Y_1 + Y_2 + Y_3 + Y_4 \right]$$

A questo punto attenzione però, dobbiamo ricordarci che lo spettro è periodico! I valori di Y_3 e Y_4 quindi corrispondono rispettivamente a Y_{-2} e Y_{-1}.

$$Y_3 = Y_{-2}$$
$$Y_4 = Y_{-1}$$

Se non ne siete convinti riguardate lo spettro simmetrico di Fig. 2.16, e verificate ad esempio che la Y_3 ha la stessa ampiezza e fase della Y_{-2}. Se siete ancora confusi prendete uno spettro generico come quello di Fig. 2.18. Data la periodicità dello spettro del segnale campionato, la porzione di armoniche Y_k con k>N è la stessa delle Y_k negative.

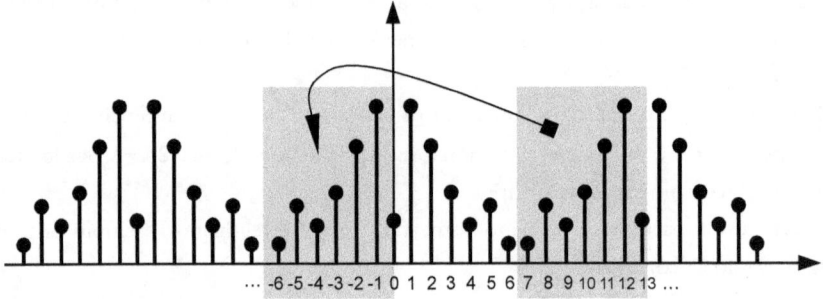

Fig. 2.18 – Un generico spettro di un segnale campionato con N=6. Le armoniche da N+1 a 2N (ossia 7 a 12) equivalgono alle armoniche negative da -N a -1.

Proseguiamo con i nostri calcoli e considerando dunque che le armoniche Y_3 e Y_4 corrispondono a Y_{-2} e Y_{-1} semplifichiamo così:

$$\tag{2.39}$$

$$y_0 = \frac{1}{5} \cdot \left[Y_0 + Y_1 + Y_2 + Y_{-2} + Y_{-1} \right]$$

Prima di metterci a fare i calcoli dobbiamo fare un'ulteriore semplificazione: ci ricordiamo infatti che le armoniche negative equivalgono al complesso coniugato delle corrispondenti armoniche positive. Se quindi abbiamo la somma di Y_1 e Y_{-1} alla fine le parti immaginarie si elidono e rimangono solo le parti reali:

$$Y_1 + Y_{-1} = \mathbb{R}(Y_1) + i \cdot I\,m(Y_1) + \mathbb{R}(Y_1) - i \cdot I\,m(Y_1) = 2 \cdot \mathbb{R}(Y_1) \tag{2.40}$$

Lo stesso per la coppia di valori Y_2 e Y_{-2}. Ritornando quindi al calcolo del campione y_0 semplifichiamo ulteriormente e diventa:

$$y_0 = \frac{1}{5} \cdot \left[Y_0 + 2 \cdot \mathbb{R}(Y_1) + 2 \cdot \mathbb{R}(Y_2) \right] \tag{2.41}$$

non ci resta che inserire i valori numerici e otteniamo

$$y_0 = \frac{1}{5} \cdot \left[7,5 + 4,0061 + 7,138 \right] = 5,95771 \tag{2.42}$$

esattamente quello che ci aspettavamo (per fortuna).

Fin qui i calcoli sono stati semplici. Non abbiamo nemmeno dovuto moltiplicare per i fasori semplicemente perché avendo esponente nullo valevano tutti 1. Iniziamo però a notare una cosa: **le parti immaginarie si sono elise per simmetria.** E ci mancherete altro, direte voi. Il valore dei campioni y_n è reale, quindi quando sommo dei complessi se voglio che alla fine salti fuori un reale le parti immaginarie si devono cancellare. Lo stesso vale per il calcolo degli altri campioni. Facciamo l'esempio del campione y_1; se scriviamo la sommatoria della iDFT per $n = 1$ otteniamo:

$$y_n = \frac{1}{2 \cdot N + 1} \cdot \sum_{k=0}^{2 \cdot N} Y_k \cdot e^{i \cdot n \cdot 2\pi \frac{k}{2 \cdot N + 1}} \tag{2.43}$$

$$y_0 = \frac{1}{5} \cdot \left[Y_0 \cdot e^{i \cdot 1 \cdot 2\pi \frac{0}{5}} + Y_1 \cdot e^{i \cdot 1 \cdot 2\pi \frac{1}{5}} + Y_2 \cdot e^{i \cdot 1 \cdot 2\pi \frac{2}{5}} + Y_3 \cdot e^{i \cdot 1 \cdot 2\pi \frac{3}{5}} + Y_4 \cdot e^{i \cdot 1 \cdot 2\pi \frac{4}{5}} \right]$$

ancora una volta sostituiamo le armoniche Y_3 e Y_4 con Y_{-2} e Y_{-1}

$$y_0 = \frac{1}{5} \cdot \left[Y_0 \cdot e^{i \cdot 1 \cdot 2\pi \frac{0}{5}} + Y_1 \cdot e^{i \cdot 1 \cdot 2\pi \frac{1}{5}} + Y_2 \cdot e^{i \cdot 1 \cdot 2\pi \frac{2}{5}} + Y_{-2} \cdot e^{i \cdot 1 \cdot 2\pi \frac{3}{5}} + Y_{-1} \cdot e^{i \cdot 1 \cdot 2\pi \frac{4}{5}} \right] \tag{2.44}$$

in questo caso i fasori non sono scomparsi, quindi dobbiamo fare i conti con essi. Prima però di partire in tromba coi calcoli osserviamo meglio la formula: c'è un'altra **simmetria nascosta** che ci consente di semplificarla ulteriormente. Infatti osserviamo

che non solo le armoniche ma anche i fasori sono complessi coniugati. Infatti $e^{i \cdot 1 \cdot 2\pi \frac{1}{5}}$ è il complesso coniugato di $e^{i \cdot 1 \cdot 2\pi \frac{4}{5}}$. Se non ci credete disegnateli pure e noterete che

$e^{i \cdot 1 \cdot 2\pi \frac{4}{5}}$ equivale a $e^{i \cdot 1 \cdot 2\pi \frac{-1}{5}}$.

Bene, allora riconosciamo che nella sommatoria abbiamo per esempio la coppia

$Y_1 \cdot e^{i \cdot 1 \cdot 2\pi \frac{1}{5}} + Y_{-1} \cdot e^{i \cdot 1 \cdot 2\pi \frac{-1}{5}}$. Guardiamola bene: abbiamo il prodotto di due numeri complessi sommato al prodotto dei rispettivi complessi coniugati. Cosa salta fuori? Proviamo a scriverlo con dei simboli, ad esempio $Y_1 = \alpha + i\beta$ mentre il fasore $e^{i \cdot 1 \cdot 2\pi \frac{1}{5}} = (\gamma + i\delta)$.
Non spaventatevi, ho solo dato dei nomi generici alle componenti reale ed immaginaria dei numeri complessi che moltiplichiamo, così vediamo facilmente cosa otteniamo:

$$(\alpha + i\beta)(\gamma + i\delta) + (\alpha - i\beta)(\gamma - i\delta) \tag{2.45}$$

fate pure i vostri calcoli e scoprirete che il risultato è

$$2 \cdot (\alpha\gamma - \beta\delta) \tag{2.46}$$

che – sostituiti i simboli – significa

$$Y_1 \cdot e^{i \cdot 1 \cdot 2\pi \frac{1}{5}} + Y_{-1} \cdot e^{i \cdot 1 \cdot 2\pi \frac{-1}{5}} = \mathbb{R}(Y_1) \cdot \mathbb{R}\left(e^{i \cdot 1 \cdot 2\pi \frac{-1}{5}}\right) - \mathrm{Im}(Y_1) \cdot \mathrm{Im}\left(e^{i \cdot 1 \cdot 2\pi \frac{-1}{5}}\right) \tag{2.47}$$

Ancora una volta abbiamo un numero reale, perché le parti immaginarie si sono elise nel passare dalla (2.45) alla (2.46). Non fatevi ingannare dal fatto che in (2.47) c'è il prodotto di due parti immaginarie: in realtà non sono moltiplicate per l'unità immaginaria i, quindi danno un reale.

Facciamo i conti ricordandoci che

$$Y_1 = \alpha + i\beta = 4,0061 + i\,4,1248 \tag{2.48}$$

$$e^{i \cdot 1 \cdot 2\pi \frac{1}{5}} = (\gamma + i\delta) = 0,30902 + i\,0,95106 \tag{2.49}$$

se sostituiamo i valori otteniamo

$$2 \cdot \left[\mathbb{R}(Y_1) \cdot \mathbb{R}\left(e^{i \cdot 1 \cdot 2\pi \frac{-1}{5}}\right) - \mathrm{Im}(Y_1) \cdot \mathrm{Im}\left(e^{i \cdot 1 \cdot 2\pi \frac{-1}{5}}\right) \right] = 4,0061 \cdot 0,30902 - 4,1248 \cdot 0,95106 = -5,3699$$
$$\tag{2.50}$$

Facendo lo stesso per l'altra coppia (quella di Y_2 e Y_{-2}) otteniamo -8,002.

Riprendiamo in mano la (2.44)

$$y_0 = \frac{1}{5} \cdot \left[Y_0 \cdot e^{i \cdot 1 \cdot 2\pi \frac{0}{5}} + Y_1 \cdot e^{i \cdot 1 \cdot 2\pi \frac{1}{5}} + Y_2 \cdot e^{i \cdot 1 \cdot 2\pi \frac{2}{5}} + Y_{-2} \cdot e^{i \cdot 1 \cdot 2\pi \frac{3}{5}} + Y_{-1} \cdot e^{i \cdot 1 \cdot 2\pi \frac{4}{5}} \right] \qquad (2.51)$$

$$= \frac{1}{5} \cdot \left[Y_0 + \left(Y_1 \cdot e^{i \cdot 1 \cdot 2\pi \frac{1}{5}} + Y_{-1} \cdot e^{i \cdot 1 \cdot 2\pi \frac{4}{5}} \right) + \left(Y_2 \cdot e^{i \cdot 1 \cdot 2\pi \frac{2}{5}} + Y_{-2} \cdot e^{i \cdot 1 \cdot 2\pi \frac{3}{5}} \right) \right]$$

$$= \frac{1}{5} [7,5 - 5,3699 - 8,0020] = \frac{-5,8719}{5} = 1,17439$$

che era proprio il valore di y_1.

Tutto torna, siamo contenti. Ma a parte un ripassino di conti coi numeri complessi cosa ci ha dato tutto questo lavorio di calcoli? Perché l'abbiamo fatto? L'abbiamo fatto per renderci conto di come siamo arrivati al valore reale che costituisce il campione y_n. Per ottenere un y_n reale abbiamo avuto bisogno di far fuori le componenti immaginarie, e questo è stato possibile solo perché abbiamo avuto nella sommatoria le coppie formate dai termini Y_1 e Y_{-1} e Y_2 e Y_{-2} complesse coniugate moltiplicate per fasori a loro volta complessi coniugati. Solo per quello le parti immaginarie sono sparite. Capite allora perché "servono" le frequenze negative nello spettro del segnale campionato: senza di essere non saremmo stati in grado di annientare le parti immaginarie e ottenere alla fine della sommatoria un numero reale.

2.6 Il motivo del x2

Prima di chiudere il capitolo sono ancora in debito di una spiegazione. Qualche pagina fa avevo spiegato come si faceva a passare dai valori Y_k che otteniamo usando la DFT all'ampiezza e fase della corrispondente sinusoide. Avevo detto che se voglio l'ampiezza della prima armonica devo prendere l'ampiezza di Y_1, dividerla per $2N+1$ e moltiplicarla per 2. Avevo spiegato il motivo per cui bisognava dividere per $2N+1$, ma avevo lasciato in sospeso il motivo per cui bisogna poi moltiplicare per due. Ora è tempo di riprendere in mano quel discorso.

Abbiamo visto nel paragrafo precedente che per ricalcolare il campione y_n dovevamo fare una sommatoria in cui si sommavano coppie di complessi coniugati Y_k e Y_{-k} opportunamente moltiplicati per dei fasori anch'essi complessi coniugati. Questo faceva sparire le parti immaginarie e dava un reale. Ottimo, solo che per fare questo ci serviva sia Y_k che Y_{-k}. Se prendevo solo Y_k col piffero che riuscivo a elidere la parte immaginaria. E infatti alla fine quella coppia $2 \cdot (\alpha \gamma - \beta \delta)$ (2.46). Notate il 2 prima della parentesi: quel due c'è perché metà di quel contributo è dato da $Y_1 \cdot e^{i \cdot 1 \cdot 2\pi \frac{1}{5}}$ e metà è dato da $Y_{-1} \cdot e^{i \cdot 1 \cdot 2\pi \frac{-1}{5}}$. In altre parole: metà della prima armonica sta in Y_1 e l'altra metà è in Y_{-1}.

Per questo l'ampiezza di Y_1[7] è solo metà dell'ampiezza della sinusoide che costituisce la prima armonica). Perché poi quando poi sommi la Y_1 nella iDFT trovi lo stesso contributo da Y_{-1}. Se così non fosse, se Y_1 non necessitasse di quel x2 per dare l'ampiezza della sinusoide poi ci troveremmo con un un valore di y_n troppo grosso (perché poi nel fare i conti con l'iDFT ci troviamo un ulteriore x2, quello della (2.46)).

Per ricordarsi questo concetto senza pensare alle formule provate semplicemente a pensarlo così: la DFT mi dà uno spettro con armoniche positive (da Y_1 a Y_N) e armoniche negative (da Y_{-1} a Y_{-N}). Per ogni sinusoide metà della potenza sta nell'armonica positiva e metà in quella negativa. Fa eccezione il valore medio Y_0 perché... non esiste il suo corrispettivo negativo Y_{-0}! Infatti vi ricorderete che Y_0 lo dividevamo solo per 2N+1 senza moltiplicarlo per 2. Questo perché è da solo e il valore medio lo rappresenta solo lui. Tutto torna!

---

7 ...dopo essere stata divisa per 2N+1

3. Come cambia lo spettro se cambio i parametri con cui campiono il segnale

Abbiamo imparato come calcolare la DFT: partiamo dai campioni y_n nel dominio del tempo e otteniamo le armoniche Y_k nel dominio della frequenza che tutte assieme ci dànno lo spettro del segnale campionato. In questo capitolo faremo un passo ulteriore: cercheremo di capire come cambia questo spettro quando cambio i parametri del campionamento. Ad esempio, cosa succede allo spettro se aumento la frequenza di campionamento? E cosa succede se aumento il tempo per il quale campiono?

Le risposte a queste domande sono effettivamente molto semplici, se volete potete arrivarci da soli senza molto sforzo (poi magari proseguite la lettura di questo capitolo per verificare se avete ragione). Per quanto il contenuto di questo capitolo sia semplice penso sia molto utile ribadirlo e metterlo bene in testa. Molte volte infatti ho visto gente confusa su cosa doveva fare per aumentare la risoluzione in frequenza o la massima frequenza dello spettro. Una volta stampati in testa questi semplici concetti vi saranno utilissimi, credetemi.

3.1 La corrispondenza tra armoniche e frequenza

Nel capitolo precedente abbiamo visto che con la DFT calcoliamo lo spettro di un segnale, ossia l'ampiezza e la fase di ogni singola armonica (più il valore medio). Spesso questo viene raffigurato in un grafico come quello di Fig. 2.15. Sull'asse orizzontale abbiamo messo l'ordine dell'armonica, ma possiamo mettere anche il valore della frequenza in hertz.

Per esempio, poniamo di avere il segnale definito in (3.1)

$$y(t) = 1,8 + 5 \cdot \cos(100 \cdot 2\pi t + 0,3) + 3,5 \cdot \cos(200 \cdot 2\pi t + 0,6) + \dots \qquad (3.1)$$
$$\dots + 2 \cdot \cos(300 \cdot 2\pi t + 1) + 1,1 \cdot \cos(400 \cdot 2\pi t + 1,3)$$

Il segnale ha una frequenza fondamentale (la prima armonica) di 100 Hz. Inoltre avrà la seconda, la terza, e la quarta armonica rispettivamente a 200 Hz, 300 Hz e 400 Hz. Visto che l'armonica massima è di ordine 4, ho che N=4; perciò per rispettare il teorema del campionamento devo campionare il segnale con $2 \cdot N + 1 = 9$ campioni per periodo, ossia devo campionare con un periodo di campionamento

$$T_s = \frac{T}{2 \cdot N + 1} = \frac{10\,ms}{9} = 1.\overline{1}\,ms \tag{3.2}$$

Il segnale ha frequenza fondamentale di 100 Hz, quindi un periodo di 10 ms; se voglio 9 campioni per periodo devo campionarlo prendendo un punto ogni $1.\overline{1}$ ms. I campioni che otterremo saranno questi:

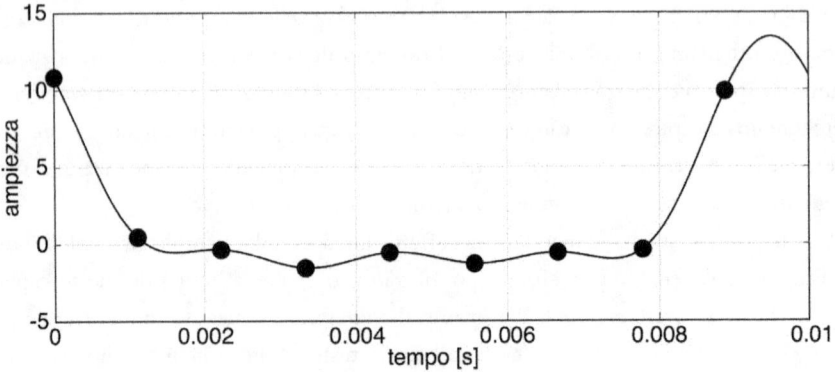

Fig. 3.1 – Il segnale di equazione (3.1) campionato con 9 punti.

Se faccio ciò e applico la DFT ai campioni che misuro ottengo lo spettro del segnale campionato, il quale risulterà come in Fig. 3.2 (negli esempi di questo capitolo il valore delle armoniche ottenute con la DFT è stato diviso per 2N+1 per i motivi spiegati nel capitolo precedente, così che i valori delle armoniche restino sempre gli stessi).

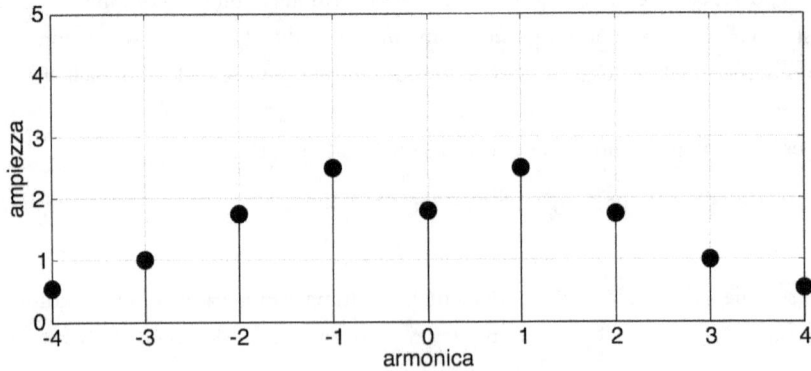

Fig. 3.2 – Il risultato della DFT fatta sui campioni di Fig. 3.1

Al posto dell'ordine delle armoniche posso usare la frequenza di ogni rispettiva armonica. È la stessa cosa. Basta sapere che il segnale ha frequenza fondamentale 100 Hz e moltiplicare per 100 Hz l'ordine di ogni armonica.

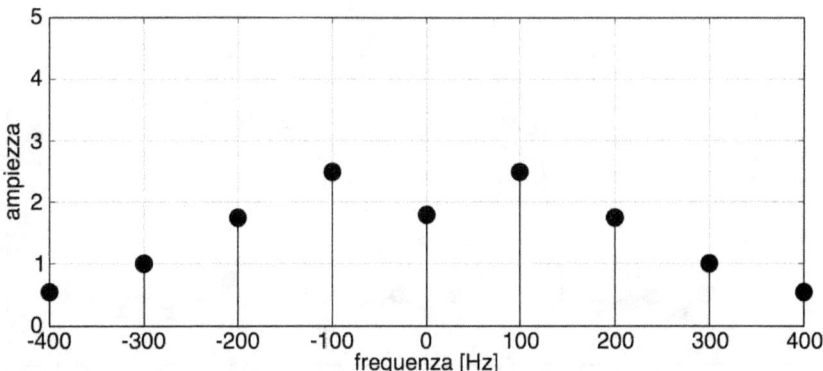

Fig. 3.3 – Lo stesso spettro del segnale mostrato in Fig. 3.2 dove però al posto del numero dell'armonica mettiamo il corrispondente valore della frequenza in hertz.

La DFT ci fa quindi passare da un segnale nel dominio del tempo (i campioni presi a intervalli regolari di tempo pari a T_s) al dominio della frequenza, ossia allo spettro che ci dice ampiezza e fase di ogni armonica a una determinata frequenza (100 Hz, 200 Hz, 300 Hz...).

3.2 Tra un'armonica e l'altra (non c'è nulla)

Per qualche strano motivo c'è della gente che quando guarda lo spettro di un segnale campionato, come quello di Fig. 3.3 si chiede: quanto vale lo spettro a 120 o 150 Hz? Insomma, l'ampiezza dello spettro a 100 Hz è 2,5 e l'ampiezza dello spettro a 200 Hz è 1,75... che valore ha lo spettro a 150 Hz? È forse 0?

No, no e poi ancora no. Il valore dello spettro a 150 Hz di quel segnale campionato non è 0. A 150 Hz il valore dello spettro non esiste. E se non esiste non può valere zero. Attenzione: valere 0 e non esistere non sono la stessa cosa. Questo concetto deve essere molto chiaro. Tra la prima armonica (a 100 Hz) e la seconda armonica (a 200 Hz) non c'è nulla. Nulla! Lo spettro esiste solo per frequenze multiple della prima armonica, lo spettro esiste solo a 100 Hz, 200 Hz, 300 Hz, 400 Hz. Tra una linea e l'altra dello spettro non c'è nulla. E in effetti, provate a pensarci: quando "risolvete il sistema" che vi porta a calcolare modulo e fase di ogni armonica

Ora proviamo a campionare lo stesso segnale prendendo 27 campioni anziché 9 senza cambiare il periodo di campionamento, che rimane sempre $1.\overline{1}$ ms. In altre parole dopo aver preso i primi 9 campioni, con la stessa frequenza di campionamento continuiamo a prenderne altri 18.

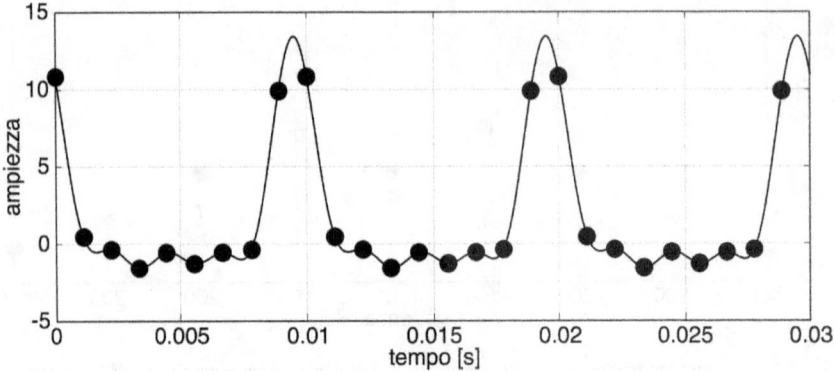

Fig. 3.4 – Lo stesso segnale campionato ancora con la stessa frequenza di campionamento, questa volta però acquisendo 27 campioni anziché 9 (ossia campioniamo per il triplo del tempo).

Visto che il segnale è periodico se continuo il campionamento mi ritroverò gli stessi campioni nei secoli dei secoli. In questo caso se prendo 27 campioni ho tre periodi. Facciamo ora la DFT di questi 27 campioni; non facciamo altro che applicare la formuletta (2.3) della DFT per 2N+1=27 e lo spettro che otteniamo è questo:

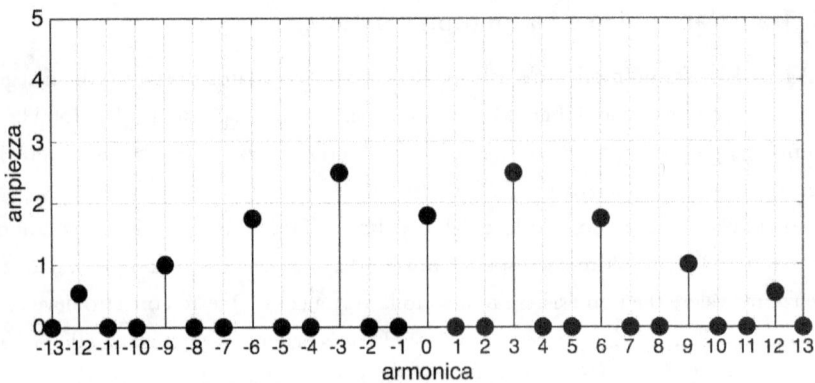

Fig. 3.5 – Risultato della DFT fatta coi campioni di Fig. 3.4, ossia campionando il segnale per tre periodi.

In questo caso scrivere il numero dell'armonica potrebbe confondere un po'. Allora invece di scrivere l'ordine dell'armonica scriviamo la frequenza sull'asse orizzontale; avremo:

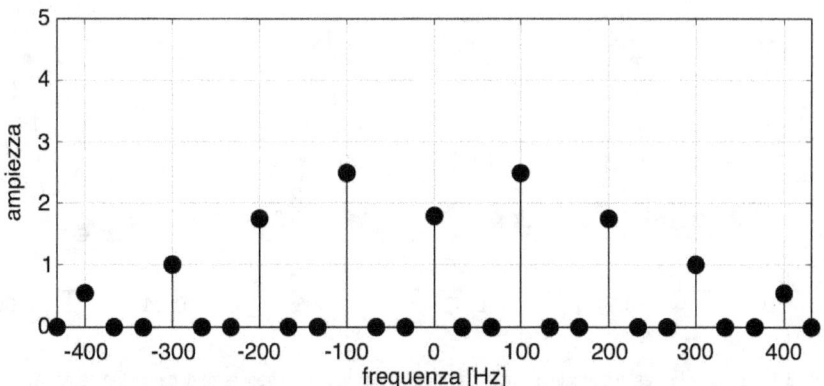

Fig. 3.6 – Lo stesso spettro di Fig. 3.5 con l'indicazione della frequenza al posto dell'ordine dell'armonica. Notate che ora 100 Hz non è più la prima armonica ma è la terza armonica (è al terzo posto dopo il valore medio al centro).

In questo caso non abbiamo più uno spettro che esiste solo a 100 Hz, 200 Hz, 300 Hz … In questo caso nello spettro sono comparse anche nuove frequenze 33,$\overline{3}$ Hz, 66,$\overline{6}$ Hz, 133,$\overline{3}$ Hz, 166,$\overline{6}$ Hz …

Prima, quando avevamo campionato solo con 9 campioni queste frequenze non esistevano (guardate lo spettro in Fig. 3.3), non c'era una linea nello spettro, non c'era un valore nella DFT per quelle frequenze; ora che prendiamo 27 campioni invece esistono. Certo, hanno un valore 0 perché nel segnale non c'è alcuna sinusoide con frequenza 33,$\overline{3}$ Hz, quindi il valore della corrispondente armonica a quella frequenza è 0: non ho una linea in Fig. 3.6 bensì un pallino al livello 0, perché nel segnale non c'è alcuna componente con quella frequenza. Lo spettro del segnale campionato dunque vale 0. **Vale 0 ma esiste.** L'avevamo già detto prima, non esistere ed avere valore 0 sono due cose mostruosamente diverse: quando acquisisco 27 campioni ho una linea nello spettro a 33,$\overline{3}$ Hz, in questo caso è zero ma potrebbe essere anche diversa da zero. Al contrario, quando prendo solo 9 campioni quella linea nello spettro proprio non c'è.

3.3 Aumentiamo il tempo totale di campionamento

Proviamo a spingerci un po' più in là: anziché 27 campioni ne prendiamo 45 (sempre con la stessa frequenza di campionamento). In altre parole, invece di prendere tre periodi del segnale ne prendiamo cinque. I campioni sono sempre gli stessi (d'altra parte se è un segnale periodico non potrebbe essere altrimenti), solo che invece di acquisirli per tre periodi li prendo per cinque periodi.

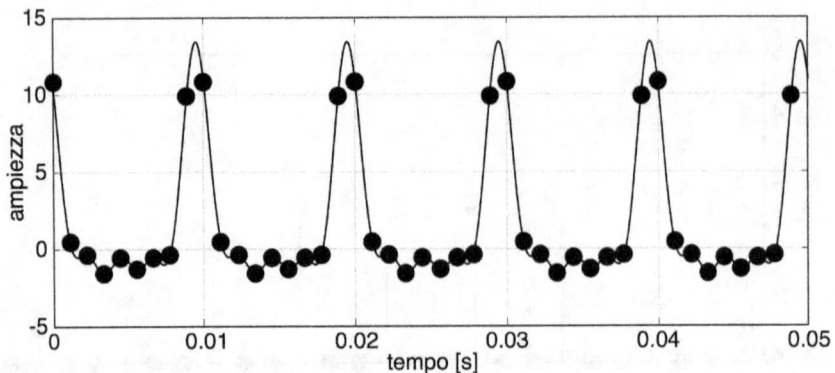

Fig. 3.7 – Sempre lo stesse segnale, sempre campionato con la stessa frequenza di campionamento ma questa volta acquisito per cinque periodi (45 campioni)

Se avete campito il passaggio precedente sapete già dove andremo a finire. Abbiamo aggiunto nuovi campioni? Allora troveremo nuove frequenze nello spettro. Facciamo la DFT di questi 45 campioni e ci troviamo con uno spettro così:

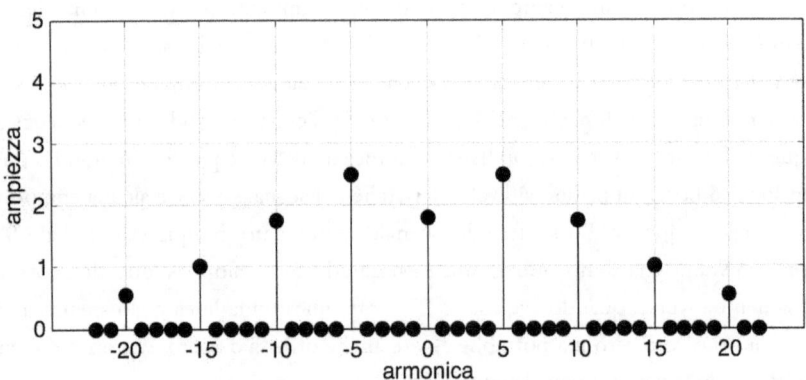

Fig. 3.8 – Spettro del segnale campionato prendendo 45 campioni (ossia 5 periodi).

Se non ci credete mettetevi pure a fare i calcoli da soli. Avete il segnale (definito in (3.1), sapete qual è la frequenza di campionamento, potete quindi calcolare i campioni e poi applicate la formuletta della DFT e quello che otterrete è proprio ciò che vedete in Fig. 3.8. Ancora una volta, se sostituiamo l'ordine delle armoniche con il valore della corrispondente frequenza lo spettro apparirà così:

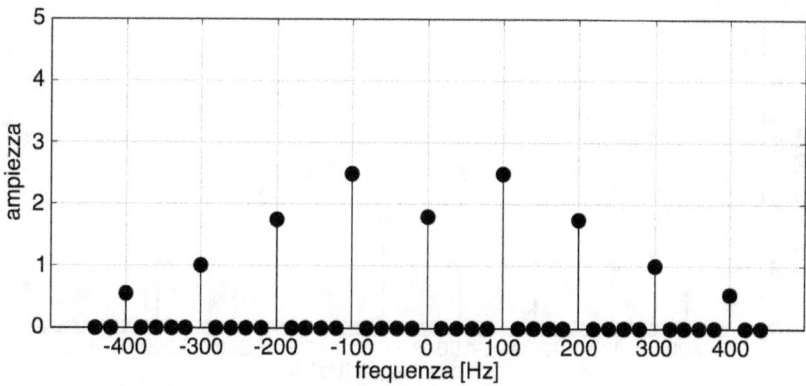

Fig. 3.9 – Lo stesso spettro di Fig. 3.8 solo con le frequenze al posto delle armoniche.

Come ci aspettavamo sono apparse nuove armoniche nello spettro. Adesso tra 100 Hz e 200 Hz troviamo ben quattro armoniche (a valore zero) mentre prima erano solo due. Ricordate? Prima le armoniche aggiunte si trovavano a 133,$\overline{3}$ Hz e 166,$\overline{6}$ Hz, adesso si trovano a 120 Hz, 140 Hz, 160 Hz e 180 Hz. Lo stesso tra 200 Hz e 300 Hz, tra 300 Hz e 400 Hz... Cosa è successo?

Campionando cinque periodi anziché tre abbiamo aggiunto due periodi al segnale campionato, e quando calcoliamo la DFT ci troviamo con due armoniche nuove in più tra ogni linea del segnale originario. A questo punto possiamo già intuire un concetto fondamentale:

> più a lungo campiono il segnale (ossia, più periodi prendo) e più precisa sarà la risoluzione in frequenza dello spettro.

Volete esagerare? Prendiamo 25 periodi. Non disegno i campioni perché sarebbero troppi, e poi già lo sapete che sarebbero 25 periodi tutti uguali per un totale di 225 campioni (9 campioni per periodo per 25 periodi). Presi questi 225 campioni facciamo la DFT e ci salta fuori questo spettro:

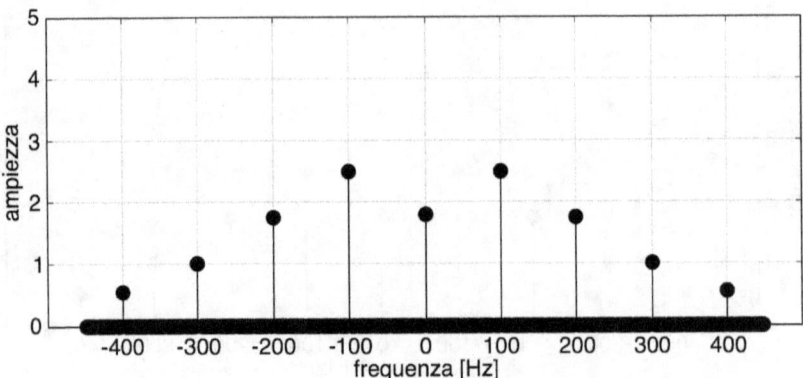

Fig. 3.10 – Lo spettro dello stesso segnale campionato sempre con la stesse frequenza di campionamento ma per ben 25 periodi.

Tra una linea e l'altra dello spettro originario sono comparse così tante armoniche nuove a valore nullo che nemmeno siamo più in grado di distinguerle nella Fig. 3.10. Per vederle dobbiamo fare un ingrandimento; ad esempio in Fig. 3.11 potete vedere lo spettro tra 80 Hz e 220 Hz, notando che ora tra 100 Hz e 200 Hz ho ben 24 armoniche aggiuntive.

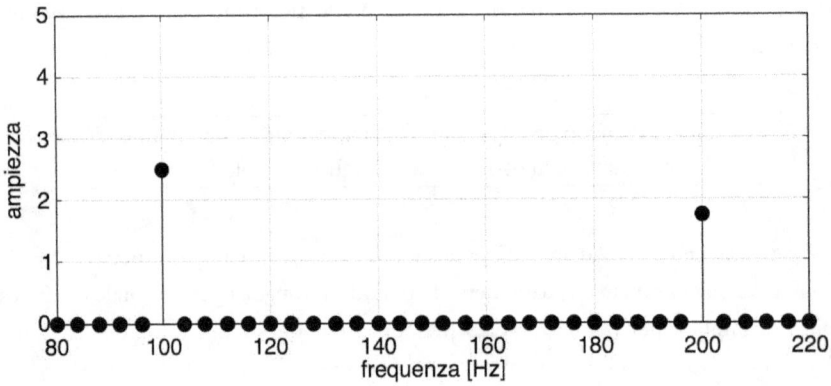

Fig. 3.11 – Ingrandimento di Fig. 3.10 tra 80 e 220 Hz. Ora vediamo bene le 24 armoniche a valore nullo comprese tra 100 e 200 Hz.

A questo punto dovremmo sentire come naturale questo principio; se aumento il numero di periodi che acquisisco miglioro la risoluzione in frequenza dello spettro. Dove "migliore risoluzione in frequenza" significa che per lo stesso intervallo di frequenza ho più linee nello spettro; un altro modo per dirlo è che la **distanza Δf tra una linea e l'altra dello spettro** diminuisce.

Numero di periodi campionati	Δf	
1	100 Hz	Fig. 3.2
3	33,3 Hz	Fig. 3.6
5	20 Hz	Fig. 3.9
25	4 Hz	Fig. 3.10 - Fig. 3.11

Ora cerchiamo di capire perché questo avviene (anche se probabilmente l'avete già capito). Disegniamo ancora una volta gli spettri calcolati con la DFT acquisendo 1, 3 e 5 periodi, ma questa volta teniamo l'asse orizzontale con l'ordine dell'armoniche, senza tradurlo in hertz.

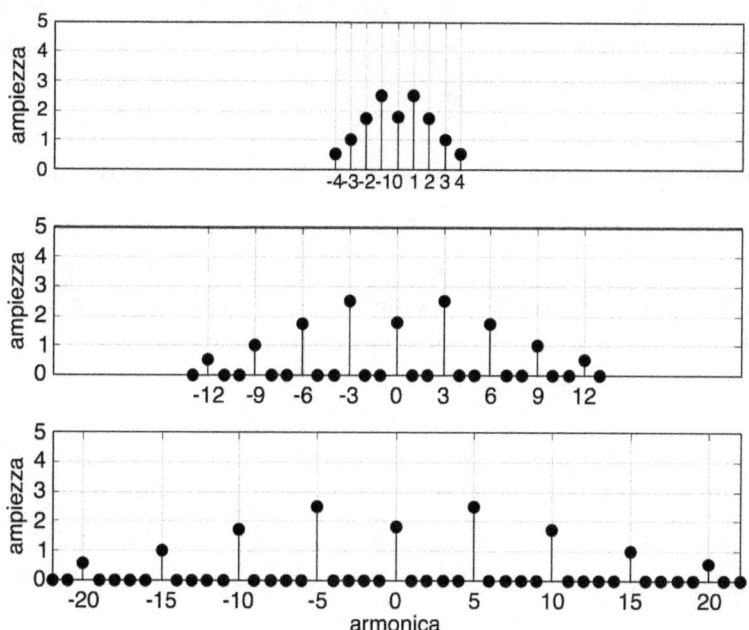

Fig. 3.12 – Spettro del medesimo segnale campionato con sempre la stessa frequenza di campionamento ma prendendo diverso numero di campioni, per un tempo totale di 1 periodo (in alto), 3 periodi (in mezzo) e 5 periodi (in basso).

La cosa più evidente (e scontata) è che se campioniamo più periodi con la stessa frequenza di campionamento otterremo sequenza con più campioni. Un periodo ci dà 9 campioni, tre periodi ci dànno 27 campioni, cinque periodi ci dànno 45 campioni e così via. Perciò quando faremo la DFT otterremo uno spettro con più valori: il numero di armoniche nello spettro calcolato con la DFT è uguale al numero di campioni che abbiamo in ingresso alla DFT; se questo non ti è chiaro torna alla parte in cui abbiamo visto come si calcola la DFT, in particolare dove spiegavo che lo spettro del segnale campionato è periodico e osserva che lo spettro ha 2N+1 elementi – da -N a +N – e poi si ripete all'infinito.

Quindi è normale che se acquisisco 45 campioni mi trovo uno spettro con 45 armoniche. Quello che forse è meno immediato è perché la linea dello spettro che corrisponde a 100 Hz cambia di posto. Osservate bene la Fig. 3.12: se prendo un periodo 100 Hz si trova in corrispondenza della prima armonica, se acquisisco tre periodi 100 Hz si sposta alla terza armonica, mentre se prendo cinque periodi 100 Hz lo trovo alla quinta armonica. Lo stesso per tutte le altre componenti del segnale; prendiamo per esempio la componente a 300 Hz: con un periodo è la terza armonica, con tre periodi è la nona armonica, con cinque periodi è la quindicesima armonica.

Perché le frequenze cambiano posto? Perché la componente a 100 Hz si sposta dalla prima armonica alla terza armonica se campiono tre periodi? Perché diventa la quinta armonica se acquisisco cinque periodi?

3.4 Il concetto di prima (ma anche seconda, terza...) armonica

La risposta a questa domanda si può facilmente trovare pensando al concetto di prima, terza e quinta armonica. Che cos'è la prima armonica? L'armonica fondamentale, ok. Ma cosa vuol dire? Prima armonica significa che nel periodo interessato si ripete una sola volta, la terza armonica si ripete tre volte e la quinta armonica cinque volte. Possiamo vederne un esempio nella Fig. 3.13.

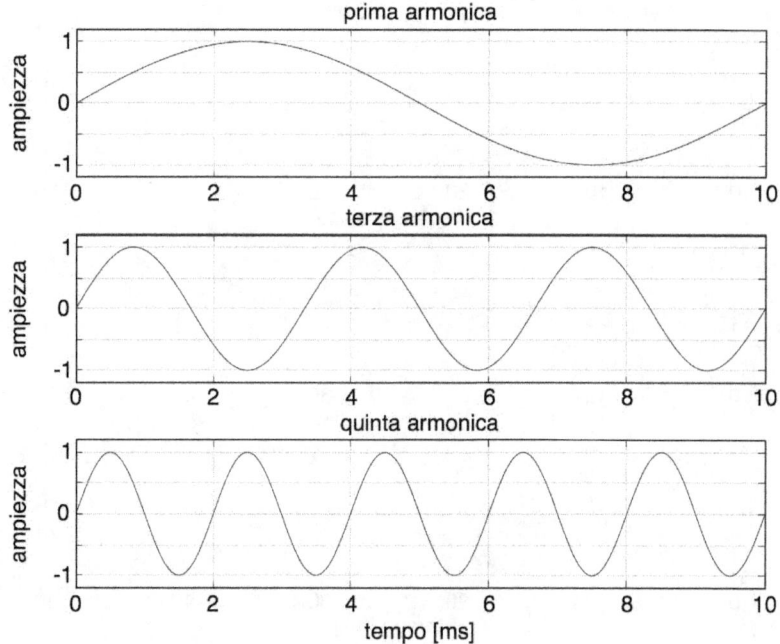

Fig. 3.13 – Esempi di prima, terza e quinta armonica in un periodo di 10 ms.

In questo caso il periodo di tempo che prendiamo in considerazione è sempre lo stesso (10 ms) e la frequenza aumenta passando da 100 Hz a 300 Hz e 500 Hz, così il segnale invece di apparire una sola volta in quei 10 ms si ripete tre volte per la terza armonica e cinque volte per la quinta armonica. Attenzione: qui abbiamo tenuto fisso il periodo di osservazione (10 ms) e abbiamo aumentato la frequenza, per quello aumentano i periodi che appaiono. Ma non succede forse lo stesso se facciamo l'opposto? Teniamo ferma la frequenza (100 Hz) e aumentiamo il periodo di osservazione:

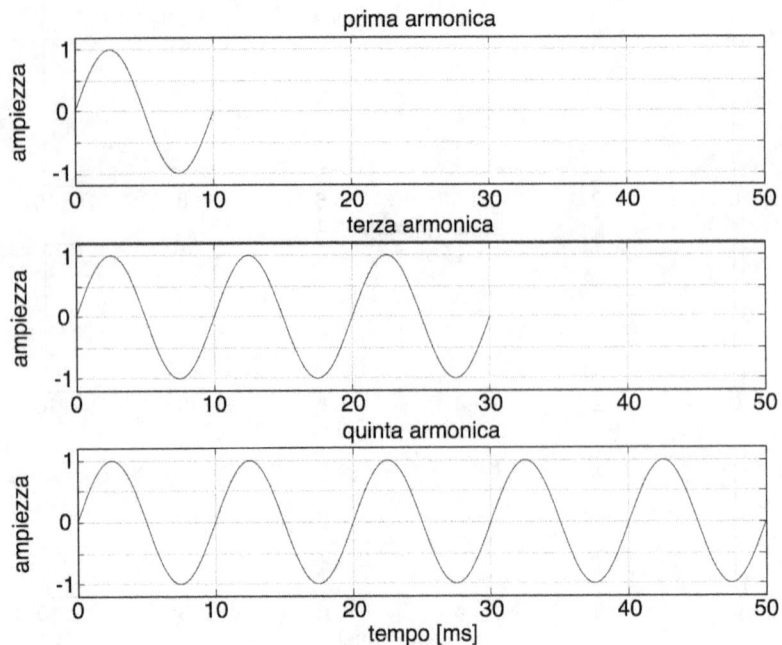

Fig. 3.14 – Una sinusoide può essere prima, terza o quinta armonica anche se ha sempre la stessa frequenza. Basta che aumenti il tempo in cui la osservo.

Ora il segnale è sempre lo stesso, la frequenza è sempre la stessa (100 Hz, e si nota bene che non cambia nei tre casi di Fig. 3.14), però nel primo caso lo considero per 10 ms, nel secondo caso per 30 ms e nel terzo caso per 50 ms.

Se io mi limito a guardare l'ultimo caso vedo una sinusoide che si ripete cinque volte nel periodo di osservazione: non è forse una quinta armonica in quei 50 ms? Coprite con la mano le prime di immagini di Fig. 3.14 e guardate solo quella in basso: non vediamo forse cinque periodi in quei 50 ms? Ma allora è la quinta armonica! La definizione di una quinta armonica è quella: si ripete cinque volte nel periodo. Non è forse quello che vediamo nell'immagine in basso della Fig. 3.14? Poco importa se per vedere la sinusoide tre volte abbiamo allungato il periodo da 10 ms a 50 ms, il risultato è sempre quello, la sinusoide si ripete cinque volte e quindi è una quinta armonica. Ma quindi se ho una sinusoide a 100 Hz e l'acquisisco per 350 mila periodi quei 100 Hz diverranno la 350mille-sima armonica? Sì.

L'ordine di una armonica è un concetto che dipende sì dalla sua frequenza ma anche dal periodo in cui osservo il segnale. Tanto più a lungo osservo il segnale e tante più volte la sinusoide si ripeterà, ma visto che l'ordine di un'armonica corrisponde a quante volte si ripete in un periodo allora tanto più alto sarà l'ordine dell'armonica.

Cerchiamo di generalizzare un po': se k è l'ordine di un'armonica (p.es. k=1 per la prima armonica) quando osservo il segnale per un periodo di tempo T, allora se osservo il segnale per un periodo T' = p · T (con p intero) allora l'armonica diventerà di ordine k' = p · k.

Proprio questo è ciò che succede in Fig. 3.14. Abbiamo

$$T = 10 \text{ ms} \tag{3.3}$$

moltiplichiamo il periodo per p= 5 otteniamo

$$T' = 50 \text{ ms} \tag{3.4}$$

quindi l'armonica di ordine k=1 diventa di ordine k'=5 · k=5, e così per tutte le altre armoniche il cui ordine viene moltiplicato per 5 (l'armonica di ordine k=3 diventa di ordine k'=15 e così via).

Quelle che prima avevamo chiamato "nuove armoniche che comparivano nello spettro quando aumentavamo il numero di periodi" nascono proprio da questo fenomeno. Se considero un segnale da 10 ms 100 Hz è l'armonica di ordine k=1 e 200 Hz è l'armonica di ordine k=2. Tra 100 Hz e 200 Hz non c'è alcun'altra linea, perché l'ordine delle armoniche è intero.

Tra l'armonica di ordine 1 e l'armonica di ordine 2 non può starci l'armonica di ordine k=1,5. Se però prendo cinque periodi allora 100 Hz diventa l'armonica di ordine k'=5 mentre 200 Hz diventa armonica di ordine k'=10. A questo punto nello spettro compare anche 120 Hz per k'=6, 140 Hz per k'=7, 160 Hz per k'=8 e 180 Hz per k'=9. Prima tra 100 Hz e 200 Hz non c'erano linee nello spettro calcolato con la DFT perché 100 Hz era k=1 e 200 Hz era immediatamente dopo con k=2. Se invece distanziamo 100 Hz e 200 Hz mettendole rispettivamente a k'=5 e k'=10 allora si trova posto anche per gli interi intermedi k'=6, 7, 8 e 9 che corrisponderanno alle frequenze intermedie tra 100 Hz e 200 Hz.

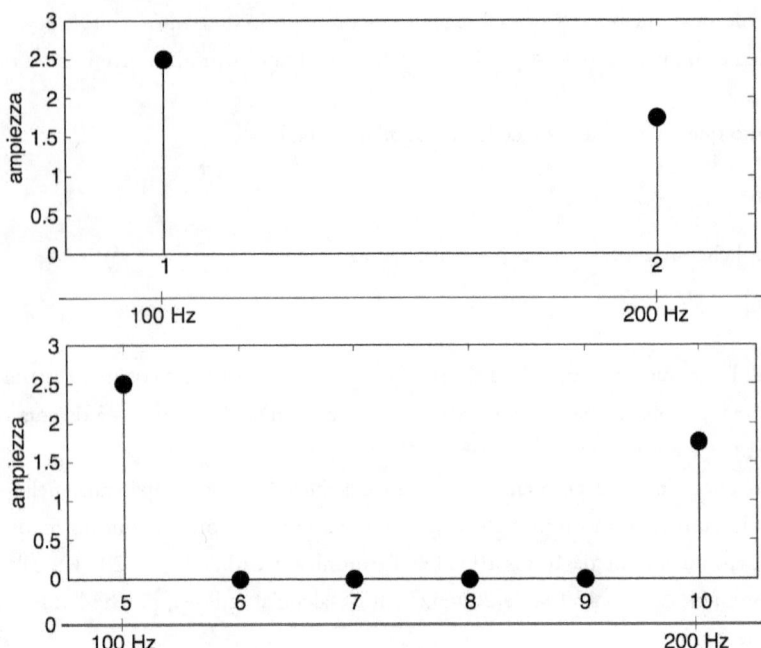

Fig. 3.15 – L'ordine delle armoniche è necessariamente un intero. Se l'armonica di ordine k=1 corrisponde a 100 Hz e l'armonica di ordine k=2 corrisponde a 200 Hz tra queste due frequenze non c'è alcun'altra armonica. Ma se 100 Hz corrisponde a k'=5 e 200 Hz corrisponde a k'=10 allora sì che compaiono frequenze intermedie nello spettro (120 Hz, 140 Hz, 160 Hz e 180 Hz)

Ora che abbiamo capito il concetto (più periodi acquisiamo e migliore è la risoluzione di frequenza) cerchiamo di formalizzare un po' le cose.

Per definire la risoluzione di frequenza abbiamo già detto che usiamo la quantità Δf, ossia la distanza tra una linea e la successiva nello spettro. Magari è superfluo farlo notare, ma nello spettro che otteniamo calcolando la DFT la distanza tra una linea e l'altra è sempre uguale.

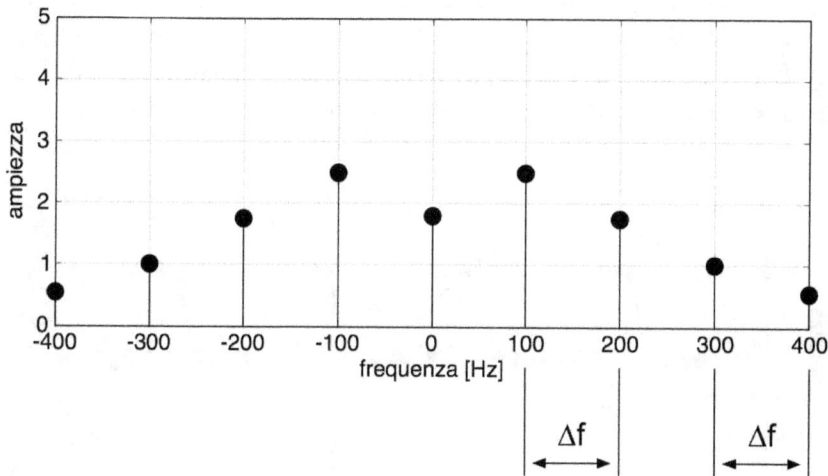

Fig. 3.16 – La distanza tra una linea e l'altra nello spettro è sempre Δf

Non dovrebbe stupire perché ogni armonica corrisponde a un numero intero: prima armonica, seconda armonica, quinta armonica... E tra ogni numero intero e il successivo c'è sempre la stessa distanza, ossia 1. Se quindi vogliamo sapere qual è il valore di Δf basta guardare all'armonica cd ordine 1. Ossia, la frequenza dell'armonica 1 (la prima armonica) è lo stesso valore di Δf tra una qualsiasi armonica e la successiva. Questo perché 1 è l'ordine della prima armonica ma è anche la differenza tra l'ordine dell'armonica 6 e l'armonica 5, la stessa differenza tra l'armonica 9 e l'armonica 8.

Se allora chiamo T il periodo in cui acquisisco il segnale ottengo che

$$\Delta f = \frac{1}{T} \tag{3.5}$$

Prendiamo gli esempi che abbiamo visto prima e vediamo se tutto torna. Quando abbiamo acquisito campioni per 10 ms abbiamo ottenuto una prima armonica a 100 Hz e poi multipli di 100 Hz nello spettro, e infatti Δf=1/0,01 =100 Hz. Quando abbiamo acquisito campioni per 50 ms la prima armonica era a 20 Hz (ricordate? La sinusoide a 100 Hz era diventata la quinta armonica, quindi la prima era a 20 Hz) e tra una linea dello spettro e la successiva c'erano 20 Hz (infatti avevamo linee a 100, 120, 140, 160, 180, 200 Hz...). Ma infatti Δ=1/0,05=20 Hz, proprio come ci aspettavamo.

Se volete potete guardarla da questo punto di vista: campionate il vostro segnale, prendete quanti campioni volete, poi una volta che avete tutti i campioni presi in un periodo di tempo T disegnate una sinusoide che si incastra esattamente in quel periodo T. Quella è la prima armonica ossia la frequenza più bassa che potete vedere nello spettro se campionate per il periodo T (Fig. 3.17). Indifferentemente dal segnale; il segnale che campioni può essere qualsiasi cosa, non importa. La prima armonica non è mai determinata dal segnale, la prima armonica non è la frequenza più bassa contenuta nel segnale né quella di ampiezza maggiore. La prima armonica non c'entra nulla col segnale: essa è definita esclusivamente dal periodo di tempo T in cui effetti il campionamento.

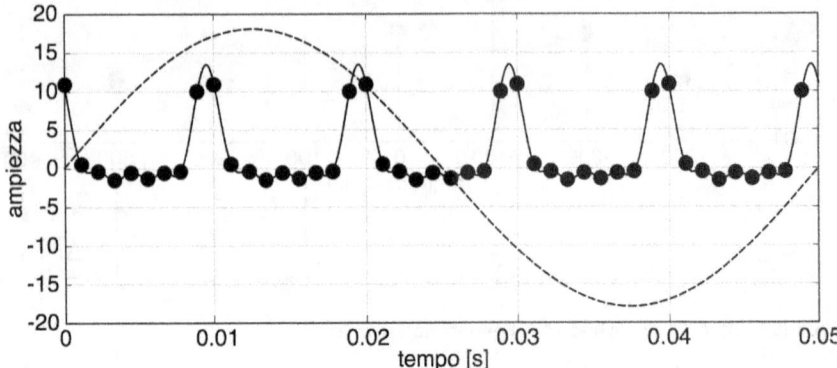

Fig. 3.17 – Campiono un segnale per un certo tempo (in questo caso 50 ms). Prendo una sinusoide che s'incastra perfettamente in questo periodo e quella è la prima armonica. Qualsiasi sia il segnale.

Che sia la prima armonica è abbastanza chiaro, visto che si ripete una sola volta nel periodo di osservazione (era la definizione di prima armonica, no? La prima armonica si ripete una volta, la terza armonica si ripete tre volte, la quarantaduesima armonica si ripete quarantadue volte...).

Che invece sia la frequenza più bassa che possiamo misurare campionando per il periodo T è qualcosa che merita qualche parola in più. Vediamo un po' come apparirebbe una ipotetica armonica con frequenza inferiore alla prima armonica (Fig. 3.18).

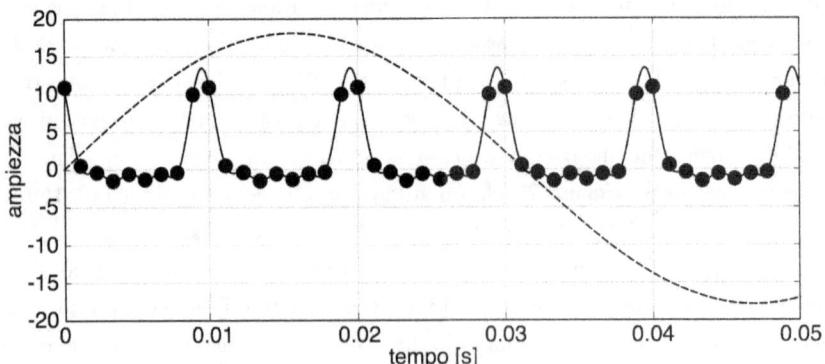

Fig. 3.18 – Una eventuale sinusoide di frequenza inferiore alla prima armonica in 50 ms. In quei 50 ms non faccio in tempo a vederla finire, quindi non posso misurarla.

Se la frequenza è più bassa della prima armonica non facciamo in tempo a vedere almeno un periodo di quell'armonica, resta fuori un pezzo di armonica. Nel caso di Fig. 3.18 osservo il segnale per 50 ms, quindi ho una prima armonica di 20 Hz. Se però mi trovo una frequenza di 16 Hz (quindi inferiore ai 20 Hz della prima armonica) non riesco a vedere tutta quell'armonica: un pezzo rimane fuori (nello specifico la frequenza di 16 Hz ha periodo di 62,5 ms, quindi rimane fuori la porzione da 50 ms a 62,5 ms. Se io guardo il segnale da 0 a 50 ms non ho idea di cosa succede dopo. Cosa succede al segnale dopo i 50 ms? Boh, non lo so. E non ho alcun strumento per saperlo (potrei tirare a indovinare, ma non è un metodo molto attendibile).

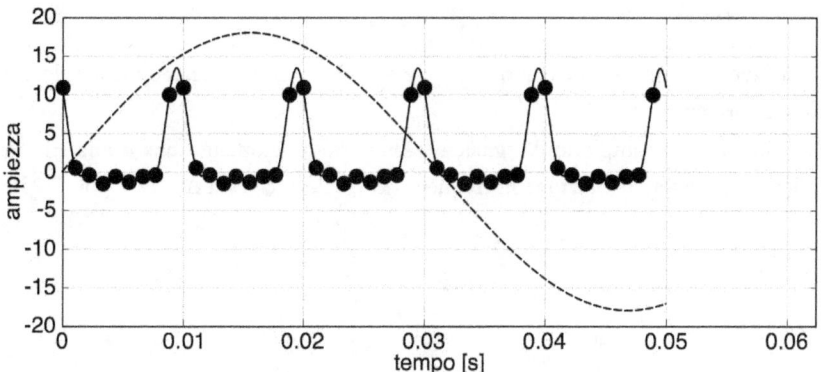

Fig. 3.19 – Dopo i 50 ms in cui campiono non so niente di quello che accade. Non posso dire "eh, ma si vede che la sinusoide continua così". No, non lo si vede, perché dopo il 50 ms c'è il vuoto (un vuoto di conoscenza perché non so cosa succede se non campiono)

Il segnale potrebbe anche diventare improvvisamente zero per t>50 ms. Chi lo sa? Avete voglia a dirmi: "*eh, ma si vede dove andrà a finire, suvvia!*". Si vedrà anche dove va a finire il segnale ma se non l'osservi direttamente stai solo prevedendo il futuro. E quella è una cosa che fanno i ciarlatani che si spacciano per cartomanti. Se vuoi dirmi qualcosa sul segnale e pretendere di essere più credibile di un cartomante devi basarti solo sui campioni che misuri. Se campioni il segnale per 50 ms puoi dirmi qualcosa che accade in quei 50 ms, su quello che accade dopo non puoi dirmi nulla.

Se dunque hai un'armonica che non fa in tempo a completare almeno un periodo in 50 ms, ebbene di quella armonica non puoi dirmi niente perché non fai in tempo a vederla tutta.

Quindi, la prima armonica f_1, la prima linea che vediamo nello spettro quando calcoliamo la DFT[8], corrisponde a una frequenza

---

8   a parte il valore medio e le frequenze negative se mostriamo pure quelle

$$f_1 = \frac{1}{T} \tag{3.6}$$

Dopodiché tutte le armoniche superiori saranno multipli interi della prima armonica f_1: la quinta armonica avrà frequenza $f_5 = 5 \cdot f_1$, la quarantaduesima armonica avrà frequenza $f_{42} = 42 \cdot f_1$ e così via.

$$f_k = k \cdot f_1 \tag{3.7}$$

Se vogliamo la risoluzione di frequenza Δf, ossia la distanza tra una linea dello spettro che otteniamo con la DFT e la successiva otteniamo

$$\Delta f = f_{k+1} - f_k = (k+1) \cdot f_1 + k \cdot f_1 = f_1 \tag{3.8}$$

Come avevamo detto prima, la risoluzione di frequenza Δf corrisponde al valore della prima armonica.

Riassumendo: se campiono il segnale per un periodo T ottengo una prima armonica che vale $f_1 = 1/T$ e una risoluzione in frequenza che vale anch'essa $\Delta f = 1/T$ (Fig. 3.20).

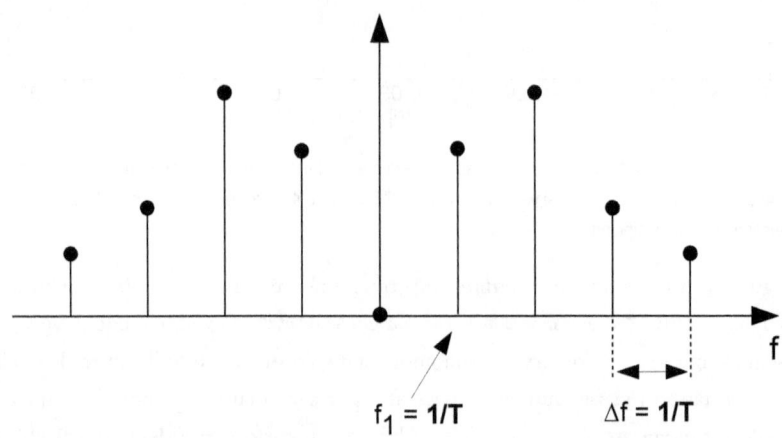

$$f_1 = 1/T \qquad \Delta f = 1/T$$

Fig. 3.20 – Un generico spettro: la frequenza della prima armonica f_1 equivale alla risoluzione di frequenza Δf (e vale 1/T, dove T è il tempo totale in cui campioni il segnale).

3.5 La massima frequenza

Eravamo partiti in questo paragrafo chiedendoci come cambiava lo spettro che calcolavamo con la DFT quando cambiavamo i parametri del campionamento. Nella sezione precedente abbiamo visto cosa succede se aumento il periodo T in cui campiono il segnale senza cambiare la frequenza di campionamento f_s (i campioni li prendevo cioè a

intervalli di tempo sempre uguali). Adesso facciamo l'opposto: teniamo costante la durata T in cui osservo il segnale ma aumento la frequenza di campionamento. Ad esempio,
campiono il segnale sempre per 10 ms ma invece di prendere solo 9 campioni, ne prendo 13 piuttosto che 33. Se in 10 ms prendo più campioni la frequenza di campionamento f_s aumenta:

$$f_s = \frac{T}{2 \cdot N + 1} \tag{3.9}$$

dove T è il periodo in cui osservo il segnale (10 ms) e $2 \cdot N+1$ è il numero di campioni (9, 13 o 33). L'effetto di una maggiore frequenza di campionamento è ovvia: significa
che nello stesso intervallo di tempo prendo più campioni. ad esempio, prendiamo sempre il solito segnale, quello che avevamo definito come

$$y(t) = 1.8 + 5 \cdot \cos(100 \cdot 2\pi t + 0.3) + 3.5 \cdot \cos(200 \cdot 2\pi t + 0.6) + 2 \cdot \cos(300 \cdot 2\pi t + 1) + ... \tag{3.10}$$
$$... + 1.1 \cdot \cos(400 \cdot 2\pi t + 1.3)$$

e campioniamolo prendendo 9 campioni per periodo, poi con 13 o 33 campioni per
periodo. In Fig. 3.21 vediamo i campioni che otteniamo:

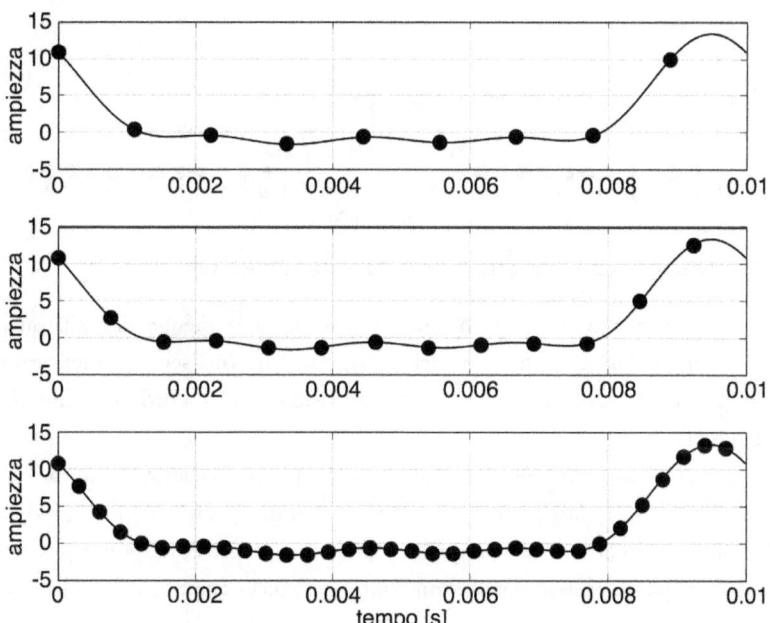

Fig. 3.21 – Campiono il nostro solito segnale per un solo periodo. In questo caso però aumento la frequenza di
campionamento. Prendo 9, 13 o 33 campioni nello stesso periodo.

Ora calcoliamo la DFT di queste tre sequenze di campioni. Più campioni prendiamo e più linee nello spettro otteniamo (l'abbiamo già visto più volte: se prendo 2·N+1 campioni ottengo una DFT con 2·N+1 linee nello spettro). Questa volta però le nuove armoniche aggiuntive non si infilano più tra una linea e l'altra del segnale originale come facevano quando allungavamo il periodo di osservazione. In questo caso le armoniche nuove si aggiungono alle code dello spettro.

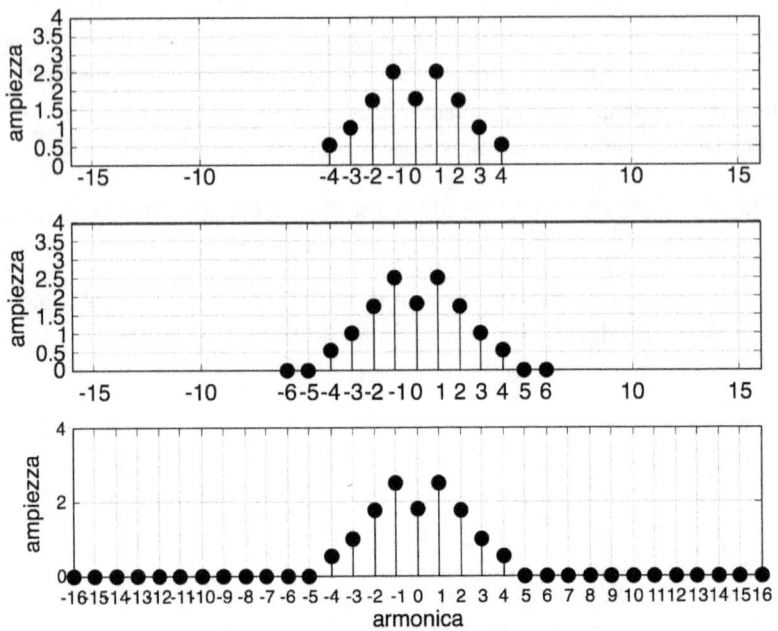

Fig. 3.22 – Gli spettri che otteniamo se facciamo la DFT dei campioni in Fig. 3.21

In Fig. 3.22 vediamo che se prendiamo nove campioni, ottengo fino alla quarta armonica, e siamo al limite del teorema del campionamento (nel segnale originario abbiamo N=4 armoniche, prendiamo 2 · N+1=9 campioni e nello spettro otteniamo il valore medio e fino alla quarta armonica).

Se invece prendiamo 13 punti si aggiungono la quinta e la sesta armonica. Ciò non dovrebbe stupire: se infatti prendo 13 campioni significa che 2·N+1=13, ossia N=6. Quindi nello spettro la massima frequenza che posso vedere corrisponde alla sesta armonica. Poi in questo caso il segnale non contiene alcuna componente né alla quinta né alla sesta armonica, quindi quando calcolo la DFT partendo da questi 13 campioni ottengo zero come valore della quinta e della sesta armonica.

Allo stesso modo se prendo 33 campioni aggiungo ancora più armoniche in coda; infatti in questo caso 2·N+1=33 significa N=16, quindi nello spettro arriviamo fino alla

sedicesima armonica. Anche in questo caso non abbiamo alcuna componente a tale frequenza nel segnale, quindi otteniamo armoniche tutte nulle dalla quinta alla sedicesima.

Se aumentiamo ancora di più il numero di campioni per periodo che acquisiamo aumenta anche la massima armonica presente nello spettro. Questo non dovrebbe stupirci
più di tanto. Infatti quando abbiamo visto il teorema del campionamento abbiamo imparato che per campionare bene un segnale dobbiamo usare una frequenza di campionamento strettamente maggiore al doppio della frequenza massima del segnale. Per fare
questo dobbiamo prendere $2 \cdot N + 1$ campioni per periodo, dove N è l'ordine della massima armonica. Se per esempio il segnale ha massima armonica di ordine 42 allora N=42
e per evitare l'aliasing dobbiamo prendere $2 \cdot N + 1 = 85$ campioni per periodo. Quando
abbiamo visto questo concetto l'abbiamo affrontato in questa direzione: tanto più alta è
l'armonica massima del segnale tanto più alta deve essere la frequenza di campionamento (ossia tanti più campioni per periodo devo prendere). Ma ovviamente il ragionamento
funziona anche alla rovescia: tanto più alta è la frequenza di campionamento (ossia, tanti
più campioni per periodo prendo) e tanto più alta è la frequenza massima ammissibile
nello spettro.

In tutti questi casi le varie componenti del segnale non cambiano mai ordine di armonica. Fateci caso, la componente a 100 Hz è prima armonica quando prendiamo 9
campioni per periodo e rimane la prima armonica anche quando prendiamo 13 o 33
campioni per periodo. Così come 200 Hz rimane la seconda armonica, 300 Hz la terza
armonica e così via. Questo perché il periodo di osservazione rimane 10 ms in tutti i
casi, e se guardo il segnale per 10 ms 100 Hz rimane sempre la prima armonica, qualsiasi
sia il numero di campioni che prendo.

Riassumendo, il concetto fondamentale è:

**se aumento la frequenza di campionamento aumenta la frequenza
massima dello spettro ottenuto col la DFT**

3.6 Estensione all'infinito

Nei paragrafi precedenti abbiamo imparato che:

- se aumento la frequenza di campionamento f_s aumenta la frequenza massima
  dello spettro (e quindi si allontanano le ripetizioni periodiche dello spettro)

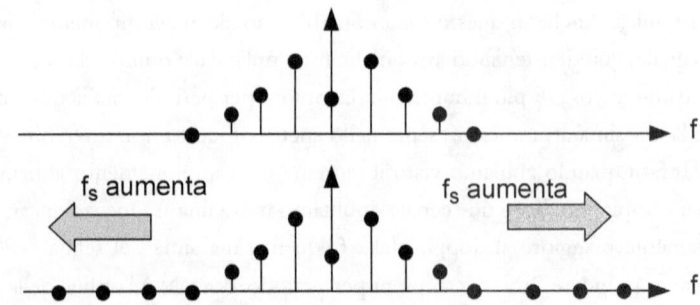

Fig. 3.23 - Aumentando la frequenza di campionamento si aggiungono armoniche agli estremi dello spettro (poiché fs/2 aumenta), ma la distanza tra le armoniche Δf rimane la stessa

– se aumento il tempo totale T in cui campiono diminuisce Δf, ossia la distanza tra una riga e l'altra dello spettro

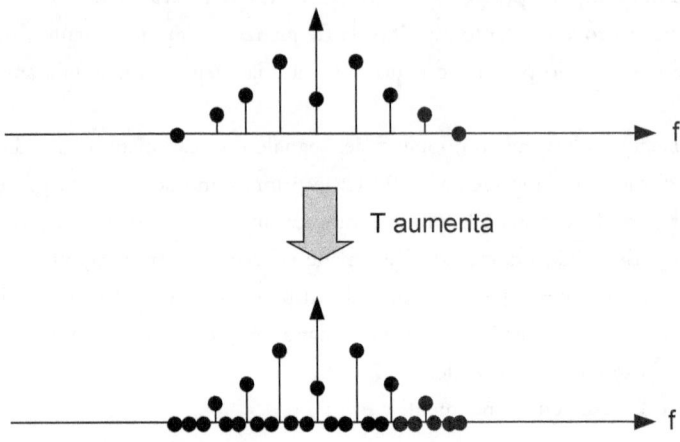

Fig. 3.24 - Aumentando il tempo massimo di osservazione del segnale T la massima armonica rimane la stessa ma compaiono nuove armoniche tra un'armonica e l'altra poiché Δf (che è l'inverso di T) diminuisce

Ora proviamo a estendere questi concetti all'infinito, ossia ci chiediamo cosa succede se (ipoteticamente!) aumento la frequenza di campionamento fs fino a farla diventare infinita e campiono il segnale per un tempo infinito, ossia se

$f_s \rightarrow \infty$

$T \rightarrow \infty$.

Se la frequenza di campionamento diventa infinita significa che di fatto non sto più campionando; "prendere punti" con una frequenza infinita significa non prendere più punti ma il segnale continuo. Come risultato otteniamo lo spettro che come lo spettro del segnale originale non è più periodico (la periodicità nello spettro del segnale campionato era data proprio dal fatto che facevamo un campionamento). E infatti avere una f_s infinita equivale ad avere uno spettro che "si allarga" all'infinito (Fig. 3.23), tanto che non è più periodico. Però attenzione, lo spettro è ancora a righe! Avrà sì infinite armoniche, si allargherà sì all'infinito... ma sarà ancora composto da righe.

Se invece è il tempo totale di campionamento T a diventare infinito allora la Δf a diminuire fino a diventare 0. Ma se $\Delta f=0$ allora significa che non c'è più distanza tra le righe dello spettro. Ma se non c'è distanza tra le righe... allora significa che non ci sono più le righe e lo spettro è continuo.

Riassumendo:

$f_s \to \infty$ implica $N \to \infty$ ossia spettro non più periodico

$T \to \infty$ implica $\Delta f=0$ ossia spettro continuo (non più a righe)

Ma uno spettro con queste caratteristiche è equivalente allo spettro del segnale originario, lo spettro del segnale continuo.

Ora proviamo a introdurre questi cambiamenti nell'equazione della DFT. Se ve la siete dimenticati, la formula della DFT era questa:

$$Y_k = \sum_{n=0}^{2 \cdot N} y_n \cdot e^{-i \cdot k \cdot 2\pi \frac{n}{2 \cdot N+1}} \tag{3.11}$$

Abbiamo detto che la frequenza di campionamento f_s diventa infinita, quindi non ho più dei punti da sommare discretamente ma una funzione da integrare continuamente. Nella formula dunque sostituiamo la sommatoria con l'integrale in dt.

$$\sum \quad \to \quad \int dt \tag{3.12}$$

All'interno dell'integrale non abbiamo più i singoli campioni y_n da sommare ma il segnale continuo $y(t)$:

$$y_n \quad \to \quad y(t) \tag{3.13}$$

Allo stesso modo non abbiamo più i valori discreti delle armoniche Y_k, dove k era l'indice dell'armonica, ma abbiamo una funzione $Y(f)$ della frequenza f:

$$Y_k \quad \to \quad Y(f) \tag{3.14}$$

Poi abbiamo detto che il segnale non è più osservato per un periodo limitato ma per sempre, nei secoli dei secoli. Quindi gli estremi diventano da $-\infty$ a $+\infty$:

$$\text{da 0 a 2N} \quad \to \quad \text{da } -\infty \text{ a } +\infty \tag{3.15}$$

L'esponenziale avrà più come esponente $k/(2N+1)$ ma semplicemente f.

$$\frac{k}{2N+1} \quad \rightarrow \quad f \tag{3.16}$$

Se vi state chiedendo perché non c'è più il 2N+1: se uso la frequenza non ho più bisogno di utilizzarlo. Prima usavo k/(2N+1) perché k da solo non mi diceva niente. Abbiamo visto infatti che k è l'ordine dell'armonica, ma a quale frequenza corrisponde non lo so (lo abbiamo visto proprio in questo capitolo): k è solo l'ordine dell'armonica per il numero di campioni 2N+1 che abbiamo preso. Dividendolo per 2N+1 otteniamo proprio la frequenza.

Mettendo tutte queste modifiche assieme otteniamo che la DFT se facciamo l'estensione all'infinito diventa

$$Y_k = \sum_{n=0}^{2\cdot N} y_n \cdot e^{-i\cdot k\cdot 2\pi\frac{n}{2\cdot N+1}} \quad \rightarrow \quad Y(f) = \int_{-\infty}^{+\infty} y(t)\cdot e^{-i\cdot f\cdot 2\pi t}dt \tag{3.17}$$

che, guarda caso, è proprio la trasformata di Fourier (quella continua, non quella discreta) che sicuramente avrete già studiato mille altre volte. Ma ciò è ovvio! Infatti quando abbiamo ragionato su cosa succede se $f_s \rightarrow \infty$ e se $T \rightarrow \infty$ eravamo arrivati alla conclusione che lo spettro diventava quello originario del segnale, che è esattamente quello che ottieni facendo la trasformata di Fourier!

Avete visto dunque che la DFT non è che cade dal cielo, è la stessa trasformata di Fourier che già conoscevate ma nel caso discreto. Se volete vedere la corrispondenza è più semplice prendere la trasformata di Fourier discreta, poi fare l'estensione all'infinito e vi troverete nella trasformata di Fourier classica. Fare l'opposto (prendere la trasformata di Fourier continua e discretizzarla) è invece un filino più complesso concettualmente.

Ma chi se ne frega. L'importante è capire che se prendo la DFT e lo spettro che ottengo da essa e aumento all'infinito la frequenza di campionamento e il tempo totale di campionamento dal punto di vista di ciò che sto facendo in pratica non sto più campionando, ho il segnale originario, quindi mi aspetto di ottenere lo spettro del segnale. E infatti è ciò che ottengo se faccio questa estensione all'infinito sia dal punto di vista matematico nella formula, sia se guardo allo spettro e alle sue caratteristiche (Fig. 3.23 e Fig. 3.24).

4.   Come combattere l'aliasing

Ritorniamo ora alla domanda che ci eravamo posti poco fa. Abbiamo capito che se vogliamo fare le cose per bene dobbiamo rispettare il teorema del campionamento, ossia dobbiamo campionare il segnale con una frequenza strettamente superiore al doppio della massima frequenza inclusa nel segnale. Se rispettiamo questa regola i nostri campioni conterranno tutte le informazioni del segnale, se invece campioniamo con una frequenza di campionamento inferiore a quella necessario cadiamo nel fenomeno dell'aliasing. A questo punto i campioni non ci dicono più niente del segnale. La domanda che potreste legittimamente farmi è:

> come facciamo a essere sicuri che stiamo rispettando il teorema
> del campionamento?

È facile farlo qui sulla carta, perché i segnali ce li inventiamo noi, vi dico "ponete di avere un segnale di massima frequenza X Hz...". Ma nella vita reale non è sempre così. Mi dànno due cavi con un segnale in tensione e mi dicono "campiona questo segnale". Non posso disegnare il segnale "vero" in sottofondo come faccio nei grafici di questo libro. Come faccio dunque a essere sicuro di rispettare il teorema del campionamento? come faccio ad essere sicuro che quello che vedo non è un'illusione dovuta all'aliasing?

Possiamo distinguere due casi:

I) Sappiamo già a priori quale sarà la massima frequenza del segnale
II) Non sappiamo nulla dello spettro del segnale.

4.1 Caso I - Conosciamo la massima frequenza del segnale

Questo capita quando già sappiamo qualcosa del segnale che andiamo a campionare, cosa che in effetti non fa male. Ad esempio, abbiamo un carico resistivo alimentato da una tensione sinusoidale a frequenza 1 kHz. Essendo il carico resistivo anche la corrente sarà a frequenza 1 kHz. Il sistema fisico in sé ci consente di ipotizzare quale sarà la massima (e in questo caso unica) frequenza del segnale.

Oppure pensate a un fluxgate che viene operato con una corrente di eccitazione di 12 kHz, e con il segnale di uscita accordato sulla seconda armonica. Se hai queste informazioni potrai già sapere che il segnale da campionare avrà una frequenza di 24 kHz, ossia la seconda armonica della corrente di eccitazione. Poi magari non sarà l'unica frequenza nel segnale, questo te lo concedo. Infatti la risonanza alla seconda armonica non è necessariamente perfetta! Ci sarà comunque qualche altra frequenza; a questo punto puoi prendere un margine di sicurezza. Se il segnale è a 24 kHz e ipotizzi altre piccole frequenza fino a 144 kHz, allora sai che per il teorema del campionamento devi usare una frequenza di campionamento maggiore di 288 kHz.

Insomma, in questi casi sappiamo già come sarà lo spettro del segnale, perché conosciamo il sistema fisico da cui ci proviene e possiamo fare delle deduzioni. A questo punto, quando sai a priori la frequenza massima del segnale, hai due opportunità. La prima è la più ovvia:

> campioni il segnale con una frequenza grande abbastanza da rispettare il teorema del campionamento

Non sempre però questo è possibile. I sistemi di campionamento spesso sono cari, e più è alta la frequenza di campionamento più costano. Non solo, ma in alcuni casi se aumenta la frequenza di campionamento necessariamente diminuisce la risoluzione con cui converti ogni singolo bit. Se è normale avere un convertitore analogico digitale a 24 bit e f_s=30 kHz, la risoluzione può scendere a 14÷16 bit se saliamo a f_s=20 MHz, e oltre possiamo sperare di avere una risoluzione di 8÷10 bit con una frequenza di campionamento f_s=100 MHz[9].

---

9 Prendete questi numeri con le pinze. C'è sempre un po' di variabilità, dipende dalla tecnologia che si usa per costruire il convertitore analogico digitale, così come dipende dal prezzo che sei disposto a spendere. Se paghi un po' di più puoi anche pretendere che ti diano un paio di bit in più di risoluzione. Ma non molto di più; non potete aspettarvi una decina di bit in più solo perché pagate di più. A un certo punto si raggiungono limiti tecnici, per cui più di quella risoluzione non ti possono dare a quella frequenza. Possiamo dire che per ogni frequenza di campionamento c'è una banda di risoluzione che può variare un po', e quei numeri che ho dato sono una indicazione di massima.

Perciò abbiamo due motivi per non comprare un convertitore analogico digitale con frequenza molto alta: primo perché costa tanto, secondo perché se saliamo con la frequenza di campionamento diminuisce la risoluzione.

Possiamo usare un sistema di campionamento con frequenza più bassa di quella dettata dal teorema del campionamento?

Ovvio che no! Non rispetterebbe il teorema del campionamento! Ho speso pagine e pagine per spiegarvelo ci mancherebbe altro che ora vi venga a dire che potete usare una frequenza di campionamento inferiore a quella prescritta dal teorema del campionamento.

Eppure... eppure è possibile.

Puoi campionare a una frequenza inferiore a quella prescritta dal teorema del campionamento usando un trucchetto

Puoi farlo, ma solo a una condizione: il segnale deve essere veramente periodico. Il segnale deve cioè ripetersi veramente uguale a se stesso un periodo dopo l'altro. Se ciò è vero allora puoi usare questo trucchetto: il campionamento in tempo equivalente.

4.1.1 Campionamento in tempo equivalente

Riprendiamo il segnale che avevamo visto in Fig. 1.37, che era composto da una frequenza fondamentale a 1 Hz e una quinta armonica:

$$y = 1,5 \cdot \sin(1 \cdot 2\pi t) + 0,5 \cdot \sin(5 \cdot 2\pi t) \qquad (4.1)$$

Per rispettare il teorema del campionamento dovremmo campionare con frequenza $f_s > 10$ Hz, ossia frequenza superiore a 2 volte la frequenza massima che è 5 Hz. Un modo alternativo di dire la stessa cosa è che ci servono almeno $2 \cdot N + 1 = 11$ campioni per periodo. Purtroppo però il nostro campionatore ha frequenza massima di 2 Hz[10], che non è sufficiente perché non rispetta il teorema del campionamento.

Possiamo campionarlo usando questo metodo: campiono con una frequenza che **non è multiplo** della frequenza fondamentale del segnale. In questo caso il segnale è a frequenza di 1 Hz, e io decido di campionarlo con un periodo di campionamento di 1,05 s, ossia $f_s \approx 0,95238$ Hz.

Posso farlo con il mio campionatore perché esso mi consente di campionare al massimo a 2 Hz, e di solito i convertitori analogici digitali consentono di lavorare a una frequenza più bassa del massimo (non puoi farli funzionare a una frequenza superiore a

---

10 Badate bene, è un esempio di fantasia. Convertitori a 2 Hz che non sappiano campionare a 11 Hz non esistono. Ci sono campionatori a bassa frequenza, ma tipo 100 Hz, massimo 50 Hz.

quella massima, ma inferiore si può di solito). Prendiamo quindi i campioni ogni 1,05 secondi:

$t_0 = 0$ s

$t_1 = 1,05$ s

$t_2 = 2,10$ s

$t_3 = 3,15$ s

$t_4 = 4,20$ s

$t_5 = 5,25$ s

Ma forse è meglio se vediamo i campioni direttamente presi sul segnale (Fig. 4.1).

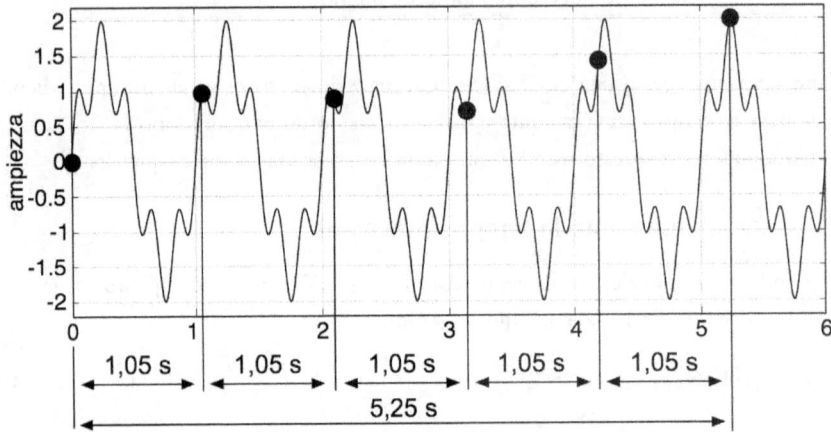

Fig. 4.1 – Un esempio pratico di campionamento in tempo equivalente su di un segnale con periodo pari a 1 s: prendo un punto ogni 1,05 secondi in modo di spostarmi 0,05 s "più in là" ad ogni periodo.

Il fatto che i punti siano presi con un periodo leggermente più lungo del periodo del segnale (1,05 s anziché 1 s), fa in modo che ogni periodo prendiamo un campione un po' più in là, non sempre lo stesso campione.

A questo punto ci basta prendere 20 campioni da 20 successivi periodo del segnale. Perché proprio 20 campioni? È semplice: dopo 20 periodi ritorniamo ancora al punto di partenza. Lo vediamo bene in Fig. 4.2.

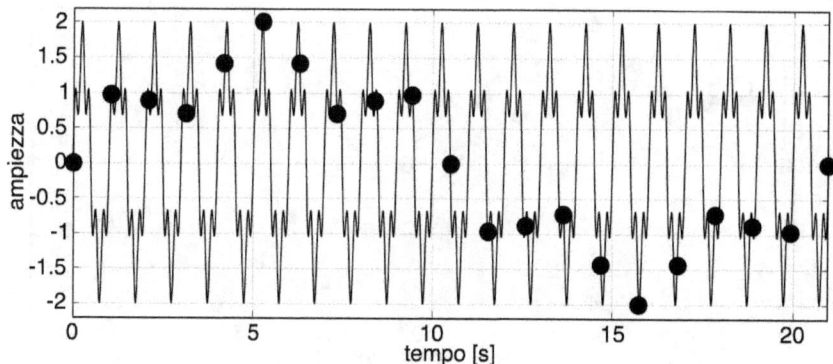

Fig. 4.2 – Tutti i venti campioni presi in venti periodi successivi del segnale spostandoci ogni volta di 0,05 s più in là. Il ventunesimo campioni torna ad essere quello di partenza.

La cosa non ci dovrebbe nemmeno stupirci più di tanto: ad ogni periodo ci spostiamo di 0,05 s ossia un ventesimo del periodo del segnale. Dopo 20 periodi ci siamo spostati di 20·0,05=1 s , ossia un periodo intero del segnale.

Se vi risulta più comodo guardatelo così. Usando un periodo di campionamento di 1,05 s, prendiamo campioni a:

$t_0 = 0$ s

$t_1 = 1,05$ s

$t_2 = 2,10$ s

$t_3 = 3,15$ s

...

$t_{18} = 18,90$ s

$t_{19} = 19,95$ s

$t_{20} = 21$ s

Ritorniamo cioè a un multiplo del segnale dopo 20 campioni, e ci ritorniamo a t = 21 s, ossia dopo 20 periodi del segnale. I campioni acquisiti in questi 21 secondi appariranno come in Fig. 4.3:

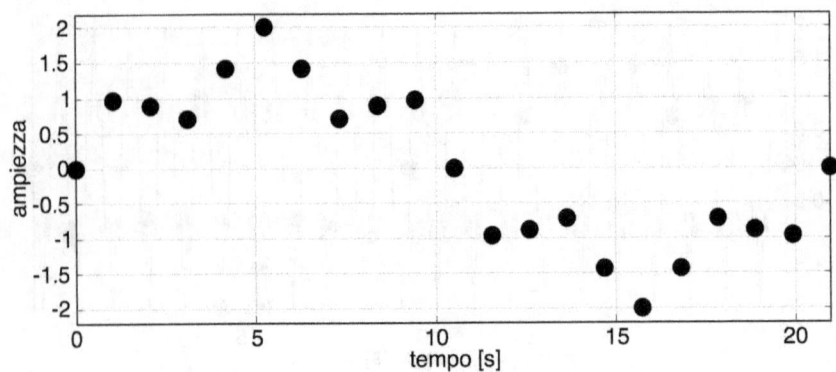

Fig. **4.3** – I campioni di Fig. 4.2 nel tempo effettivo in cui li abbiamo presi.

A questo punto ci basta "comprimere il tempo". Il campione che avevamo preso a t = 1,05 s facciamo finta di averlo preso a t=0,5 s. Il campione che avevamo preso a t = 2,10 s fingiamo di averlo preso a t=0,10 s e così via...

$t_0 = 0$ s	$\to 0$ s
$t_1 = 1,05$ s	$\to 0,05$ s
$t_2 = 2,10$ s	$\to 0,10$ s
$t_3 = 3,15$ s	$\to 0,15$ s
...	
$t_{18} = 18,90$ s	$\to 0,90$ s
$t_{19} = 19,95$ s	$\to 0,95$ s
$t_{20} = 21$ s	$\to 1$ s

Attenzione: questo passaggio è delicato. Questo è il punto in cui entra in gioco la condizione necessaria che avevamo posto per poter applicare questo trucco: il segnale deve essere periodico.

Possiamo fare questa operazione solo se il segnale è periodico, perché abbiamo la certezza che il segnale ad ogni periodo il segnale si ripete sempre uguale, cioè:

$$y(t)=y(t+u\cdot T) \tag{4.2}$$

dove T è il periodo del segnale (nel nostro caso 1s) e u è un qualsiasi intero. Quindi:

$y(0,05) = y(1,05) = y(2,05) = y(3,05) = ...$ (4.3)

$y(0,1) = y(1,1) = y(2,1) = y(3,1) = ...$

$y(0,15) = y(1,15) = y(2,15) = y(2,15) = ...$

...

Se questo è vero (e lo è se il segnale è periodico) allora posso davvero fare l'operazione di (4.3) e comprimere 21 periodi in un periodo solo. Il risultato lo vedete in Fig. 4.4 che è uguale a Fig. 4.3 se non che l'asse del tempo va da 0 s a 1 s, anziché da 0 s a 21 s.

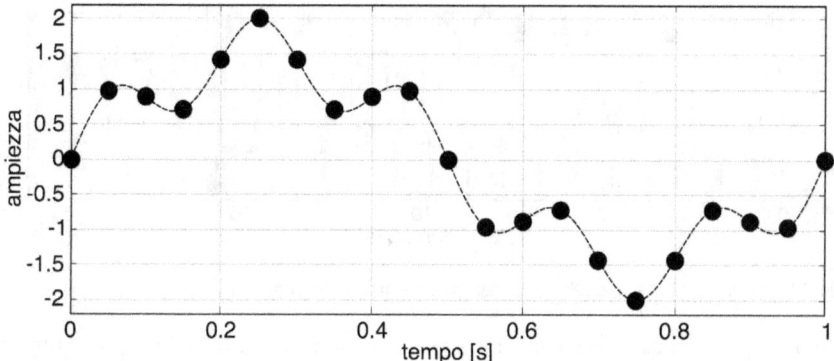

Fig. 4.4 – I campioni di Fig. 4.2 dopo aver compresso il tempo 20 volte. Ora corrispondono a un periodo del segnale originario.

Per comodità in Fig. 4.4 ho disegnato anche il segnale originario in sottofondo per farvi vedere come i nuovi campioni descrivono bene quel segnale. In realtà non sarebbe stato nemmeno necessario. Sappiamo infatti che N=5 (la massima armonica nel segnale è la quinta), quindi per rispettare il teorema del campionamento dobbiamo prendere almeno $2 \cdot N+1=11$ campioni per periodo. Qui ne prendiamo addirittura 20, siamo abbondantemente sopra i requisiti imposti dal teorema del campionamento.

Questo metodo passa sotto il nome di **campionamento in tempo equivalente** (in inglese *equivalent time sampling*, ETS). Tempo equivalente perché il tempo non è proprio quello che facciamo finta che sia: abbiamo preso i campioni in 21 s ma facciamo finta di averli presi in 1 s; purtuttavia è *equivalente* perché il valore dei campioni è il medesimo.

Tutto a posto allora? basta campionare in tempo equivalente per poter sconfiggere il teorema del campionamento e usare un campionatore con frequenza di campionamento più bassa?

4.1.2   I difetti del campionamento in tempo equivalente

Ovviamente no, come al solito niente viene via gratis, c'è sempre un prezzo da pagare. Innanzitutto, come dicevamo prima, il campionamento in tempo equivalente si può effettuare se il segnale è periodico. Poniamo che non lo sia, magari perché a un certo punto al segnale si aggiunge una costante, come mostrato in Fig. 4.5:

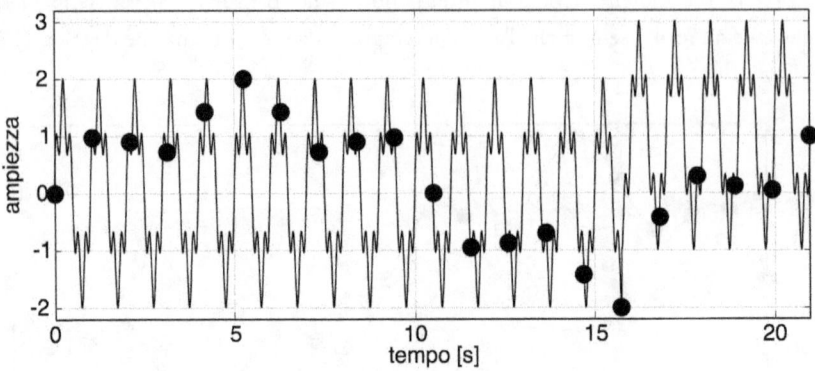

Fig. 4.5 – Cosa succede se il segnale non è ripetitivo ma a un certo punto cambia

Se prendo questi campioni e li comprimo nel tempo come avevo fatto prima ottengo questa schifezza

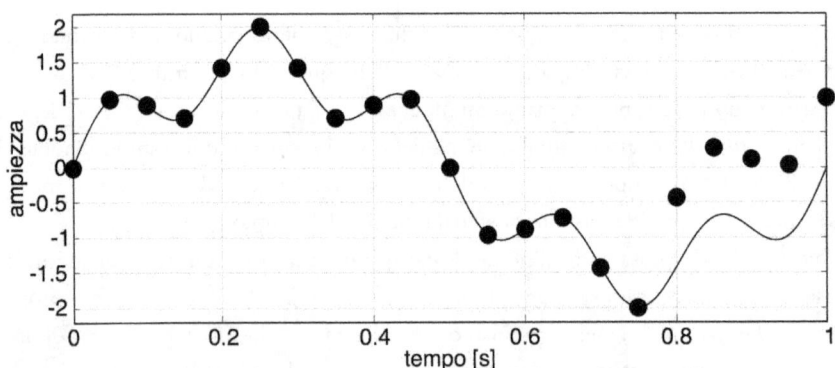

Fig. 4.6 – I campioni di Fig. 4.6 riportati al tempo di un solo periodo. L'ultima parte del periodo è completamente sballata a causa della non ripetitività del segnale

I primi campioni si sovrappongono al primo periodo del segnale senza problemi, ma gli ultimi campioni se ne vanno per fatti loro, scostandosi dal segnale.

Se tu avessi campionato il primo periodo con una frequenza di 20 Hz avresti ottenuto il primo periodo del segnale senza problemi, perché misuravi davvero il primo periodo del segnale. Con il campionamento in tempo equivalente invece hai fatto finta che tutti i periodi fossero uguali, anche il diciassettesimo, il diciottesimo, il diciannovesimo... e tutto è andato in rovina quando questa ipotesi è venuta meno.

Nella realtà non esistono segnale veramente periodici, delle volte per la banale ragione che il segnale proviene da un dispositivo che a un certo punto inizia a funzionare, opera per un certo periodo di tempo e poi smette di funzionare (ché mica tutto funziona in eterno senza mai essere spento). Il segnale potrai averlo periodico, dove per periodico intendi periodico in quell'intervallo di tempo tra l'accensione e lo spegnimento del dispositivo.

Altre volte, come abbiamo visto qui sopra, semplicemente il segnale a un certo punto cambia: si aggiunge un valore medio, si riduce l'ampiezza, scompare un'armonica e se ne aggiunge un'altra...

> Il campionamento in tempo equivalente lo puoi usare dunque solo quando il segnale varia più lentamente di quanto impieghi per campionare almeno un periodo.

Nell'esempio di sopra impiegavamo 21 periodi per poter campionare un periodo in tempo equivalente. Ebbene, possiamo usare questo metodo solo se il segnale non cambia per almeno 21 periodi. Dopo può fare quello che vuole, può aumentare di ampiezza, gli si può aggiungere una valore medio, può scomparire un'armonica... ma tutto ciò può avvenire meno frequentemente di 21 periodi. Per quei 21 periodi che campiono deve rimanere stabile, sempre uguale a se stesso periodo dopo periodo.

Il secondo difetto del campionamento in tempo equivalente è che impieghi più tempo per poter raccogliere le stesse informazioni. Poni pure che il segnale sia veramente periodico, che non cambi mai nei secoli dei secoli. Se tu campioni in tempo equivalente come nell'esempio di prima ci metti 21 secondi per ottenere gli stessi campioni che invece campionando direttamente otterresti in 1 secondo. A parità di risultati ottenuti, impiegare più tempo per fare una cosa che potresti fare in meno tempo è male. Delle volte è una limitazione talmente forte che ti conviene comprare un campionatore a frequenza di campionamento superiore.

4.1.3   Campionamento in tempo equivalente ma disordinato

In effetti c'è un metodo per accelerare un po' i tempi. Riprendiamo l'esempio di prima: il segnale ha una frequenza massima di 5 Hz, quindi dovremmo campionare con una frequenza di campionamento maggiore di 10 Hz. Il nostro campionatore però ci consente di campionare con una frequenza massima di 3 Hz. Potremmo fare come prima e prendere un campione con un periodo di campionamento di $T_S=1,05$ s, ma ciò significa che dobbiamo aspettare 20 periodi per ottenere tutti i campioni necessari a ricostruire un periodo. Possiamo allora ricorrere a un sistema alternativo: campioniamo il segnale con un periodo di campionamento di $T_S=0,35$ s; ciò equivale a $f_S \approx 2,86$Hz, ottenibile col nostro campionatore (che ci consente di arrivare fino a 3 Hz). Se guardiamo i campioni ottenuti ci sembrano una schifezza senza senso (Fig. 4.7):

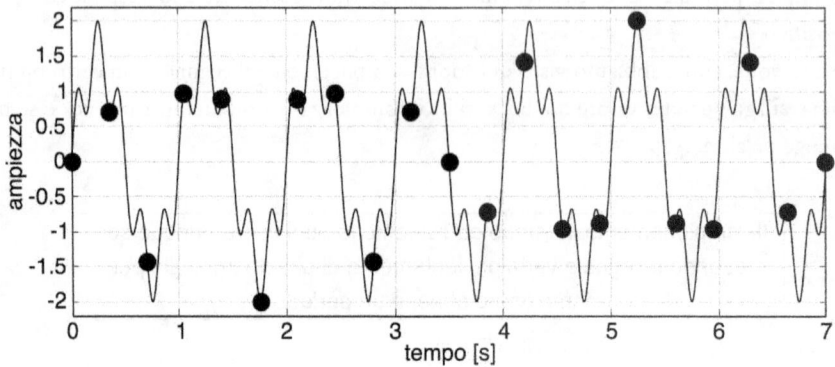

Fig. 4.7 – Campionamento in tempo equivalente ma disordinato. I campioni sono ancora presi su più periodi ma non nell'ordine giusto

Ho ancora 20 campioni, ma se facciamo come prima e "condensiamo il tempo" schiacciando i 20 campioni in 1 s (il periodo del segnale) otteniamo una cosa che non c'entra niente col segnale originale:

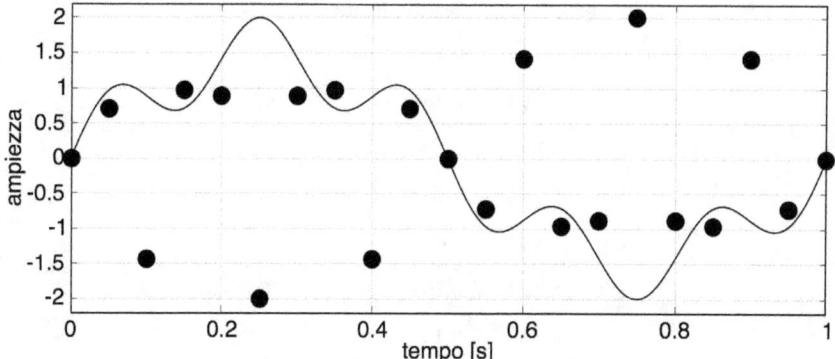

Fig. 4.8 – I campioni di Fig. 4.7 disegnati su di un periodo del segnale. Sembra che non abbiano alcun senso.

Eppure c'è un senso in tutto questo. Guardiamo a quali istanti di tempo campioniamo il segnale ricordandoci che prendiamo un campione ogni 0,35 s:

$t_0 =$	0 s	$t_{11} =$	3,85 s
$t_1 =$	0,35 s	$t_{12} =$	4,2 s
$t_2 =$	0,7 s	$t_{13} =$	4,55s
$t_3 =$	1,05 s	$t_{14} =$	4,9 s
$t_4 =$	1,4 s	$t_{15} =$	5,25 s
$t_5 =$	1,75 s	$t_{16} =$	5,6 s
$t_6 =$	2,1 s	$t_{17} =$	5,95 s
$t_7 =$	2,45 s	$t_{18} =$	6,3 s
$t_8 =$	2,8 s	$t_{19} =$	6,65 s
$t_9 =$	3,15 s	$t_{20} =$	7 s
$t_{10} =$	3,5 s		

Tabella 1

Ricordiamoci ora che il periodo è 1 s, il segnale ogni secondo si ripete uguale. Possiamo dunque dire che il segnale a t=4,2 s è uguale al segnale a t=0,2 s, oppure che il segnale a 5,95 secondi è uguale al segnale a 0,95 secondi. Ciò significa che se campioniamo il segnale ai tempi di Tabella 1 il segnale sarà uguale a quello della seconda colonna che aggiungiamo ora:

	Tempo effettivo	Tempo equivalente	ordine
t_0 =	0 s	0 s	1
t_1 =	0,35 s	0,35 s	8
t_2 =	0,7 s	0,7 s	15
t_3 =	1,05 s	0,05 s	2
t_4 =	1,4 s	0,4 s	9
t_5 =	1,75 s	0,75 s	16
t_6 =	2,1 s	0,1 s	3
t_7 =	2,45 s	0,45 s	10
t_8 =	2,8 s	0,8 s	17
t_9 =	3,15 s	0,15 s	4
t_{10} =	3,5 s	0,5 s	11
t_{11} =	3,85 s	0,85 s	18
t_{12} =	4,2 s	0,2 s	5
t_{13} =	4,55 s	0,55 s	12
t_{14} =	4,9 s	0,9 s	19
t_{15} =	5,25 s	0,25 s	6
t_{16} =	5,6 s	0,6 s	13
t_{17} =	5,95 s	0,95 s	20
t_{18} =	6,3 s	0,3 s	7
t_{19} =	6,65 s	0,65 s	14
t_{20} =	7 s	0 s	21

Tabella 2

Ora se osservate bene la colonna del tempo equivalente notate che abbiamo tutti i campioni presi ogni 0,05 s come avevamo fatto prima, campionando ogni 1,05 s. L'unico problema è che non sono in ordine, bensì sono mischiati. Poco male, li rimettiamo in ordine secondo l'ordine indicato nell'ultima colonna e alla fine ottengo il segnale ricostruito come desiderato.

Rendere questo concetto graficamente può essere un po' difficile, se non altro perché i campioni sono – appunto – mischiati, e riordinarli è un po' un casino. Ci provo ugualmente in Fig. 4.9, solo per il primo semiperiodo, altrimenti lo schema risultava davvero troppo incasinato.

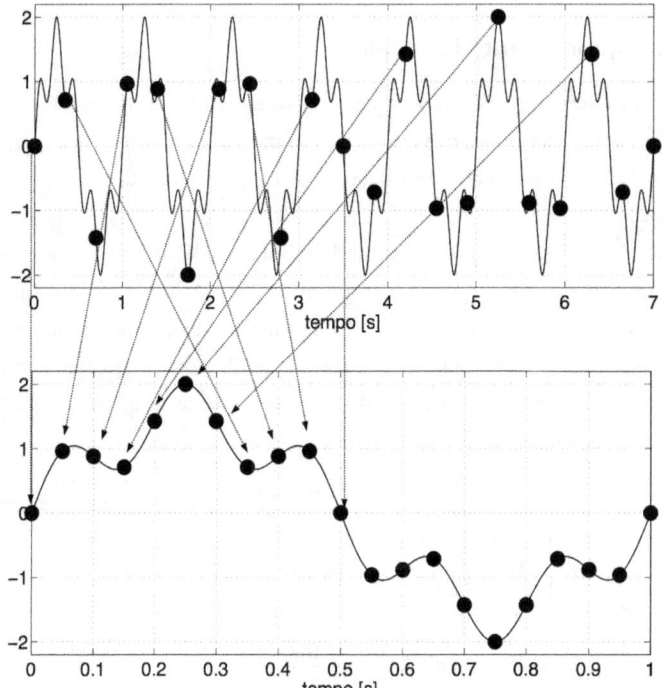

Fig. 4.9 – Riordinamento dei campioni nell'ordine giusto (solo il primo semiperiodo è mostrato per chiarezza)

In definitiva riusciamo a prendere ancora tutti i campioni come facevamo prima con $T_S=1,05$ s, solo che dobbiamo riordinarli. Perciò ci servirà quel poco di potenza di calcolo in più per poter fare tale operazione (ma ormai non è un gran problema). In compenso però ci abbiamo messo molto meno poiché abbiamo raccolto tutti i campioni necessari in soli 7 secondi anziché 20 secondi come facevamo prima.

Questo metodo viene normalmente chiamato *random interleaved sampling* (RIS), ma non fatevi ingannare dalla parola *random*. Non è che prendiamo i campioni così a caso, come capita capita. Li prendiamo con un ordine ben preciso che conosciamo. Si chiama *random* solo perché prima prendo il campione numero 1, poi prendo l'ottavo, poi il quindicesimo, poi il secondo... e poi devo riordinarli. Solo per questo è chiamato *random* perché i campioni non sono presi in ordine. Ma ciò non significa che sono presi a caso!

Anche questo è, in un certo senso, un campionamento in tempo equivalente perché sfrutto sempre i campioni di più periodi per ricostruire un solo periodo del segnale; la differenza è che in questo modo necessito di meno periodi. Nel nostro esempio abbiamo usato solo 7 periodi al posto del 21 che avevamo usato prima. Questo metodo è dunque un po' più complicato perché dopo aver preso i campioni devi riordinarli, ma ha il vantaggio di effettuare il campionamento più velocemente.

4.1.4   Campionamento in parallelo

Un metodo alternativo per aumentare la frequenza di campionamento oltre la frequenza massima del campionatore è quella di usare più campionatori in parallelo. Tutti i campionatori prenderanno campioni dallo stesso segnale ma sfalsati un poco di tempo l'uno dall'altro.

Facciamo un esempio concreto. Riprendiamo il segnale di prima e poniamo di volerlo campionare prendendo sempre 20 campioni in 1 s (f_s=20 Hz). Purtroppo però il nostro campionatore ha massima f_s=5 Hz. Ci servirebbe un campionatore con frequenza di campionamento 4 volte più alta. Come facciamo? Prendiamo quattro campionatori da 5 Hz e li mettiamo in parallelo: ognuno di essi prenderà un campione ogni 0,2 s, ma tutti i convertitori saranno sfalsati di 0,05 s.

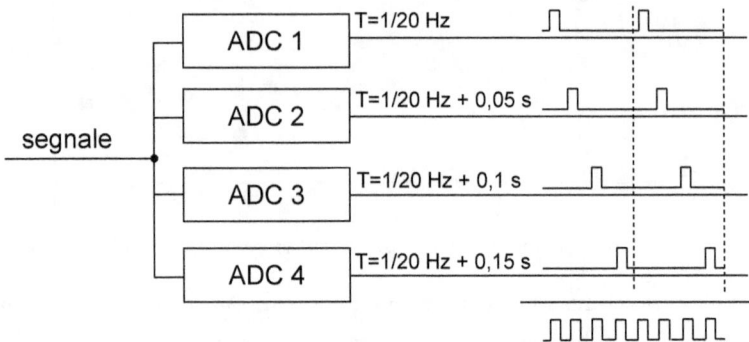

Fig. 4.10 – Struttura di un campionatore in parallelo

In questo modo ogni campionatore prenderà campioni differenti, come vediamo in Fig. 4.11, e tutti i venti campioni del periodo che volevamo prendere saranno acquisiti. L'unica cosa che rimane da fare è mettere in ordine i campioni, ma questa è un'operazione molto facile da fare: devi solo prendere i campioni come escono dai convertitori passando da un convertitore all'altro ad ogni campione, per poi tornare al primo convertitore. Dal punto di vista dell'algoritmo non è niente di complicato.

Il vantaggio rispetto al campionamento in tempo equivalente è che non devo aspettare numerosi periodi del segnale (sperando poi che sia veramente periodico): qui mi basta un periodo solo. I campioni poi escono nello stesso ordine temporale in cui vengono presi, non in ordine sparso: l'unico problema è andare a prenderli da campionatori diversi.

D'altra parte gli svantaggi sono due: il primo è il costo, come è ovvio che sia. Più convertitori usi e più sale il costo. In questo caso devi capire se non vale la pena usare un convertitore con frequenza di campionamento maggiore (magari costa meno). Non sempre questo è possibile: un convertitore con frequenza di campionamento maggiore spesso ha minore risoluzione e magari per il nostro progetto non possiamo tollerare una risoluzione minore. Oppure perché stiamo lavorando a frequenze molto alte e non si possono costruire campionatori con frequenze di campionamento così elevate per ragioni tecniche.

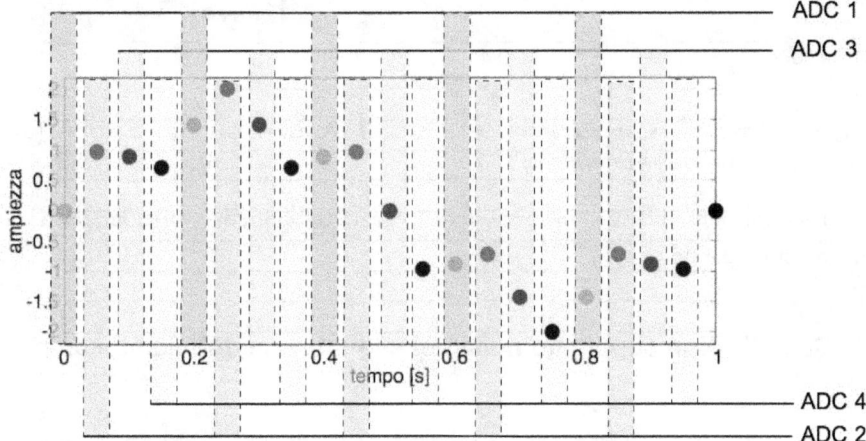

Fig. 4.11 – I campioni presi da ogni ADC

Il secondo problema è che tutti i campionatori messi in parallelo devono avere la stessa caratteristica ingresso – uscita. Poniamo di avere 5 campionatori in parallelo tutti uguali tranne uno che ha nella sua caratteristica un offset che fa in modo da dare in uscita un campione un po' più grande di quelli che dovrebbe essere: il risultato è che nei campioni totali in uscita avremo un punto ogni 5 che sarà periodicamente più alto degli altri, come in Fig. 4.12.

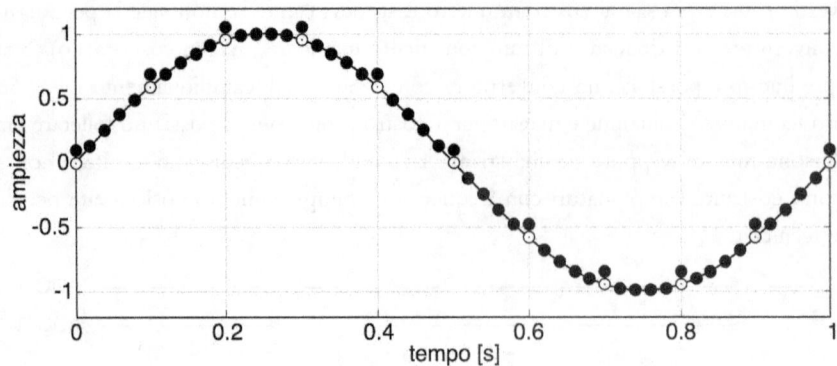

Fig. 4.12 - Cosa succede se uno dei campionatori ha una caratteristica diversa dagli altri (in questo caso ha un offset che fa risultare il campione un po' più alto)

Questo introdurrebbe una distorsione del segnale che potrebbe essere inaccettabile per il nostro progetto.

4.2 Caso II - Non sappiamo nulla del segnale che dobbiamo campionare

Un'altra situazione è invece quella in cui non sai nulla del segnale che devi campionare. Non sapere proprio nulla è tendenzialmente difficile, perché qualche supposizione di solito la puoi fare, ma può capitare di andare allo sbaraglio e trovarsi nel bisogno di misurare un segnale senza sapere come sarà il suo spettro. Che fare allora?

4.2.1 Filtro anti-aliasing

Una delle tecniche più usate è adottate è usare un filtro anti-aliasing. Premessa: i discorsi che stiamo facendo in questo libro sono generici, si possono cioè riferire al campionamento di segnali di qualsiasi natura, ma in gran parte dei casi trattiamo segnali di natura elettrica. In questo caso diventa molte semplice usare un filtro anti-aliasing perché basta inserire un filtro passa-basso prima del campionamento, e i filtri sui segnali elettrici sono molto semplici da costruire.

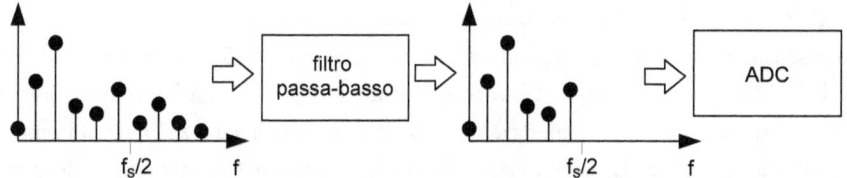

Fig. 4.13 – Metodo per combattere l'aliasing con un filtro passa-basso. Il segnale viene passato attraverso il filtro che ammazza le armoniche oltre fs/2 prima di effettuare il campionamento con l'ADC

Poniamo di avere un segnale con frequenza fondamentale di 1 kHz e armoniche non nulle fino alla decima (10 kHz). Se la massima frequenza è 10 kHz il teorema del campionamento ci impone di campionare il segnale con una frequenza di campionamento f_S > 20 kHz. Il nostro campionatore tuttavia ha frequenza di campionamento di 15 kHz, quindi non possiamo usarlo per campionare questo segnale. Allora cosa facciamo? Lo buttiamo via? No, lo usiamo ugualmente, ma usiamo un filtro passa basso che elimina le armoniche sopra i 7 kHz, (elimina cioè l'ottava, la nona e la decima armonica), poi campioniamo il segnale.

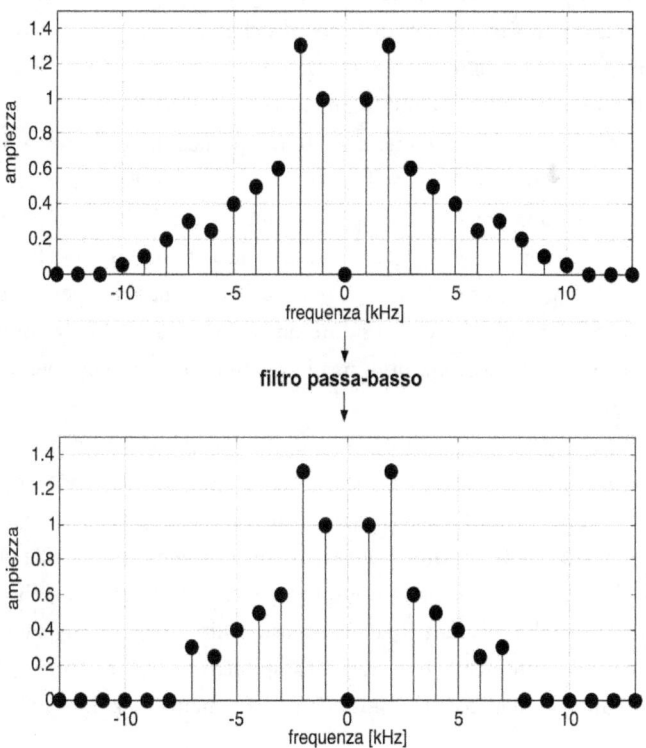

Fig. 4.14 - Principio di funzionamento del filtro anti-aliasing.

Come vedete in Fig. 4.14 ora la massima armonica del segnale è a 7 kHz. A questo punto se campiono con una frequenza di campionamento f_S=15 kHz (superiore al doppio di 7 kHz), sono sicuro di non essere in aliasing, perché nel segnale non possono esserci armoniche a frequenza superiore a 7 kHz. È una sorta di garanzia: mettendo un filtro anti-aliasing prima del campionatore eviti che entrino nel campionatore delle frequenze troppo alte che lo manderebbero in aliasing. Poi magari non accade nemmeno, il segnale non presenterà mai delle frequenze superiori a quelle consentite dal teorema del campionamento e non ti capiterà mai di andare in aliasing, ma per stare sul sicuro uno il filtro anti-aliasing ce lo mette comunque, così sta sereno (non preoccuparti, i filtri non si comportano come i politici).

Questo è uno dei motivi per cui le aziende che vendono sistemi di campionamento spesso li equipaggiano di serie con un filtro anti-aliasing prima del convertitore analogico-digitale (delle volte disabilitabile via *software*). Se io ti vendo un sistema di campionamento a 15 kHz so che non possono entrare le frequenze da 7,5 kHz in su, quindi per evitare problemi ti mettono davanti un filtro che taglia le frequenze da 7,5 kHz in su e il cliente è contento. Anche perché se poi si va in aliasing e i dati che raccoglie non hanno più senso, il cliente di solito si arrabbia con chi gli ha venduto il sistema di campionamento dicendo che non funziona, mica lo capisce che invece lo sta usando male perché non rispetta il teorema del campionamento. Quindi le aziende per evitarsi le seccature di clienti insoddisfatti mettono un bel filtro anti-aliasing e sono a posto.

Tutto a posto dunque? Basta mettere un filtro anti-aliasing e abbiamo risolto tutti i nostri problemi? Non proprio. È vero che così facendo eviti l'aliasing, ma è pur vero che modifichi il segnale. Riprendiamo l'esempio di prima in cui il filtro anti-aliasing taglia le frequenze da 7,5 kHz in su: se il segnale contiene un'armonica a 10 kHz, questa viene eliminata (Fig. 4.14). Questo mi sta bene perché così evito l'aliasing, però quell'armonica non ce l'ho più. Se il mio scopo era misurare quell'armonica a 10 kHz sono fregato. È vero, non sono più in aliasing, ma non ho più nemmeno una componente del segnale che mi interessava.

L'uso del filtro anti-aliasing va bene se le frequenze che con esso cancelliamo sono trascurabili, se non mi interessano. Se di quel segnale mi interessano solo le componenti a 2 kHz e 5 kHz, posso anche cancellare col filtro anti-aliasing tutto ciò che c'è sopra 7 kHz, chi se ne importa. Ma se sono interessato a una frequenza a 10 kHz che viene tagliata via dal filtro anti-aliasing, allora non posso usare questo metodo, ché mi cancella proprio quello che voglio misurare. Ma se non uso il filtro anti-aliasing vado in aliasing! In questo caso l'unica alternativa è cambiare campionatore e usarne uno con frequenza di campionamento più alta, così che possa misurare anche 10 kHz senza incorrere in aliasing.

4.2.2   Come scegliere un filtro anti-aliasing

Come dicevamo prima, molte schede di campionamento sono già equipaggiate di un filtro anti-aliasing. Basta guardare le specifiche tecniche fornite dal produttore e normalmente danno questa informazione con dovizia di particolari.

Può però capitare di dover creare un sistema di campionamento da soli, e a quel punto dobbiamo essere capaci di scegliere autonomamente quale filtro usare. Ora, cos'è un filtro passa-basso e come si realizza non lo discutiamo nemmeno. C'è una cosa però da tenere a mente: la funzione di trasferimento di un filtro passa-basso non è un gradino ideale che prima della frequenza di taglio è 1 e dopo la frequenza di taglio vale 0 (Fig. 4.15).

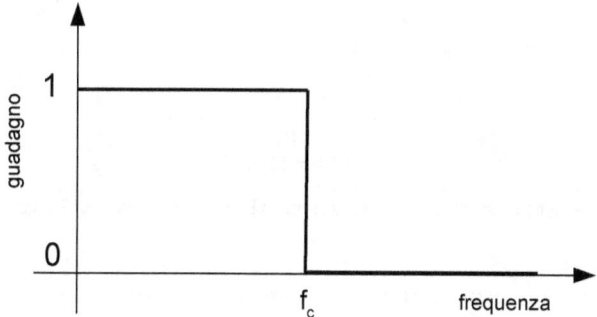

Fig. 4.15 - Funzione di trasferimento ideale di un filtro passa-basso. Esiste solo nei nostri sogni bagnati

Nella realtà un filtro passa-basso avrà piuttosto una funzione di trasferimento come in Fig. 4.16.

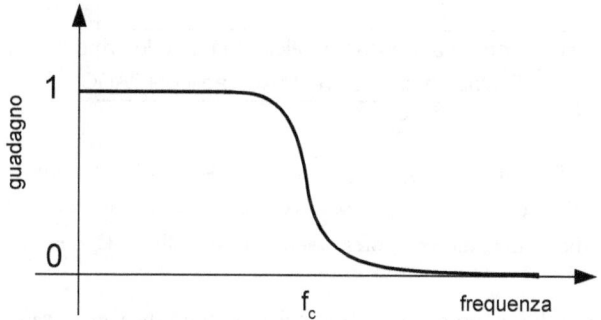

Fig. 4.16 - Funzione di trasferimento reale di un filtro passa-basso

Ritorniamo all'esempio di prima e poniamo di avere un sistema di campionamento con $f_s = 15$ kHz; ciò significa che dobbiamo eliminare tutte le frequenze $f \geq 7,5$ kHz. Se però scegliamo un filtro passa-basso Butterworth del sesto ordine (un signor filtro) con frequenza di taglio proprio di 7,5 kHz ci troveremo con delle componenti a 8 kHz, 9 kHz e 10 kHz che saranno sì ridotte ma che non saranno soppresse del tutto. Per esempio la componente a 8 kHz prima del filtro era 400 mV mentre dopo il filtro risulta di 225 mV, visto che il filtro a 8 kHz ha un guadagno di 0,561.

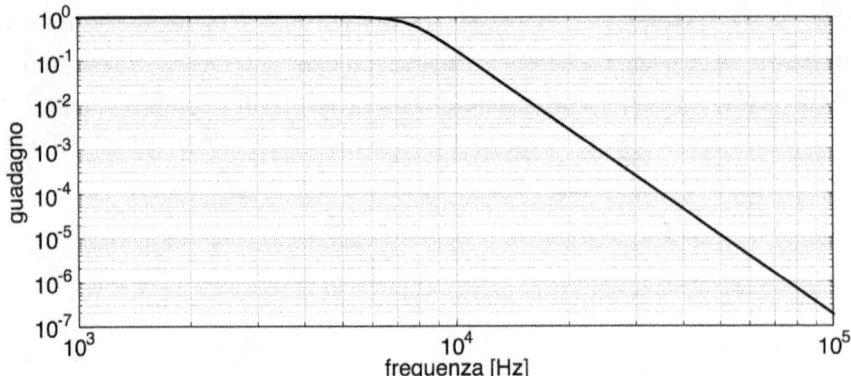

Fig. 4.17 - Funzione di trasferimento di un filtro passa-basso Butterworth del sesto ordine con frequenza di taglio a 7,5 kHz

Ovviamente voi potreste dirmi che non riuscirò mai a sopprimere del tutto delle armoniche con un filtro, visto che la funzione di trasferimento di un filtro si abbassa sì con l'aumentare della frequenza ma non diventa mai 0. Questo è vero, però non dimentichiamoci che il segnale poi va campionato, e il convertitore analogico-digitale (ADC) ha un numero finito di bit; ha quindi un LSB (*Least Significant Bit*) che è il valore del più piccolo bit del numero che esce.

> Il nostro scopo è abbassare sufficientemente le armoniche in aliasing affinché siano trascurabili per l'ADC

Se dunque il filtro anti-aliasing è capace di abbassare sufficientemente il valore delle armoniche indesiderate allora sei a posto. È vero che non saranno zero ma saranno pur sempre piccole abbastanza da non poter essere rilevate dall'ADC, quindi non dànno più fastidio.

Già, ma quanto dovranno essere abbassate? Qualcuno dice, erroneamente, che il valore delle armoniche deve essere più basso dell'LSB. In realtà la situazione è un po' più complessa. La risoluzione in ampiezza dipende sì dall'LSB (quindi dal numero di bit del convertitore) ma dipende anche dalla frequenza di campionamento. Vedremo questo concetto nel capitolo 9, dove vedremo qual è la più piccola quantità del segnale che possiamo misurare (spoiler: non equivale all'LSB). Per adesso mettiamola così: dobbiamo diminuire le armoniche che causerebbero aliasing sotto il valore che può essere misurato dall'ADC (poi nel capitolo 9 vedrete come calcolarlo).

In definitiva, ciò che normalmente si fa è scegliere un filtro passa-basso con una frequenza di taglio un po' più bassa della frequenza massima ammessa dal teorema del campionamento. Per esempio, se vogliamo sopprimere le armoniche sopra i 7,5 kHz sceglieremo un filtro con frequenza di taglio di 5 kHz (Fig. 4.18).

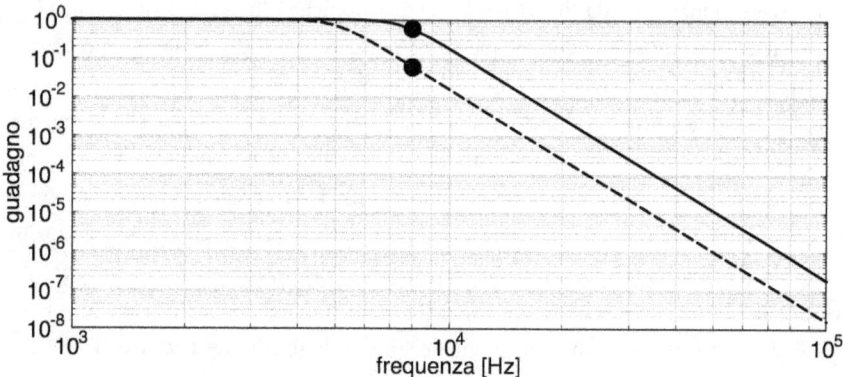

Fig. 4.18 - Funzione di trasferimento del filtro Butterworth del sesto ordine con frequenza di taglio a 7,5 kHz (linea continua) e a 5 kHz (linea tratteggiata). Il valore del guadagno a 8 kHz passa da 0,561 a 0,06.

Così facendo il filtro a 8 kHz ha un guadagno di 0,06; la nostra armonica a 8 kHz dunque passa da 400 mV a 24 mV. A questo punto basta verificare se è sufficientemente bassa rispetto al valore di soglia che è in grado di misurare l'ADC e siamo a posto.

Il principio è dunque scegliere la frequenza di taglio un po' più bassa di quanto sarebbe necessario teoricamente (metà della frequenza di campionamento) in modo che le frequenze che altrimenti causerebbero aliasing siano attenuate sufficientemente da risultare di sicuro non nulle, ma basse abbastanza da non essere rilevate.

Ma ovviamente c'è anche l'altro lato della medaglia. Se abbasso la frequenza di taglio del filtro a 5 kHz significa che inizio ad attenuare la componente del segnale anche a 5 kHz, dove il filtro ha un guadagno di 0,707. Così come abbasserò anche la componete a 4 kHz (guadagno 0,967). Non le abbassiamo a sufficienza da sopprimerle, è vero, però le abbassiamo. Applicando un filtro anti-aliasing stiamo modificando il segnale anche nelle frequenze che dovrebbero passare inalterate attraverso il filtro.

Nel nostro esempio la componente a 1 kHz passerà quasi inalterata perché a quella frequenza il guadagno è quasi 1, mentre la componente a 5 kHz passerà con attenuata con guadagno di 0,707. Questo è un risvolto indesiderato: perché noi pensiamo di misurare un segnale e invece questo ci arriva parzialmente distorto.

Ora, va bene eliminare le armoniche troppo alte che ci farebbero violare il teorema del campionamento, ma qui stiamo modificando anche le armoniche che stanno ben sotto la metà della frequenza di campionamento, le armoniche cioè che possiamo campionare e che rimangono nel segnale campionato.

Eppure è così, se vuoi applicare un filtro passa-basso come filtro anti-aliasing, devi accettare che le armoniche più alte del tuo segnale, quelle vicine alla frequenza di taglio, vengano attenuate dal filtro. Non ci puoi far nulla.

Ecco allora che puoi definire una regione di frequenze, quella regione in cui le frequenze passano inalterate da filtro, ossia quelle armoniche a frequenze dove il guadagno del filtro è 1. Ovviamente anche in questo caso stiamo facendo un'approssimazione. Il guadagno del filtro non sarà mai 1, ma se è abbastanza vicino a 1 che la differenza tra il valore dell'armonica prima e dopo il filtro è sufficientemente bassa per l'ADC che usiamo poi per campionare, allora possiamo considerare il guadagno unitario. Questa regione ovviamente finirà a una frequenza f' minore della $f_s/2$ perché poi devo lasciare una zona cuscinetto tra f' e $f_s/2$. In questa zona cuscinetto le armoniche passano, non provocano aliasing ma sono significativamente alterate dal filtro così che non posso più considerarle buone per la misura che voglio fare. E infine ci sono le armoniche a partire da $f_s/2$ che sono soppresse perché attenuate sotto la soglia di rilevazione dell'ADC.

In definitiva possiamo definire tre regioni di frequenze (Fig. 4.19):

A) la regione in cui le frequenze passano attraverso il filtro sostanzialmente inalterate (da 0 a f')

B) la regione in cui le frequenze passano attraverso il filtro con una attenuazione non trascurabile (da f' a $f_s/2$)

C) la regione in cui le frequenze sono soppresse dal filtro (a partire da $f_s/2$)

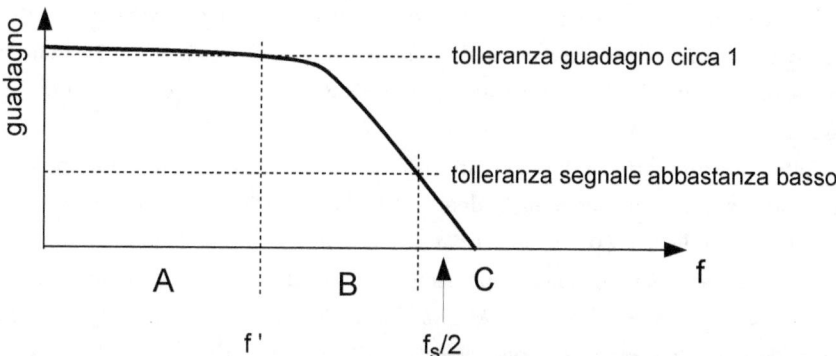

Fig. 4.19 - Progetto di un filtro anti-aliasing. La banda del segnale utile sta nella regione A (che passa con guadagno unitario). Nella regione B invece c'è una parte di segnale che passa ma che è parzialmente soppressa dal filtro. Infine nella regione C il segnale è diminuito sotto la soglia di rilevazione quindi non provoca più aliasing. La fs/2 deve essere qui per evitare aliasing.

Se le armoniche nella regione B) non ci interessano non c'è problema. Passiamo il segnale attraverso il filtro anti-aliasing, campioniamo il segnale, e le armoniche nella regione B) saranno attenuate, ma siccome non siamo interessati a quelle armoniche la cosa non ci turba. In effetti, a voler essere precisi, quelle armoniche non sono nemmeno *segnale*, piuttosto sono *rumore*. Perché stando alle definizioni canoniche il *segnale* è solo quello che ti porta informazioni utili, quello a cui sei interessato. Ciò che non ti porta informazioni a cui sei interessato è *rumore*. Se a quelle armoniche nella regione B) non sei dunque interessato esse sono solo del rumore: se anche vengono attenuate dal filtro, nessuno muore (anzi, tanto meglio).

Se però sei interessato anche a quelle armoniche? L'unica possibilità è aumentare la frequenza di campionamento usando un altro ADC. A quel punto puoi spostare la frequenza di taglio del filtro più in alto sempre rispettando la condizione che a fs/2 sei già nella regione C) (quindi non hai aliasing). Aumentando la frequenza di taglio del filtro automaticamente allarghi anche la regione A) dove passano le armoniche utili.

4.2.3   Il grande equivoco

Ecco allora che ci troviamo di fronte a un fatto interessante. Siamo interessati alle armoniche fino alla frequenza X, quindi istintivamente saremmo portati a credere che basti un campionatore con frequenza fS tale che fS>2·X. Tuttavia ci troviamo nella condizione di dover usare un filtro anti-aliasing per eliminare le frequenze che ci farebbero andare in aliasing. Siccome non vogliamo modificare le armoniche che ci interessano dobbiamo scegliere una frequenza di campionamento più alta, come descritto nel paragrafo precedente. Dobbiamo infatti lasciare una "zona cuscinetto" tra la regione A) (armoniche che passano) e la regione C) (armoniche uccise). In quella zona cuscinetto ci saranno armoniche oltre la frequenza X, saranno armoniche che non ci interessano ma che rimangono sotto $f_S/2$ per consentite al filtro di avere guadagno già sufficientemente basso alla f_S.

Molto spesso vi capiterà di incontrare sistemi di campionamento in cui la frequenza di campionamento è più alta di quella dettata dal teorema del campionamento. Ti dicono che il sistema di digitalizzazione è adatto a segnali fino a 100 kHz (numeri di fantasia) e che la frequenza di campionamento, poniamo, è di 350 kHz. Istintivamente diresti: *esage-rati! Se la massima frequenza è sotto 100 kHz che bisogno c'è di campionare a 350 kHz? Basta an-che solo 200 kHz, è il teorema del campionamento!*

E invece hanno ragione loro, perché è vero che c'è il teorema del campionamento, ma se c'è anche il filtro anti-aliasing devi scegliere la frequenza di campionamento e la frequenza di taglio del filtro rispettando questi due criteri

> 1) la frequenza di taglio del filtro f_C deve essere sufficientemente alta da fare in modo che nell'intervallo di frequenze che ci interessano il guadagno del filtro sia praticamente unitario (quindi le armoniche non vengono alterate dal filtro).

dopodiché

> 2) la frequenza di campionamento f_S deve essere sufficientemente maggiore di f_C in modo che a $f_S/2$ il segnale da campionare sia già sostanzialmente nullo.

Questo di necessità porta a una f_S maggiore di quella che ci potremmo aspettare dal solo teorema del campionamento.

Ma quindi il teorema del campionamento è non vale?

No, il teorema del campionamento vale eccome. Basta rispettare le ipotesi: il teorema del campionamento ti dice che puoi campionare con una frequenza di campionamento strettamente maggiore del doppio della massima frequenza del segnale. Ossia

$$f_S > 2 \cdot f_N \tag{4.4}$$

dove f_N è l'armonica presente nel segnale con la maggiore frequenza; ciò significa che per $f > f_N$ lo spettro ha componenti nulle. Se questa condizione è rispettata il teo-rema del campionamento è valido al 100%. Il caso qui sopra era invece un caso in cui questa condizione non era rispettata; avevamo armoniche a frequenza troppo elevata che avrebbero mandato in aliasing il campionatore. Il filtro anti-aliasing era un trucchetto che abbiamo usato per forzare il segnale a rispettare il teorema del campionamento. Ma siccome il mondo non è ideale (e tantomeno lo sono i filtri passa-basso) il trucchetto si paga sempre con uno svantaggio che si accompagna al vantaggio.

Nel caso del filtro anti-aliasing il vantaggio è che eliminando le armoniche a frequenza troppo elevata elimino l'aliasing nel segnale campionato, e quindi posso usare quel campionatore che senza filtro non avrei potuto utilizzare. Dall'altra parte lo svantaggio è che le frequenze prossime alla frequenza di taglio del filtro vengono attenuate, visto che il filtro non è ideale, quindi non passa idealmente da un guadagno 1 a un guadagno 0 con un gradino perfetto.

Se lo svantaggio non mi garba devo necessariamente alzare la frequenza di campionamento, perché la botte piena e moglie ubriaca in campo tecnologico non esistono.

Ogni tanto mi è capitato di sentirmi dire da qualche ubriaco che il teorema del campionamento non vale nella realtà, che è una favoletta, che è meglio campionare con frequenza di campionamento un po' più alta. No, il teorema del campionamento è valido, nella teoria e nella realtà. Il grande equivoco sta nel fatto che nella realtà spesso ci troviamo a usare un sistema di campionamento in una situazione in cui è necessario usare un filtro anti-aliasing, quindi dobbiamo aumentare la f_s per fare spazio alla regione B). Se quindi il produttore del campionatore ce lo vende dicendo la la frequenza di campionamento è f_s ma la banda del campionatore è 0,4 f_s non è che sta barando né che il teorema del campionamento è una bella favoletta teorica. Significa solo che se usiamo un filtro anti-aliasing purtroppo dobbiamo fare spazio per la regione B). Ma se abbiamo un segnale che di sicuro non ha armoniche che causano aliasing allora possiamo fare a meno del filtro e vi assicuro che il teorema del campionamento regge che è una meraviglia.

4.3 Cosa me ne viene in tasca

Arrivati a questo punto del libro posso spiegare perché è utile saper campionare bene, dove "campionare bene" significa sapere cosa si sta facendo e perché. Ormai abbiamo visto talmente tanti argomenti da poter capire un concetto fondamentale: saper campionare bene conviene. Sì, conviene proprio in termini di vile denaro. È proprio questo il motivo a cui accennavo all'inizio del libro. Imparare l'elaborazione numerica dei segnali vi può sicuramente servire a passare un esame universitario, se è questo il motivo per cui state studiando su questo libro. Può piacervi per passione personale. Ma il motivo principale è che vi può far risparmiare dei soldi. E i soldi piacciono a tutti.

Tanti anni fa osservai un collega fare un campionamento con un microscopio a forza atomica. Non era un segnale nel tempo ma nello spazio (faceva la scansione del profilo di una superficie) ma era la stessa cosa: prendeva dei campioni della superficie a intervalli regolari di spazio anziché di tempo. Allo stesso modo, era un segnale in due dimensioni (le due coordinate spaziali x, y) anziché una sola dimensione (il tempo). Ma anche in questo caso non cambia molto: tutto quello che ci siamo detti in una dimensione può essere ripetuto su due dimensioni. Bene, questo collega voleva scansionare un'immagine molto dettagliata della superficie, quindi acquisiva matrici di campioni molto fitte (mi sembra di ricordare 300 punti per 300 punti). Facendo l'analisi spettrale di questi campioni però mi sono reso conto che era inutile. Lo spettro terminava già alla 50esima armonica: dalla 50esima alla 150esima era fondamentalmente solo rumore, non c'era più segnale. Quindi si poteva campionare la superficie con matrici da 100 x 100 punti e le informazioni sarebbero state le stesse.

Allora andai da lui a chiedergli come mai campionava con così tanti punti, il triplo del necessario. Egli mi disse che lo faceva per avere un'alta definizione, visto che matrici con 100 x 100 punti non gli bastavano. Ma le informazioni sono le stesse! – gli dissi – non sei capace di vederle ma sono lì, nascoste nella matrice 100x100 punti.

Era dubbioso: non ci credeva che una matrice 100x100 punti potesse contenere le stesse informazioni. Dopo tutto non lo biasimo: lui guardava i punti scansionati e gli sembravano più sgranati, è comprensibile che pensasse di fare una cosa migliore prendendo più punti. Allo stesso modo in cui è comprensibile che una persona ritenga insufficienti 3 punti per sinusoide (prima di leggere questo libro). Ma ora voi sapete che non è così, sapete che le informazioni sono in quei tre punti, e non ne servono altri. Parimenti in quel caso io sapevo, avendo visto lo spettro del segnale che bastavano 100 punti. Il problema era solo come tirare fuori quelle informazioni nel modo corretto.

Il collega non si fidava, allora gli ho chiesto di scansionare la stessa superficie con una matrice da 100x100 punti e poi ancora con 300x300 punti. Mi sono fatto dare i risultati e mi sono messo al lavoro: ho preso la matrice 100x100 punti, ho calcolato lo spettro e una volta che avevo tutte le armoniche (ossia ampiezza e fase di ogni sinusoide) ho ricostruito il segnale calcolando il valore di tutte quelle sinusoidi (e potevo farlo visto che avevo ampiezza e fase di ogni sinusoide). Avendo poi la funzione come somma di sinusoidi nel tempo mi è bastato valutarla in 300 punti anziché 100.

Il collega ha storto un po' il naso, così ho preso le due immagini e gliele ho mostrate: da una parte quella con 300x300 punti, dall'altra quella a 300x300 punti ricavata però con questo metodo partendo da una matrice 100x100 punti. Gliele ho messe davanti agli oggi e gli ho detto: trova le 10 piccole differenze, come nella settimana enigmistica. A quel punto si è dovuto arrendere all'evidenza: le informazioni erano lì tutte a disposizione anche nella matrice 100x100, solo che non era capace di vederle.

Già, ma in tutto questo che ruolo hanno i soldi? Ce l'hanno eccome, perché a quel punto il collega ha capito che poteva campionare matrici di 100x100 punti e avere le stesse informazioni. Se poi voleva una matrice con più risoluzione gli bastava ripetere il procedimento descritto sopra e avrebbe ottenuto una matrice di 300x300 punti. Scansionare una matrice 100x100 però gli portava via meno tempo, nello specifico riduceva il tempo di scansione di 2/3 (ogni tre righe poteva saltarne due). Invece di metterci 10 minuti ce ne metteva tre e mezzo. La sua produttività era triplicata e quando moltiplichi le ore di lavoro per la paga oraria sono soldi. Soldi che risparmi. Perché sai come campionare bene.

Questo è stato un caso concreto in cui sapere come campionare bene ha portato a del risparmio di sonanti dollaroni. Di esempi come questi potrei raccontarne molti. Il concetto è sempre lo stesso: se non sai cosa stai facendo rischi, ad esempio, di comprare un'attrezzatura inutilmente avanzata quando te ne potrebbe bastare una più economica. Sono soldi che butti via perché non hai capito come campionare bene.

5.   La trasformata di Fourier veloce (FFT)

Premessa fondamentale: questo è un capito che potete anche non studiare. È solo una curiosità che può essere interessante da conoscere, ma a livello pratico non vi cambierà praticamente niente. Prendiamoci pure questo momento come pausa-curiosità.

5.1 L'algoritmo classico della DFT

Nel capitolo 2 avevamo visto che c'è uno strumento molto potente per ricavare ampiezza e fase di ogni armonica nel segnale partendo dai campioni acquisiti. Se il segnale ha armonica massima di ordine N basta acquisire $2 \cdot N+1$ campioni y_n, dopodiché davamo in pasto questa sequenza di $2 \cdot N+1$ campioni alla trasformata di Fourier discreta (DFT) e questa ci restituiva il valore medio Y_0 più N armoniche $\overline{Y}_k$ composte da ampiezza e fase (quindi abbiamo 1 valore medio più N ampiezze e N fasi, ossia $2 \cdot N+1$ valori reali).

Per calcolare il valore medio più le N armoniche $\overline{Y}_k$ usavamo questa formula:

$$\overline{Y}_k = \sum_{n=0}^{2 \cdot N} y_n \cdot e^{-i \cdot k \cdot 2\pi \frac{n}{2 \cdot N+1}} \tag{5.1}$$

Per semplificare la notazione chiamiamo M il numero totale dei campioni. A questo punto possiamo scrivere la DFT come

$$\overline{Y}_k = \sum_{n=0}^{M-1} y_n \cdot e^{-i \cdot k \cdot 2\pi \frac{n}{M}} \tag{5.2}$$

Abbiamo visto cosa significa: moltiplichiamo i campioni y_n per esponenziali complessi sfasati e poi facciamo la somma di tutti i complessi che otteniamo. Se siamo capaci di fare un po' di moltiplicazioni complesse dovremmo essere in grado di calcolare la DFT senza troppi problemi. Tutto a posto dunque? Neanche per idea.

Sulla carta è sicuramente tutto a posto, ma nella realtà le cose sono molto più complicate. Il meccanismo che abbiamo visto per calcolare la DFT è infatti estremamente pesante e richiede quindi una potenza di calcolo sproporzionata. Ora siamo abituati ad portarci in tasca gingilli digitali con potenze di calcolo mostruose, ma ai bei vecchi tempi che furono un algoritmo come quello della DFT era di una pesantezza intollerabile se il numero di campioni diventava troppo grande. Le risorse di calcolo che richiede la DFT erano spesso così alte da renderla incalcolabile nella pratica. Tu sulla carta potevi risolvere il problema, avevi una formula che ti diceva come trovare le armoniche partendo dai campioni acquisiti, ma all'atto pratico non potevi utilizzarla perché l'algoritmo era troppo pesante.

A quel punto la gente s'è divisa in due categorie: quelli che chiudevano la faccenda dicendo "*non si può*" e poi andavano al bar aspettando che costruissero calcolatori più potenti, e quelli che invece si sono dati da fare per inventare un metodo più intelligente per calcolare la DFT. Questi ultimi hanno creato la trasformata di Fourier veloce, FFT per gli amici (dall'inglese Fast Fourier Transform).

Precisazione importante: la FFT ci dà lo stesso risultato della DFT. Se tu prendi una serie di campioni y_n e li dài in pasto alla DFT o alla FFT in uscita ottieni sempre le stesse armoniche $\overline{Y}_k$. L'unica differenza è che la FFT te li dà molto prima (per questo viene chiamata *veloce*). A voler fare i precisini la FFT è anch'essa una DFT, in quanto calcola anch'essa la trasformata di Fourier discreta, ma lo fa velocemente[11]. Questo è il motivo per cui all'inizio dicevo che questo capitolo non è così importante da studiare. Nella vita reale avrete un sistema di calcolo a cui date in pasto i campioni e con un'opportuna istruzione vi calcola le armoniche. Come poi le calcoli a voi non interessa più di tanto. Vi basta sapere che se dite al vostro sistema di calcolare la FFT questo userà un algoritmo intelligente che vi fa risparmiare tempo. Come poi lo faccia non vi cambia la vita, l'importante è che in uscita vi dia i valori giusti delle armoniche. Ma giusto per curiosità vediamo come fa a calcolare le armoniche e perché è più veloce della classica DFT.

5.2 Il peso di calcolo della DFT classica

Prima di vedere quanto è veloce la FFT calcoliamo quanto è lenta la DFT calcolata secondo la classica formula (5.1). Quando calcolo la DFT per calcolare ogni armonica Y_k devo:

– calcolare M moltiplicazioni complesse del tipo

$$y_n \cdot e^{-i \cdot k \cdot 2\pi \frac{n}{2 \cdot N+1}} \tag{5.3}$$

ad ogni passo della sommatoria, poiché la sommatoria va da n= 0 a M–1;

– prendere gli M numeri complessi calcolati al passo precedente e sommarli; per fare ciò devo eseguire M–1 somme complesse[12].

---

11 Sarebbe stato molto meglio chiamarla FDFT – Fast Discrete Fourier Transform, ma è passata alla storia come FFT e ce la teniamo così.

Riassumendo, per ogni armonica Y_k devo calcolare

– M moltiplicazioni complesse;

– M–1 somme complesse.

Ma siccome di armoniche Y devo calcolarne M il numero totale di operazioni va moltiplicato per M; quindi per calcolare una DFT di un segnale campionato con M campioni devo fare

– $M \cdot M = M^2$ moltiplicazioni complesse;

– $M \cdot (M–1)$ somme complesse.

Poi ci sarebbe anche il valore medio, ma quello possiamo lasciarlo anche da parte per un momento, tanto il valore medio è solo la somma di tutti i campioni y_n diviso il numero di campioni, quindi si calcola in un attimo. La cosa importante è che all'aumentare di M il numero di operazioni che devo fare per calcolare la DFT cresce quadraticamente. Questo significa che se per pochi campioni posso ancora permettermi di calcolare la DFT, basta aumentare di poco il numero di campioni per arrivare a un numero di operazioni improponibili.

5.3 L'algoritmo della FFT

Ora che abbiamo visto come è pesante l'algoritmo classico della DFT vediamo come opera la FFT e perché è più veloce. La prima cosa da fare è semplificare un po' la notazione, per evitare di portarci dietro esponenziali inutilmente complessi. Sappiamo che la DFT è definita come:

$$\bar{Y}_k = \sum_{n=0}^{M-1} y_n \cdot e^{-i \cdot k \cdot 2\pi \frac{n}{M}} \tag{5.4}$$

Nell'esponenziale le uniche quantità che cambiano sono k ed n, tutto il resto – una volta che M è stabilito – non cambia. Semplifichiamo dunque introducendo un valore W_M definito come:

$$W_M = e^{\frac{-i \cdot 2\pi}{M}} \tag{5.5}$$

In questo modo invece di scrivere l'esponenziale per esteso scriveremo il termine W_M elevato a $k \cdot n$

$$e^{-i \cdot k \cdot 2\pi \frac{n}{M}} = e^{\frac{-i \cdot 2\pi}{M} \cdot n \cdot k} = W_M^{n \cdot k} \tag{5.6}$$

---

12 Se devo sommare M numeri le somme che faccio sono M–1 e non M. Esempio banale, se sommo tre numeri faccio due somme: in 5+8+2 le somme sono due (basta contare il numero dei segni +).

In altre parole il termine W_M è la base dell'esponenziale che avevamo visto ruotare nel capitolo 2. Se vi ricordate avevamo visto che gli esponenziali per cui moltiplicavamo i campioni al fine di calcolare la DFT erano equidistanziati lungo i 2π radianti. Per esempio, in caso di 5 campioni avevamo dei numeri complessi così risultanti.

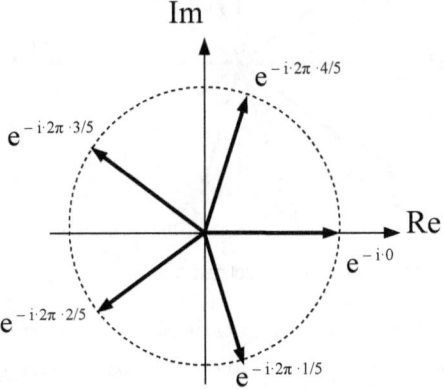

Fig. 5.1 - I fasori della DFT corrispondenti a un campionamento con 5 campioni.

Ora, con la nuova notazione, semplicemente diamo un nome più comodo a questi vettori. In questo caso abbiamo W5 e nel grafico possiamo scrivere:

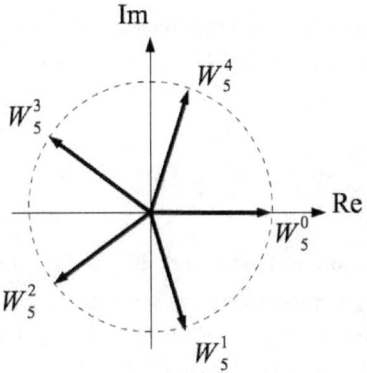

Fig. 5.2 - Per semplificare la notazione i fasori vengono rinominati così: il pedice è il numero di campioni, l'apice l'ordine successivo che indica l'angolo (negativo). Questo l'esempio dei vettori W 5.

Se invece abbiamo M=10 i vettori risulteranno:

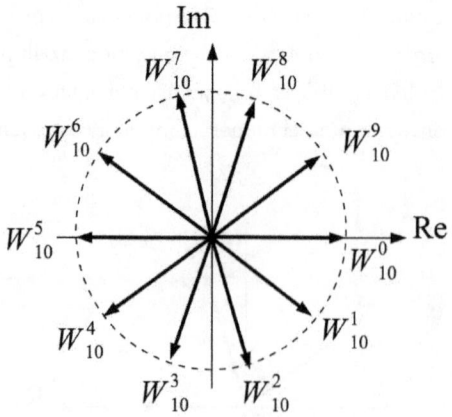

Fig. 5.3 - I fasore della DFT con la nuova notazione nel caso di W 10.

Quindi quel pedice M del termine W_M ci dice quanti vettori ho in un giro di 2π radianti, mentre l'apice ci dice quale prendo in considerazione. Con questa notazione semplificata la DFT diventa dunque:

$$\bar{Y}_k = \sum_{n=0}^{M-1} y_n \cdot W_M^{n \cdot k} \tag{5.7}$$

Fin qui non abbiamo fatto niente, abbiamo solo riscritto la DFT in una forma più semplice da guardare e maneggiare. Ora ipotizziamo che la M sia pari. A questo punto possiamo dividere la sommatoria della DFT in due parti, una sommatoria per i valori di n pari e una per i valori di n dispari:

$$\bar{Y}_k = \sum_{n=0}^{M-1} y_n \cdot W_M^{n \cdot k} = \sum_{n \text{ pari}} y_n \cdot W_M^{n \cdot k} + \sum_{n \text{ dispari}} y_n \cdot W_M^{n \cdot k} \tag{5.8}$$

E anche in questo caso non ho fatto niente di speciale, ho sono constatato che l'indice n andando da 0 a M-1 è composto da una sequenza n= 0, 1, 2, 3, 4, 5 .... M-1 e ho separato le due sommatorie, da una parte n= 0, 2, 4 ... dall'altra n = 1, 3, 5 ... Tanto con la proprietà associativa dell'addizione si può fare. Ora però devo scrivere un po' meglio quegli indici, ché mica posso lasciar scritto "n pari" o "n dispari".

Per formalizzare meglio l'espressione introduco un nuovo indice s che va da 0 a M/2 − 1:

$$s = 0 \rightarrow \frac{M}{2} - 1 \tag{5.9}$$

In pratica s è un indice che scorre per metà di quanto scorreva n. Infatti n andava da 0 a M − 1 mentre qui ho diviso per due il "traguardo". Se vi dà fastidio quel " − 1" fate un esempio numerico: con M= 100 n va da 0 a 99 mentre s va da 0 a 49. Nel primo caso n assume 100 valori diversi nel secondo caso s assume 50 valori diversi.

Ora diventa facile definire gli n pari e gli n dispari:

n pari = 2·s

n pari = 2·s + 1

Se anche questo vi lascia dubbiosi provate a fare un esempio numerico. Per s che vale:

$$s= 0, 1, 2, 3, 4... 48, 49$$

gli n pari risultano

$$2·s = 0, 2, 4, 6, 8 ... 96, 98$$

mentre gli n dispari risultano

$$2·s + 1 = 1, 3, 5, 7, 9 ... 97, 99.$$

Quindi gli indici 2·s e 2·s+1 vanno da 0 a 99 proprio come n separandosi in due gruppi, pari e dispari. Ora dunque riscriviamo la formula della DFT divisa in due sommatorie per n pari e n dispari con questo nuovo indice s al posto di n

$$\overline{Y}_k = \sum_{n\,pari} y_n \cdot W_M^{n \cdot k} + \sum_{n\,dispari} y_n \cdot W_M^{n \cdot k} = \sum_{s=0}^{\frac{M}{2}-1} y_{2 \cdot s} \cdot W_M^{2 \cdot s \cdot k} + \sum_{s=0}^{\frac{M}{2}-1} y_{2 \cdot s+1} \cdot W_M^{(2 \cdot s+1) \cdot k} \tag{5.10}$$

A questo punto vale la pena di osservare che nella sommatoria dei dispari ho un termine W_M con una parte che non dipende da s. Infatti esso si può scrivere così:

$$W_M^{(2 \cdot s+1) \cdot k} = W_M^{2 \cdot s \cdot k + k} = W_M^{2 \cdot s \cdot k} \cdot W_M^k \tag{5.11}$$

Visto che W_M^k non dipende da s è uguale per ogni passo della sommatoria quindi moltiplica tutti gli addendi della sommatoria. Quindi posso portarlo fuori dalla sommatoria e moltiplicare il risultato della sommatoria anziché i singoli addendi. Oltre a questo mettiamo in evidenza in entrambe le sommatorie l'esponente 2, ossia

$$W_M^{2 \cdot s \cdot k} = \left(W_M^2 \right)^{s \cdot k} \tag{5.12}$$

così facendo la DFT diventa:

$$\bar{Y}_k = \sum_{s=0}^{\frac{M}{2}-1} y_{2 \cdot s} \cdot \left(W_M^2\right)^{s \cdot k} + W_M^k \cdot \sum_{s=0}^{\frac{M}{2}-1} y_{2 \cdot s+1} \cdot \left(W_M^2\right)^{s \cdot k} \tag{5.13}$$

Il prossimo passo è riconoscere che

$$W_M^2 = W_{\frac{M}{2}} \tag{5.14}$$

Sulle prime questo passaggio può sembrare un po' criptico, eppure dal punto di vista matematico è ovvio. Se ci ricordiamo la definizione di W_M dobbiamo possiamo scrivere che W_M^2 è:

$$W_M^2 = e^{\frac{-i \cdot 2\pi}{M} \cdot 2} = e^{\frac{-i \cdot 2\pi}{\frac{M}{2}}} = W_{\frac{M}{2}} \tag{5.15}$$

Ma forse lo capiamo meglio se guardiamo agli esempi con W_{10} e W_5 che avevamo fatto prima. Prendiamo ad esempio gli W_{10} di Fig. 5.3: prendiamo per esempio W_{10}^3 e eleviamolo alla seconda: esso diventa W_{10}^6 e fin qui non do dovrebbero essere problemi. Se però guardate in Fig. 5.2 vi accorgerete che W_{10}^6 sta allo stesso posto di W_5^3:

$$\left(W_{10}^3\right)^2 = W_{10}^6 = W_5^3 \tag{5.16}$$

Ora che abbiamo capito che elevare al quadrato un W_M corrisponde a dimezzare il suo indice M possiamo scriverlo nella DFT, sostituendo i W_M con $W_{M/2}$:

$$\bar{Y}_k = \sum_{s=0}^{\frac{M}{2}-1} y_{2 \cdot s} \cdot W_{\frac{M}{2}}^{s \cdot k} + W_M^k \cdot \sum_{s=0}^{\frac{M}{2}-1} y_{2 \cdot s+1} \cdot W_{\frac{M}{2}}^{s \cdot k} \tag{5.17}$$

Ora ritorniamo per un attimo alla definizione di DFT da cui eravamo partiti. L'avevamo scritta così:

$$\bar{Y}_k = \sum_{n=0}^{M-1} y_n \cdot W_M^{n \cdot k} \tag{5.18}$$

notiamo che la formula (5.17) a cui siamo arrivati contiene al suo interno due DFT a sua volta. La prima sommatoria è infatti

$$\sum_{s=0}^{\frac{M}{2}-1} y_{2 \cdot s} \cdot W_{\frac{M}{2}}^{s \cdot k} \tag{5.19}$$

Se la guardiamo bene ci accorgiamo che è una DFT, infatti ha la stessa forma della formula (5.18), cambiano soltanto gli indici. Al posto di n ho s, ma sono solo variabili mute quindi puoi chiamarle come vuoi; nell'apice di W se cambi s al posto di n ottieni la stessa cosa, mentre l'indice dei campioni y è $2 \cdot$ s al posto di n, questo perché vogliamo prendere solo gli elementi pari di y_n. Per quanto riguarda M invece viene sostituito ovunque con $M/2$. Per il resto è tutto uguale.

In pratica la (5.19) è nient'altro che la DFT dei campioni pari di y_n. Una DFT corta la metà della DFT originaria (da qui l'indice $M/2$) perché ovviamente i campioni pari sono la metà del totale dei campioni. La stessa cosa accade alla seconda sommatoria della (5.17):

$$\sum_{s=0}^{\frac{M}{2}-1} y_{2 \cdot s+1} \cdot W_{\frac{M}{2}}^{s \cdot k} \tag{5.20}$$

Anche in questo caso $M/2$ sostituisce M, s sostituisce n, ma l'indice dei campioni diventa $2 \cdot$ s+1 perché vogliamo prendere i campioni dispari di y_n. Quindi questa sommatoria è la DFT dei campioni dispari di y_n, anche questa corta la metà della DFT originaria perché ovviamente anche i campioni dispari sono metà del totale dei campioni.

In buona sostanza cosa abbiamo fatto? Abbiamo preso i campioni y_n e li abbiamo divisi in due gruppi, pari e dispari, e poi abbiamo fatto le DFT per ognuno di questi due gruppi di campioni lunghi la metà. Per esempio, con M=8 facciamo una divisione di una DFT di ordine 8 in due DFT di ordine 4:

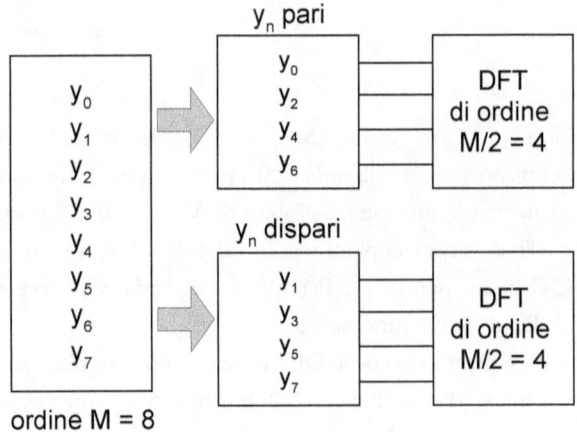

Fig. 5.4 - Suddivisione della DFT di ordine 8 in due DFT di ordine 4 fatte sui campioni pari e dispari

Attenzione però, nella formula della DFT a cui siamo arrivati dopo le nostre elaborazioni non abbiamo la somma del risultato di queste due sommatorie, perché la seconda sommatoria è moltiplicata per W_M^k. Ripetiamo la formula per comodità ed evidenziamo questo coefficiente:

$$\bar{Y}_k = \underbrace{\sum_{s=0}^{\frac{M}{2}-1} y_{2 \cdot s} \cdot W_{\frac{M}{2}}^{s \cdot k}}_{\text{DFT dei pari}} + W_M^k \cdot \underbrace{\sum_{s=0}^{\frac{M}{2}-1} y_{2 \cdot s+1} \cdot W_{\frac{M}{2}}^{s \cdot k}}_{\text{DFT dei dispari}} \qquad (5.21)$$

coefficiente moltiplicativo

Per comodità chiamiamo le armoniche in uscita dalla DFT dei pari Y^p e quelle in uscita dalla DFT dei dispari Y^d, ossia

$$\bar{Y}_k^p = \sum_{s=0}^{\frac{M}{2}-1} y_{2 \cdot s} \cdot W_{\frac{M}{2}}^{s \cdot k} \quad e \quad \bar{Y}_k^d = \sum_{s=0}^{\frac{M}{2}-1} y_{2 \cdot s+1} \cdot W_{\frac{M}{2}}^{s \cdot k} \qquad (5.22)$$

La DFT totale è dunque la somma della DFT dei pari più la DFT dei dispari moltiplicata per il coefficiente W_M^k:

$$\bar{Y}_k = \bar{Y}_k^p + W_M^k \cdot \bar{Y}_k^p \qquad (5.23)$$

Ritornando all'esempio di prima con $M=8$, se vogliamo ottenere la prima armonica Y_1 invece di calcolarla con la DFT classica possiamo calcolare la prima armonica della DFT dei pari Y_1^p poi Y_1^d e infine calcolare:

$$\bar{Y}_1 = \bar{Y}_1^p + W_8^1 \cdot \bar{Y}_1^d \tag{5.24}$$

Riprendendo la rappresentazione grafica di prima stiamo facendo questo:

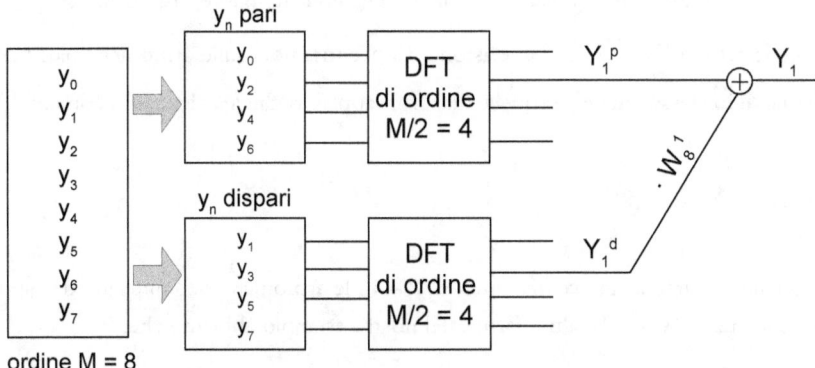

Fig. 5.5 - Se vogliamo ottenere l'elemento Y_1 della DFT totale dobbiamo sommare la DFT dei pari alla DFT dei dispari moltiplicata per W_8^1

Lo stesso vale per tutte le armoniche: $Y_0, Y_1, Y_2, Y_3...$

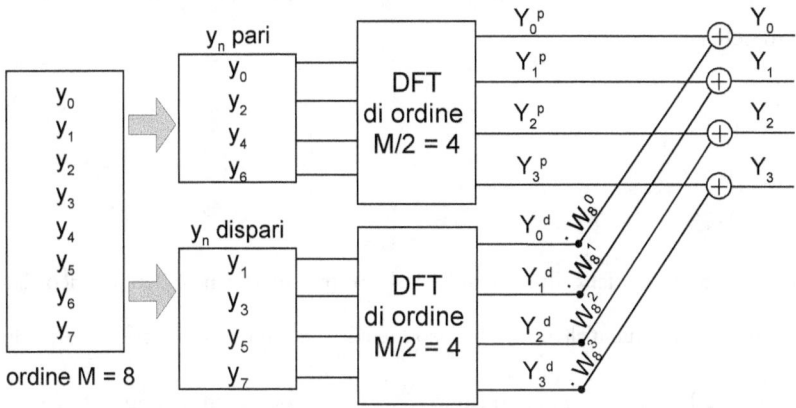

Fig. 5.6 - Le prime 4 armoniche della DFT totale (da Y_0 a Y_3) calcolate facendo due DFT di ordine inferiore

Fin qui abbiamo calcolato solo le prime quattro armoniche Y_k della DFT originale, ma le armoniche Y_k sono 8. Come calcoliamo le altre 4? Secondo la (5.23) ad esempio l'armonica Y_5 si calcola come:

$$\bar{Y}_5 = \bar{Y}_5^p + W_8^5 \cdot \bar{Y}_5^d \tag{5.25}$$

Già, ma in uscita dalle DFT di ordine $M/2$ abbiamo solo quattro armoniche, le armoniche pari vanno da Y_0^p a Y_3^p, allo stesso modo le armoniche dispari vanno da Y_0^d a Y_3^d. Ma allora dove andiamo a prendere Y_5^p e Y_0^d ?

Basta guardare come abbiamo calcolato le armoniche pari e dispari per scoprire che invece le armoniche Y_5^p e Y_0^d esistono. Concentriamoci sulle armoniche pari (tanto il discorso è lo stesso anche per quelle dispari); sappiamo che le calcoliamo come:

$$\bar{Y}_k^p = \sum_{s=0}^{\frac{M}{2}-1} y_{2\cdot s} \cdot W_{\frac{M}{2}}^{s\cdot k} \tag{5.26}$$

Quando k supera l'indice massimo $M/2 - 1$, le armoniche ricominciano da capo, per la periodicità di $W_{M/2}$. In altre parole, nel nostro esempio abbiamo che:

$$
\begin{aligned}
Y_4^p &= Y_0^p \\
Y_5^p &= Y_1^p \\
Y_6^p &= Y_2^p \\
Y_7^p &= Y_3^p
\end{aligned}
\tag{5.27}
$$

questo perché

$$
\begin{aligned}
W_4^4 &= W_4^0 \\
W_4^5 &= W_4^1 \\
W_4^6 &= W_4^2 \\
W_4^7 &= W_4^3
\end{aligned}
\tag{5.28}
$$

e nella sommatoria nient'altro dipende da k. Se questo vi sembra strano ricordatevi che il termine W_M^k è nient'altro che un esponenziale complesso di periodo M, e lo si vede bene nelle Fig. 5.2 e Fig. 5.3: quando W_M^k conclude un giro, si ripete uguale a se stesso. Non appena k arriva M si "resetta" e riparte da 0:

$$W_M^k = e^{\frac{-i\cdot 2\pi}{M}\cdot k} = e^{\frac{-i\cdot 2\pi}{M}\cdot(M+k)} = e^{\frac{-i\cdot 2\pi}{M}\cdot(2\cdot M+k)} = e^{\frac{-i\cdot 2\pi}{M}\cdot(3\cdot M+k)} \tag{5.29}$$

Quindi possiamo elevare W_M a esponente grande quanto ci interessa, ma alla fine è come elevarlo alla quantità che si ottiene calcolando il resto di k/M.

Con questo in mente allora risulta ovvio completare lo schema precedente sfruttando questa periodicità del termine W_M, per cui, ad esempio la quinta armonica diventa:

$$\bar{Y}_5 = \bar{Y}_5^p + W_8^5 \cdot \bar{Y}_5^d = \bar{Y}_1^p + W_8^5 \cdot \bar{Y}_1^d \tag{5.30}$$

quindi ritorniamo ad usare le armoniche pari e dispari utilizzate prima. Attenzione però, il risultato non è lo stesso, Y_5 non è uguale a Y_1 perché ora il coefficiente moltiplicativo dell'armonica dispari è W_8^5 e non W_8^1. Lo schema grafico può essere dunque aggiornato così:

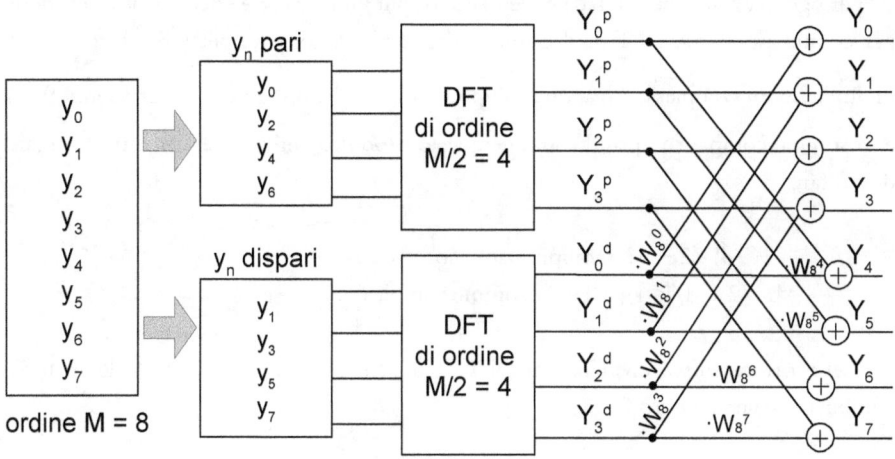

Fig. 5.7 - Tutte le otto armoniche della DFT originale calcolate da due DFT di ordine quattro.

In definitiva abbiamo visto che invece di fare una DFT di ordine 8 possiamo fare due DFT di ordine 4 (una per i campioni pari e l'altra per i campioni dispari) e poi sommarle pesando le armoniche ottenute colla DFT dei campioni dispari con un pero dato da W_8^k .

La domanda che ora sorge spontanea è: cosa ne guadagniamo? Perché mi devo complicare la vita in questo modo? La risposta è semplice: fare due DFT di ordine 4 è più veloce rispetto a fare una DFT di ordine 8.

Abbiamo visto in precedenza che per fare una DFT con M elementi bisogna eseguire:

    – $M \cdot M = M^2$ moltiplicazioni complesse;

    – $M \cdot (M-1)$ somme complesse.

Nel nostro esempio, con $M = 8$ la DFT richiede:

- 8 · 8=64 moltiplicazioni complesse
- 8 · 7=56 somme complesse

Se facciamo una DFT con M/2 = 4 elementi devo eseguire

– M/2 · M/2 = M²/4 moltiplicazioni complesse;
– M/2 · (M/2–1) somme complesse.

per ognuna delle due DFT da 4 elementi. In più mi tocca fare anche delle operazioni per combinare le due DFT da 4 elementi dei pari e dei dispari; per farlo devo fare M moltiplicazioni complesse (quando moltiplico la DFT dei dispari per i coefficienti W_M^k) e M somme complesse (quando somme questo prodotto per la DFT dei pari). In totale dovrò fare:

– (M²/4) · 2 + M moltiplicazioni complesse;
– [M/2 · (M/2–1)] · 2 + M somme complesse.

Nel nostro esempio dividendo la DFT da 8 elementi di due DFT da 4 elementi da combinare insieme dovrò fare:

– (8²/4) · 2 + 8 = 40 moltiplicazioni complesse;
– [4 · 3] · 2 + 8 = 32 somme complesse.

Riassumendo, le moltiplicazioni sono passate da 64 a 40, mentre le somme sono scese da 56 a 32. Pensate che sia poco? Forse a questo livello vi sembra poco perché i numeri sono piccoli. Ma provate a fare un esempio con M=1024. Una DFT di 1024 elementi richiede

– M² = 1024² = 1.048.576 moltiplicazioni complesse;
– M · (M–1) = 1024 · 1023 = 1.047.552 somme complesse.

Se invece faccio due DFT da M/2 = 512 elementi devo fare:

– (M²/4) · 2 + M=(1024²/4) · 2 + 1024 = 525.312 moltiplicazioni complesse;
– [M/2 · (M/2–1)] · 2 + M = [512 · 511] · 2 + 1024= 524.288 somme complesse.

Ora vi risulta evidente che fare mezzo milione di operazioni anziché un milione di operazioni è un bel vantaggio. Notate pure che per M abbastanza grande possiamo semplificare il numero di operazioni da compiere, considerando che M − 1 è all'incirca quando do M, e infine dire che per una DFT di ordine M servono:

- M^2 moltiplicazioni complesse
- $M \cdot (M-1) \approx M^2$ = somme complesse

allo stesso modo, se dividi la DFT in due DFT da M/2 elementi, possiamo concludere che approssimando servono

- $(M^2/4) \cdot 2 + M = M^2/2 + M$ moltiplicazioni complesse;
- $[M/2 \cdot (M/2-1)] \cdot 2 + M \approx [M/2 \cdot (M/2)] \cdot 2 + M = M^2/2 + M$ somme complesse.

Con un po' di approssimazione dunque (valida per M abbastanza grande) posso dire che dividendo una DFT in due DFT lunghe la metà riesco a dimezzare il numero di operazioni. Lo ritenete un buon risultato? Eppure non è finita qua, possiamo fare di meglio, molto meglio. Ritorniamo al nostro esempio di prima. Abbiamo diviso una DFT da M=8 elementi in due DFT da M/2 = 4 elementi, e ne abbiamo avuto un vantaggio. Perché allora non ripetiamo il trucco anche per le due DFT da quattro elementi? Dopo tutto sono delle DFT anche loro, se abbiamo avuto un vantaggio a dividere la DFT principale in due DFT secondarie possiamo fare lo stesso con queste ultime. Prendiamo allora lo schema di Fig. 5.7 ed estraiamo la DFT dei pari:

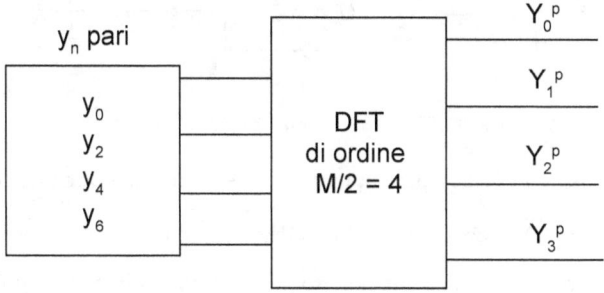

Fig. 5.8 - Schema di base che prende i campioni pari e tramite una DFT di ordine M/2 restituisce le armoniche intermedie che poi combinandosi con quelle ottenute dai campioni dispari daranno le armoniche totali

Ora ripetiamo la divisione di questa DFT di ordine $M/2$ in due DFT di ordine $M/4$. Facciamo la stessa identica cosa di prima, partendo dalla divisione dei campioni in ingresso alla DFT in pari e dispari. A questo punto qualcuno un po' perplesso potrà domandarsi: ma come facciamo a dividere i campioni in ingresso tra pari e dispari se sono già tutti pari? In ingresso abbiamo infatti y_0, y_2, y_4 e y_6! I pedici sono tutti pari!

Attenzione, quando parliamo di pari e dispari ci riferiamo alla posizione che hanno nella sequenza che prendiamo in considerazione. Una volta che abbiamo separato i campioni originali in pari e dispari e abbiamo ottenuto la sequenza y_0, y_2, y_4 e y_6 possiamo assegnare di nuovo un'etichetta di pari o dispari a seconda del posto dove si trovano ora i campioni:

$y_0 \rightarrow$ pari

$y_2 \rightarrow$ dispari

$y_4 \rightarrow$ pari

$y_6 \rightarrow$ dispari

a questo punto abbiamo dunque due sequenze $[y_0 \ y_4]$ e $[y_2 \ y_6]$. Facciamo dunque la DFT di ordine $M/4 = 2$ queste due sequenze e combiniamo i risultati per ottenere la DFT di ordine $M/2 = 2$:

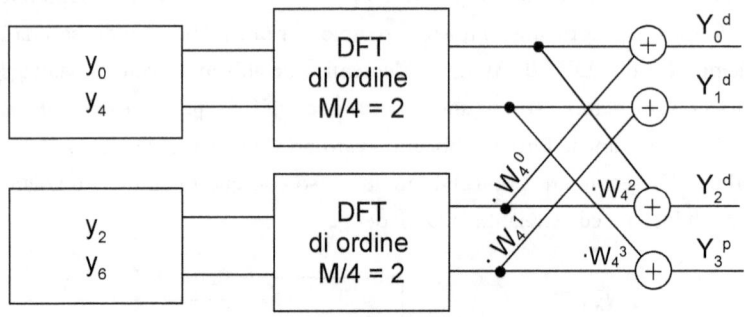

Fig. 5.9 - Dividiamo ulteriormente la DFT di ordine 4 di Fig. 5.8 in due DFT di ordine 2

Si noti qui che i coefficienti per cui moltiplico le armoniche ottenute con la seconda DFT non sono più W_8^k con $k = 0 \div 7$ bensì degli W_4^k con $k = 0 \div 3$, poiché ora abbiamo decomposto una DFT di ordine quattro. Per il resto il sistema è lo stesso di prima, solo reso più in piccolo.

La matematica che c'è dietro questa scomposizione è esattamente la stessa descritta prima, quindi non sto quindi neanche a ripeterla, servirebbe solo per confondervi con la notazione (dovremmo inventarci un modo per esprimere le armoniche pari dei pari e dispari dei pari...). L'importante è che abbiate capito come si fa a suddividere una DFT in due DFT lunghe la metà.

Ora facciamo lo stesso anche per la seconda armonica di ordine $M/2$ e incorporiamo il tutto nello schema originario, che così diventa:

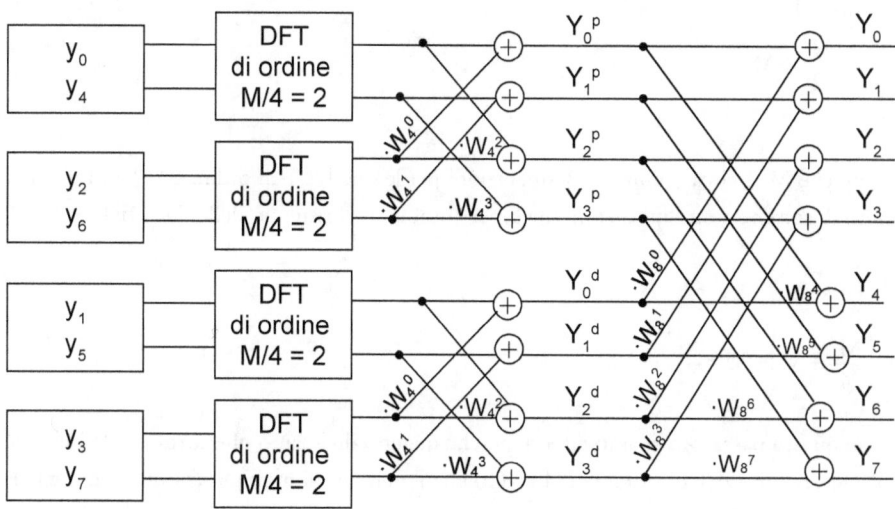

Fig. 5.10 - Lo schema a farfalla per calcolare la DFT in modo veloce. Parto da quattro DFT di ordine due e combino i risultati per ottenere i risultati delle due DFT di ordine quattro e infine della DFT totale di ordine 8

In questo caso abbiamo fatto solo due suddivisioni delle DFT in due DFT di ordine mezzo, da M a $M/2$ e poi da $M/2$ a $M/4$. A quel punto ci dobbiamo fermare perché abbiamo raggiunto la DFT minima di due elementi. Se avete un numero M più alto di 8 potete dividere di volta in volta le DFT in due DFT lunghe la metà fino a quando non arrivare a un DFT di ordine due: ad esempio, per M=1024, prima dividete in due DFT da 512, poi queste le dividete ciascuna in due DFT da 256 e così via fino ad arrivare a 2. Questo è quello che viene comunemente chiamato algoritmo FFT a base 2 perché ben si adatta a sequenze numeriche che hanno un numero di campione potenza di due.

5.4 Quanto è veloce la FFT

Ora vediamo quanto ci è veloce questa FFT. Secondo l'approssimazione che abbiamo fatto prima ad ogni passo il numero di operazioni necessarie si dimezza. Ma allora, quanto ci guadagniamo in termini di operazioni se facciamo una DFT spezzettando tutte le DFT fino ad arrivare a sole DFT di ordine 2?

Poniamo che M sia una potenza di 2, ossia $M = 2^q$; se ad ogni passo divido le operazioni necessarie per 2 alla fine il numero di operazioni (moltiplicazioni e somme) necessarie sarà, paso passo

passo 1)

$$\frac{M^2}{2} + M \tag{5.31}$$

perché M^2 è circa il numero di operazioni per le due DFT di ordine M/2 e M è il numero di somme e moltiplicazioni finali per combinare il risultato delle due DFT.

Passo 2)

$$\left(\frac{M^2}{4} + M\right) + M = \frac{M^2}{4} + 2 \cdot M \tag{5.32}$$

in questo passaggio stiamo attenti, perché quando dividiamo ulteriormente le DFT di ordine M/2 in DFT di ordine M/4 è vero che il numero di moltiplicazioni e somme per la DFT si dimezzano, ma pur sempre dobbiamo sommare M somme e moltiplicazioni per combinare i risultati delle DFT di ordine inferiore. Il numero di queste operazioni finali è sempre M, non si dimezza. Se volete un esempio guardate la Fig. 5.10: il numero di simboli + è sempre 8, sia al primo passo (da M a M/2) sia al secondo passo (da M/2 a M/4). Lo stesso per le moltiplicazioni, che rimangono 8; provate a contare i coefficienti, nel primo passo faccio tutte le moltiplicazioni da $\cdot W_8^0$ a $\cdot W_8^7$, nel secondo passo faccio per due volte le moltiplicazioni da $\cdot W_4^0$ a $\cdot W_4^3$, quindi in totale sono ancora 8. Ad ogni passo della FFT dunque divido per due le operazioni per da fare per calcolare la DFT e aggiungo un M di somme e moltiplicazioni finali. Al passo successivo dunque dovrò fare:

Passo 3)

$$\left(\left(\frac{M^2}{8} + M\right) + M\right) + M = \frac{M^2}{8} + 3 \cdot M \tag{5.33}$$

e via di questo passo. Quanti posso fare? Se M è una potenza di 2 potrò fare q passi dove q è:

$$q = \log_2(M) \tag{5.34}$$

all'ultimo passo dunque arriveremo a uno schema della FFT per cui è necessario fare:

$$\frac{M^2}{2^q} + q \cdot M \tag{5.35}$$

ora in questa equazione sostituiamo M al posto di 2^q (poiché abbiamo definito $M=2^q$) mentre al posto di q scriviamo $\log_2(M)$:

$$\frac{M^2}{M} + \log_2(M) \cdot M \tag{5.36}$$
$$M + M \cdot \log_2(M)$$

Tirando i remi in barca facendo la FFT con questo schema riduciamo il numero di operazioni da compiere da M^2 a $M + M \cdot \log_2(M)$. Giusto per avere un'immagine di quanto risparmiamo in termini di calcoli da fare, proviamo a disegnare queste due funzioni per M da 2 a 128:

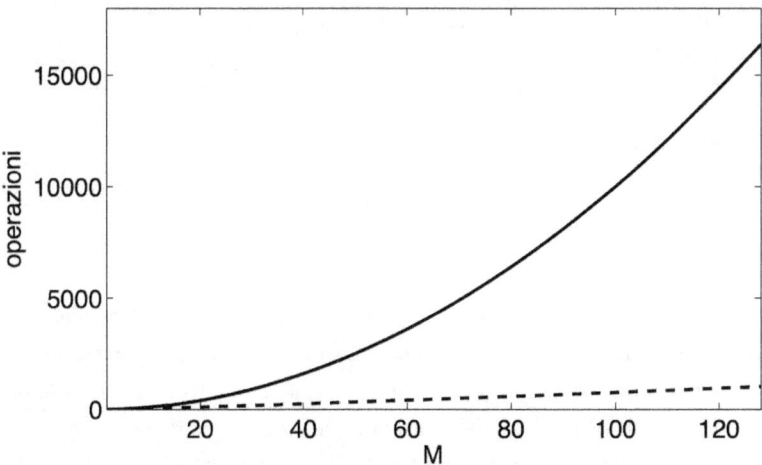

Fig. 5.11 - Numero di operazioni da fare per calcolare la DFT secondo la formula classica (linea continua) e usando l'algoritmo della FFT (linea tratteggiata)

Vedete bene che se per M piccolo il vantaggio è quasi trascurabile, ma più M diventa grande e più il vantaggio di fare una FFT rispetto a una DFT diventa mostruoso. Alla fine dunque otteniamo un gran risparmio di risorse di calcolo applicando uno schema tutto sommato semplice. L'unica operazione che può sembrare complessa è ordinare i campioni nell'ordine giusto all'inizio della FFT. Nel nostro esempio con M=8 siamo partiti da una sequenza di campioni

$[y_0, y_1, y_2, y_3, y_4, y_5, y_6, y_7]$

e suddividendo in due passi campioni pari e campioni dispari siamo arrivati a una sequenza

$$[y_0, y_4, y_2, y_6, y_1, y_5, y_3, y_7]$$

Se possiamo ricavare a mano l'ordine dei campioni per una FFT in cui faccio due o tre passaggi, questo diventa estremamente noioso per FFT con tanti campioni. Vi immaginate cosa sarebbe mettersi a dividere 1024 in pari e dispari, per poi ancora 512 campioni da dividere a loro volta tra pari e dispari... e così di seguito. In realtà c'è un metodo molto più semplice che ci fa già sapere a priori l'ordine dei campioni. basta scrivere i pedici in codice binario e ribaltare l'ordine dei bit. Forse un esempio pratico è più chiaro:

campione	pedice	Pedice in binario	Pedice in binario ribaltato	Pedice in binario ribaltato convertito in decimale
y_0	0	000	000	0
y_4	4	100	001	1
y_2	2	010	010	2
y_6	6	110	011	3
y_1	1	001	100	4
y_5	5	101	101	5
y_3	3	011	110	6
y_7	7	111	111	7

Salta subito all'occhio che se convertiamo il pedice in binario e poi ribaltiamo l'ordine dei bit otteniamo dei numeri ordinati da 0 a 7. Quando dunque costruiamo la nostra sequenza di numeri per una FFT e vogliamo sapere qual è il campione al punto x della sequenza ci basta fare l'operazione inversa: prendiamo x, lo convertiamo in binario, ribaltiamo i bit e il risultato ci dà il pedice del campione nella sequenza originaria.

Ci sono ovviamente diversi algoritmi per fare la FFT, questo algoritmo – detto a base 2 – è uno di quelli più famosi. Non sto qua a descrivere tutti gli algoritmi per fare la FFT, poiché sarebbe quasi tema per un libro a sé. Quello che mi interessava farvi capire è che quando si parla di elaborazione numerica dei segnali anche la parte computazionale è importante. Fare i calcoli in modo intelligente ci consente di risparmiare molte risorse di calcolo che sarebbe stupido sprecare facendo i calcoli in modo stupido. Tra l'altro notate che la matematica dietro questo algoritmo di FFT a base 2 è pochissima, i passaggi matematici che abbiamo fatto sono stati banalissimi, s'è solo trattato di dividere i campioni in pari e dispari, fare una sostituzione di variabili, accorgerci che W_M^2 equivale a

$W_{M/2}$ e poco altro. Non serviva dunque un genio per inventare un algoritmo del genere, potevano arrivarci tutti. Questo esempio vi sia dunque di stimolo per aguzzare sempre la vista, per far ballare l'occhio e scoprire che magari c'è un modo semplice e più intelligente per fare i calcoli che dovete fare coi vostri campioni.

6.   I segnali asincroni

Nel capitolo 3 abbiamo visto come cambia lo spettro del segnale campionato se cambiamo i parametri del campionamento. Tra le altre cose abbiamo detto che se osserviamo un segnale per un periodo di tempo T la minima frequenza che possiamo osservare è la prima armonica $f_1=1/T$. Ad esempio, se acquisiamo il segnale per T=10 ms la più piccola frequenza che possiamo osservare è 100 Hz, non di meno. Se abbiamo una frequenza di 80 Hz (che ha un periodo di 12,5 ms) non possiamo misurarla, perché nei 10 ms in cui osserviamo il segnale, esso non fa in tempo a completare almeno un ciclo: sui 2,5 ms del suo periodo che rimangono fuori dai 10 ms non possiamo dire niente perché non abbiamo alcuna informazione diretta.

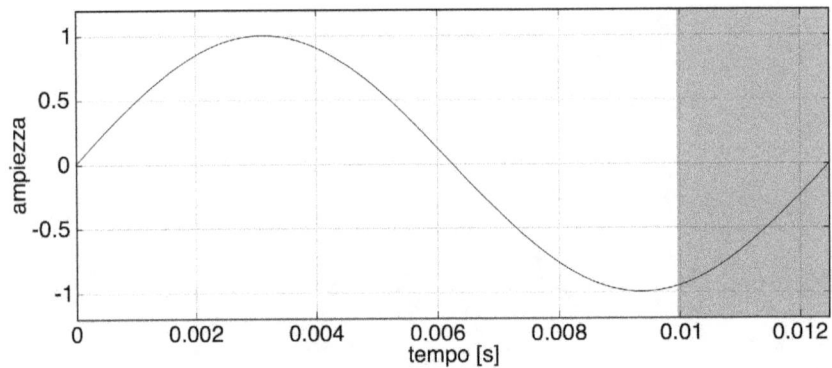

Fig. 6.1 - Una sinusoide a 80 Hz non possiamo misurarla se osserviamo il segnale per soli 10 ms perché in quei 10 ms non fa in tempo a finire.

La minima frequenza che possiamo osservare dunque è 100 Hz, siamo d'accordo. Ma cosa succede se nel segnale mi trovo una frequenza da 160 Hz? Stiamo osservando il segnale in 10 ms e il nostro segnale ha periodo T=1/160=6,25 ms, quindi facciamo in tempo a vedere tutto un periodo di questa frequenza, anzi osserviamo un periodo e un pezzo. Istintivamente siamo portati a pensare che non ci sia alcun problema visto che osserviamo almeno un periodo. Non manca dunque nessuna informazione.

Eppure non sempre è così. Non è sufficiente che la frequenza sia maggiore della frequenza minima (al fine di avere almeno un periodo), e non è nemmeno sufficiente che sia inferiore della massima frequenza (per evitare l'aliasing). C'è un'altra condizione che fino ad ora abbiamo dato per scontata ma che è invece molto importante.

> le componenti del segnale che campioniamo devono avere una
> frequenza sincrona con il tempo totale di campionamento T.

Vediamo meglio cosa significa questa frase. Osserviamo il segnale per 10 ms, quindi la prima armonica è 100 Hz, la seconda armonica è 200 Hz, la terza armonica è 300 Hz e così via. Se osserviamo queste armoniche (per semplicità tutte di ampiezza unitaria e fase nulla) nel tempo vedremo qualcosa di questo tipo:

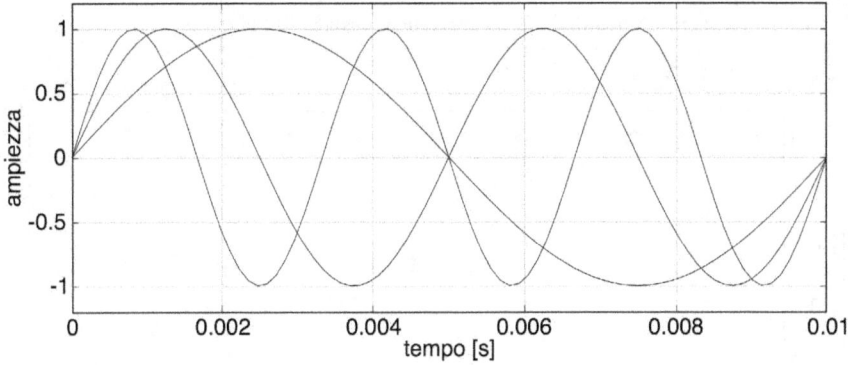

Fig. 6.2 - La prima, seconda e terza armonica se osserviamo il segnale per 10 ms

E fin qui non abbiamo campionato niente, abbiamo solo "osservato" il segnale e abbiamo dedotto che se consideriamo il segnale per 10 ms otteniamo una prima armonica che corrisponde a 100 Hz e le ulteriori armoniche di ordine superiore con frequenze multiple di 100 Hz.

Se ora campioniamo il segnale e facciamo la DFT otteniamo lo spettro del segnale campionato che come abbiamo visto in precedenza ha una linea per ogni armonica. Poniamo ad esempio di avere un segnale a 300 Hz e di campionarlo con una frequenza di campionamento di 2700 Hz; avremo 9 campioni per periodo e 27 campioni nei 10 ms che osserviamo.

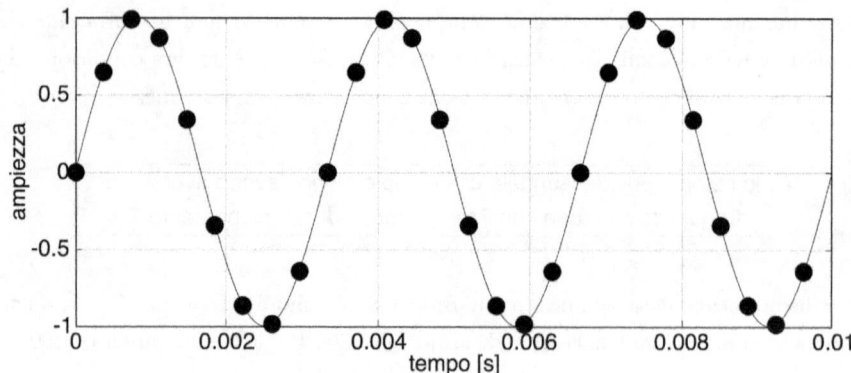

Fig. 6.3 - Sinusoide a 300 Hz campionato a 2700 Hz per 10 ms

Se ora calcoliamo lo spettro di questo segnale campionato con la DFT otteniamo una linea in corrispondenza della terza armonica, ossia a 300 Hz.

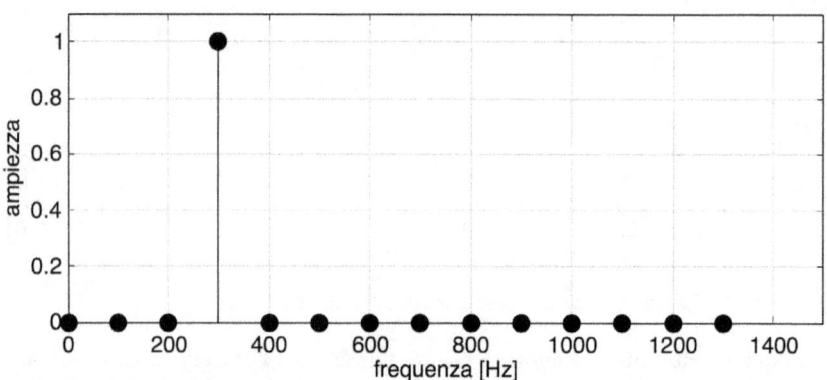

Fig. 6.4 - Spettro del segnale campionato di Fig. 6.3

Nello spettro c'è una linea a 300 Hz che in questo caso vale 1 (ossia l'ampiezza del segnale a 300 Hz), ma c'è anche una linea a 100 Hz anche se in questo caso è zero quin- di più che una linea vediamo un punto a 0; lo stesso a 200 Hz e per tutti gli altri multipli di 100 Hz fino a 1300 Hz.

In tutti questi i punti lo spettro esiste, che poi abbia valore 1 o 0 non importa, un punto lì c'è. Non c'è invece posto per una frequenza a 160 Hz. Guardate lo spettro di Fig. 6.4, non c'è niente a 160 Hz: o 100 Hz oppure 200 Hz, in mezzo a questi due valori lo spettro semplicemente non esiste. Quando calcoliamo la DFT del segnale campionato di Fig. 6.3 otteniamo in uscita una sequenza 27 numeri: tra un numero e il successivo non c'è niente. La DFT mi dà:

numero → valore medio

numero → prima armonica (100 Hz)

numero → seconda armonica (200 Hz)

numero → terza armonica (300 Hz)

...

Tra due numeri successivi di un'armonica non c'è niente (alla stessa maniera per cui nell'insieme dei numeri naturali tra 41 e 42 non c'è niente). Ma allora cosa succede se invece di 300 Hz campiono, con gli stessi parametri un segnale che contiene una frequenza a 160 Hz? Nello spettro non esiste una posizione a 160 Hz, quindi dove va a finire?

Proviamoci, campioniamo un segnale a 160 Hz con frequenza di campionamento di 2700 Hz per 10 ms; chiaramente osserviamo che il segnale, a differenza di quanto visto in Fig. 6.2 non sta nei 10 ms con un numero di periodi interi, ma con un periodo più un pezzo

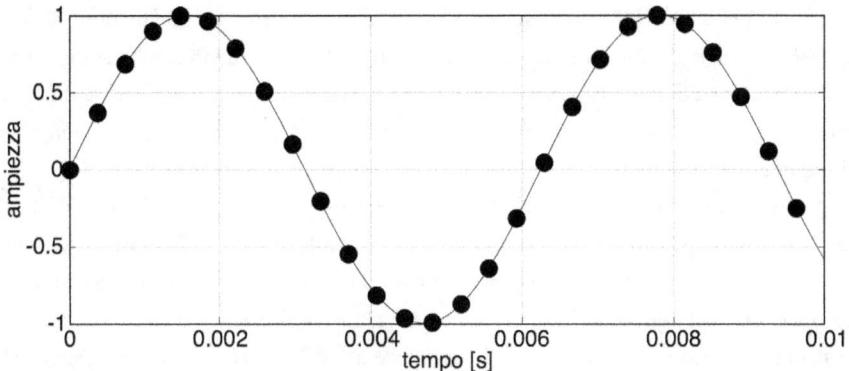

Fig. 6.5 - Sinusoide a 160 Hz campionata a 2700 Hz per 10 ms

Ora prendiamo questi campioni e calcoliamo la DFT; questo è lo spettro che otteniamo:

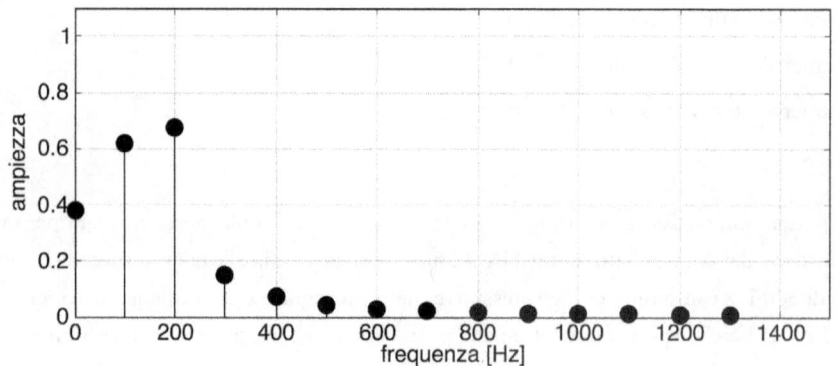

Fig. 6.6 - Spettro ottenuto facendo la DFT dei campioni di Fig. 6.5

Una porcata. Osserviamo che lo spetto a 100 Hz vale 0,620, sale di un poco a 200 Hz dove vale 0,674, mentre a 300 Hz vale 0,1514 e così via a calare. Se guardassimo questo spettro saremmo dunque portati a pensare che nel segnale ci sono delle sinusoidi a 100 Hz, 200 Hz, 300 Hz... Solo che nel segnale originale quelle armoniche non esistono. Nel segnale originale abbiamo una solo sinusoide, a 160 Hz, mentre nello spettro ottenuto facendo la DFT dei campioni sembra che ci siano frequenze che nel segnale proprio non ci sono. La DFT ci sta mentendo: ci dice che ci sono armoniche che in realtà nel segnale non ci sono.

È evidente che abbiamo fatto qualcosa di sbagliato. Abbiamo campionato un segnale per 10 ms ben sapendo che così la prima armonica valeva 100 Hz e le armoniche successive multipli di 100 Hz, ma il segnale era a 160 Hz quindi non era multiplo di 100 Hz. Così facendo sapevamo che la sinusoide a 160 Hz non aveva posto nello spettro. Già, ma se nello spettro non c'è posto per la sinusoide a 160 Hz dove va a finire? Da qualche parte dovrà pure ficcarsi.

Se guardiamo con attenzione lo spettro in Fig. 6.6 scopriamo una cosa interessante. L'armonica a 100 Hz vale circa 0,62 mentre l'armonica a 200 Hz vale circa 0,67 mentre noi sappiamo che il segnale originario a 160 Hz aveva ampiezza 1. Sembra quindi che il segnale a 160 Hz si sia distribuito un po' di qua e un po' di là sulle due armoniche disponibili più vicine. Non potendo stare a 160 Hz (perché non esiste un'armonica a 160 Hz nello spetto) si butta sulle armoniche lì vicino.

Non solo, osserviamo che l'armonica a 200 Hz vale un po' di più di quella a 100 Hz (0,67 contro 0,62). Sembra quindi che la sinusoide si distribuisca maggiormente sull'armonica più vicina. Come controprova possiamo campionare con gli stessi parametri (frequenza di campionamento 2700 Hz e 10 ms di tempo totale di campionamento) una sinusoide che però questa volta ha frequenza pari a 185 Hz; dovremmo ottenere un'armonica a 200 Hz ancora maggiore di quella a 100 Hz visto che 185 Hz è più vicino a 200 Hz che non a 100 Hz; ebbene, questo è lo spettro che otteniamo:

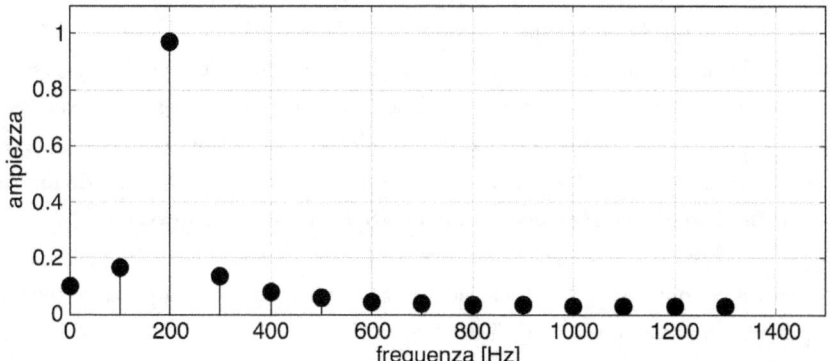

Fig. 6.7 - Spettro ottenuto calcolando la DFT dei campioni presi su di una sinusoide a 185 Hz (con fs=2700 Hz per 10 ms)

In questo caso l'armonica a 200 Hz vale 0,9718 mentre l'armonica a 100 Hz vale 0,1680. Visto che la frequenza del segnale è a 185 Hz esso si "scarica" maggiormente sull'armonica più vicina, ossia 200 Hz mentre si "scarica" di meno sull'armonica a 100 poiché più lontana.

Ora, torniamo all'esempio di prima con 160 Hz dove l'armonica a 100 Hz valeva 0,6201 mentre l'armonica a 200 Hz valeva 0,6737. Sono quasi sicuro che una buona porzione di chi sta leggendo questo libro si chiederà: ma come fa un segnale che vale 1 a distribuirsi su due armoniche che valgono 0,6201 e 0,6737? Se le sommiamo otteniamo 0,6201 + 0,6737 = 1,2938 che è un bel po' più di 1. Che succede, facciamo la moltiplicazione dei pani e delle armoniche?

Ovviamente no, è che non si sommano così le armoniche. Vedremo nel capitolo 8. come si fa. Quindi non fate la vaccata di prendere le armoniche in ampiezza dallo spettro e sommarle allegramente pensando di ottenere l'ampiezza del segnale.

Facciamo un passo in più. Ora osserviamo le altre armoniche nello spettro di Fig. 6.6, non solo 100 e 200 Hz, ci accorgiamo che anche queste non sono zero. Sì, sono più piccole, ma non sono di certo zero nemmeno loro. Ci accorgiamo che se campioniamo un segnale che non ha un suo posto nello spettro questo si ridistribuisce non solo sulle due armoniche adiacenti, ma anche su quelle più distanti. Sempre tenendo conto che più distante è l'armonica meno sentirà questo effetto in quanto il segnale si redistribuisce principalmente sulle armoniche più vicine.

Ora riprendiamo la regola che avevamo enunciato prima: *le componenti del segnale che campioniamo devono avere una frequenza sincrona con il tempo totale di campionamento*. Questo significa che per campionare bene un segnale non è sufficiente avere una frequenza di campionamento strettamente superiore al doppio della massima frequenza del segnale. È anche anche necessario che nello spettro ci sia una posizione per tutte le frequenze contenute nel segnale. Perché se una frequenza non ha un suo posto nello spettro si ridistribuirà sulle armoniche adiacenti.

Per fare in modo che una frequenza abbia un suo posto nello spettro è necessario che essa sia multiplo della prima armonica. Ci serve dunque che nel periodo in cui osserviamo in segnali ci sia un numero intero di periodi. Nel nostro esempio avevamo osservato per 10 ms un segnale a 160 Hz (che ha periodo 6,25 ms). In 10 ms vedo dunque un periodo e un pezzo di 160 Hz e questo causa i problemi che abbiamo visto.

Se però osservo il segnale per 50 ms anziché 10 ms tutto si sistema. Sì, perché in 50 ms osservo 8 periodi completi del segnale a 160 Hz. Contate pure: un periodo vale 6,25 ms, 8 periodi corrispondono a 8 · 6,25 ms = 50 ms.

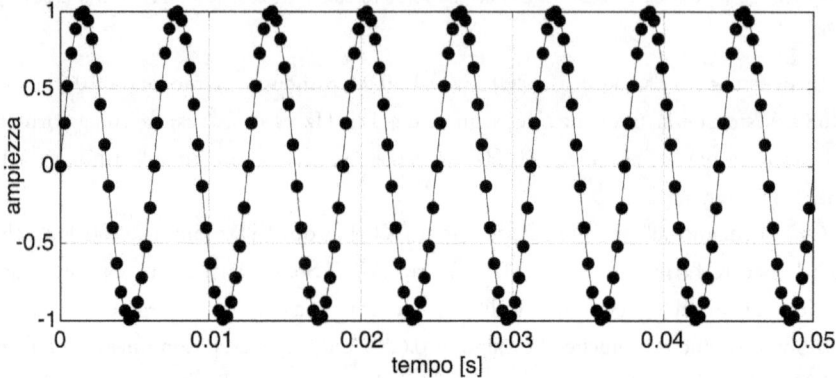

Fig. 6.8 - La sinusoide di prima a 160 Hz osservata però per 50 ms. In questo modo nel periodo di osservazione ottengo otto periodi interi della sinusoide.

Se osserviamo il segnale in 50 ms ecco allora che la prima armonica è 1/50 ms = 20 Hz. La seconda armonica sarà 40 Hz, la terza armonica 60 Hz e proseguendo nei multipli scopriamo che l'ottava armonica sarà 160 Hz. In questo caso dunque non ci sarà alcun problema perché la sinusoide a 160 Hz ha nello spettro un suo posto dove piazzarsi.

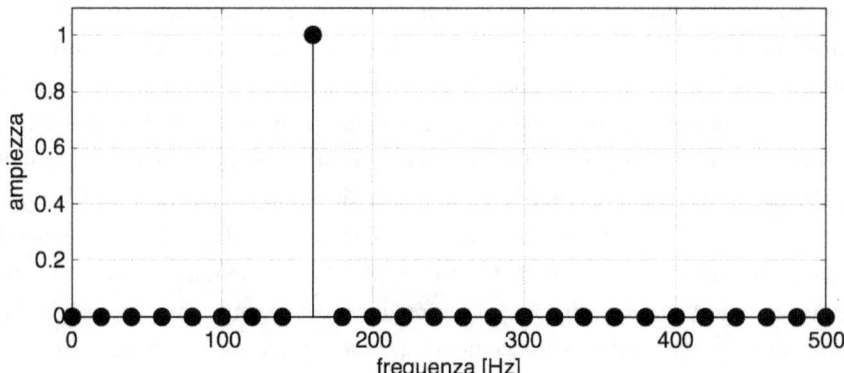

Fig. 6.9 -Spettro dei campioni di Fig. 6.8 (solo la parte da 0 a 500 Hz è mostrata per chiarezza). Campionando per 50 ms la risoluzione Δf diventa 20 Hz, e lo vediamo nello spettro che ora ha componenti di frequenza ogni 20 Hz. Quindi esiste un posto anche per la componente a 160 Hz che così non è più asincrona. Le armoniche fittizie date dall'asincronismo sono scomparse.

Per fare questo è stato sufficiente aumentare la risoluzione di frequenza aumentando il tempo in cui osserviamo il segnale. Più lungo è il tempo in cui campioniamo in segnale più è bassa la risoluzione di frequenza, e quindi è più facile che la frequenza nel segnale trovi un posto in cui piazzarsi. Se acquisisco in segnale per 10 ms ho risoluzione 100 Hz, quindi posso solo campionare le armoniche a intervalli di 100 Hz: o 100 Hz o 200 Hz, niente in mezzo a queste due. Se invece osservo il segnale per 50 ms la risoluzione scende a 20 Hz e quindi anche le frequenze come 160 Hz o 180 Hz, che prima non avevano un posto nello spettro, possono essere campionate senza problemi. Ma frequenze come 188 Hz ancora non possono essere campionate, perché non sono multipli di 20 Hz. Se però campioniamo il segnale per 1 secondo, allora la risoluzione diventa 1 Hz e possiamo campionare tutte le frequenze multiple di 1 Hz, compresa 188 Hz.

Capite allora com'è il gioco. Quando campioniamo un segnale dobbiamo essere sempre sicuri di acquisirne un numero intero di periodi, ossia dobbiamo essere certi che il segnale sia sincrono con il periodo di osservazione. Se questo non è il caso dobbiamo aumentare il tempo in cui osserviamo il segnale finché non troviamo un periodo di tempo che è multiplo del periodo del segnale così che possiamo acquisire un numero intero di campioni.

Purtroppo però non è sempre possibile aumentare il tempo in cui osserviamo il segnale. Ad esempio perché il nostro sistema di campionamento ha un numero finito di campioni che può memorizzare. Possiamo prolungare il tempo in campioniamo il segnale quanto ci pare, ma a un certo punto la memoria si riempie e non possiamo più acquisire altri campioni.

Tenete presente poi che la condizione di sincronismo deve essere rispettata per tutte le frequenze del segnale. Poniamo ad esempio di avere un segnale che contiene due frequenze, una a 160 Hz e una a 185 Hz. Fosse solo per la frequenza a 160 Hz potremmo campionare il segnale per 50 ms, poiché in 50 ms abbiamo 8 periodi interi di 160 Hz. Ma se osserviamo il segnale per 50 ms abbiamo una risoluzione di 20 Hz, che va bene per la componente del segnale a 160 Hz ma che è insufficiente per la componente a 185 Hz. Per questo dobbiamo ulteriormente aumentare il tempo di osservazione del segnale a 200 ms, così che la risoluzione di frequenza scende a 5 Hz, di cui 185 Hz è multiplo intero (in 200 ms abbiamo 37 periodi interi di 185 Hz). Capite dunque che se nel mio segnale ho numerose sinusoidi con diverse frequenze devo campionare il segnale per un periodo di tempo che soddisfa contemporaneamente il requisito di sincronismo per tutte le frequenze, e questo potrebbe richiedere di aumentare troppo il tempo di osservazione del segnale fino a livelli inaccettabili per la quantità di memoria che abbiamo a disposizione (ma anche per la nostra pazienza).

Se davvero vogliamo sapere il valore di tutte quelle armoniche non abbiamo alternative, dobbiamo necessariamente osservare il segnale per un intervallo di tempo che è multiplo del periodo di tutte le frequenze nel segnale. Ci sono casi però in cui non siamo interessati a quelle frequenze. Per esempio, consideriamo in segnale di questo tipo:

$$y = 2 \cdot \sin(200 \cdot 2\pi t) + 0{,}4 \cdot \sin(325 \cdot 2\pi t) \tag{6.1}$$

Abbiamo due componenti, una a 200 Hz di ampiezza 2 e poi una più piccola di ampiezza 0,4 a 325 Hz. Campioniamo ancora una volta questo segnale osservandolo per 10 ms (con $f_s = 2700$ Hz, ma questo non è così importante, ora qui ci importa che osserviamo il segnale per 10 ms). La componente a 200 Hz è sincrona e ha un suo posto nello spettro, mentre la componente a 325 Hz no. Lo spettro risulterà così:

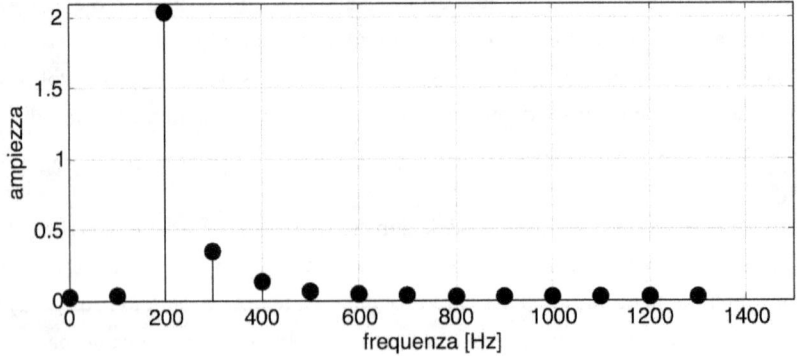

Fig. 6.10 - Spettro del segnale descritto in (6.1) campionato per 10 ms

Vediamo bene che la componente a 325 Hz si distribuisce sulle armoniche ad essa adiacenti nello spettro, principalmente sul 300 Hz, ma anche su 400 Hz, 500 Hz e 200 Hz. L'ampiezza dell'armonica a 200 Hz è 2,0405, un po' più di 2 come dovrebbe essere visto che l'ampiezza della sinusoide a 200 Hz è 2; quello 0,0405 in più è dovuto alla porzione della sinusoide a 325 Hz che finisce sui 200 Hz.

Ora, poniamo che di quella piccola armonica a 325 Hz non ci interessi nulla. Immaginiamoci una situazione in cui noi vogliamo misurare quanto vale la componente a 200 Hz e sfortunatamente ci troviamo una sinusoide a 325 Hz che ci rovina tutto essendo asincrona.

Poniamo anche di non poter aumentare periodo di osservazione per far diventare sincrona la sinusoide a 325 Hz perché non abbiamo memoria sufficiente per altri campioni. L'unica alternativa che ci resta è cercare di eliminare la componente a 325 Hz in modo da poter misurare per bene la componente a 200 Hz. Dopo tutto abbiamo detto che di quella componente a 325 Hz non ci interessa niente, quindi se ci dà fastidio possiamo anche eliminarla.

Già, ma come facciamo ad eliminare la componente a 325 Hz lasciando inalterata quella a 200 Hz? Che metodo usiamo? Probabilmente la prima soluzione che vi è venuta in mente è quella di usare un filtro passa-basso. Ma ci sono due problemi: il primo è che le due frequenze sono molto vicine. Se volete posso riproporre il problema chiedendovi di sopprimere una componente a 250 Hz e lasciare inalterata quella a 200 Hz. Auguri. Ma soprattutto un filtro si può usare solo se la componente da sopprimere ha frequenza maggiore di tutte le frequenze a cui siamo interessanti. In altre parole, io potrei – in linea teorica – usare un filtro passa-basso con frequenza di taglio tra compresa tra 200 Hz e 325 Hz per far passare la prima e bloccare la seconda (tralasciando pure il discorso che il filtro non è ideale). Se però mi interessa sia la componente a 200 Hz che quella a 400 Hz e in mezzo c'è quella componente asincrona indesiderata da eliminare il filtro passa-basso non va più bene, perché insieme alla componente a 325 Hz spazzerebbe via anche quella a 400 Hz a cui sono interessato.

Allora uno potrebbe propormi un filtro arresta-banda a 325 Hz. Tralasciando ancora una volta la non-idealità dei filtri, immaginate che complicazione implementare un filtro arresta-banda per ogni frequenza non sincrona da eliminare? E se si sposta di frequenza?

Un ulteriore problema è che spesso ci troviamo di fronte a una difficoltà pratica nell'ottenere il sincronismo. Magari possiamo campionare tantissimi periodi perché non abbiamo problemi di memoria, né andiamo di fretta. Però la frequenza è leggermente diversa da quella teorica. Uno si aspetta 325 Hz e invece il segnale ha frequenza 325,0032 Hz. Questo è un problema abbastanza comune e anche una differenza di frequenza così piccola può causare danni nello spettro. In questo caso hai voglia ad acquisire tanti campioni, non ce la farai mai a mettere in sincronismo una frequenza pari a 325,0032 Hz.

Fortunatamente per noi c'è un sistema molto più efficiente per sopprimere le componenti del segnale asincrone, possiamo usare le finestre. Ma le affronteremo nel prossimo capitolo.

7. Le finestre

Le finestre sono uno strumento molto utile e potente per campionare un segnale sopprimendo le frequenze asincrone. Sono così utili che molte persone – un po' rozzamente – ti dicono cose del tipo "ma sì, tu mettila sempre una finestra che male non fa". Ovviamente le cose sono un po' più complicate, ma per capirle dobbiamo prima passare da una spiegazione teorica un po' pesante; l'alternativa è fare come quei tizi che usano le finestre a caso senza capire quello che stanno facendo.

La spiegazione è un po' lunga, vi avverto in anticipo. Quindi non spazientitevi se non vedete arrivare mai le finestre: fidatevi, prima o poi arrivano.

Prima dobbiamo capire perché se ho un segnale asincrono questo si distribuisce sulle armoniche adiacenti, come visto nel capitolo precedente, creando finte armoniche nello spettro che in realtà nel segnale non esistono. Fino a qui abbiamo visto che accade simulando dei segnali e facendone poi la DFT, ma non sappiamo ancora qual è il meccanismo responsabile di questo fenomeno. In questo capitolo spiegheremo nel dettagli perché un segnale asincrono si redistribuisce sulle armoniche adiacenti. Poi, una volta capito cosa causa questo fenomeno cerchiamo un metodo per sopprimerlo.

Tutto parte dal campionamento. Sì, torniamo all'inizio del libro e studiamo ancora una volta che cos'è il campionamento. Fino ad ora abbiamo visto che si tratta di prendere campioni a intervalli regolari di tempo T_S; se ne prendevamo a sufficienza avevamo tutte le informazioni sul segnale. Semplificando molto avevamo scritto un sistema dove le incognite erano ampiezza e fase di ogni armonica più il valore medio e avevamo calcolato che se le armoniche erano N ci servivano $2 \cdot N+1$ campioni per periodo. Ora invece guardiamo il campionamento da un punto di vista matematico più raffinato.

Non vi spaventate, dobbiamo solo introdurre un nuovo operatore matematico, la convoluzione. Dobbiamo capire cosa significa fare la convoluzione tra due segnali poiché è ciò che accade quando facciamo il campionamento (non ve ne siete accorti ma sì, campionare per un tempo finito equivale a fare una convoluzione, lo vedremo nel paragrafo 7.2). Ma adesso vediamo che cos'è questa convoluzione.

7.1 La convoluzione

Che cos'è la convoluzione? Poniamo di avere due sequenze di numeri; possono essere sequenze che abbiamo campionato o che abbiamo inventato a casaccio non è importante, basta che siano sequenze discrete di numeri. Con molta fantasia le chiamiamo a_n e b_n. Nei capitoli precedenti avevamo usato questa notazione, a_n, per indicare col pedice n la variabile della sequenza. In altre parole la sequenza a_n era composta dalla sequenza di valori a0, a1, a2, a3 ... Per comodità ora usiamo una notazione diversa, scriveremo la sequenza come a(n), intesa come una sequenza di valori a(0), a(1), a(2), a (3)... Questo non dovrebbe sconvolgere nessuno, abbiamo solo usato un modo diverso di scrivere la stessa cosa, ma ci torna utile nelle dimostrazioni che seguono.

Bene, abbiamo dunque due sequenze, a(n) e b(n). Con altrettanto sforzo di fantasia chiameremo la convoluzione di queste due sequenze c (n). La convoluzione c(n) si calcola così:

$$c(n) = a(n) * b(n) = \sum_{k=-\infty}^{\infty} a(k) \cdot b(n-k) \qquad (7.1)$$

dove abbiamo adottato il simbolo * per indicare la convoluzione.

Una formuletta semplice che però sulle prime non è immediatamente intuitiva. Ho due sequenze di numeri, ok, ma come le tratto per ottenere la convoluzione? Che significato ha quella sommatoria? E perché poi b ha un argomento (n-k)?

Per chiarirci meglio le idee e capire cosa facciamo quando calcoliamo una convoluzione analizziamo un esempio pratico. Prendiamo due sequenze semplici, composte ognuna da 7 numeri

$$a(n) = [1; 1; 1; 1; 1; 1; 1] \qquad (7.2)$$

$$b(n) = [1; 2; 3; 4; 5; 6; 7]$$

Per semplificarci le cose nei passaggi successivi invece di far scorrere l'indice n da 0 a 7, trasliamo le sequenza di tre posizioni e le facciamo scorrere da n = − 3 a n = +3, tanto non cambia niente. Quindi abbiamo b(−3)=1 e b(3)=7, per esempio.

Visivamente possiamo raffigurarle così:

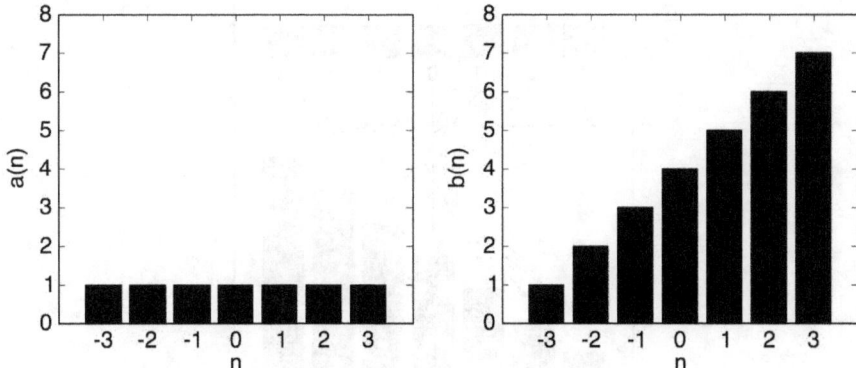

Fig. 7.1 - Le due sequenze a(n) e b(n) di cui dobbiamo fare la convoluzione

Ora calcoliamo la convoluzione c(n). Innanzitutto osserviamo che è anch'essa una sequenza di numeri, non è un numero singolo. Quindi dovremo calcolarci tutti i numeri della sequenza c(n) facendo per ognuno di essi una sommatoria. Ora, analizziamo la formula della sommatoria ponendo, per esempio di voler calcolare il valore della convoluzione c(0), ossia per n=0; la formula per calcolare la convoluzione diventa:

$$c(0)= \sum_{k=-\infty}^{\infty} a(k) \cdot b(0-k) = \sum_{k=-\infty}^{\infty} a(k) \cdot b(-k) \qquad (7.3)$$

Ad ogni passo della sommatoria dobbiamo moltiplicare il valore a(k) per il valore b(−k). È evidente che non dobbiamo fare questo per tutti i k da n = − ∞ a n = +∞ perché per n<−3 e per n>3 non le due sequenze a(n) e b(n) non esistono. Partendo da − ∞ e salendo il primo valore utile è dunque k = − 3, perché già per k = − 4, abbiamo a(4) · b(− 4) ed entrambi i fattori non esistono. Facciamo dunque partire la sommatoria da k = − 3 anziché da − ∞ e per lo stesso motivo la facciamo terminare a k = 3.

$$c(0)= \sum_{k=-3}^{3} a(k) \cdot b(-k) \qquad (7.4)$$

Ad ogni passo della sommatoria devo moltiplicare il valore di a(k) per il valore di b(− k). Visivamente dobbiamo quindi fare prodotti incrociati tra gli elementi delle due sequenze a(n) e b(n):

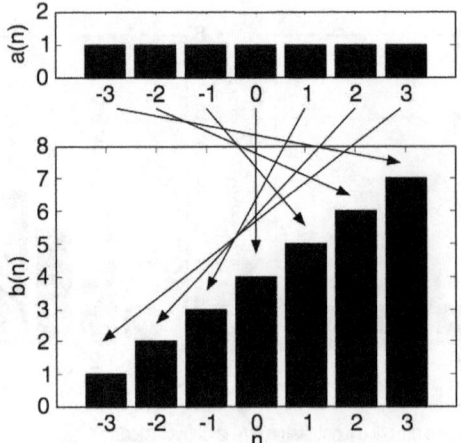

Fig. 7.2 - Calcolo del valore c(0) della convoluzione c(n). Devo fare la moltiplicazione di ogni elemento delle due sequenze e poi fare la somma di tutti i prodotti ottenuti

Per semplificarci la vita possiamo semplicemente specchiare la sequenza b(n) così che gli elementi delle sequenze da moltiplicare si trovino uno sopra l'altro, in corrispondenza.

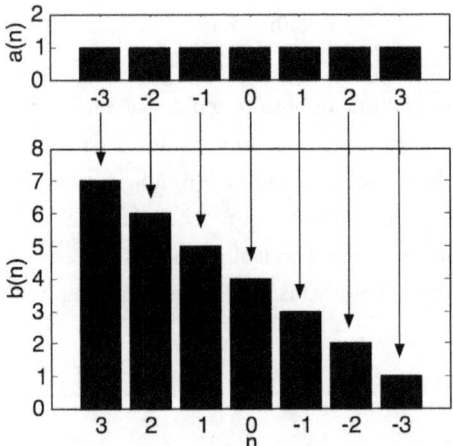

Fig. 7.3 - Calcolo del valore c(0) della convoluzione b(n). Siccome nella (7.4) la sequenza b(n) è presa con l'indice negativo mi risulta più comodo specchiare la sequenza, così so che devo moltiplicare i valori delle due sequenze che si trovano uno sopra l'altro.

Notate che ora l'asse orizzontale di b(n) ha i valori di n invertiti di segno poiché abbiamo specchiato la sequenza b(n). A questo punto ci tocca fare i prodotti e poi sommarli. Per semplicità li facciamo in una tabella:

k	a(k) · (–k)		
–3	a(–3) · b(3)=	1 · 7 =	7
–2	a(–2) · b(2)=	1 · 6 =	6
–1	a(–1) · b(1)=	1 · 5 =	5
0	a(0) · b(0)=	1 · 4 =	4
1	a(1) · b(–1)=	1 · 3 =	3
2	a(2) · b(–2)=	1 · 2 =	2
3	a(3) · b(–3)=	1 · 1 =	1
Totale			28

Abbiamo fatto tutti i prodotti tra i numeri delle sequenze a(n) e b(n) e abbiamo sommato i risultati fino ad ottenere 28. Perciò possiamo dire che la convoluzione per n=0 vale c(0)=28.

Adesso dobbiamo ripetere la stessa cosa per tutti gli altri valori di n (non preoccupatevi, non lo facciamo veramente per tutti, ci limitiamo a qualche esempio, tanto ormai avete capito come funziona). Cerchiamo ora il valore della convoluzione c(1) ossia per n=1.

$$c(0)= \sum_{k=-\infty}^{\infty} a(k)\cdot b(n-k)= \sum_{k=-\infty}^{\infty} a(k)\cdot b(1-k) \tag{7.5}$$

Il procedimento è ancora lo stesso di prima, l'unica cosa che è cambiata è l'indice della sequenza b(n). Prima ad ogni passo della sommatoria dovevamo moltiplicare a(k) · b(–k), quindi se k=–2 avevamo a(–2) · b(+2), ora invece moltiplichiamo a(k) · b(1–k), quindi se k=–2 moltiplico a(–2) · b(+3). In sostanza ho aumentato l'indice del secondo fattore di una unità. Visivamente otteniamo questo:

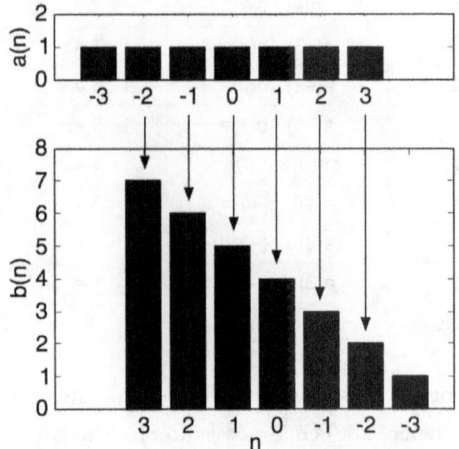

Fig. 7.4 - Calcolo del valore c(1) della convoluzione. Siccome l'indice della convoluzione è 1 la sequenza b(n) è traslata di un posto a destra rispetto ad a(n)

In pratica abbiamo traslato verso destra di una posizione la sequenza b. Questo perché gli stessi elementi di a(k) non moltiplicano più i campioni b(−k) ma moltiplicano b(1−k). Quell'uno nell'indice di b fa traslare di una posizione la sequenza. Se non ne siete convinti fate la prova con altri numeri: per k= 2, ad esempio, il prodotto a(k) · b(1−k) diventa a(2) · b(1−2)=a(2) · b(−1). Infatti se guardiamo in Fig. 7.4 notiamo che sotto ad a(2) c'è b(−1).

A questo punto facciamo tutti i prodotti come indicato in Fig. 7.4, li sommiamo e otteniamo 27: quindi c(1)=27. Ripetiamo questa operazione per tutti i valori di n; se ad esempio n=4 calcolo il valore della convoluzione c(4) come

$$c(4)= \sum_{k=-\infty}^{\infty} a(k) \cdot b(n-k) = \sum_{k=-\infty}^{\infty} a(k) \cdot b(4-k) \qquad (7.6)$$

In questo caso la sequenza b è traslata di 4 posizioni verso destra:

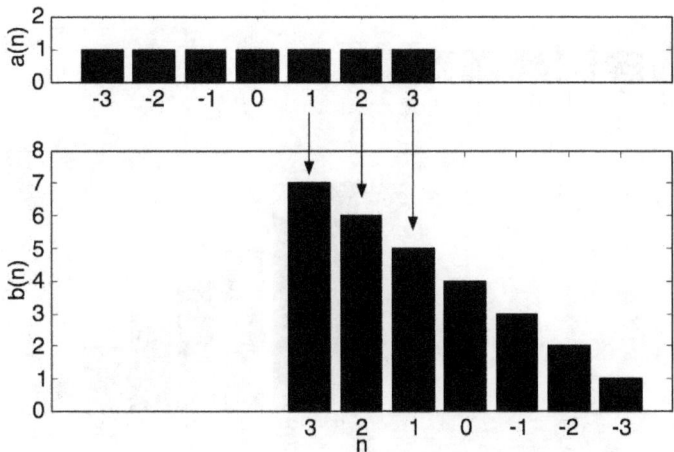

Fig. 7.5 - Calcolo del valore c(4) della convoluzione. La sequenza b(n) è spostata di 4 posizioni verso destra rispetto ad a(n)

In questo caso i prodotti che dobbiamo calcolare sono solo 3:

$$c(4)=a(1)\cdot b(3)+a(2)\cdot b(2)+a(3)\cdot b(1) \qquad (7.7)$$
$$c(4)=1\cdot 7+1\cdot 6+1\cdot 5=18$$

E via di questo passo, finché non raggiungiamo n=6. Quello è l'ultimo valore della convoluzione che possiamo calcolare, quando le due sequenze si incontrano sull'ultimo valore. Dopodiché se provo con n>6 ormai la sequenza b è traslata abbastanza da fare in modo che nessuno dei suoi elementi cada in corrispondenza di un elemento della sequenza a. Per esempio, per n=7 ottengo:

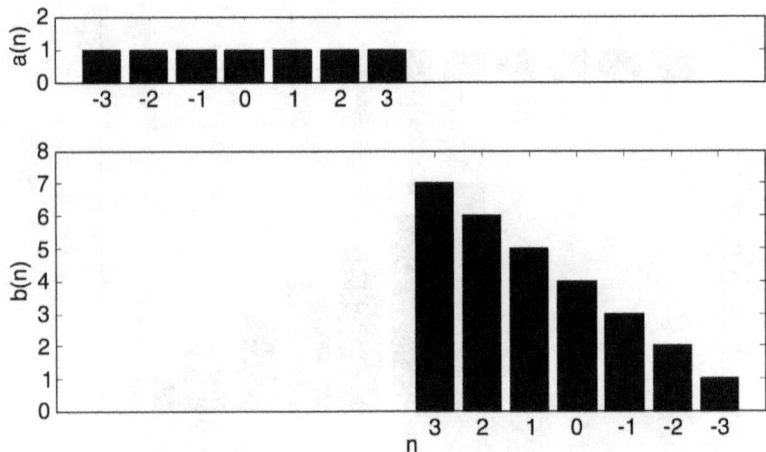

Fig. 7.6 - Calcolo del valore c(7) della convoluzione. Se traslo b(n) di sette posizioni non trovo nessun valore che combacia con a(n), quindi la convoluzione è zero.

Siccome non ci sono elementi della sequenza a che corrispondono a elementi della sequenza b non ci sono prodotti da fare e quindi non posso calcolare il valore della convoluzione. Quindi la convoluzione arriva solo fino a n=6.

Ovviamente tutto questo vale anche per valori negativi di n. Analogamente a quanto visto prima avremo una traslazione della sequenza b(n) verso sinistra anziché destra, poiché il valore di n – quello che determina la traslazione – è negativo. Ad esempio per n= –4 abbiamo una traslazione di 4 posizioni verso sinistra:

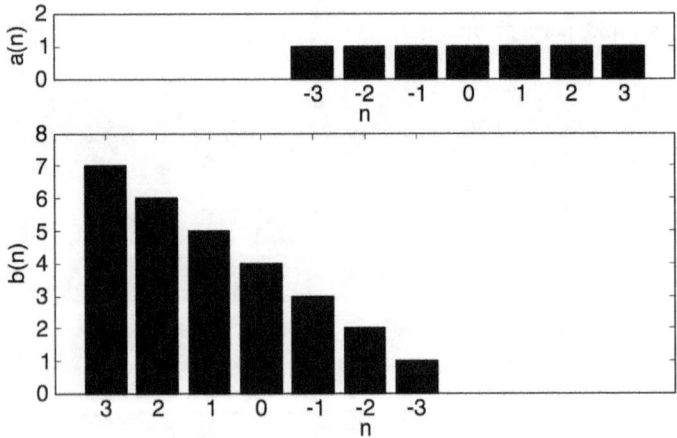

Fig. 7.7 - Calcolo del valore c(-4) della convoluzione. In questo caso la sequenza b(n) è traslata a sinistra

Anche in questo caso facciamo i tre prodotti degli elementi che si incontrano e otteniamo c(–4)=6. Analogamente a quanto abbiamo visto prima per i valori positivi di n anche per i valori negativi l'ultimo valore disponibile corrisponde a una traslazione di sei posizioni, ossia n=–6, se n<–6 le due sequenze non si incontrano più per nessun elemento.

Se calcolate il valore della convoluzione per tutti i valori di n compresi tra n=–6 e n=6 trovate una sequenza di numeri c(n) che risulta così:

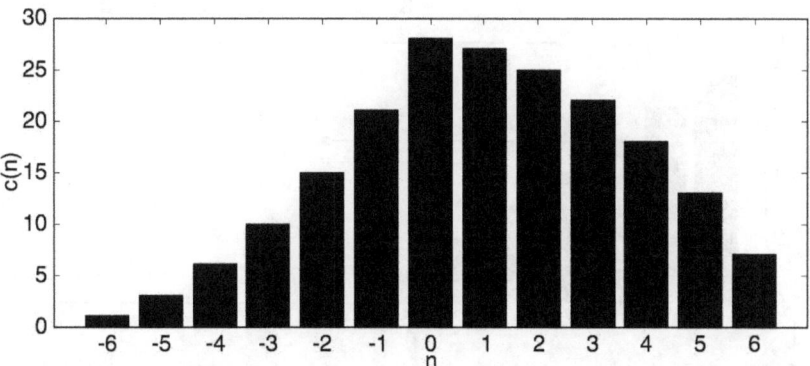

Fig. 7.8 - Risultato della convoluzione c(n) per tutti i valori, negativi e positivi, per cui possiamo traslare la sequenza b(n). Questi valori sono stati calcolati come mostrato negli esempi precedenti

Come esercizio potete provare a mettervi lì a fare i calcoli della c(n) per vedere se avete capito il meccanismo. Qui vi riporto il risultato numerico della convoluzione per consentirvi di controllare i conti: c(n)= [1, 3 , 6 , 10, 15, 21, 28, 27, 25, 22, 18, 13, 7].

Riassumendo, ogni volta che volete calcolare la convoluzione tra due sequenze dovete seguire i seguenti passi:

– specchiare la seconda sequenza

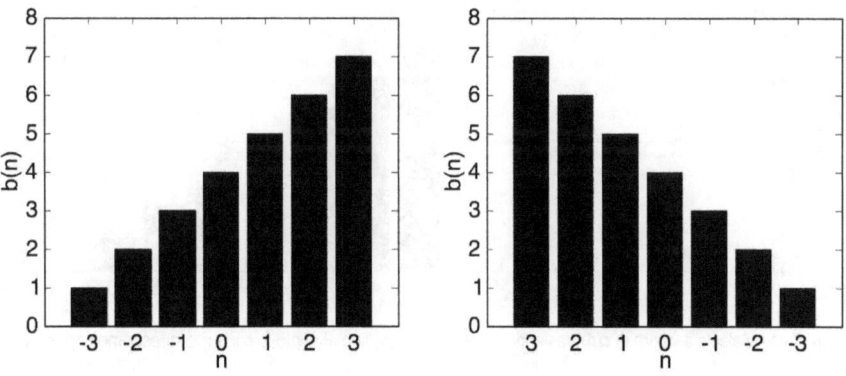

Fig. 7.9 - Primo passo per il calcolo della convoluzione: specchiare la sequenza b(n)

– traslarla a sinistra fino a che combaci con la prima sequenza solo in un punto e calcolare il valore della convoluzione per quella posizione come prodotto degli unici elementi che si incontrano.

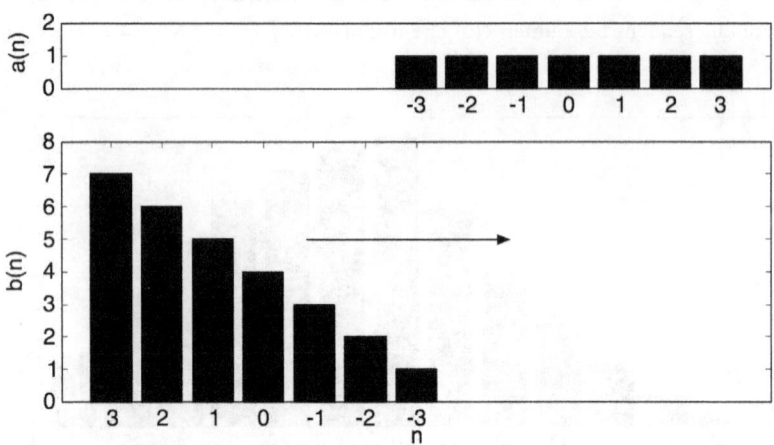

Fig. 7.10 - Inizio del calcolo della convoluzione. Porto la sequenza b(n) specchiata tutta a sinistra e poi parto calcolando ad ogni passo il valore di c(n)

– dopodiché traslare a destra di un passo alla volta la seconda sequenza e ad ogni passo calcolare tutti i prodotti degli elementi combacianti e sommarli
– ripetere l'operazione traslando ogni volta la seconda sequenza fino a quando non si arriva al termine con l'ultimo valore

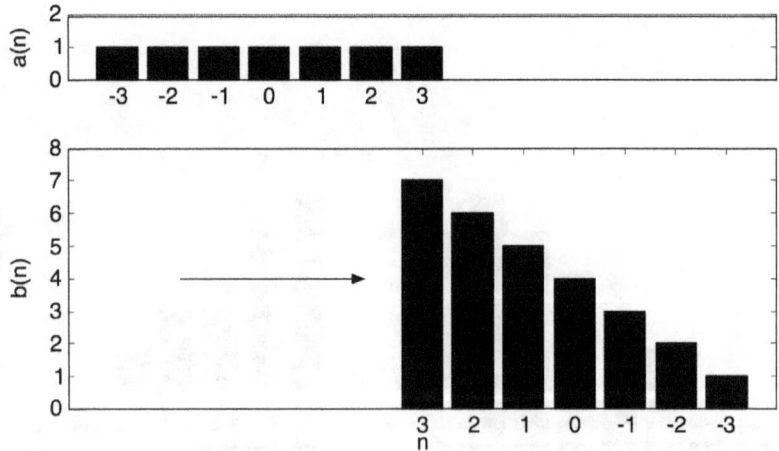

Fig. 7.11 - Calcolo il valore di c(n) traslando la sequenza b(n) fino al punto in cui arrivo all'estremo opposto e ho finito.

– Il valore ottenuto dalla somma dei prodotti ad ogni passo ci dà la convoluzione per per passo. Tutti insieme questi valori ci dànno una nuova sequenza che è la convoluzione ricercata.

Notate che la convoluzione è una sequenza più lunga delle due sequenze originarie. Nel nostro esempio a(n) e b(n) sono composte da 7 elementi, mentre la loro convoluzione c(n) è composta da 13 elementi. Oppure possiamo dire che a(n) e b(n) vanno da – 3 a + 3 mentre c(n) va da – 6 a + 6, così diventa più facile generalizzare. Se faccio la convoluzione di due sequenze composte da 2·N+1 elementi (da – N a +N) la convoluzione sarà composta da 4·N+1 elementi (da – 2·N a +2·N).

7.1.1 Il teorema della convoluzione

Bene, ora sappiamo come si calcola la convoluzione di due sequenze di numeri. Ancora non sappiamo a cosa può servire e cosa rappresenta, ma almeno sappiamo calcolarla. Prima di capire a cosa ci serve analizziamo una interessante proprietà della convoluzione, una proprietà che ci tornerà molto utile più tardi.

> Se moltiplichiamo due sequenze nel dominio del tempo questo equivale a fare la convoluzione nel dominio della frequenza.

Scriviamolo ora un po' meglio; poniamo di avere due sequenze a(n) e b(n) e le moltiplico ottenendo g(n):

$$g(n)=a(n){\cdot}b(n) \tag{7.8}$$

Ora sono interessato alla trasformata di Fourier discreta (DFT) di g(n) che abbiamo visto nel capitolo 2 si calcola come

$$G(k)=\sum_{n=0}^{2{\cdot}N} g(n){\cdot}e^{-i{\cdot}k{\cdot}2\pi\frac{n}{2{\cdot}N+1}} \tag{7.9}$$

ricordandoci che k è l'ordine dell'armonica nello spettro G(k) - precedente avevamo usato la notazione G_k anziché G(k) ma è lo stesso. Alla stessa maniera posso calcolare la DFT delle sequenza a(n) e b(n):

$$A(k)=\sum_{n=0}^{2{\cdot}N} a(n){\cdot}e^{-i{\cdot}k{\cdot}2\pi\frac{n}{2{\cdot}N+1}} \tag{7.10}$$

$$B(k)=\sum_{n=0}^{2\cdot N} b(n)\cdot e^{-i\cdot k\cdot 2\pi \frac{n}{2\cdot N+1}} \tag{7.11}$$

Il teorema della convoluzione dice che se g(n) è il prodotto di a(n) moltiplicata per b(n) allora il suo spettro G(k) equivale alla convoluzione degli spettri A(k) e B(k). Ricordando che il simbolo * per noi significa convoluzione, possiamo dunque riassumere così:

$$g(n)=a(n)\cdot b(n) \tag{7.12}$$

$$G(k)=A(k)*B(k)$$

detta in parole:

> la DFT del prodotto di due sequenze equivale alla convoluzione
> delle DFT delle sequenze

detta in parole più semplici:

> moltiplicare nel dominio del tempo è come fare la convoluzione nel
> dominio della frequenza

C'è da dire che, incidentalmente vale anche l'opposto (ossia, fare la convoluzione nel dominio del tempo equivale a fare il prodotto nel dominio della frequenza), ma per adesso non ci interessiamo di questo. Preoccupiamoci piuttosto della prima versione del teorema, quella per cui moltiplicare nel dominio del tempo equivale a fare la convoluzione nel dominio della frequenza, poiché è quello che ci serve per capire le finestre.

Prima di passare alle finestre (abbiate pazienza, siamo vicini) dobbiamo verificare se questo teorema è vero. Lo si può facilmente dimostrare: si parte dalla definizione di trasformate di Fourier dei due segnali, si fa la convoluzione dei due spettri cambiando opportunamente le variabili e poi invertendo l'ordine delle sommatorie esce la trasformata di Fourier del prodotto. Trovate la dimostrazione ovunque. Qui preferiamo vedere se funziona con qualche caso reale, così ci accorgiamo di alcuni fatti interessanti che altrimenti dalle formule non noteremmo.

Facciamo un esempio semplicissimo, moltiplichiamo due segnali con la stessa frequenza – 100 Hz – stessa fase – 0 gradi – e giusto per non rendere le cose troppo noiose un'ampiezza diversa, 3 e 10. I due segnali sono:

$$y_1 = 3 \cdot \cos(100 \cdot 2\pi t) \tag{7.13}$$

$$y_2 = 10 \cdot \cos(100 \cdot 2\pi t)$$

Li campioniamo per 10 ms, ossia per un periodo, e prendiamo 5 campioni. Stiamo rispettando il teorema del campionamento perché sarebbero bastati anche solo 3 campioni per periodo con un'unica frequenza nel segnale. I segnali y1 e y2 una volta campionati ci dànno due sequenze numeriche di cinque campioni ciascuna che chiameremo a(n) e b(n).

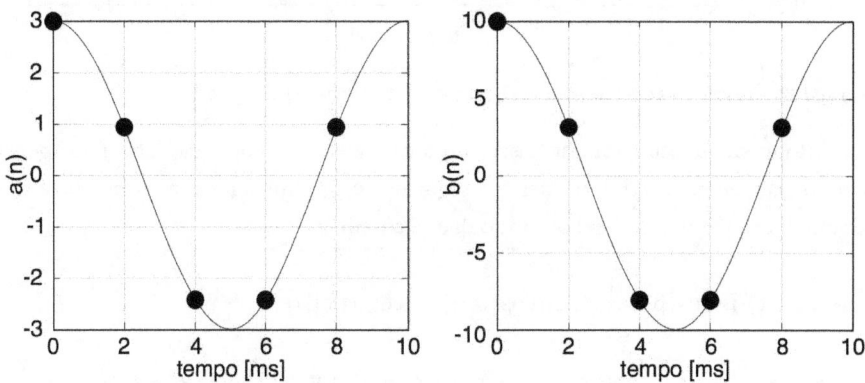

Fig. 7.12 - Due sequenza a(n) e b(n) ottenute campionando due segnali sinusoidali

Ora moltiplichiamo le due sequenze a(n) e b(n) nel dominio del tempo. Questo equivale a moltiplicare le sequenze campione per campione:

a (n)		b (n)		a(n)·b(n)
3.0000	·	10.0000	=	30
0.9271	·	3.0902	=	2.8647
-2.4271	·	-8.0902	=	19.6353
-2.4271	·	-8.0902	=	19.6353
0.9271	·	3.0902	=	2.8647

Visivamente i campioni della sequenza a(n) · b(n) risulteranno così:

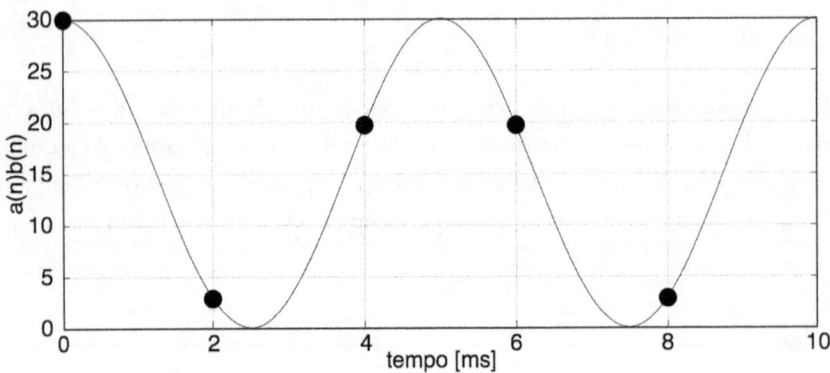

Fig. 7.13 - Prodotto delle due sequenze a(b) e b(n) moltiplicate campione per campione

Sotto ai cinque campioni ho disegnato anche una linea continua. L'ho fatto perché sapevo già qual era il prodotto dei due segnali y_1 e y_2. Probabilmente vi ricordate dalle lezioni di trigonometria che il prodotto di due coseni è

$$A \cdot \cos(\alpha) \cdot B \cdot \cos(\beta) = \frac{1}{2} \cdot A \cdot B [\cos(\alpha - \beta) + \cos(\alpha + \beta)] \qquad (7.14)$$

La stessa cosa vale anche per i nostri segnali una volta che ad α e a β sostituiamo $100 \cdot 2\pi t$

$$
\begin{aligned}
y_1 \cdot y_2 &= 3 \cdot \cos(100 \cdot 2\pi t) \cdot 10 \cdot \cos(100 \cdot 2\pi t) \qquad (7.15) \\
&= \frac{1}{2} \cdot 3 \cdot 10 \cdot [\cos(100 \cdot 2\pi t - 100 \cdot 2\pi t) + \cos(100 \cdot 2\pi t + 100 \cdot 2\pi t)] \\
&= 15 \cdot [\cos(0) + \cos(200 \cdot 2\pi t)] \\
&= 15 + 15 \cdot \cos(200 \cdot 2\pi t)
\end{aligned}
$$

Se non vi ricordate questa regola dalla trigonometria magari ve la ricordate perché in qualche corso di elettronica vi è stato raccontato che il prodotto di due segnali sinusoidali dà come risultato la somma e la differenza delle due frequenze. In questo caso le frequenze dei due segnali sono uguali quindi la differenza è 0 (ossia otteniamo un valore medio perché cos(0)=1 nei secoli dei secoli) mentre la somma è il doppio della frequenza dei segnali, ossia 200 Hz.

Se controllate in Fig. 7.13 ho disegnato proprio 15 + 15 cos(200 · 2πt) perché sapevo già dalla trigonometria che il prodotto di y_1 e y_2 era quello, e infatti i campioni della sequenza a(n) · b(n) ci finiscono sopra a pennello.

Fino a qui abbiamo fatto una moltiplicazione nel dominio del tempo. Ora passiamo al dominio della frequenza: il teorema della convoluzione ci dice che lo spettro della sequenza a(n) · b(n) si può ottenere facendo la convoluzione dello spettro della sequenza a(n) con lo spettro della sequenza b(n). Innanzitutto vediamo gli spettri di a(n) e b(n): li calcoliamo con la DFT e otteniamo:

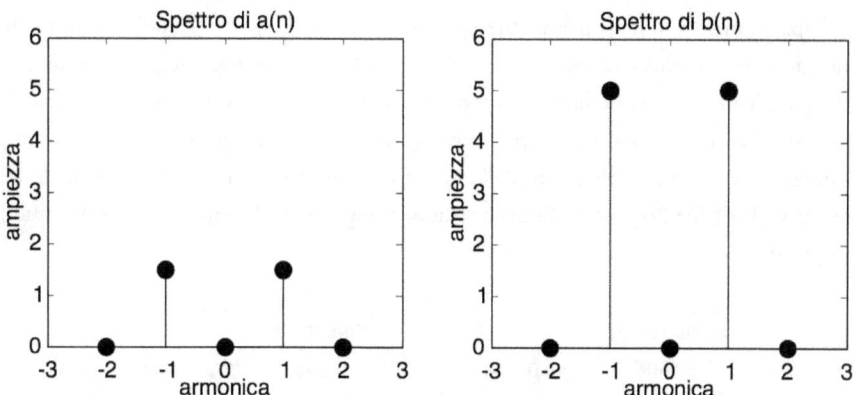

Fig. 7.14 - I due spettri delle sequenze a(n) e b(n). Ovviamente c'è solo una componente, la prima armonica

Come ci aspettavamo in entrambi i casi abbiamo solo la prima armonica, mentre il valore nullo e la seconda armonica valgono zero. Gli spettri arrivano fino alla seconda armonica perché ho campionato i segnali con 5 campioni, perciò se $2 \cdot N+1=5$ allora $N=2$.

Ora facciamo la DFT della sequenza ottenuta con prodotto a(n) ·b(n). Essendo anche questa sequenza composta da 5 campioni otterremo allo stesso modo uno spettro che arriva fino alla seconda armonica. Una volta calcolato con la DFT otteniamo:

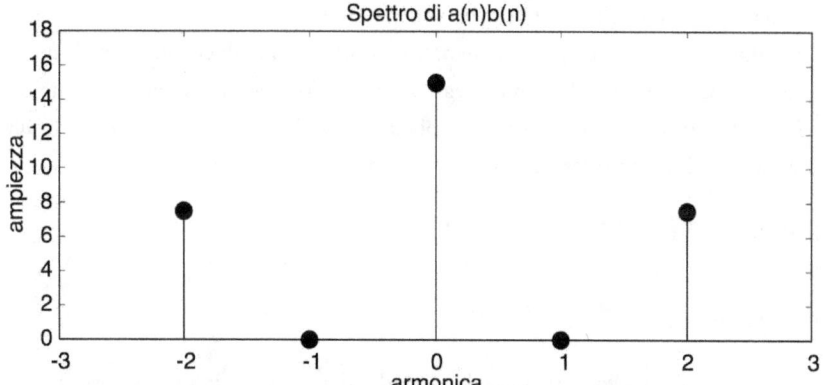

Fig. 7.15 - Spettro del prodotto delle due sequenze a(n) e b(n). Ora non ho più la prima armonica ma la seconda armonica e il valore medio (come è ovvio che sia se moltiplico due seni con la stessa frequenza, poiché il risultato conterrà un seno con la somma delle frequenze e un seno con la differenza delle frequenze)

Ora per verificare se i teorema della convoluzione funziona dobbiamo fare la convoluzione degli spettri di a(n) e b(n) mostrati in Fig. 7.14 e vedere se ci viene lo stesso spettro della sequenza prodotto a(n) · b(n) mostrato in Fig. 7.15.

Qui dobbiamo ricordarci che la Fig. 7.14 e la Fig. 7.15 ci mostrano solo l'ampiezza degli spettri mentre noi sappiamo che ogni elemento dello spettro calcolato con la DFT è un numero complesso. Prima di metterci a fare la convoluzione degli spettri di a(n) e b(n) guardiamo la fase, poiché dovremo fare i conti della convoluzione moltiplicando e sommando ad ogni passo i numeri complessi dello spettri. In questo caso siamo molto fortunati perché tutti gli elemento dello spettro di a(n) così come tutti gli elementi dello spettro di b(n) hanno fase 0. Scrivendo infatti gli spettri di a(n) e b(n) come numeri complessi ho

Spettro di a(n)			Spettro i b(n)	
0+0i	→ 0		0+0i	→ 0
1,5-0i	→ 1,5		5-0i	→ 5
0	→ 0		0	→ 0
1,5+0i	→ 1,5		5+0i	→ 5
0+0i	→ 0		0+0i	→ 0

La parte immaginaria è sempre zero. Questo non dovrebbe stupire più di tanto: dove lo spettro è zero perché non c'è l'armonica nel segnale non è c'è molto da girarci intorno, se è zero è zero anche la parte immaginaria. Dove invece abbiamo le (prime) armoniche dobbiamo ricordarci che nei segnali y_1 e y_2 la fase era zero, quindi è normale che la parte immaginaria dell'armonica venga zero. Se fosse diversamente significherebbe che avremmo commesso degli errori nei calcoli della DFT.

Dal punto di vista prettamente matematico possiamo quindi considerare gli spettri di a(n) e b(n) come composti da numeri reali, anche se sappiamo che tecnicamente non è vero. Li possiamo trattare come reali solo perché le parti immaginarie sono tutte nulle.

Ora dunque dobbiamo fare la convoluzione di

spettro_a(n) = [0   1,5   0   1,5   0];

e

spettro_b(n) = [0   5   0   5   0];

Il primo passo è quello di ribaltare la seconda sequenza, ma in questo caso non è necessario farlo perché la sequenza è simmetrica, quindi ribaltandola non cambia niente. dopodiché trasliamo la seconda sequenza tutta a sinistra e incominciamo a fare i conti.

Passo 1)

				0	1,5	0	1,5	0				
0	5	0	5	0								

$0 \cdot 0 = 0$

Passo 2)

				0	1,5	0	1,5	0				
	0	5	0	5	0							

$0 \cdot 5 + 1,5 \cdot 0 = 0$

Passo 3)

				0	1,5	0	1,5	0				
		0	5	0	5	0						

$0 \cdot 0 + 1,5 \cdot 5 + 0 \cdot 0 = 7,5$

Passo 4)

				0	1,5	0	1,5	0				
			0	5	0	5	0					

$0 \cdot 5 + 1,5 \cdot 0 + 0 \cdot 5 + 1,5 \cdot 0 = 0$

Passo 5)

				0	1,5	0	1,5	0				
				0	5	0	5	0				

$0 \cdot 0 + 1,5 \cdot 5 + 0 \cdot 0 + 1,5 \cdot 5 + 0 \cdot 0 = 15$

Passo 6)

				0	1,5	0	1,5	0				
					0	5	0	5	0			

$1,5 \cdot 0 + 0 \cdot 5 + 1,5 \cdot 0 + 0 \cdot 5 = 0$

Passo 7)

				0	1,5	0	1,5	0				
						0	5	0	5	0		

$$0 \cdot 0 + 1,5 \cdot 5 + 0 \cdot 0 = 7,5$$

Passo 8)

				0	1,5	0	1,5	0			
						0	5	0	5	0	

$$1,5 \cdot 0 + 0 \cdot 5 = 0$$

Passo 9)

				0	1,5	0	1,5	0			
							0	5	0	5	0

$$0 \cdot 0 = 0$$

Mettendo assieme tutti i risultati ottenuti ad ogni passo otteniamo la seguente sequenza:

$$[0 \quad 0 \quad 7,5 \quad 0 \quad 15 \quad 0 \quad 7,5 \quad 0 \quad 0]$$

che è la convoluzione degli spettri di a(n) e b(n). Confrontiamo ora questo risultato con lo spettro della sequenza prodotto a(n) · b(n) mostrato prima in Fig. 7.15:

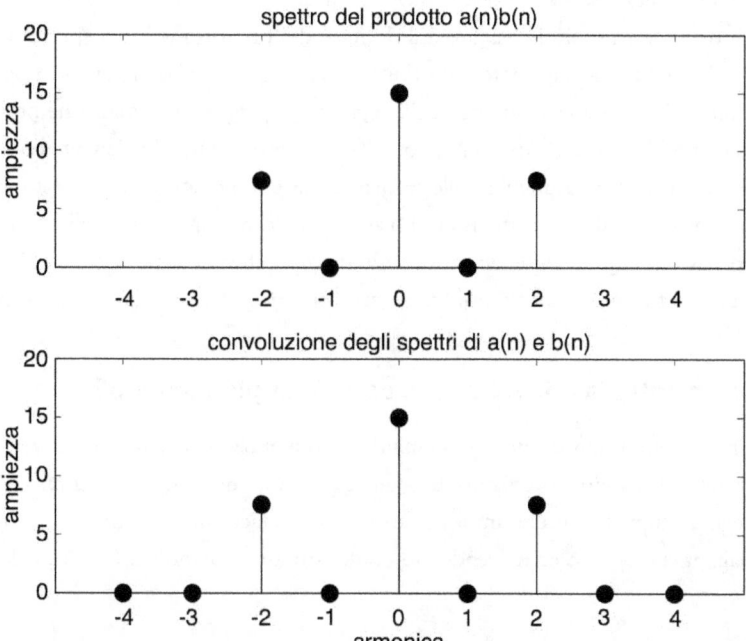

Fig. 7.16 - Confronto tra lo spettro del prodotto di a(n) e b(n) e la convoluzione degli spettri delle due medesime sequenze. In altre parole, nel primo caso prima calcolo a(n) per b(n) e poi faccio la DFT, nel secondo prima faccio la DFT di a(n) e la DFT di b(n) e poi faccio la convoluzione dei due spettri risultati. Il risultato è lo stesso.

Sono davvero uguali? Se guardiamo la parte centrale senza dubbio: in entrambi i casi il valore medio vale 15, la prima armonica 0 e la seconda armonica 7,5. C'è una differenza però: la sequenza ottenuta facendo la DFT del prodotto si ferma alla seconda armonica, mentre la sequenza ottenuta con la convoluzione degli spettri continua fino alla quarta armonica.

7.1.2 Una convoluzione più lunga

Questo non dovrebbe stupire più di tanto perché abbiamo visto in precedenza che se facciamo la convoluzione di due sequenze composte da $2 \cdot N+1$ elementi otteniamo una sequenza composta da $4 \cdot N+1$ elementi. Quindi le armonica invece di andare a -2 a $+2$ vanno da -4 a $+4$.

Le armoniche aggiuntive però (la terza e la quarta) sono zero; certo, non possiamo dire che le due sequenze sono equivalenti, perché sarebbe come dire che zero equivale a un numero che non esiste: sarebbe una teoria difficile da sostenere. Per quanto ci riguarda però, là dove ci sono le armoniche che ci interessano le sequenze sono uguali.

La differenza però non è di poco conto: dovete sempre tenere a mente che la convoluzione di due spettri è più larga (quasi il doppio) del prodotto dei due spettri. Questa differenza diventa particolarmente importante in casi come quello di cui parlo più tardi nel paragrafo 7.7. Lì scopriremo che quelli aggiunti in coda alla convoluzione non sono necessariamente degli zeri come è capitato nell'esempio qui sopra. Delle volte contengono informazioni non trascurabili, delle informazioni che possono essere utili e che se facciamo il prodotto degli spettri non abbiamo perché nel prodotto degli spettri quei punti non esistono. Quindi attenzione, quando diciamo che la convoluzione degli spettri equivale allo spettro del prodotto dobbiamo sempre tenere presente questa limitazione.

7.2 Cosa c'entra la convoluzione con il campionamento?

Ora che abbiamo dimostrato il teorema della convoluzione cerchiamo di capire perché ci interessa. Quando osserviamo un segnale per un periodo di tempo finito (come i 10 ms degli esempi da cui eravamo partiti) in pratica facciamo una moltiplicazione di due segnali, anche se non ce ne rendiamo conto. Infatti se prendiamo un segnale qualsiasi, tipo

$$y(t) = 1 \cdot \text{sen}(100 \cdot 2\pi t - \pi) \tag{7.16}$$

e lo consideriamo solo in un periodo, è come se lo moltiplicassimo per una finestra rettangolare w(t), ossia un segnale così definito

$$w(t) = 1 \text{ se } -0.005 \leq t \leq 0.005 \tag{7.17}$$
$$w(t) = 0 \text{ altrimenti}$$

Forse non è molto chiaro, allora vediamolo graficamente. Se osserviamo il segnale solo per 10 ms secondi non facciamo altro che considerare il segnale y(t) moltiplicato per il segnale w(t).

In questo caso abbiamo considerato la finestra rettangolare simmetrica rispetto a t=0 (ossia w(t)= 1 per t che va da -0.005 s a 0.005 s). Potevamo farla anche partire da 0 s e farla arrivare fino a 0.01 s, non cambia niente.

Bene, ora riflettiamo su quello che stiamo facendo: moltiplichiamo due segnali y(t) e w(t). Sì, anche w(t) è un segnale, un segnale che rappresenta l'effetto matematico di considerare il segnale y(t) per un periodo finito. Ma se moltiplichiamo due segnali nel dominio del tempo, che succede nel dominio della frequenza? Il teorema della convoluzione ci dice che moltiplicare due segnali nel dominio del tempo è come fare la convoluzione dei loro spettri nel dominio della frequenza.

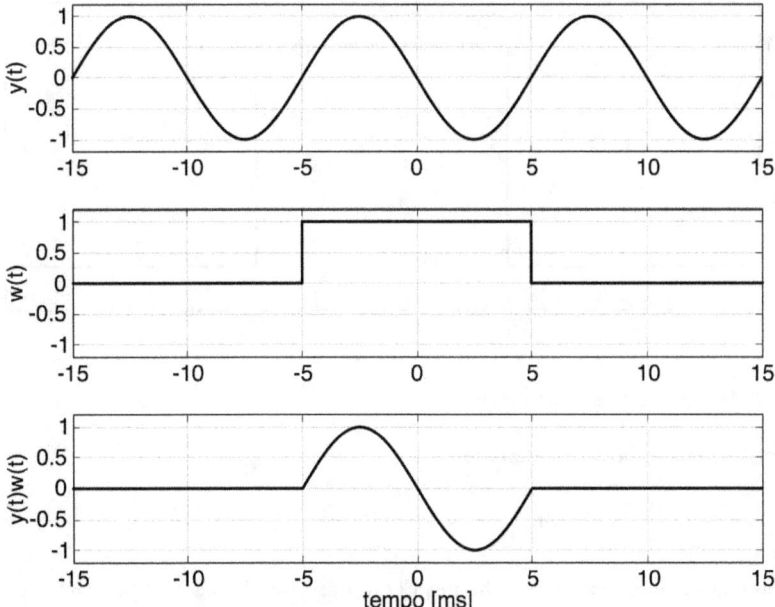

Fig. 7.17 - Considerare un segnale periodico per un periodo limitato di tempo è come prendere quel segnale periodico e moltiplicarlo per una finestra rettangolare, che vale 1 nel periodo in cui voglio osservare il segnale e zero altrimenti

Se dunque vogliamo sapere come sarà lo spettro del prodotto y(t)·w(t), dobbiamo fare la convoluzione dello spettro di y(t) con lo spettro di w(t). Sullo spettro di y(t) non c'è molto da dire, è lo spettro del segnale che prendiamo in considerazione, in questo caso contiene una sola armonica. Lo spettro della finestra rettangolare w(t) invece non lo conosciamo ancora. Ma non è un grosso problema: conosciamo la funzione w(t), possiamo calcolare la sua trasformata di Fourier.

Per essere un pizzico più generici, consideriamo una finestra rettangolare di generica durata T, dove T è l'intervallo di tempo in cui osserviamo il segnale. La finestra rettangolare sarà dunque definita come

$$w(t) = 1 \text{ se } -T/2 \leq t \leq +T/2 \tag{7.18}$$
$$w(t) = 0 \text{ altrimenti}$$

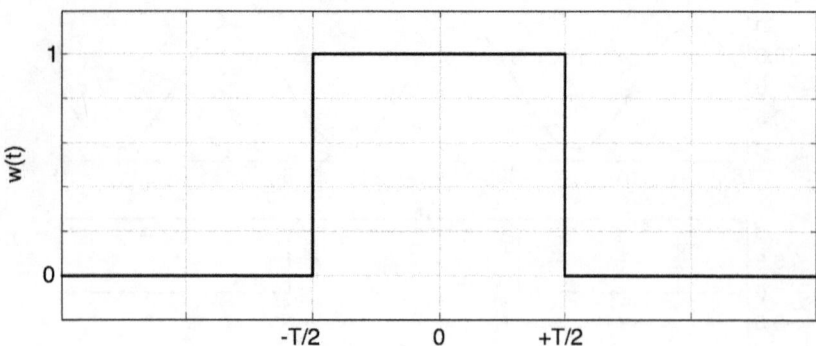

Fig. 7.18 - Definizione di finestra rettangolare

La trasformata di Fourier è dunque

$$W(f)=\int_{-\infty}^{+\infty} w(t)\cdot e^{-2\pi i f t} dt \qquad (7.19)$$

siccome la funzione vale 0 for che per t compreso tra -T/2 e T/2 possiamo restringere gli estremi dell'integrale e considerar w(t)=1 in quell'intervallo:

$$W(f)=\int_{-T/2}^{+T/2} e^{-2\pi i f t} dt \qquad (7.20)$$

A questo punto dobbiamo trovare la primitiva di un esponenziale, che è forse l'esercizio più semplice che esista

$$W(f)=\frac{1}{-2\pi i f}[e^{-2\pi i f t}]_{-T/2}^{+T/2}=\frac{1}{-2\pi i f}[e^{-\pi i f T}-e^{\pi i f T}] \qquad (7.21)$$

ora portiamo dentro la parentesi il segno meno

$$W(f)=\frac{1}{2\pi i f}[e^{\pi i f T}-e^{-\pi i f T}] \qquad (7.22)$$

A questo punto dobbiamo ricordarci che

$$e^{i\cdot\alpha}=\cos(\alpha)+i\cdot sen(\alpha) \qquad (7.23)$$

quindi

$$e^{i\cdot\alpha}-e^{-i\cdot\alpha}=\cos(\alpha)+i\cdot sen(\alpha)-[\cos(-\alpha)+i\cdot sen(-\alpha)]=2\cdot i\cdot sen(\alpha) \qquad (7.24)$$

perciò la differenza dentro la parentesi diventa

$$[e^{\pi i f T} - e^{-\pi i f T}] = 2 \cdot i \sen (\pi f T) \tag{7.25}$$

sostituendolo nella formula della trasforma di Fourier risulta

$$W(f) = \frac{1}{2\pi i f}[e^{\pi i f T} - e^{-\pi i f T}] = \frac{1}{2\pi i f} 2 \cdot i \cdot \sen (\pi f T) = \frac{\sen (\pi f T)}{\pi f} \tag{7.26}$$

La trasformata di Fourier della finestra rettangolare è quindi una funzione sinc di ampiezza T e avente per argomento $\pi \cdot f \cdot T$; ricordiamoci che qui f è la frequenza dello spettro e T è il periodo in cui osserviamo il segnale. Proviamo a disegnarla per il nostro ormai famigliare T=10 ms:

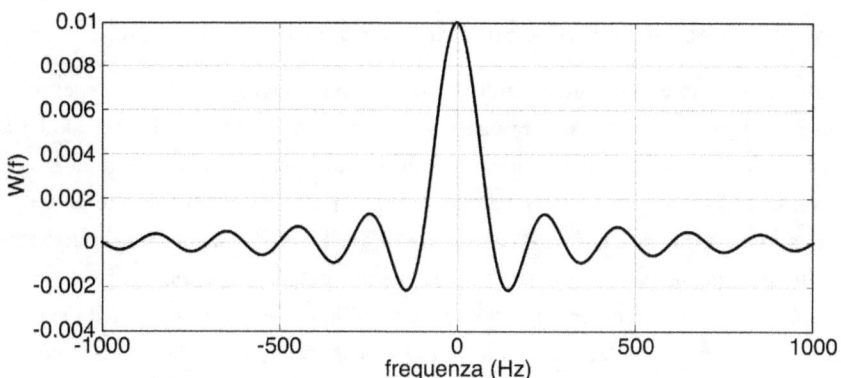

Fig. 7.19 - Lo spettro della finestra rettangolare

Notate una cosa interessante. La finestra vale zero in tutti i multipli di 100 Hz. Questo ci risulterà utilissimo quando faremo la convoluzione con lo spettro del segnale quindi tenetelo bene a mente, ok?

Ora dobbiamo prendere lo spettro del segnale e fare la convoluzione con lo spettro della finestra rettangolare W(f). Poniamo di avere un segnale con tre armoniche, una a 100 Hz si ampiezza 10, una a 200 Hz di ampiezza 4 e una a 300 Hz di ampiezza 2 e un valore medio di ampiezza 1:

$$y(t) = 10 \cdot \cos(100 \cdot 2\pi t) + 4 \cdot \cos(200 \cdot 2\pi t) + 2 \cdot \cos(300 \cdot 2\pi t) + 1 \tag{7.27}$$

l'ampiezza del suo spettro Y(f) apparirà dunque così:

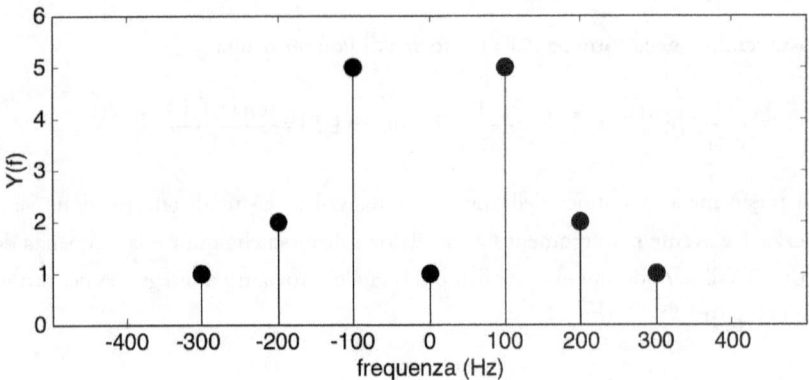

Fig. 7.20 - Lo spettro del segnale definito in (7.27). Contiene tre armoniche a 100, 200 e 300 Hz.

Ora dobbiamo fare la convoluzione dello spettro del segnale $Y(f)$ con lo spettro della finestra rettangolare $W(f)$. Ancora una volta ricordo che lo spettro del segnale ha ampiezza e fase, quindi in linea teorica non possiamo solo considerare l'ampiezza dello spettro quando facciamo la convoluzione. Tuttavia, per una motivo che vedrete fra poco è irrilevante considerare la fase – solo ai fini di quello che vogliamo dimostrare! Partiamo dunque: ribaltiamo $W(f)$, la trasliamo a sinistra e partiamo coi conti.

Abbiamo detto che osserviamo il segnale in 10 ms. Ciò significa che nello spettro la prima armonica è 100 Hz, la seconda 200 Hz e così via. Quando facciamo la convoluzione dunque dobbiamo traslare ogni volta di 100 Hz lo spettro della $W(f)$. Ricordiamoci cosa abbiamo osservato prima: lo spettro della $W(f)$ vale zero per tutti i multipli di 100 Hz. Ma ora partiamo con la convoluzione.

All'inizio il risultato della convoluzione è sempre zero, poiché tutte le armoniche di $Y(f)$ si piazzano sugli zeri della $W(f)$. Pertanto quando faccio i conti abbiamo le armoniche di $Y(f)$ moltiplicate per zero, e questo dà ovviamente zero. La convoluzione pertanto vale 0.

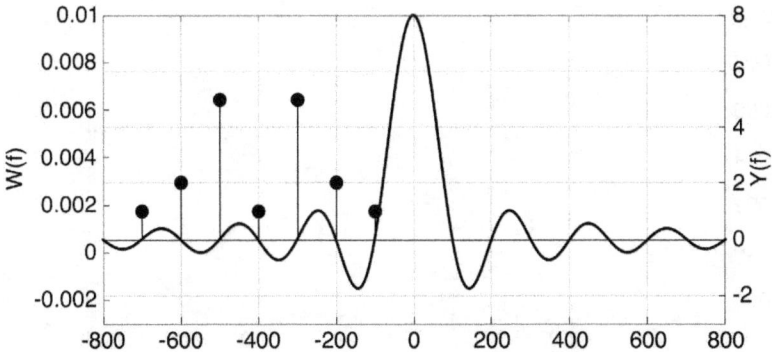

Fig. 7.21 - Passo "zero" nel calcolo della convoluzione. Ho portato lo spettro del segnale a sinistra e inizio a traslarlo verso destra calcolando la convoluzione. Fino a questo punto la convoluzione vale sempre zero, perché le armoniche dello spettro cadono negli zeri dello spettro della finestra rettangolare.

Questo accade perché lo spettro della finestra rettangolare W(f) ha gli zeri nei multipli di 100 Hz. Se riguardiamo infatti la formula dello spettro W(f):

$$W(f) = \frac{\text{sen}(\pi f T)}{\pi f} \qquad (7.28)$$

ci accorgiamo che W(f) vale zero per tutti i valori per cui :

$$\text{sen}(\pi f T) = 0 \qquad (7.29)$$

ossia quando il prodotto $f \cdot T$ è intero. Se ora definiamo la prima armonica come:

$$f_1 = \frac{1}{T} \qquad (7.30)$$

allora gli zeri della W(f) si ottengono quando

$$\frac{f}{f_1} \in \mathbb{N} \qquad (7.31)$$

ossia quando la frequenza f è un multiplo della prima armonica. Per questo motivo se osserviamo il segnale per 10 ms abbiamo una prima armonica che vale 100 Hz e gli zeri si trovano a tutti i multipli di 100 Hz.

E fin qui abbiamo visto che la convoluzione è zero. Se però facciamo un altro passo spostando Y(f) verso destra arriviamo al primo caso in cui la convoluzione non è più zero.

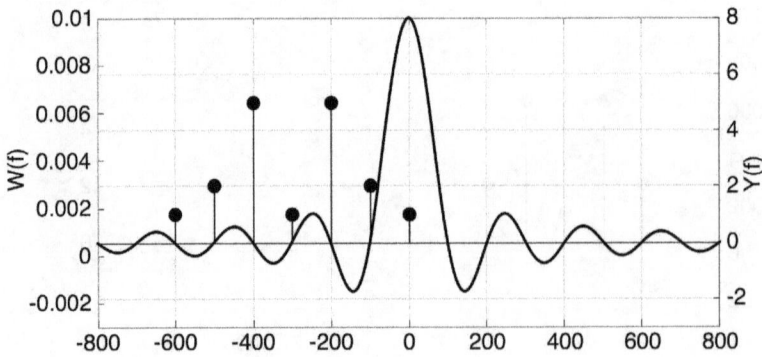

Fig. 7.22 - Primo passo della convoluzione che mi dà un'uscita diversa da zero. È quando a furia di traslare lo spettro verso destra mi trovo un'armonica dello spettro del segnale sotto la campana della W(f). Infatti la W(f) per f=0 non vale 0.

In questo caso tutte le armoniche di Y(f) cadono su degli zeri di W(f) tranne una, quella che si trova sotto la campana di W(f). Nello specifico si tratta dell'armonica di Y(f) a − 300 Hz (attenzione, − 300 Hz e non + 300 Hz perché la W(f) è stata ribaltata prima di fare la convoluzione, quindi le armoniche a frequenza negativa ora stanno a destra).

Se dunque tutte le armoniche di Y(f) vengono moltiplicate per zero tranne quella che finisce sotto la campana, il risultato della convoluzione è solo quest'ultima. In un certo senso potete vederlo come un filtro che seleziona solo l'armonica che sta sotto la campana.

Al primo passo dunque la convoluzione è

$$W(f)*Y(f) \ = \ [\,Y(-300 \ Hz), \ ... \tag{7.32}$$

Se ora spostiamo la Y(f) di un altro passo verso destra otteniamo una situazione di questo tipo:

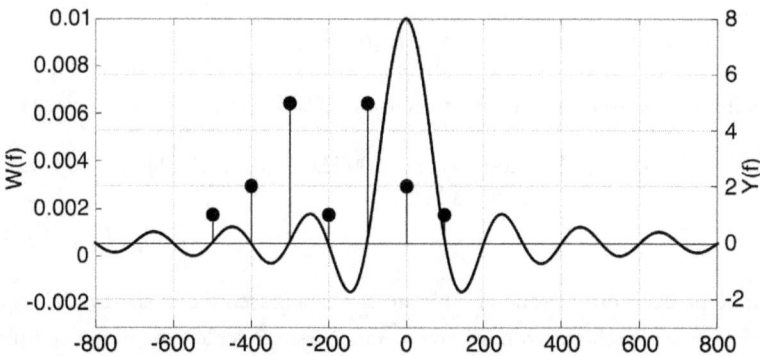

Fig. 7.23 - Passo secondo nel calcolo della convoluzione. Trasliamo lo spettro del segnale di un passo verso destra: la terza armonica (negativa, ossia -300Hz) finisce sopra uno zero, mentre sotto la campana arriva la seconda armonica (negativa, quindi -200 Hz)

L'armonica di Y(f) a – 300 Hz ora si è spostata su uno zero della W(f) mentre sotto la campana è arrivata l'armonica di Y(f) a – 200 Hz. Tutte le altre armoniche rimangono su degli zeri. In questo caso dunque passa Y(-200 Hz); aggiungiamola alla convoluzione come secondo valore:

$$W(f)*Y(f) = [\,Y(-300 \text{ Hz}), Y(-200 \text{ Hz}), \ldots \tag{7.33}$$

Ormai avete capito il gioco. Se mi sposto di un altro passo verso destra sotto la campana finisce l'armonica Y(-100 Hz), mentre tutte le altre armoniche finiscono su degli zeri di W(f):

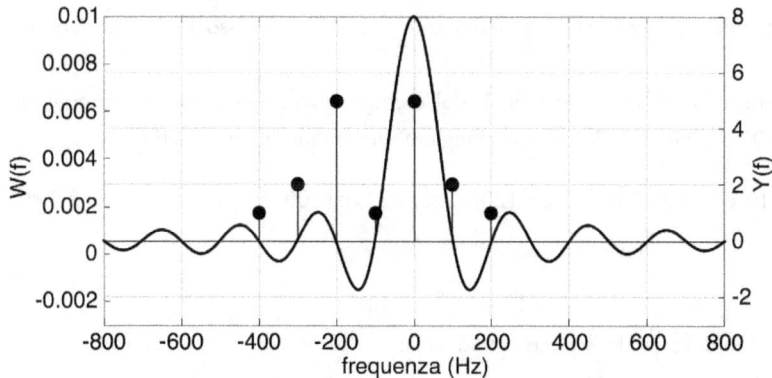

Fig. 7.24 - Passo tre della convoluzione. Traslo ancora di un passo lo spettro del segnale, così che la terza e seconda armonica (negative) finiscono sugli zeri e sotto la campana ho la prima armonica (negativa)

Aggiungiamo dunque alla convoluzione il nuovo valore calcolato:

$$W(f)*Y(f) \ = \ [\, Y(-300 \text{ Hz}), Y\,(-200 \text{ Hz}), Y\,(-100 \text{ Hz}), \ldots \tag{7.34}$$

Proseguite pure da soli e alla fine scoprirete che alla fine la convoluzione risulta

$$W(f)*Y(f) \ = \ [\, Y(-300 \text{ Hz}), Y\,(-200 \text{ Hz}), Y\,(-100 \text{ Hz}), Y(0), Y(100 \text{ Hz}), Y(200 \text{ Hz}), Y\\ (300 \text{ Hz})]$$

$$\tag{7.35}$$

Ora capite perché non mi sono complicato la vita a presentare lo spettro del segnale con modulo e fase? Perché tanto non dovevo fare nessun calcolo coi numeri complessi; già sapevo che la convoluzione dello spettro $Y(f)$ con lo spettro della finestra rettangolare mi dava in uscita le singole armoniche di $Y(f)$. Già sapevo che ad ogni passo della convoluzione avevo una sola armonica di $Y(f)$ che passava in uscita mentre tutte le altre venivano moltiplicate per zero, quindi non dovevo fare nessuna somma di complessi.

Comprensibilmente qualcuno ora potrebbe chiedermi che senso ha tutto questo. Voglio dire, abbiamo speso pagine e pagine per imparare cos'è la convoluzione e il suo teorema, e poi il risultato è che quando osserviamo il segnale per un periodo di tempo finito di T, le armoniche in uscita... sono uguali alle armoniche del segnale? Abbiamo sprecato tutto questo tempo per scoprire che con questa procedura otteniamo in uscita le stesse armoniche che avevo in entrata?

No, ovviamente. Ora veniamo al bello: cosa succede se nello spettro di $Y(f)$ c'è una componente a frequenza che non è multipla di 100 Hz? All'inizio del capitolo avevamo ipotizzato di osservare un segnale a 160 Hz per 10 ms. Non essendoci posto per quella sinusoide a 160 Hz nello spettro (visto che 160 Hz non è multiplo di 100 Hz) avevamo visto che nello spettro quella componente a 160 Hz si ridistribuiva sulle armoniche adiacenti, tanto più su quelle che stavano vicino a 160 Hz. Adesso finalmente vediamo il motivo.

Poniamo di avere lo stesso segnale dell'esempio precedente, ma alle armoniche presenti a 100 Hz, 200 Hz e 300 Hz, aggiungiamo una componente a 160 Hz:

$$y(t) = 10 \cdot \cos(100 \cdot 2\pi t) + 4 \cdot \cos(200 \cdot 2\pi t) + 2 \cdot \cos(300 \cdot 2\pi t) + 1 + 8 \cdot \cos(160 \cdot 2\pi t)$$

$$\tag{7.36}$$

Lo spettro del segnale risulterà quindi così:

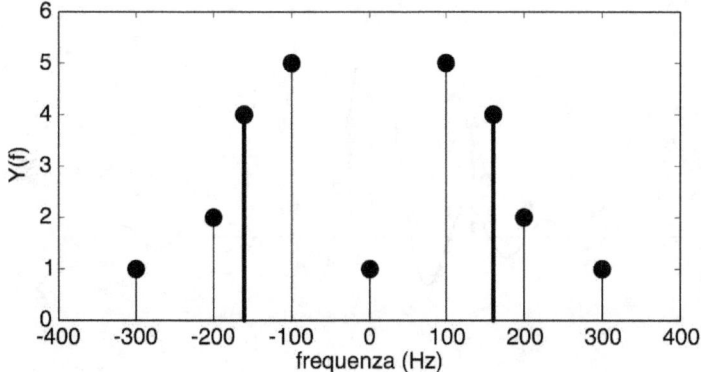

Fig. 7.25 - Spettro del segnale definito in (7.36). Oltre ad armoniche multiple di 100 Hz ho una componente asincrona a 160 Hz

Ci sono le consuete armoniche a multipli di 100 Hz e poi c'è questa componente "intrusa" a 160 Hz che per comodità ho tracciato con una linea più spessa (dal punto di vista matematico non implica niente, è solo per farvela notare meglio che è più spessa).

Ora ripetiamo quanto abbiamo fatto prima. Se osserviamo il segnale per 10 ms è come se lo moltiplicassimo per una finestra rettangolare larga 10 ms. Quindi lo spettro del segnale campionato per 10 ms sarà la convoluzione dello spettro Y(f) e dello spettro della finestra rettangolare W(f).

Quando facciamo questa convoluzione però le cose non vanno più lisce come era capitato nell'esempio precedente. Prendiamo ad esempio il passo della convoluzione in cui sotto la campana centrale finiva l'armonica a – 100 Hz; nell'esempio precedente tutte le altre armoniche finivano su degli zeri delle W(f) quindi in uscita avevo solo l'armonica a – 100 Hz. In questo caso però le cose vanno in maniera molto differente: l'armonica a – 100 Hz è ancora sotto la campana centrale, così come le armoniche a 200 Hz, 300 Hz, – 200 Hz e – 300 Hz e il valore medio sono ancora sugli zeri W(f), però le componenti dello spettro a 160 Hz e – 160 Hz non sono su zeri della W(f).

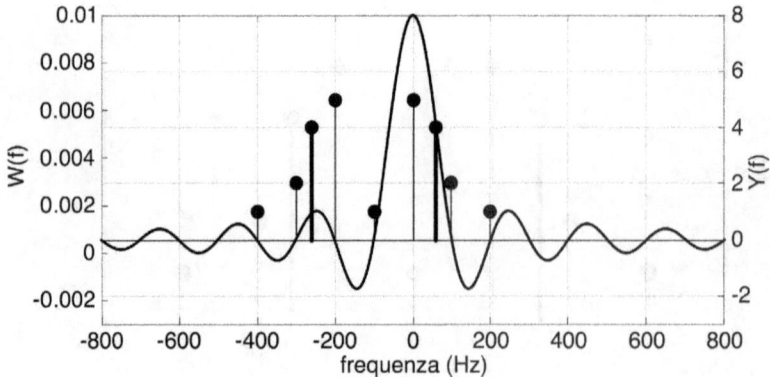

Fig. 7.26 - Quando faccio la convoluzione tra lo spettro della finestra rettangolare e lo spettro del segnale che contiene un segnale asincrono succede che la frequenza asincrona non finisce più su di uno zero ma in un punto del-lo spettro W(f) con un altro valore.

Le componenti dello spettro a 160 Hz e – 160 Hz incontrano la W(f) dove non è nulla. A questo punto tutto si complica perché in uscita non avrò solo l'armonica a – 100 Hz, ma la somma dell'armonica a – 100 Hz più le componenti a 160 Hz e – 160 Hz ognuna pesata col valore della W(f) che incontra queste due frequenze asincrone a +60 Hz e – 260 Hz.

Certo, nel totale la frequenza a – 160 Hz pesa di meno di quella a – 100 Hz poiché la componente a – 100 Hz è sotto la campana e quindi è pesata con la W(f) massima men-tre la componente – 160 Hz è pesata con un valore di W(f) inferiore.

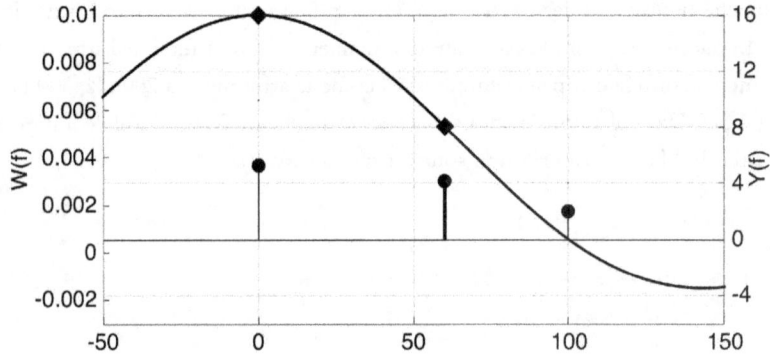

Fig. 7.27 - Il peso della componente dello spettro sotto il punto centrale della campana di W(f) conta di più rispetto alla frequenza asincrona, perché W(f) è maggiore per f=0 Hz rispetto a f=60 Hz.

Ma il risultato di questo passo della convoluzione conterrà sempre una porzione dovuta alla componente a – 160 Hz. In questo passo del calcolo della convoluzione anziché avere solo Y(–100Hz) avremo

$$Y(-100Hz) \cdot W (0) + Y(-160Hz) \cdot W (60) + Y(160Hz) \cdot W (-260Hz) \qquad (7.37)$$

La stessa cosa accade a tutte le altre armoniche. Ad ogni passo della convoluzione invece di ottenere solo un'armonica sotto la campana principale di W(f) avremo in aggiunta anche le componenti a 160 Hz e – 160 Hz pesate. Questo è il motivo per cui una componente non sincrona non trovano un posto alla propria frequenza nello spettro si ridistribuisce sulle frequenze sincrone.

Osservando W(f) ora capiamo perché le componenti asincrone del segnale si ridistribuiscono maggiormente sulle frequenza sincrone vicine rispetto a quelle lontane. Prendete il caso di una ipotetica sinusoide con frequenza 110 Hz osservata per i nostri classici 10 ms. Poniamo di essere nel passo della convoluzione in cui dovremmo ottenere la componente a 100 Hz:

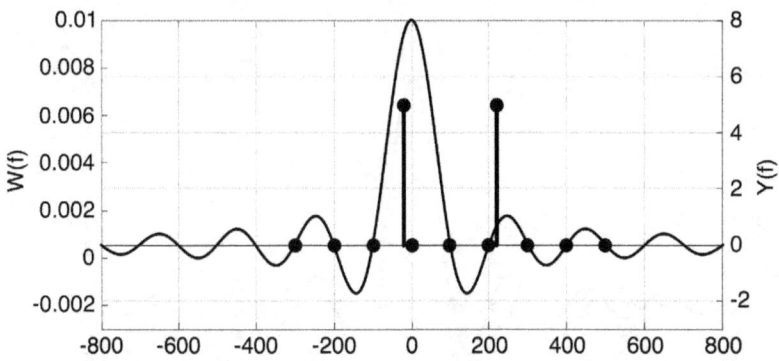

Fig. 7.28 - Calcolo della convoluzione al passo che corrisponde all'armonica a 100 Hz. Un'eventuale frequenza asincrona a 110 Hz è molto vicina al picco della campana, quindi pesa molto nel risultato della convoluzione

In questo caso la componente asincrona a 110 Hz è molto vicina alla frequenza che esaminando, ci sono solo 10 Hz di differenza. Il coefficiente con cui la pesiamo, dato dalla W(f) a – 10 Hz è dunque particolarmente elevato.

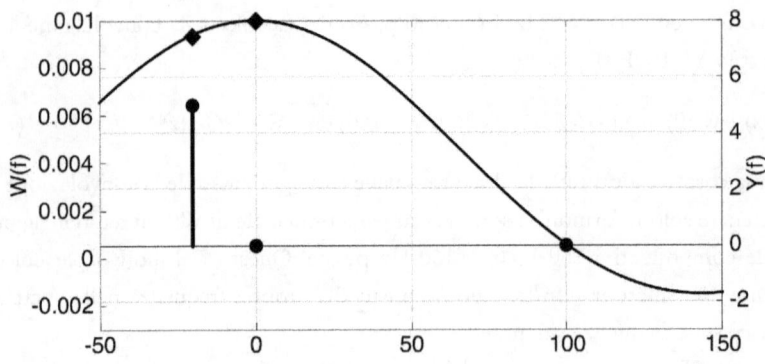

Fig. 7.29 - Ingrandimento di Fig. 7.28 attorno a zero. Vediamo bene che per soli 10 Hz di differenza la W(f) è molto simile (rombo) al massimo che ho nel punto centrale

Se invece siamo nel passo della convoluzione in cui estraiamo l'armonica a 200 Hz allora la componente asincrona a 110 Hz si trova a ben 90 Hz di distanza dal centro della campana:

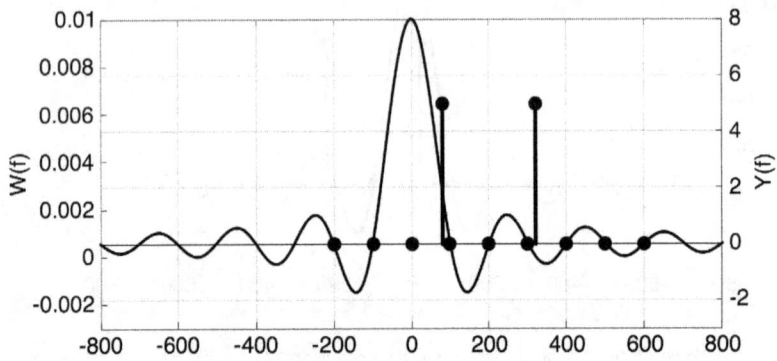

Fig. 7.30 - Passo della convoluzione in cui calcolo il valore dell'armonica corrispondente a 200 Hz. Ora l'armonica asincrona finisce in un posto della W(f) che pesa meno.

In questo caso la componente a 110 Hz è pesata con un valore molto più basso dato dalla W(f) a 90 Hz:

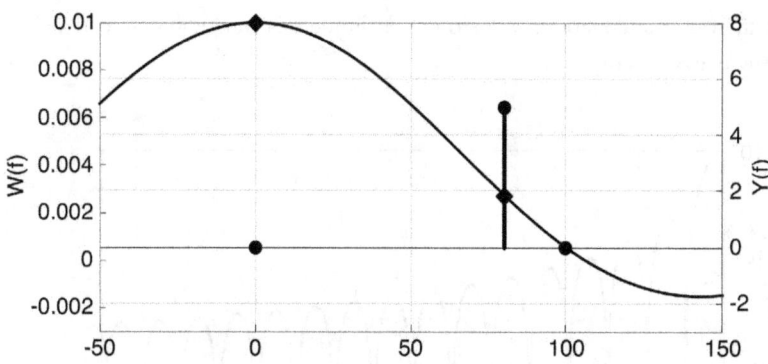

Fig. 7.31 - Ingrandimento della Fig. 7.30 attorno a 0 Hz

Alla stessa maniera se sono nel passo della convoluzione che dovrebbe restituirmi l'armonica a 800 Hz la componente asincrona a 110 Hz si fa sentire con un effetto molto attenuato perché sarà pesata col valore di W(f) a 690 Hz. Basta osservare la W(f) per vedere che più ci si allontana dalla campana principale più l'ampiezza delle oscillazioni diminuisce.

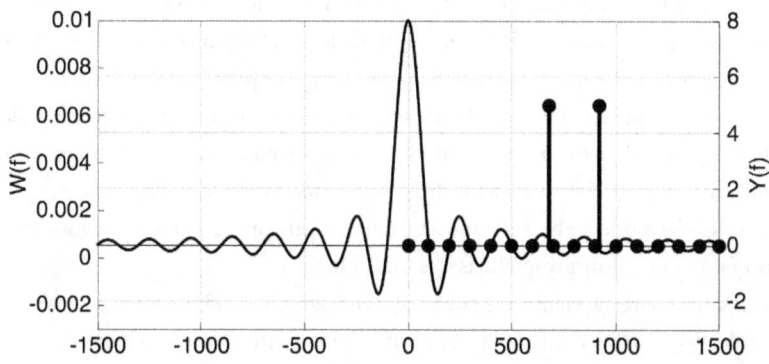

Fig. 7.32 - Calcolo della convoluzione all'armonica corrispondente a 800 Hz. Ora le armoniche asincrone a 110 Hz e – 110 Hz sono ormai lontane, dove W(f) è bassa quindi nel totale della convoluzione contano poco

Ora siamo arrivati a un punto cruciale: come facciamo a combattere i segnali asincroni? Come facciamo a sopprimere quelle componenti del segnale che essendo asincrone si ridistribuiscono sulle armoniche adiacenti rovinandoci la misura?

In qualche modo dobbiamo minimizzare il valore della W(f), perché è quello il peso con cui le componenti asincrone si ridistribuiscono sulle altre armoniche. Prendiamo ora il valore assoluto della W(f), poiché è quello che ci interessa (che W(f) sia negativa o positiva non cambia niente, fintanto che non è zero sempre danno fa). Per comodità la disegniamo in scala semilogaritmica, visto che è simmetrica mostriamo solo la parte per valori di frequenza positivi.

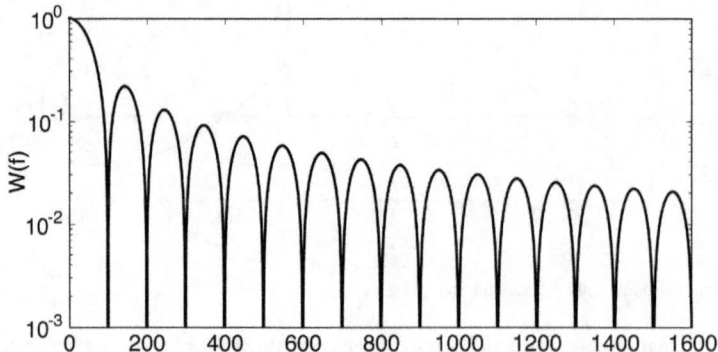

Fig. 7.33 - Ampiezza dello spettro normalizzato della finestra rettangolare espresso in scala logaritmica per osservare meglio come decade l'ampiezza. Guardo l'ampiezza al suo valore assoluto perché ora non mi interessa il segno di W(f), voglio sapere solo "quanto è grande", qualunque sia il segno, perché ciò determina quanto dà fastidio una eventuale frequenza asincrona nello spettro.

In aggiunta, in Fig. 7.33 abbiamo normalizzato la W(f) in modo che valga 1 per f=0. Quello che mi importa sapere infatti è il valore della W(f) rispetto alla W(f=0). Questo perché devo comparare con che peso viene pesata una componente asincrona del segnale rispetto alla componente sincrona che sta legittimamente sotto la campana centrale.

Questo è il punto di partenza. Abbiamo una W(f) che ha un secondo lobo di ampiezza massima circa di 0,22. Certo è meno di 1, quindi nel computo della convoluzione influsce meno dell'armonica che sta sotto la campana principale, ma si fa ancora sentire. Dobbiamo fare di più, dobbiamo abbassare questi lobi.

Prima di continuare facciamo un passaggio che sarebbe anche superfluo: convertiamo la W(f) in decibel. Dico che è superfluo perché si tratta solo di mostrare la W(f) in una scala diversa, visto che per esprimere la W(f) in decibel ci limitiamo a calcolare:

$$W(f)_{dB} = 20 \cdot \log_{10} W(f) \tag{7.38}$$

Ad esempio, il valore massimo del secondo lobo che in decimale vale 0,22 espresso in db diventa circa:

$$20 \cdot \log_{10} 0,22 = -13 \, dB \tag{7.39}$$

Il grafico dunque della W(f) della finestra rettangolare espressa in db diventa:

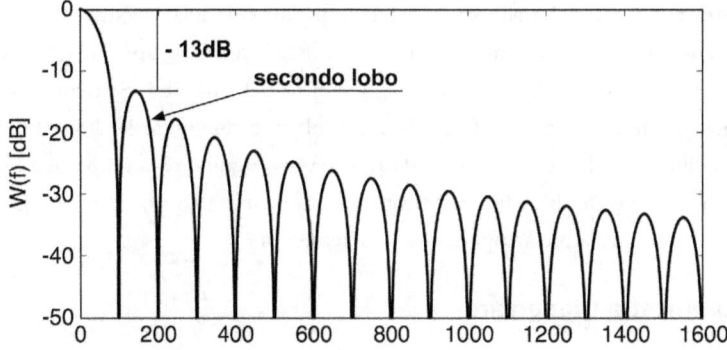

Fig. 7.34 - Spettro della finestra rettangolare. Il secondo lobo è a – 13 dB, ossia vale 0,22 rispetto al primo lobo

Dicevo che è un'operazione superflua perché basta mostrare la funzione in scala semilogaritmica come in Fig. 7.33 e si ottiene lo stesso risultato senza ricorrere ai db. Risultato che peraltro è immediatamente interpretabile da chiunque abbia fatto almeno la terza media e si ricorda le potenze di 10. Ma tant'è, sembra che la gente sia abituata a capire meglio cosa significa – 13 dB rispetto a 0,22, quindi ci adattiamo anche noi e mostriamo gli spettri delle finestre in dB.

> Il nostro scopo ora è ottenere una W(f) che sia quanto più bassa possibile fuori dai punti in cui è zero di per sé.

Ma è possibile fare una cosa del genere? Dopo tutto la W(f) è quella, abbiamo calcolato la trasformata di Fourier della finestra rettangolare, e la trasformata di Fourier è risulta così, non abbiamo tanto da girarci attorno.

7.3 Le finestre

In realtà è possibile di abbassare la W(f), basta usare una finestra non rettangolare. Non ce l'ha ordinato il medico di usare una finestra rettangolare.

Negli anni sono state ideate finestre di diverso tipo che consentono di ridurre l'effetto delle componenti asincrone dei segnali. Vediamo insieme le principali, analizzandone pregi e difetti, con la consapevolezza che non esiste una finestra perfetta, migliore di tutte le altre, ma a seconda dei casi dovremo fare una scelta opportuna della finestra da usare.

Da dove partiamo? Iniziamo con l'analizzare i difetti della finestra rettangolare per poi cercare di correggerli. Perché la finestra rettangolare ha dei lobi così alti? Perché poi

decadono così lentamente all'aumentare della frequenza? Ciò è dovuto alle discontinuità
che la finestra rettangolare ha alle sue estremità. Se riprendete la finestra rettangola di
Fig. 7.18 vedete che per t = ± 5 ms ho una discontinuità di primo tipo (un gradino) tra
zero e 1. Questo causa dei lobi molto alti nello spettro della finestra. Se dunque vogliamo una finestra che abbia una W(f) più bassa dobbiamo diminuire la discontinuità, o
tanto meglio eliminarla del tutto. In second'ordine si può diminuire la derivata ai bordi e
volendo anche le derivate di ordine superiore La prima scelta che facciamo è quella di
una finestra triangolare, la più semplice che può venirci in mente.

7.3.1 La finestra triangolare

A differenza della finestra rettangolare non ha discontinuità ai bordi. È una finestra
che nella prima metà cresce da 0 a 1 e nella seconda metà decresce da 1 a 0. Se torniamo
al nostro esempio di prima, costruiamo una finestra triangolare w(t) di durata 10 ms:

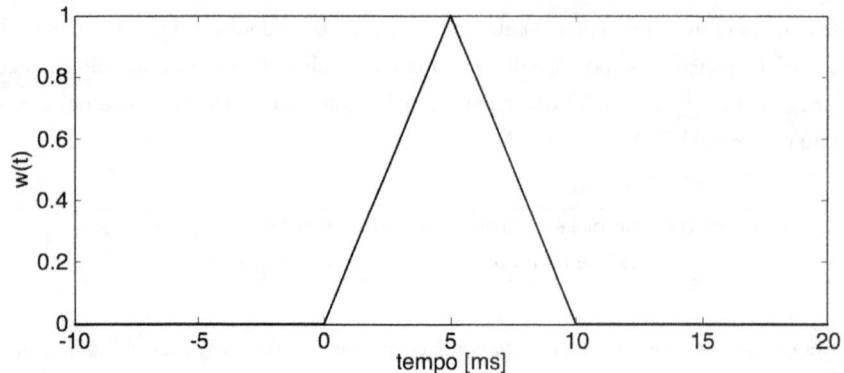

Fig. 7.35 - Finestra triangolare tra 0 e 10 ms. Ora non ho più discontinuità di primo tipo come nella frequenza rettangolare perché ai bordi vale 0

Ora prendiamo un segnale qualsiasi, ad esempio un segnale y(t) che contiene solo
una sinusoide a 1510 Hz di ampiezza 4:

$$y(t) = 4 \cdot \sin(1510 \cdot 2\pi t) \tag{7.40}$$

Osserviamo questo segnale per 10 ms. Su questo intervallo di tempo il segnale è asincroni. Che sia un segnale asincrono lo vedete bene dal fatto che la sua frequenza non è
multipla di 100 Hz. Infatti se osserviamo il segnale per 10 ms la prima armonica sarà
1/10ms = 100 Hz e le armoniche di ordine superiore saranno i multipli di 100 Hz. Ma
lo vedete bene anche in Fig. 7.36: in 10 ms il segnale dopo 15 periodi fa in tempo a fare
un altro pezzetto del sedicesimo periodo, che però – ovviamente – rimane incompleto

(infatti vedete che il segnale a t=10 ms non finisce a 0 ma un po' più in su). Proprio perché in 10 ms non ci sta un numero intero di periodi il segnale è asincrono.

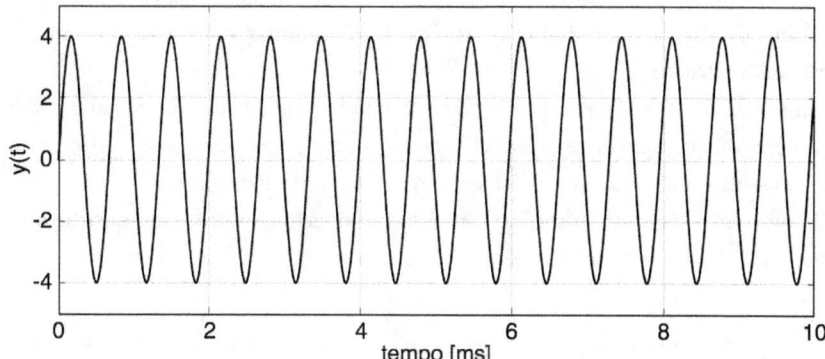

Fig. 7.36 - Segnale y(t) asincrono rispetto a 10 ms poiché ha frequenza pari 1 150 Hz che non è multiplo di 100 Hz

Ora proviamo a calcolarne lo spettro facendo la DFT, dopo aver campionato il segnale prendendo 2N+1=800 campioni nei 10 ms. Il risultato è in Fig. 7.37: anche in questo caso lo spettro è mostrato come una linea continua solo per motivi grafici, ma ovviamente è composto da punti discreti visto che è lo spettro del segnale campionato, e tra ogni punto e il successivo c'è una risoluzione di frequenza di Δf=100 Hz.

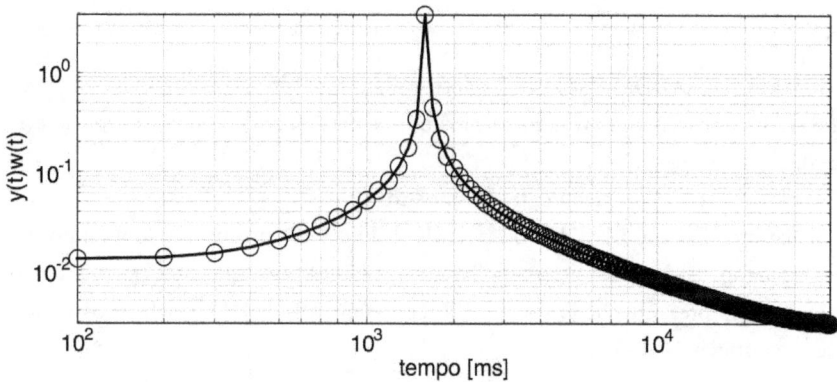

Fig. 7.37 - Spettro del segnale campionato mostrato in Fig. 7.36

Come ci aspettavamo il segnale asincrono a 1510 Hz crea un mezzo casino. Visto che per 1510 non esiste un punto sullo schermo (o 1500 o 1600 Hz, visto che Δf=100 Hz) il segnale si ridistribuisce sulle armoniche adiacenti, come abbiamo già visto nel capitolo precedente. In questo capito abbiamo finalmente capito anche perché: quando facciamo la convoluzione dello spettro del segnale per una finestra rettangolare la componente a 1510 Hz non si troverà mai su di uno zero dello spettro ma su di una porzione di lobo a 10 Hz di distanza dallo zero. Una buona porzione del segnale si scarica su 1500 Hz che è lì vicino, e infatti a 1500 Hz lo spettro vale 3,923, poi man mano che ci allontaniamo questo valore decade.

Bene – anzi, male. Ora vediamo come la finestra triangolare può aiutarci a ridurre questo fenomeno. State bene attenti al verbo: "ridurre", non "eliminare", visto che le finestre possono aiutare ma non elimineranno mai del tutto il problema.

Prendiamo il segnale y(t) di Fig. 7.36 e lo moltiplichiamo per la finestra triangolare w(t) di Fig. 7.35: il risultato che otteniamo è questo:

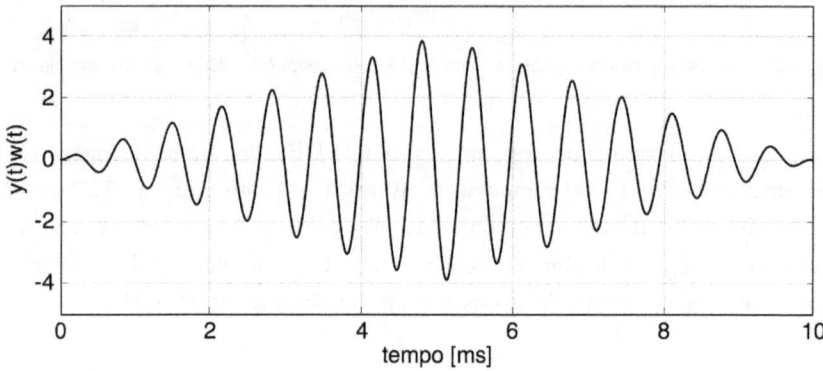

Fig. 7.38 - Spettro del segnale campionato mostrato in Fig. 7.36 dopo l'applicazione di una finestra triangolare

Di solito la reazione davanti a questo segnale è di raccapriccio: cos'è questa schifezza? Guarda, l'hai deformato tutto! Vuoi farmi credere che questo segnale è migliore di quello in Fig. 7.36?

No, non voglio fartelo credere: te lo dimostro.

Innanzitutto facciamo la DFT del segnale di Fig. 7.38 ottenuto moltiplicando il segnale originario per la finestra rettangolare. Il risultato è mostrato in Fig. 7.39. Ancora una volta faccio presente che lo spettro è discreto con Δf=100 Hz benché mostrato con una linea continua.

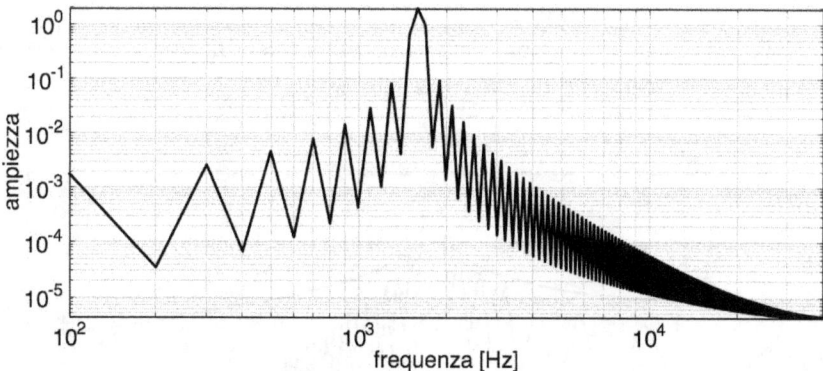

Fig. 7.39 - Spettro del segnale a 1510 Hz campionato con Δf=100 Hz usando una finestra triangolare

Ancora una volta il segnale a 1510 Hz si ridistribuisce sulle armoniche adiacenti come succedeva prima. Sulle prime quindi il risultato non sembra molto migliore; ma state attenti alla scala dell'asse verticale: ora è molto più estesa rispetto a Fig. 7.37, l'ampiezza di queste finte armoniche che appaiono nello spettro solo per colpa di questo segnale asincrono sono calate. Se vogliamo capire meglio come è cambiato lo spettro è meglio mostrare i due spettri con e senza finestra insieme. Prima però osserviamo una cosa: a 1500 Hz lo spettro vale ora 1,9812. La cosa non stupisce: il segnale ha perso valore efficace quando l'abbiamo moltiplicato per la finestra triangolare (Fig. 7.38). In particolare ha perso metà del valore efficacie, come vediamo bene in Fig. 7.40:

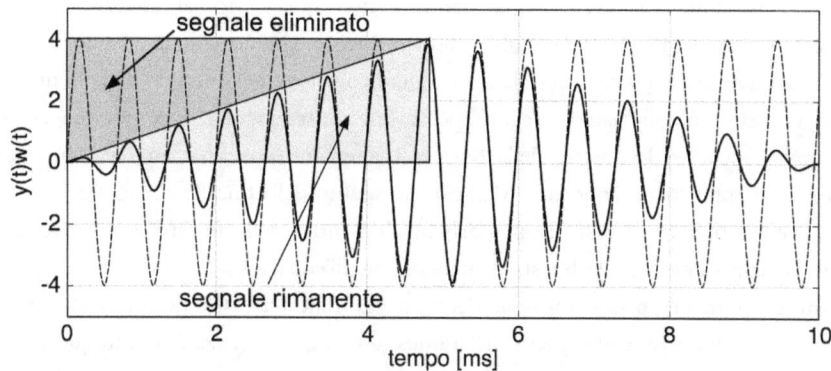

Fig. 7.40 - Quando usiamo una finestra triangolare il valore efficace del segnale è dimezzato. Dobbiamo tenerne conto!

Non stupisce quindi se a 1500 Hz troviamo una componente dello spettro che è circa 2 anziché 4. Se vogliamo fare le cose per bene dobbiamo normalizzare lo spettro che

otteniamo moltiplicandolo per 2 (o in alternativa usare una finestra che invece di andare
da 0 a 1 va da 0 a 2, è la stessa cosa).

Moltiplichiamo dunque lo spettro del segnale sottoposto a finestra per 2 e lo disegniamo insieme allo spettro del segnale senza finestra:

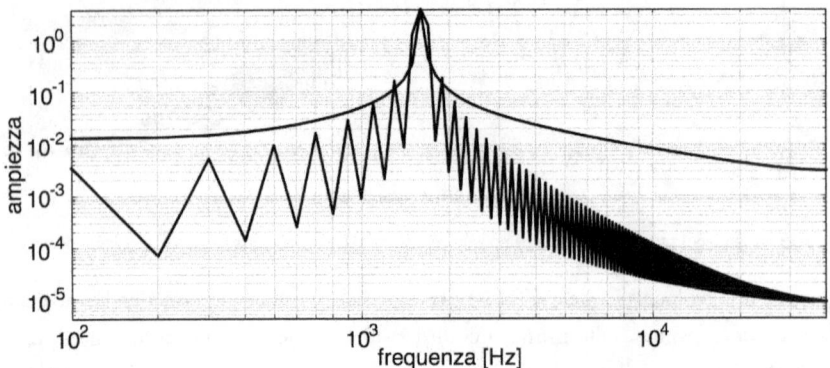

Fig. 7.41 - Lo spetto del segnale campionato con e senza finestra triangolare. Usando la finestra le armoniche
spurie decadono molto più velocemente

Ora lo vedete bene. A 1500 Hz i due spettri valgono 3,923 (senza finestra) e 3,9624
(con finestra). Sono fondamentalmente uguali. Tuttavia le armoniche fittizie frutto del-
l'asincronismo sono estremamente ridotte. Decadono infatti molto più velocemente.

Abbiamo dunque ottenuto un miglioramento. Di certo non abbiamo soppresso del
tutto queste finte armoniche ma intento le abbiamo ridotte.

Ora cerchiamo di capire come abbiamo ottenuto questo risultato. Ricordate quello
che ci eravamo detti quando avevamo studiato il teorema della convoluzione? Moltiplicare nel dominio del tempo equivale a fare la convoluzione nel dominio della frequenza.
Bene, quando moltiplichiamo il segnale per la finestra rettangolare è come se facessimo
la convoluzione per lo spettro della finestra triangolare (proprio come avevamo fatto
prima con la finestra rettangolare). Ma qual è lo spettro della finestra triangolare?

Se volete potete calcolare la trasformata di Fourier della finestra triangolare così
come abbiamo fatto con la finestra rettangolare dall'equazione (7.19) in poi. Se volete
passare un pomeriggio in compagnia degli integrali fate pure. C'è però una scorciatoia
che consente di arrivare allo spettro della finestra triangolare senza fare tutti quegli integrali. Basta accorgersi che una finestra triangolare può essere vista come la convoluzione
di due finestre rettangolari. Non è difficile da vedere, basta applicare la convoluzione
come abbiamo visto prima: prendi le due finestre rettangolari e le fai scorrere una sotto
l'altra facendo i prodotti e poi sommando i risultati. Vedrete che nella prima parte la
convoluzione cresce linearmente fino al massimo, che otteniamo quando le due finestre

sono combacianti. Dopodiché la convoluzione diminuisce linearmente man mano che le finestre si allontanano. In definitiva ottenete una finestra triangolare.

Ma state attenti! Ricordatevi che la convoluzione raddoppia la larghezza. Se quindi volete una finestra triangolare che va da $-T/2$ a $+T/2$ dovete fare la convoluzione di due finestre rettangolari larghe la metà, ossia da $-T/4$ a $+T/4$.

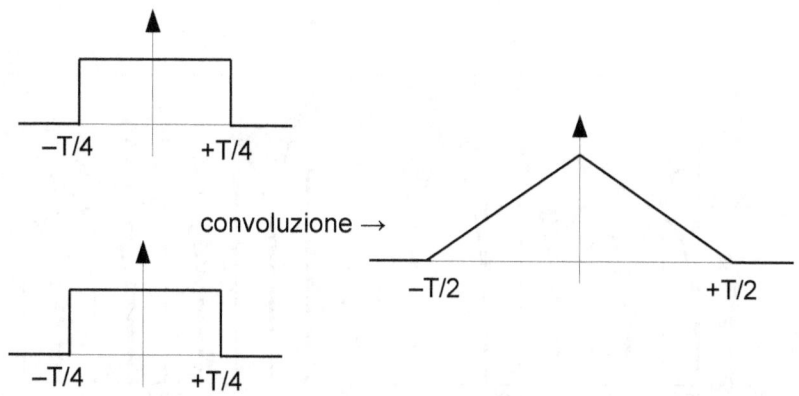

Fig. 7.42 - Una finestra triangolare può essere vista come la convoluzione di due finestre rettangolari di larghezza pari alla metà

Ora ci basta ricordare che fare la convoluzione nel dominio del tempo equivale fare il prodotto nel dominio della frequenza (e l'opposto). Se dunque una finestra triangolare nel dominio del tempo equivale a fare la convoluzione di due finestre rettangolari, possiamo dedurre che lo spettro di una finestra triangolare è il prodotto degli spettri delle due finestre rettangolari.

Pertanto posso calcolare lo spettro della finestra triangolare prendendo lo spettro di una finestra rettangolare che avevamo ricavato in (7.26) ma al posto di T mettiamo $T/2$ perché le finestre rettangolari da cui partiamo sono larghe la metà:

$$W(f) = \frac{\text{sen}\left(\pi f\, T/2\right)}{\pi f} \tag{7.41}$$

Questo però è lo spettro solo della finestra rettangolare larga la metà. Ora, dobbiamo fare il prodotto per se stesso visto che l'altra finestra con cui facciamo la convoluzione è uguale. Quindi il risultato finale è:

$$W(f) = \left(\frac{\text{sen}\left(\pi f\, T/2\right)}{\pi f}\right)^2 \tag{7.42}$$

Poi se volete aggiustate pure il fattore di scala per far combaciare il guadagno, non è importante. Quello che conta è guardare il comportamento dello spettro normalizzato, ossia con il valore dello spettro messo pari a 1 alla campana centrale (ossia il lobo centrale che trasmette in uscita l'armonica che deve passare). Disegniamo quindi lo spettro della finestra triangolare assieme allo spettro della finestra rettangolare. Per comodità le metto già in dB:

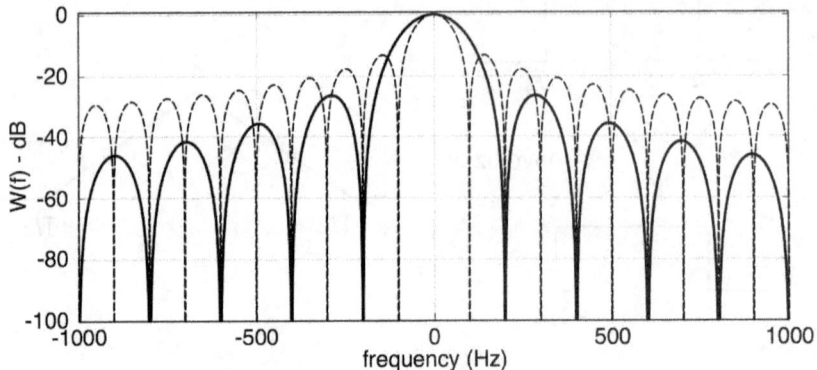

Fig. 7.43 - Confronto tra lo spettro della finestra triangolare (linea continua) e della finestra rettangolare (linea tratteggiata)

La prima cosa che notiamo è che lo spettro della finestra triangolare ha una periodicità che è la metà dello spettro della finestra rettangolare. Ma questo non dovrebbe stupire, visto che per ottenere lo spettro della finestra triangolare siamo partiti da una rettangolare larga la metà, quindi in (7.42) ho T/2 al posto di T, ossia ho una frequenza che è la metà. Dopodiché noto che l'ampiezza del lobo centrale è sempre 1 (e grazie al piffero, l'abbiamo normalizzata) mentre i lobi laterali sono decisamente minori. Anche questo non dovrebbe sconvolgervi. Abbiamo preso lo spettro di una finestra rettangolare e l'abbiamo elevato al quadrato: se hai un numero minore di uno e lo elevi al quadrato diventa più piccolo.

Questo fatto però è importante, perché ci dice che quando hai una frequenza asincrona e questa si trova su di un lobo laterale il suo effetto nefasto sarà minore. Infatti passerà in uscita pesata con lo spettro della finestra che nei lobi laterali è minore. Ed è proprio questo lo scopo delle finestre: tengono l'ampiezza del lobo centrale a 1, così l'armonica che sta al posto giusto passa in uscita, ma quando l'armonica finisce su di un lobo laterale in un punto diverso dallo zero sarà attenuata. Non sarà soppressa del tutto, perché i lobi laterali non valgono zero ovunque. Il meccanismo che abbiamo descritto prima per la finestra rettangolare vale ancora, ma l'effetto è attenuato perché ora i lobi laterali sono più bassi.

Questo è il motivo per cui in Fig. 7.41 le frequenze spurie create dalla frequenza asincrona erano minori se pesavamo il segnale per una finestra triangolare. È così che le finestre contribuiscono a combattere l'effetto delle frequenze asincrone.

7.4 Diversi tipi di finestre

La finestra triangolare non è, ovviamente, l'unica finestra che esiste. Ce ne sono moltissime, ognuna con spettri diversi. I due principi fondamentali per una buona finestra sono due:

- deve avere lobi laterali bassi
- deve avere il lobo centrale largo

Il motivo per cui i lobi laterali devono essere bassi l'abbiamo già visto: perché così quando la componente asincrona non cade in uno zero (quando dovrebbe) ma in un punto non nullo dello spettro della finestra il fatto stesso che il valore della finestra è minore fa in modo che faccia meno danni (perché quella componente asincrona è pesata di meno). Ma questo vale solo quando la componente dello spettro dovrebbe stare sullo zero (e non è sullo zero).

Quando invece la componente dello spettro è sotto il lobo centrale la finestra deve essere quanto più possibile a 1 perché è quello il valore ideale con qui quell'armonica verrebbe pesata se fosse sincrona. Io voglio perciò che se anche è un po' asincrona non decada troppo ma resti pari a 1. Lo vediamo bene nell'esempio simbolico di Fig. 7.44: se ho una componente asincrona invece di finire a 0 Hz quando è il suo turno di stare sotto il lobo centrale finisce un po' più spostata (ad esempio, se Δf=100 Hz e la componente dello spettro è a 110 Hz rimane a 10 Hz). In quel punto la campana non vale più 1 ma un po' meno. Quanto meno? Dipende dalla forma dello spettro della finestra: tanto è più largo il lobo centrale tanto più sarà simile a 1.

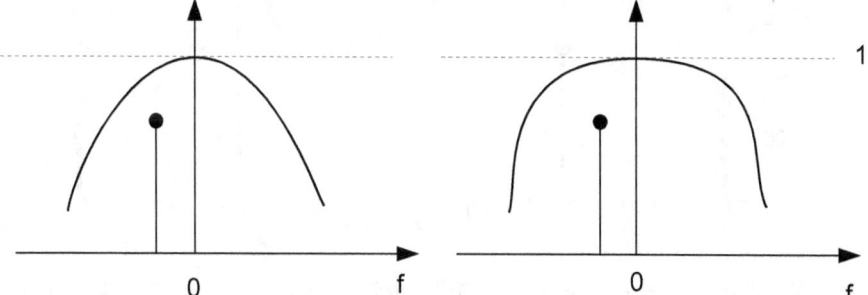

Fig. 7.44 - Idealmente vogliamo che il lobo centrale dello spettro della finestra rimanga vicino a 1 tanto più possibile in modo che se una frequenza è asincrona quando è il suo turno a stare sotto il lobo centrale durante la convoluzione, il risultato sarà simile al caso in cui era sincrona.

Nel corso della storia tante persone si sono dilettare a creare finestre con caratteristiche tra le più diverse. In alcune i lobi laterali cadono tutti insieme, in altre cadono uno dopo l'altro ma magari arrivano ad ampiezze minori. In altre ancora invece si dà più importanza alla larghezza del lobo centrale.

Non ha senso qui trattate tutte queste finestre (ce ne sono davvero tantissime), le troverete già impostate negli strumenti di misura oppure nei programmi di calcolo: Hamming, Hanning, Blackman-Harris... A volerle descrivere tutte starei qui dei mesi e non aggiungerei niente che non potete già trovare altrove (il mondo è pieno di tabelle con le finestre più comuni e il loro spettro). Il mio consiglio è questo: quando vi serve una finestra passate in rassegna le più comuni, osservate lo spettro e cercate di capire quale fa di più al caso vostro.

Piuttosto c'è una cosa più importante da trattare: quando non usare le finestre.

7.5 Gli svantaggi delle finestre

Per come ve l'ho messa giù fino ad ora una persona potrebbe pensare che una finestra fa solo del bene. Così molta gente è portata a pensare che male non faccia usare una finestra. Sì, insomma... giusto per star sicuri tu una finestra usala.

Invece non è così. Ovviamente – come spesso accade nel campo tecnico – nessuno ti dà niente per niente. Se da una parte usando una finestra ottengo un vantaggio dall'altra ho uno svantaggio. Quale?

Prendiamo un ingrandimento attorno a zero della Fig. 7.43 dove ho lo spettro della finestra triangolare e di quella rettangolare (che poi significa non usare una finestra):

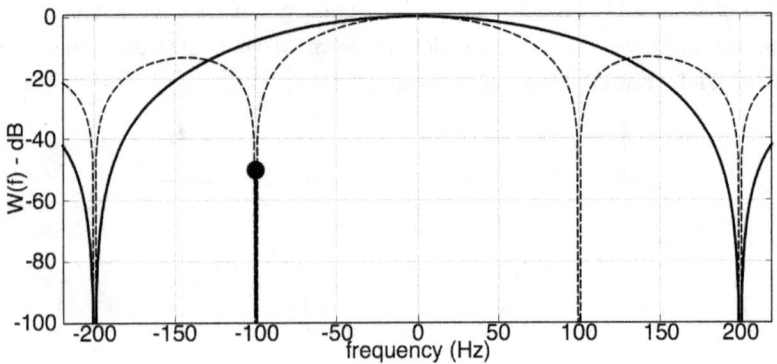

Fig. 7.45 - Spettro del segnale con finestra triangolare (linea continua) e rettangolare (linea tratteggiata). Lo zero a 100 Hz e −100 Hz è scomparso nella finestra triangolare. Quindi persino una frequenza sincrona dà fastidio quando si trova in quella posizione, mentre con la finestra rettangolare non avrebbe creato problemi perché c'era uno zero.

Abbiamo già visto che la finestra triangolare ha periodicità che è doppia. Ora pensiamo a che succede se ho una componente di frequenza a 100 Hz; in questo caso la frequenza è sincrona visto che $\Delta f=100$ Hz. Con la finestra rettangolare (ossia senza finestra) finirebbe in uno zero e non farebbe alcun danno. Se invece uso la finestra triangolare a -100 Hz lo spettro non è zero ma circa -8 dB, quindi dà fastidio. Lo stesso per tutte le frequenza fino a -130 Hz circa, ossia dove lo spettro della finestra triangolare vale di più dello spettro della rettangolare.

Ora pensiamo al nostro esempio di prima con la componente asincrona a 1510 Hz e $\Delta f=100$ Hz. Facciamo la convoluzione: finché siamo lontani dalla campana centrale tutto ok, i lobi della finestra triangolare sono bassi. Ma quando 1510 arriva alla campana centrale allora iniziano i problemi perché anche quando non è il suo turno dà fastidio. Idealmente dovrebbe dare un contributo solo quando sotto la campana centrale sta 1500 Hz, invece lo dà anche quando sotto la campana centrale sta 1400 Hz e 1600 Hz proprio perché a distanza di 110 Hz e 90 Hz la finestra triangolare ha spettro maggiore di quella rettangolare. Ma infatti è proprio ciò che succede... non ci avevate fatto caso? Riprendiamo la Fig. 7.41 e ingrandiamola attorno a 1500 Hz.

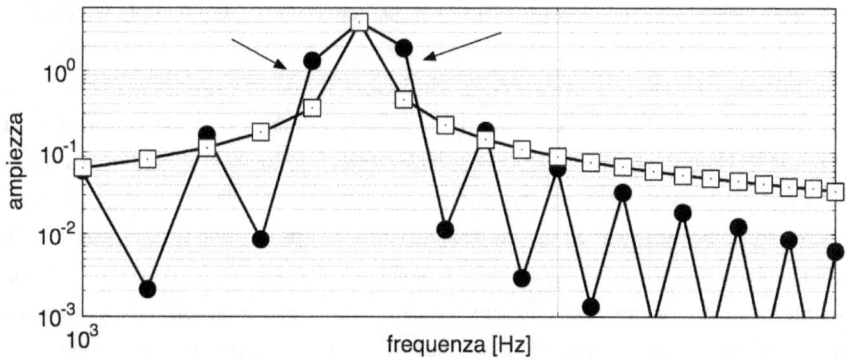

Fig. 7.46 - Confronto tra lo spettro del segnale a 1510 Hz campionato con (cerchi) e senza (quadrati) finestra triangolare. Le armoniche fittizie alle frequenza 1400 Hz e 1600 Hz sono maggiori con la finestra!

A 1400 Hz e 1600 Hz lo spettro ottenuto usando la finestra triangolare è maggiore di quando non l'avevamo usata. Poi con calma diventa più basso come abbiamo visto in Fig. 7.41 ma a 1400 Hz e 1600 Hz le due armoniche fittizie sono aumentate. Per quelle due frequenze dunque abbiamo peggiorato la situazione, non l'abbiamo migliorata. Quindi non è che porta sempre benefici, ha anche degli svantaggi.

Sì, ma i vantaggi sono maggiori degli svantaggi, no? Dipende. Nel caso che abbiamo visto prima in Fig. 7.41 probabilmente sì, in altri casi no.

Cosa succede ad esempio se avete una frequenza sincrona a 1500 Hz e non avete frequenze asincrone (o magari ci sono ma sono molto piccole). Bene, con la finestra rettangolare non c'è alcun problema, in uscita otteniamo una componente a 1500 Hz e basta, tutto il resto zero. Con la finestra triangolare no: a 1400 Hz e 1600 Hz avrò ancora delle larghe componenti dovute al fatto che a -100 Hz e +100 Hz lo spettro della finestra triangolare non vale 0.

> Quando non hai frequenze asincrone è meglio non usare una finestra!

Anche perché, pensateci, non avete nulla di asincrono da sopprimere, quindi non avete necessità di usarla. Non fate i pigri, non lasciatela lì perché "tanto male non fa". Se non avete problemi di asincronismo togliete la finestra.

7.6 Come evitare l'asincronismo senza finestre

A questo punto vale la pena specificare che spesso è possibile evitare i problemi dovuti ai segnali asincroni senza usare le finestre ma banalmente... rendendoli sincroni! Sì, perché spesso gli strumenti che abbiamo a disposizione consentono una sincronizzazione. Considerate ad esempio un generatore di forme d'onda e impostatelo per generare una sinusoide a 1500 Hz. Poi collegate la sua uscita all'ingresso di un analizzatore di spettro che la campiona e ne calcola lo spettro. A meno che non abbiate una fortuna mariana vedrete l'effetto dell'asincronismo, e questo anche se nello spettro c'è un posto per 1500 Hz. Il problema è infatti che l'analizzatore di spettro pensa di misurare 1500 Hz e il generatore di forme d'onda pensa di generare 1500 Hz ma ognuno di questi due strumenti ha all'interno una sorgente di frequenza di riferimento autonoma. Queste sorgenti magari sono nominalmente uguali, perché si basano entrambe su oscillatori al quarzo da 10 MHz ma poi in realtà sono un filino diverse, una è 10,00001 MHz e l'altra è 10,000034 MHz. Quindi entrambi pensano che i loro 1500 Hz siano quelli giusti ma nella realtà le due frequenza saranno un filino diverse perché basati su oscillatori leggermente diversi. Se vogliamo però possiamo sincronizzarli: molti di questi strumenti infatti forniscono sul retro un'uscita a 10 MHz che corrisponde alla propria frequenza base e un ingresso per accettare altre frequenze base. A questo punto possiamo decidere ad esempio di usare la frequenza base del generatore di forme d'onda come unica frequenza base: colleghiamo l'uscita a 10 MHz del generatore di forme d'onda all'analizzatore di spettro (o a qualsiasi strumento di campionamento) e gli facciamo usare quella come frequenza base. A quel punto lui ignorerà la sua frequenza base interna e userà questi 10 MHz che vengono dal generatore come frequenza base. Ora i due strumenti sono sincronizzati: i 10 MHz possono anche essere 10,000034 MHz ma visto che la stessa frequenza base è usata da entrambi gli strumenti ce ne possiamo pure fregare, visto che il campionamento ora è sincrono con il segnale.

Se dunque avete questa possibilità di sincronizzare gli strumenti su di una medesima frequenza base fatelo. Vi conviene sincronizzare gli strumenti e non usare la finestra, così non avete gli svantaggi della finestra.

7.7 Bonus: il caso della potenza e della convoluzione

Parlo di questo argomento qua anche se non c'entra niente con le finestre solo perché è una utile proprietà della convoluzione e siccome abbiamo introdotto la convoluzione in questo capitolo ne parlo qui.

Considerate il caso in cui dovere misurare una potenza elettrica. Come tutti sappiamo la potenza è data dal prodotto della tensione e della corrente. Quindi campiono la tensione, campiono la corrente e faccio il prodotto campione per campione per ottenere la potenza. Giusto? In teoria sì, in pratica è il modo meno efficiente per farlo.

Pensate infatti al caso ideale in cui la tensione e la corrente sono sinusoidali a 50 Hz. Quanti campioni vi servono per campionare correttamente queste due sinusoidi? L'abbiamo visto fino la noia: tre punti bastano, contengono tutte le informazioni necessarie.

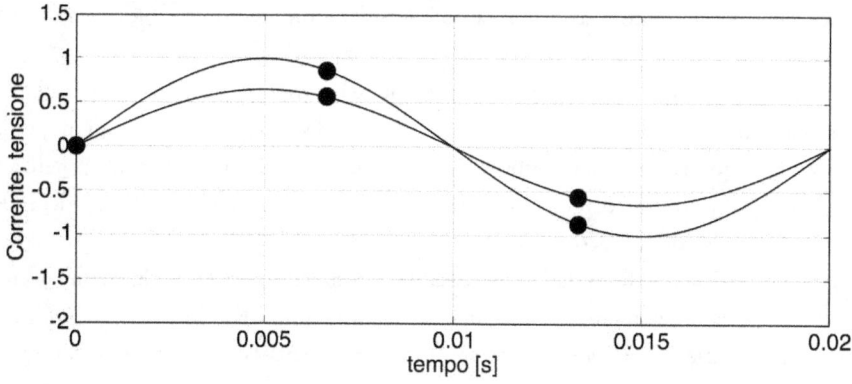

Fig. 7.47 - Tensione e corrente che vogliamo moltiplicare per ottenere la potenza

Ora se moltiplico punto per punto i campioni della tensione e della corrente ottengo la potenza campionata anch'essa con tre punti. Ma bastano? Eh no, per la potenza non bastano. Infatti la potenza ha frequenza 100 Hz (è il prodotto di due sinusoidi a 50 Hz, quindi ha una componente che ha frequenza pari alla somma delle frequenze). Moltiplicando tensione per corrente abbiamo raddoppiato la frequenza, abbiamo ottenuto una seconda armonica (ossia 100 Hz). Nello stesso periodo di 20 ms mi trovo con una seconda armonica, ossia N=2. Quindi mi servono 2N+1 = 5 campioni minimo, ma facendo il prodotto dei campioni di tensione e corrente ne ottengo solo 3:

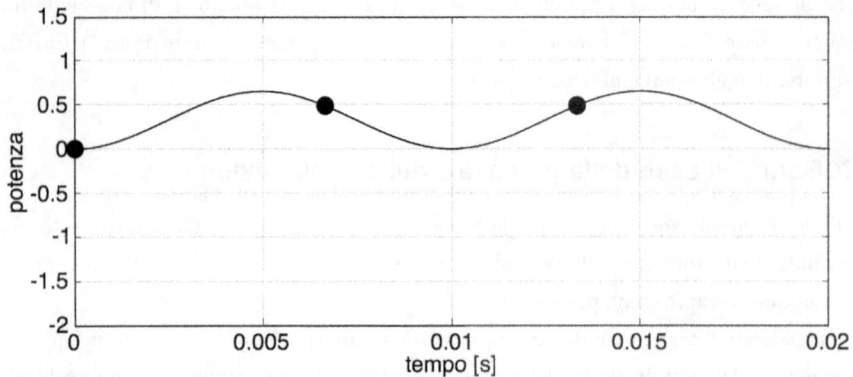

Fig. 7.48 - Il prodotto di tensione e corrente di Fig. 7.47: i tre campioni che ottengo facendo il prodotto campione per campione sono insufficienti per una sinusoide con frequenza doppia

Badate bene, questi campioni non sono mica sbagliati.Vedete bene che combaciano con il prodotto di tensione e corrente. È che non sono sufficienti: per campionare bene mi servirebbero 5 campioni e ne ho solo tre.

Ma scusate, se avevamo tutte le informazioni di tensione e corrente di necessità abbiamo anche tutte le informazioni della potenza (che non è altro che il loro prodotto). Dove abbiamo perso quelle informazioni?

Le abbiamo perse nel fare il prodotto di tensione e corrente. Infatti siamo partiti da 6 campioni (3 per la tensione e 3 per la corrente) e siamo arrivati a 3 solo campioni per la potenza. Con questa operazione abbiamo perso delle informazioni. Già, ma la potenza è il prodotto di tensione e corrente! Hai voglia a dirmi che sbagliamo a moltiplicarle, se la potenza si calcola così si calcola così.

Siete proprio sicuri? Ricordate il teorema della convoluzione? Moltiplicare nel dominio del tempo equivale a fare la convoluzione nel dominio della frequenza. Quindi possiamo usare queste proprietà per calcolare non direttamente la potenza, ma il suo spettro. Il procedimento è semplice:

1) Prendo i campioni di tensione e corrente e calcolo gli spettri
   Ogni spettro ha 3 componenti.

2) Faccio la convoluzione dei due spettri e ottengo lo spettro della potenza.
   Ora ho uno spettro con 5 componenti

3) Faccio la DFT inversa dello spettro della potenza e ottengo la potenza nel dominio del tempo con 5 punti, quelli che ci servono.

In altre parole passo temporaneamente al dominio della frequenza e poi torno indietro al dominio del tempo. Quando però sono nel dominio della frequenza invece di fare la moltiplicazione di tensione e corrente devo fare la convoluzione dei loro spettri, un'operazione che non mi fa perdere informazioni.

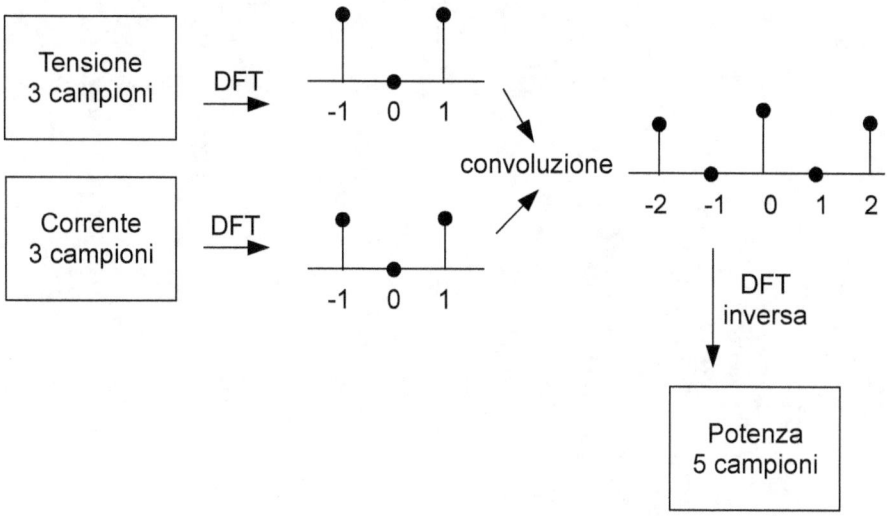

Fig. 7.49 - Meccanismo per calcolare il prodotto di due segnali campionati senza cadere nell'aliasing e senza raddoppiare la frequenza di campionamento

Il procedimento è sicuramente più complesso: per ottenere quei cinque campioni nel tempo della potenza ho dovuto fare due DFT, una convoluzione e poi una DFT inversa. Ma intanto il procedimento, per quanto complesso dal punto di vista computazionale, mi ha portato ad avere tutti i campioni necessari per la potenza. Facendo il prodotto campione per campione di tensione e corrente non ce l'avrei mai fatta.

Se non ci credete provate voi stessi a fare un esempio di fantasia: create due sinusoidi, le campionate con tre punti e poi vedete se il procedimento descritto vi porta a cinque campioni corrispondenti al prodotto delle due sinusoidi.

In questo caso io ho parlato di tensione, corrente e potenza giusto per fare un esempio, ma il concetto vale – ovviamente – per qualsiasi prodotto di due segnali. Perché vi ho raccontato di questa tecnica? Perché è un ottimo esempio di come conoscere a fondo questi argomenti può portarvi a risparmiare denaro. Una persona che non conosce il teorema della convoluzione e non l'ha capito a fondo andrà a comprare dei campionatori con frequenza di campionamento il doppio di quella necessaria. Infatti per calcolare il prodotto di due segnali li moltiplicherà campione per campione, cosa che gli richiederà di campionare con una frequenza di campionamento doppia del necessario. Voi invece che ormai conoscete a menadito il teorema della convoluzione userete questo metodo e non avrete bisogno di campionatori con frequenza doppia (che ovviamente costano di più). Come vedete imparare a maneggiare bene questi argomenti non è solo una questione di passare un esame: ti consente di risparmiare dei soldi.

8.   La densità spettrale di potenza

Fino ad ora abbiamo parlato di spettro dei segnali in tutte le salse. Abbiamo visto che possiamo fare la DFT di un segnale e ricavare il suo spettro, ossia l'ampiezza e la fase di ogni sua armonica. Ora vi potrete domandare se esiste uno strumento che fa proprio questo di lavoro. Perché io posso anche crearmi un sistema di campionamento con il mio bel convertitore analogico-digitale che mi restituisce i campioni del segnale, acquisirli con un calcolatore e poi con il programma di calcolo che più preferisco calcolare la DFT. Abbiamo visto che c'è a disposizione la FFT per fare questi calcoli velocemente e con la velocità dei calcolatori moderni non è davvero un problema (per numeri ragionevoli). Ma davvero dobbiamo allestire sul nostro tavolo di lavoro un sistema di campionamento e acquisizione dei dati collegato al calcolatore ogni volta che vogliamo scoprire lo spettro di un segnale?

La risposta è ovviamente no. Ci sono strumenti che fanno proprio questo per noi: tu connetti un segnale all'ingresso ed esso si preoccupa di campionarlo e di calcolare la DFT, mostrandocela poi su di uno spettro: si chiama *analizzatore di spettro*. Uno strumento utilissimo che trovate in molti laboratori, poiché ti consente di vedere al volo lo spettro di un segnale. Solo che spesso viene dato in mano a scimmie urlatrici che non sanno usarlo e ne tirano fuori spettri senza senso. L'analizzatore di spettro infatti è uno strumento un po' delicato: se uno lo usa senza capire cosa fa rischia di ottenere risultati che non hanno alcun senso. In questo capitolo e nel successivo prenderemo come spunto l'analizzatore di spettro per spiegare un paio di concetti fondamentali che bisogna conoscere bene prima di mettere le mani sullo strumento.

Ci sono diversi dettagli nell'uso di un analizzatore di spettro che possono portarci a sbagliare. Il primo, quello che forse manda più in confusione la gente è l'opzione PSD: su questo ci concentreremo in questo capitolo. Su tutti gli analizzatori di spettro puoi infatti scegliere di mostrare l'asse verticale in modalità "normale" o in modalità PSD, dove PSD sta per *power spectral density*, ossia densità spettrale di potenza[13]. Quello che di solito

---

[13] A seconda del modello può essere chiamata in modi diversi, alcuni analizzatori di spettro nemmeno la chiamano, mostrano solo l'unità di misura da scegliere e tu devi capire cosa significa e cosa misuri se scegli quell'unità di misura.

manda in cortocircuito i meno esperti che si avventurano sullo strumento senza aver prima studiato è che se scegli la modalità "normale" l'asse verticale avrà i volt come unità di misura, se invece scegliete la modalità PSD l'asse sarà mostrato in $V/\sqrt{Hz}$, volt per radice hertz. Ecco, c'è gente che quando vede $V/\sqrt{Hz}$ si spaventa: che senso ha parlare di volt su radice di hertz? Capisco metri su secondo per una velocità, capisco newton su metro quadro per una pressione. Ho presente che significato hanno: newton è una forza... quindi se ho newton su metro quadro significa che sto esercitando una forza spalmata su di un'area. Se l'area è piccola la forza è più concentrata e quindi esercita più pressione. Ma volt su radice hertz che senso fisico ha? E ancora prima: che senso ha una radice quadrata di una frequenza?

Se siete tra queste persone che vanno paranoia quando vedono $V/\sqrt{Hz}$ non spaventatevi, vedrete che si spiega tutto più semplicemente di quello che potreste pensare. In teoria basterebbero poche formulette per capire cos'è quel $V/\sqrt{Hz}$, ma resterebbe, appunto, in teoria. Al contrario partiamo da qualche esempio pratico, ossia mettiamo le mani sull'analizzatore di spettro.

8.1 Esperimento n. 1

Campioniamo un segnale reale: per questi esempi ho deciso di campionare il rumore di un amplificatore che mi ballava sul tavolo. Un amplificatore con guadagno fisso[14] pari a 1000 a cui cortocircuito l'ingresso con una terminazione in modo che quello che trovo in uscita sia il suo rumore[15]. Collego poi l'uscita dell'amplificatore all'ingresso dell'analizzatore di spettro che campiona la tensione e calcola lo spettro. Sullo strumento poi decido di mostrare lo spettro con con la la modalità "normale" che mostra lo spettro in volt (Fig. 8.1).

---

14 Tenete presente questo guadagno così largo quando vedrete che il rumore è alto. È altro perché l'amplificatore amplifica per 1000. Se vuoi il rumore riferito all'ingresso devi dividere il rumore per 1000.

15 Se l'amplificatore fosse ideale quando cortocircuito l'ingresso l'uscita dovrebbe essere zero, poiché per quanto amplifichi se l'ingresso è zero l'uscita deve essere ugualmente zero. Qualsiasi tensione vedi in uscita con l'ingresso cortocircuitato è rumore dell'amplificatore.

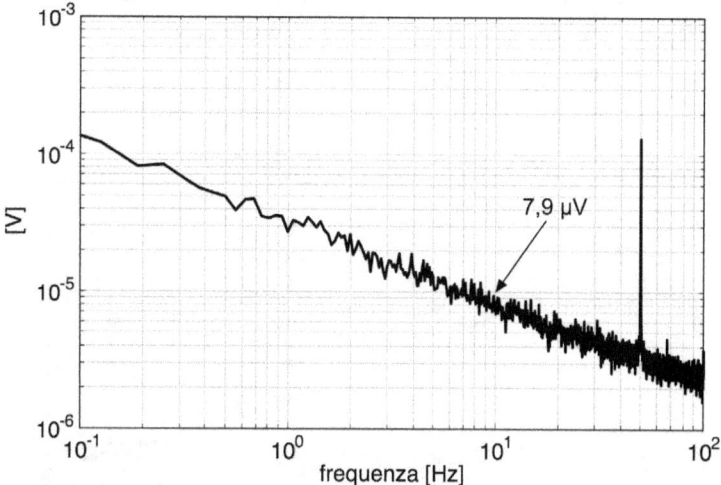

Fig. 8.1 - Spettro del rumore di un amplificatore espresso in volt (spettro con 1600 punti).

Innanzitutto una precisazione: vedete in Fig. 8.1 quella linea molto alta che salta su all'improvviso? Ecco, quello è l'effetto dell'interferenza della rete elettrica 50 Hz (purtroppo l'amplificatore non è ideale e il disturbo a 50 Hz si sente). Fate finta di non vederla e guardiamo lo spettro del rumore che decade all'incirca come[16] $1/f$.

Prendiamo un valore di riferimento, ad esempio, a 10 Hz. Scelgo 10 Hz ma potrei scegliere un qualsiasi altro valore di frequenza. A 10 Hz ho un'ampiezza di 7,9 µV. Bene, la scimmia urlatrice a questo punto è soddisfatta e pensa che nel rumore dell'amplificatore ci sia un'armonica a 10 Hz di ampiezza 7,9 µV.

Poi però arriva il collega impiccione che gli dice: "prova a cambiare i parametri del campionamento!". Per questa misura, ad esempio, abbiamo detto all'analizzatore di spettro di mostrarci uno spettro con N=1600 punti, con massima frequenza 100 Hz e con 16 secondi di acquisizione totale: tutto ciò corrisponde a una frequenza minima (la prima armonica) di 62,5 mHz (ossia 1/16 s), che tra l'altro è anche la distanza tra un'armonica e l'altra, ossia Δf.

Questa però non è l'unica opportunità che ho. Posso decidere anche di mostrare uno spettro a 200 punti anziché 1600 tenendo inalterata la frequenza massima a 100 Hz. In questo caso la frequenza di campionamento è sempre la stessa[17]; se i campioni li prendo

---

16 Per quelli che si stanno domandando: *ma come fa a dire che assomiglia a 1/f? Il grafico della funzione 1/x non è mica una retta!* - Sì, bravi, ma qui il grafico è in scala logaritmica, e in scala logaritmica 1/x appare proprio come una retta.

17 Se ti sei perso su questo punto: ricordati che la frequenza di campionamento determina la massima frequenza dello spettro. Se lo spettro finisce sempre a 100 Hz significa che la frequenza di campionamento è sempre la stessa (quasi il doppio).

con la stessa frequenza ma ne prendo solo 200 anziché 1600 invece di finire dopo 16 secondi finisco dopo 2 secondi. Ciò significa che la frequenza minima non è più 62,5 mHz (1/16 s) bensì 500 mHz (1/2 s). Ripetiamo la misura e vediamo cosa ci restituisce l'analizzatore di spettro (Fig. 8.2).

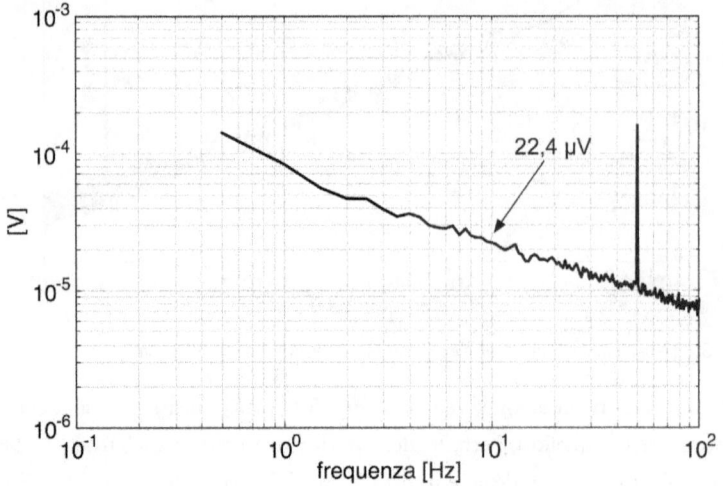

Fig. 8.2 - spettro del rumore di un amplificatore espresso in volt (spettro con 200 punti).

Innanzitutto notate come è cambiata la forma dello spettro: si vede molto bene che i punti sono solo 200 e quindi Δf (la distanza tra un valore dello spetto e il successivo) è maggiore. Ma Δf equivale anche alla prima armonica ossia la frequenza più bassa che posso misurare: proprio come avevamo calcolato è 500 mHz, infatti lo spettro parte da 500 mHz.

Ma andiamo oltre. Prendiamo sempre come riferimento il valore dello spettro a 10 Hz. In questo caso invece di 7,9 μV ottengo 22,4 μV!

E quindi? Qual è il valore dell'armonica a 10 Hz? È 7,9 μV o 22,4 μV? Oppure ho un analizzatore di spettro farlocco che mi dà valori sbagliati?

Il segnale all'ingresso dell'analizzatore di spettro è sempre lo stesso, sto solo cambiando il tempo di campionamento T e quindi Δf. Perché mai l'ampiezza dello spettro cambia? Di quale misura mi devo fidare?

Prima di tutto verifichiamo se l'analizzatore di spettro funziona bene oppure dà valori a caso. Acquisisco allora il segnale scegliendo uno spettro a 100, 200, 400, 800 e 1600 punti, tutte le opzioni che lo strumento mi consente. Perché lo facciamo? Perché vogliamo vedere se uno dei due valori che abbiamo ottenuto (7,9 μV e 22,4 μV) è corretto.

Metti che tutti gli spettri ci dànno 7,9 μV: posso pensare che lo spettro a 200 punti che restituiva 22,4 μV è sbagliato perché c'è qualcosa che non va proprio a 200 punti.

Quindi cambio il numero di punti dello spettro tenendo invariata la frequenza di campionamento. Ciò equivale a variare Δf: meno punti prendo e meno dura il campionamento e quindi tanto più grande è il suo inverso, ossia Δf. Vediamo come cambia il valore dello spettro (prendiamo come valore di riferimento sempre lo spettro a 10 Hz) (Fig. 8.3).

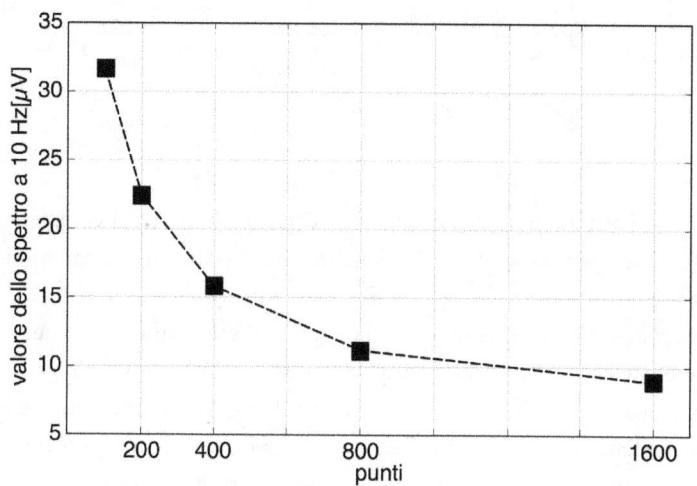

Fig. 8.3 - Valore dello spettro a 10 Hz espresso in V con un diverso numero di punti dello spettro mantenendo la frequenza di campionamento inalterata.

Ah, quindi non era un caso. Il valore dell'armonica a 10 Hz cambia sempre, e cambia come l'inverso del numero di punti. A questo punto la storia si fa intrigante: non siamo davanti a un errore ma a una caratteristica precisa: il valore dello spettro in volt davvero diminuisce se aumentiamo il numero di punti (quindi se diminuiamo Δf).

Fermiamoci un attimo a riflettere. Abbiamo uno strumento che ci mostra lo spettro del segnale che campioniamo. Il segnale è sempre lo stesso poiché all'ingresso dello strumento non ho cambiato niente. Cambio solo i parametri con cui campiono il segnale: la frequenza di campionamento è la stessa, però cambio il numero di periodi che acquisisco (e dunque il totale dei campioni). Bene, cambio il numero totale dei campioni e che succede? Lo spettro mostrato in volt diminuisce all'aumentare del numero totale di campioni.

Vi sembra una cosa normale? Se il segnale è sempre lo stesso mi aspetto che anche lo spettro sia sempre lo stesso! Non ho cambiato niente all'ingresso dell'analizzatore di spettro, il connettore non l'ho neppure toccato, eppure lo spetto cambia a seconda di quanti campioni prendo! Lo vediamo bene in questa tabella che riassume i valori misurati coi diversi parametri di campionamento:

parametri				valori misurati a 10 Hz
f_{max}	n. punti dello spettro	T	Δf	[μV]
100 Hz	100	1 s	1 Hz	31,6
100 Hz	200	2 s	0.5 Hz	22,4
100 Hz	400	4 s	0.250 Hz	15,8
100 Hz	800	8 s	0.125 Hz	11,14
100 Hz	1600	16 s	0.0625 Hz	7,9

Tabella 3

Con 100 punti acquisisco il segnale per T=1 s, quindi Δf=1 Hz: la componente dello spettro a 10 Hz lo spettro vale 31,6 μV. Man mano che aumento il numero di punti T aumenta fino ad arrivare a 16 s, che equivale a 62,5 mHz. Simultaneamente il valore in V diminuisce fino a 8,87 μV. Quindi se Δf diminuisce, il valore in volt diminuisce.

È evidente che c'è qualcosa che non quadra. Certo, se aumento il tempo di acquisizione T ovviamente diminuisco il valore di Δf, quindi mi aspetto di vedere più linee nello spettro, ma il loro livello dovrebbe rimanere lo stesso; mi aspetto di vedere lo spettro con più risoluzione perché ho più linee nello stesso intervallo di frequenza, ma dovrebbero essere allo stesso livello. Invece qui accade che se aumento il numero linee nello spettro (perché diminuisce Δf) la loro ampiezza diminuisce. Sarebbe come dire (passatemi l'esempio non proprio corretto) che se salgo su di una bilancia che mostra solo un decimale di kg allora la mia massa è 80,0 kg, mentre se salgo su di una bilancia che mostra anche i grammi allora il display segnala che la mia massa è 8,000 kg. Che stupidaggine è? La mia massa è poi sempre la stessa, non è che se aumento la risoluzione dello strumento dimagrisco (magari!). Qui abbiamo una situazione analoga: diminuisco Δf, ottengo più linee nello spettro (lo vedo con maggiore risoluzione) e la sua ampiezza diminuisce!

Per vedere meglio questa bizzarria vi propongo l'immagine di Fig. 8.4. In questa immagine riporto simultaneamente lo spettro misurato con Δf pari a 62,5 mHz, 500 mHz e 1 Hz. Vedete bene che più Δf sale (lo spettro ha meno punti e parte da un valore maggiore – pari appunto a Δf) e più il livello dello spettro è maggiore.

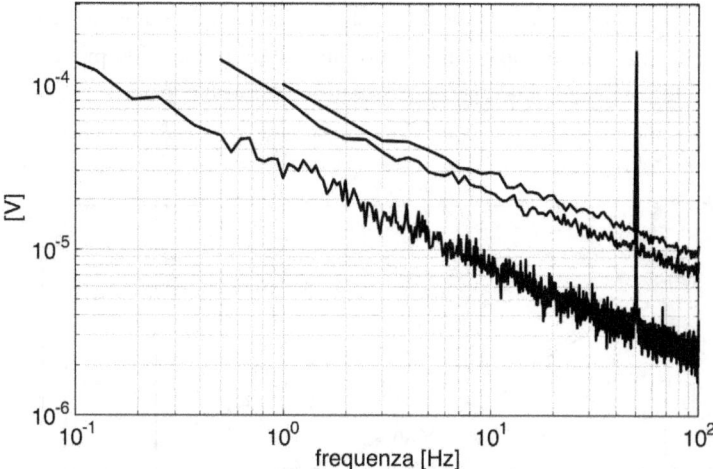

Fig. 8.4 - Spettri espressi in volt dello stesso rumore (del medesimo amplificatore) con diversi valori[18] di Δf: 62,5 mHz, 500 mHz e 1 Hz.

Può essere mai che succede una cosa del genere? Può essere che lo spettro del segnale cambi in base alla risoluzione di frequenza in modo che se ho poche linee queste sono più grandi mentre se ho molte linee nello stesso spettro queste sono di necessità più basse? Un po' come se fosse una torta: se la dividi in tante fette queste saranno più magre, mentre se fai poche fette sono più grandi.

Così sui due piedi sembrerebbe una cosa senza senso: il segnale che ho collegato allo strumento è lo stesso, il suo spettro è quindi lo stesso... possibile che se cambio Δf la sua ampiezza cambi così radicalmente? Che senso ha?

8.2 Esperimento n.2

Innanzitutto vediamo se questo è vero: perché sembra una cosa così bizzarra che forse è meglio fare una verifica aggiuntiva. Meglio non fidarsi mai, e poi sarà davvero la Δf che influenza il valore dello spettro o magari è un altro parametro?

Ancora una volta cambiamo ancora la risoluzione di frequenza Δf, ma questa volta invece di diminuire Δf aumentando il tempo T in cui campiono facciamo l'esperimento opposto: aumentiamo Δf tenendo costante il numero di punti che campioniamo (saranno sempre 1600) e cambiando frequenza di campionamento. Questa volta lo spettro avrà sempre 1600 campioni ma la massima frequenza dello passerà da 100 Hz a 200,

---

18 Non mi chiedete quale linea corrisponde a a Δf=62,5 mHz, quale a 500 mHz e quale a 1 Hz. Aguzzate la vista e ricordatevi che Δf è uguale al valore della prima armonica!

400, 800 e 1600 Hz. Anche in questo caso la risoluzione in frequenza cambia: se campiono sempre lo stesso numero di punti, ma li prendo più velocemente (f_S aumenta) ... finisco prima! Quindi il tempo totale T in cui osservo il segnale diminuisce e di conseguenza Δf aumenta. Ad esempio, misuriamo uno schermo con 1600 punti e frequenza massima 200 Hz otterremo uno spettro di questo tipo (Fig. 8.5)[19]:

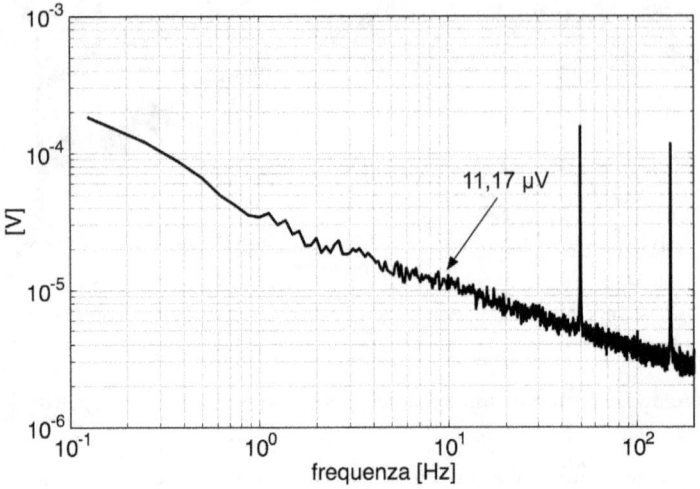

Fig. 8.5 - spettro del rumore di un amplificatore espresso con 1600 punti e frequenza massima 200 Hz.

Il valore a 10 Hz è 11,17 μV mentre prima, nell'esperimento di Fig. 8.1, con massima frequenza dello spettro 100 Hz, era solo 7,9 μV. Abbiamo modificato la risoluzione di frequenza aumentando la distanza tra un punto e l'altro dello spettro e il valore dello spettro sembra che aumenti. Tutto torna.

Per essere più sicuri però continuiamo sulla stessa strada per vedere se è solo un caso o se funziona proprio così. Proviamo ad alzare ancora la frequenza di campionamento così che la massima frequenza dello schermo diventi 1600 Hz otteniamo un interessante risultato:

---

19 Anche qui una piccola nota: vedete che ora non c'è più solo una linea a 50 Hz ma c'è anche una linea a 150 Hz. Anche questa è frutto di un disturbo della rete: è banalmente la terza armonica di 150 Hz. Molto probabilmente da qualche parte c'è un convertitore che assorbe le armoniche dispari sulla rete. Ora lo vediamo perché aumentando la frequenza di campionamento abbiamo aumentato la massima frequenza a 200 Hz quindi possiamo apprezzare anche la componente del segnale a 150 Hz che prima non vedevamo perché ci fermavamo a 100 Hz. Ad ogni buon conto dimenticatevi anche di questo disturbo e guardiamo lo spettro in sé.

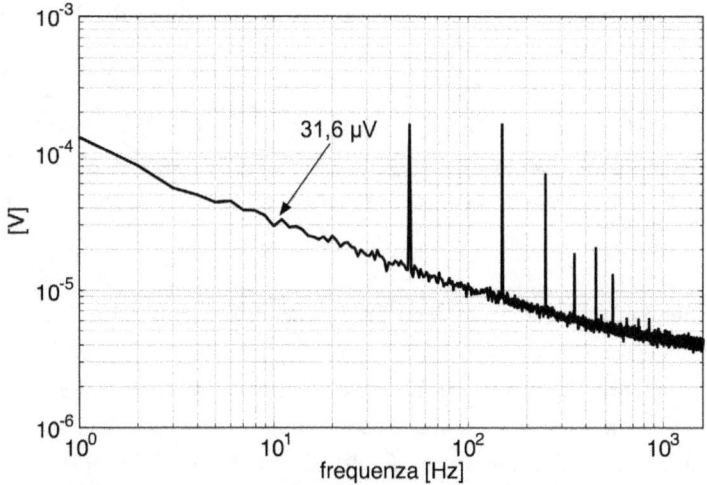

Fig. 8.6 - spettro del rumore di un amplificatore espresso con 1600 punti e frequenza massima 1600 Hz.

È proprio come ormai ci aspettavamo: abbiamo aumentato ancora Δf e il valore dello spettro a 10 Hz è salito ancora, in particolare è diventato 31,6 μV.

Avete perso il conto di come cambiano i valori? Bene, compiliamo una bella tabella anche per il secondo esperimento, proprio come avevamo fatto prima:

parametri				valore misurato a 10 Hz
f_{max}	n. punti	T	Δf	[μV]
100 Hz	1600	16 s	0.0625 Hz	8,87
200 Hz	1600	8 s	0.125 Hz	11,14
400 Hz	1600	4 s	0.250 Hz	15,8
800 Hz	1600	2 s	0.5 Hz	22,4
1600 Hz	1600	1 s	1 Hz	31,6

Tabella 4

Anche in questo caso Δf cambia perché cambia il tempo totale T di acquisizione del segnale, anche se ora T diminuisce poiché abbiamo aumentato la frequenza di campionamento. E come ci aspettavamo all'aumentare di Δf aumenta anche il valore in V.

Quindi non ci sono più dubbi, se prendiamo un analizzatore di spettro e gli chiediamo di mostrarci lo spettro in volt questo è tanto più grande quanto è maggiore Δf.

8.3 Qualche domanda di riepilogo

A questo punto probabilmente vi starete facendo qualche domanda. Provo a indovinarle.

1) *Però, scusa, quando abbiamo visto la DFT ci hai detto che corrisponde allo spettro del segnale. Infatti ogni riga corrispondeva all'ampiezza in volt della corrispondente armonica nel dominio del tempo. Ora invece il valore in volt sembra non avere più senso: come mai?*

Osservazione sensata.

Ovviamente quello che abbiamo detto prima vale ancora, non vi ho raccontato bugie. Però forse questa osservazione vi fa avvicinare alla nocciolo della questione: ci sono casi in cui esprimere lo spettro in volt ha senso, mentre ci sono altri casi in cui non ha senso perché il valore cambia a seconda di Δf. In questi casi quel valore che troviamo nello schermo non ci dice niente. La misura del rumore di un amplificatore rientra evidentemente in uno di questi casi.

Ora dobbiamo solo capire il motivo per cui il valore in volt dello spettro non ci dice niente se misuriamo il rumore di un amplificatore. In quali casi ha senso e in quali casi non ha senso esprimere il lo spettro in volt?

2) *Mi hai fatto notare che l'ampiezza dell'armonica a 10 Hz varia con Δf. Non so ancora perché, ma è evidente che funziona così. Però ancora non mi ha spiegato qual è il valore "giusto" dell'armonica a 10 Hz: 7,9 μv? 15,8 μV oppure 31,6 μV? Ci dev'essere pur un valore giusto!*

No, non c'è. Nessuno di quei valori è giusto. Se ci pensi, dire che uno di questi valori è giusto equivale a dire che c'è un valore di Δf giusto. Ma perché mai una risoluzione di frequenza dovrebbe essere giusta mentre le altre sbagliate? La risoluzione di frequenza è un valore arbitrario che determiniamo noi in base ai parametri di campionamento, non c'è un valore Δf giusto o sbagliato.

Quindi no, non esiste alcun valore giusto. Quelle misure sono proprio tutte senza senso.

3) *Oddio, come la stai facendo lunga! Forza, vieni al sodo. che senso ha mostrare tutti questi esempi. Dimmi cosa c'è dietro!*

Vero, la sto facendo lunga. Ma sai quanta gente ho visto fare confusione davanti a un analizzatore di spettro? Fidati, il rischio di fare cappellate e misurare una cosa che non ha senso è alto. Anzi, sai cosa ti dico? Se hai sotto le mani un analizzatore di spettro lascia qua il libro per un attimo e metti le mani su di esso. Prova a smanettare un po' misurando uno spettro qualsiasi cambiando i parametri di campionamento.

8.4 Uno spettro continuo

Fatto? Bene, continuiamo. Coi due esperimenti di prima siamo arrivati alla conclusione che il valore in volt dipende da quanto vale Δf: più è alto Δf e più è alto il valore in volt (anche se cresce in maniera non proporzionale). Avevamo detto che è un po' come se lo spettro del segnale fosse una torta: se tagli la stessa torta in tante fette queste saranno piccole, mentre se tagli poche fette queste saranno più grandi. Se lo spettro ha tante linee (quindi Δf piccolo) l'ampiezza delle linee sarà minore e l'opposto.

In questo paragrafo cercheremo di capire perché questo succede: una volta capito il motivo per cui il valore in volt dipende da Δf sarà poi facile trovare la soluzione, ossia un valore che – a differenza della misura in volt – ha senso.

Quindi chiediamoci: perché il valore dello spettro in volt dipende da Δf? La spiegazione è più semplice e intuitiva di quello che si potrebbe pensare.

Nei capitoli precedenti abbiamo sempre analizzato segnali che avevano delle armoniche singole: 100 Hz, 200 Hz, 300 Hz... Non necessariamente erano multipli – abbiamo visto ad esempio cosa succede quando abbiamo segnali asincroni – ma erano pur sempre armoniche ad una singola frequenza. Avevamo uno spettro a righe di questo tipo:

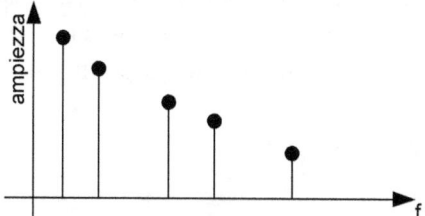

Fig. 8.7 - Esempio di uno spettro a righe in cui esistono componenti solo ad alcune frequenze ben specifiche.

Le armoniche erano ben concentrate solo in alcuni valori specifici di frequenza, mentre tra una linea e l'altra lo spettro era nullo.

Questa è una buona approssimazione di quello che succede in molti sistemi fisici. Se ad esempio avete un dispositivo alimentato da elettronica di potenza non lineare, questi elementi non lineari provocheranno delle armoniche multiple della frequenza fondamentale nella corrente assorbita. Le armoniche sono multipli esatti della frequenza principale. In questo caso c'è un motivo fisico per cui le armoniche sono solo a determinate frequenze.

In altri casi invece non è così. Prendete il rumore dell'amplificatore che abbiamo usato prima per i nostri esperimenti: perché mai dovrebbe avere una componente a frequenza 27 Hz e non a 27,1 o 26,998 Hz? Non c'è una ragione, non c'è un fenomeno fisico per cui ci debba essere una componente del rumore a una particolare frequenza mentre in un'altra è zero. Abbiamo semplicemente del rumore (in questo caso rosa) che decresce come $1/f$: a qualsiasi valore di frequenza mi trovo una componente proporzionale a $1/f$. In altre parole, invece di avere uno spettro a righe ho uno spettro continuo (Fig. 8.8).

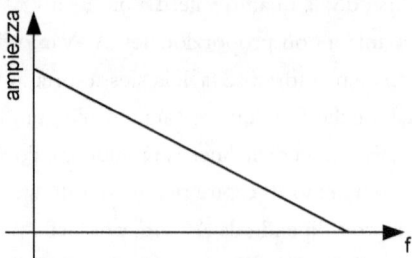

Fig. 8.8 - Esempio di uno spettro continuo che ha componenti per qualsiasi frequenza

Oppure pensate a un resistore e al suo rumore di Johnson. Ai capi del resistore (qualsiasi resistore!) trovo una piccola tensione anche se non vi faccio passare alcuna corrente. Ho solo un resistore da solo, completamente passivo e disconnesso dal mondo: ai suoi capi si genera una tensione dovuta all'agitazione termica delle cariche elettriche in esso contenute, un'agitazione termica che ho perché il resistore è a temperatura superiore allo zero assoluto (infatti questo rumore di Johnson cresce con la temperatura).

Se ne osserviamo lo spettro notiamo che è bianco, ossia tutte le sue componenti hanno la stessa ampiezza indipendentemente dalla frequenza (Fig. 8.9).

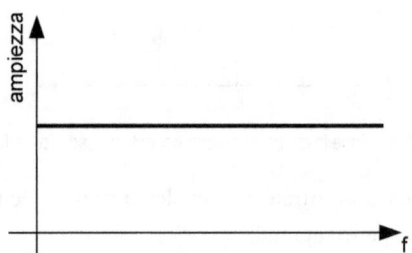

Fig. 8.9 - Spettro del rumore di Johnson di un resistore (ottimo esempio di spettro continuo)

In questo caso lo spettro ha un valore non solo in determinate frequenze, bensì per qualsiasi valore di frequenza. Se ci pensate bene infatti vi rendete conto che l'agitazione termica è qualcosa di casuale, quindi genera un rumore a qualsiasi frequenza. Non c'è ragione per cui dovremmo aspettarci ai capi del resistore del rumore a 100,52 Hz e non a 127,92830293824 Hz. Non c'è ragione per cui il rumore dovrebbe essere generato ad alcune frequenze sì e ad altre no. Le cariche vibrano a caso, non è che vibrano secondo una frequenza particolare; per questo producono tensione a qualsiasi frequenza. Il risultato è che non avremo uno spettro a righe ma uno spettro continuo come quello di Fig. 8.9.

8.5 Cosa succede se campiono uno spettro continuo

Il problema è che quando campioniamo il segnale otterremo sempre e comunque uno spettro a righe anche se originariamente il segnale aveva uno spettro continuo. Lo spettro del segnale campionato sarà sempre a righe perché Δf sarà sempre maggiore di 0. Per avere uno spettro continuo, ossia con $\Delta f=0$, dovremmo campionare all'infinito, in modo che $T \rightarrow \infty$ e quindi $\Delta f=0$. Ma questo è fisicamente impossibile.

Il tempo in cui osserviamo il segnale T è comunque finito, quindi Δf non sarà mai zero. Per questo motivo non otteniamo uno spettro continuo (in cui $\Delta f=0$), bensì uno spettro a righe con un valore di $\Delta f>0$ tra un'armonica e la successiva.

A questo punto ci troviamo di fronte a un bel problema.

Cosa accade quando, tramite il campionamento e la DFT, rappresentiamo con uno **spettro a righe** uno spettro che in origine era **continuo**?

Lo spettro a righe sarà sempre una rappresentazione imperfetta di uno spettro continuo, per quanto basso sarà Δf. Se ad esempio $\Delta f=0.01$ Hz avrò una componente a 42.00 Hz e la successiva armonica a 42.01 Hz ma a 42.003 Hz non ci sarà nulla. Tuttavia nel segnale originario, che aveva spettro continuo, c'era una componente a 42.003 Hz: dove è andata a finire se non ha un suo posto nello spettro a righe? Lo abbiamo già visto nel capitolo 6, dove parlavamo delle armoniche asincrone: si riversa sulle armoniche adiacenti. Si riversa maggiormente sulle armoniche vicine e di meno su quelle lontane secondo la finestra che stiamo utilizzando, ricordate?

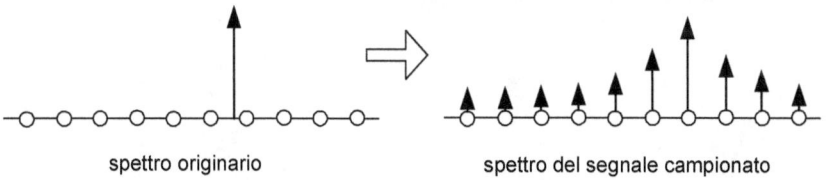

spettro originario   spettro del segnale campionato

Fig. 8.10 - Un'armonica asincrona (ossia non multipla di 1/T, dove T è il tempo in cui campioniamo) non ha un suo posto nello spettro del segnale campionato, quindi si ridistribuisce un po' su tutte le armoniche adiacenti.

In quel caso l'avevamo visto per **una sola armonica asincrona**, ora pensate a cosa succede se invece di avere una sola armonica asincrona ho **infinite armoniche asincrone**. Ogni linea nello spettro del segnale campionato sentirà l'effetto di queste infinite armoniche.

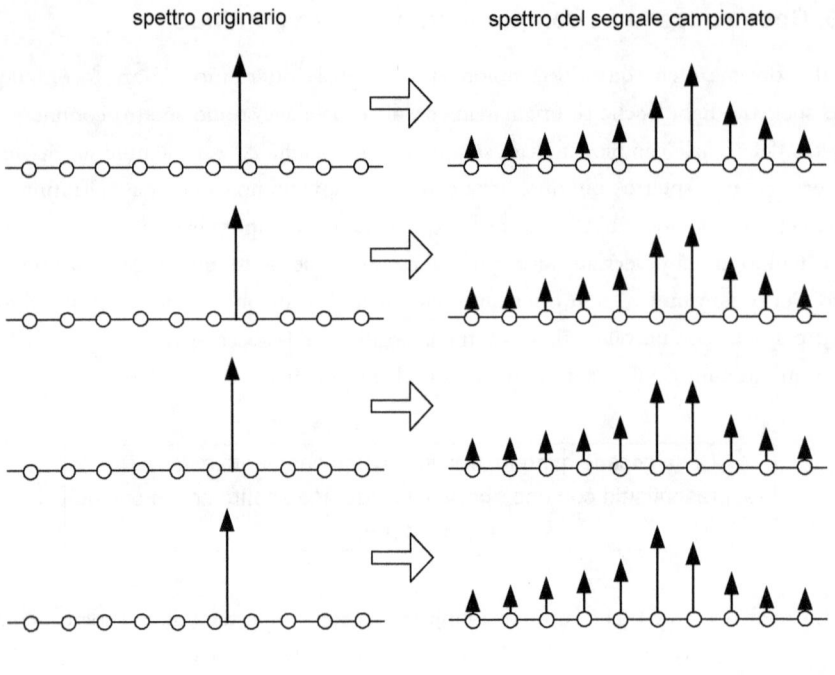

spettro originario   spettro del segnale campionato

Fig. 8.11 - In uno spettro continuo ho infinite armoniche asincrone, ognuna delle quali si ridistribuisce sulle armoniche adiacenti.

Ogni riga dello spettro del segnale campionato è composta da infiniti contributi dovuti a queste infinite armoniche asincrone. Per semplicità facciamo finta che ognuna di queste righe riceva su di sé le armoniche ad essa adiacenti in un intervallo $\pm \Delta f/2$ attorno alla frequenza della riga, trascurando quelle più lontane:

spettro originario   spettro del segnale campionato

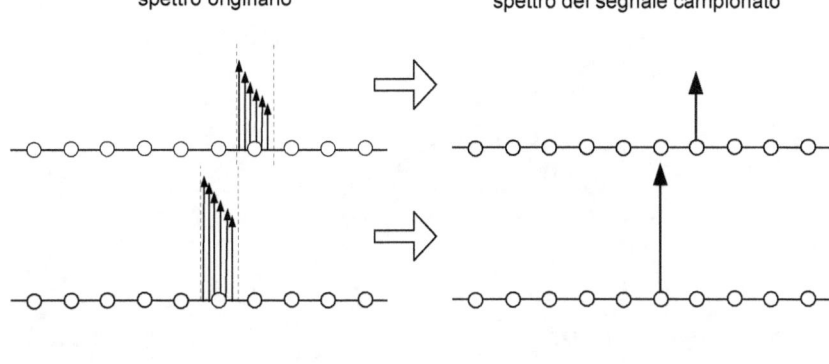

Fig. 8.12 - Semplifichiamo e facciamo finta che ogni riga del segnale campionato prenda su di sé le armoniche asincrone in ±Δf/2.

A questo punto non ci resta che fare l'estensione all'infinito. Invece di immaginare **tante armoniche** nell'intervallo ±Δf/2 immaginiamo direttamente l'area dello spettro continuo in quell'intervallo di frequenza, come se ci fossero **infinite armoniche** in ±Δf/2. Scopriamo che l'altezza della riga nello spettro campionato **rappresenta l'area** (evidenziata in grigio in Fig. 8.13) di una fetta dello spettro continuo di larghezza Δf.

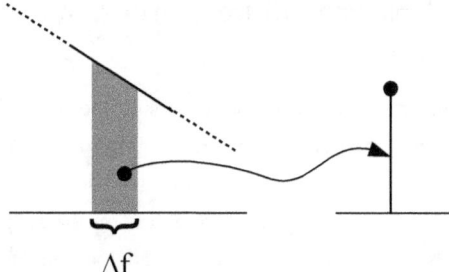

Δf

Fig. 8.13 - Quando campioniamo un segnale con spettro continuo ogni linea dello spettro campionato rappresenta una fetta dello spettro continuo larga Δf. L'ampiezza della riga nello spettro campionato corrisponde all'area della fetta di schermo continuo.

Quando campioniamo un segnale con uno spettro continuo in pratica suddividiamo questo spettro in fette tutte di larghezza Δf (le fette della torta) e poi rappresentiamo l'area di ogni fetta con una riga (Fig. 8.14).

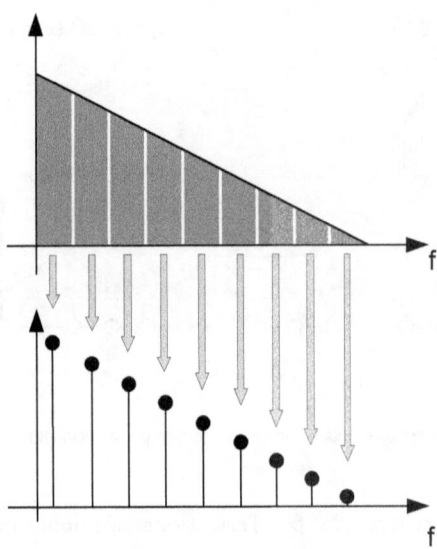

Fig. 8.14 - Transizione da uno spettro continuo allo spettro campionato (quindi a righe). Le fette hanno una grossa area quindi le linee dello spettro campionato sono alte.

8.6 Effetto della risoluzione di frequenza Δf quando campiono un segnale con spettro continuo

E con questo arriviamo al punto cruciale: cosa succede se cambio Δf? Poniamo ad esempio di campionare per un periodo di tempo doppio (con la stessa frequenza di campionamento) in modo che Δf si dimezzi. In questo caso l'area della fetta sarà la metà e avrò uno spettro a righe con sì il doppio di righe ma più basse, perché ognuna di essa rappresenta una fetta di area minore. Lo vediamo ad esempio in Fig. 8.15 comparato con la Fig. 8.14.

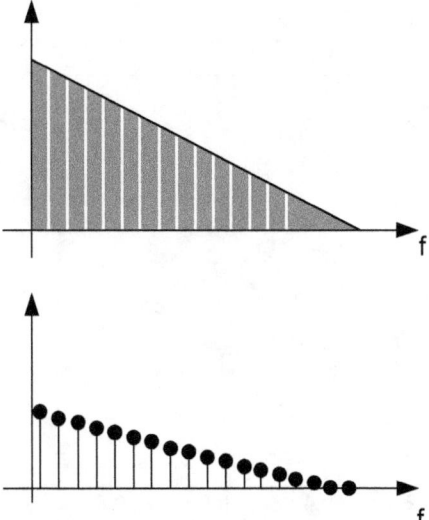

Fig. 8.15 - Se campiono un segnale con spettro continuo e uso un Δf basso avrà più righe nello spettro campionato ma simultaneamente saranno più piccole perché ognuna di esse rappresenta una fetta più magra.

Se invece Δf è largo (Fig. 8.14) significa che la fetta di spettro avrà area maggiore e dunque la riga che lo rappresenterà sarà maggiore.

In definitiva, quando ho un segnale con uno **spettro continuo**, lo campiono e lo rappresento con uno spettro a righe, l'ampiezza di quelle righe dipende dalla risoluzione di frequenza Δf. Se cambi Δf ti trovi con uno spettro con ampiezza diversa.

E questo non è mica bello.

Io voglio qualcosa di universale, un valore che sia sempre uguale, qualsiasi siano i parametri del campionamento, qualsiasi sia Δf. E qui – finalmente – arriviamo alla **soluzione**.

8.7 La densità spettrale di potenza (PSD)

La soluzione si chiama **densità spettrale di potenza**. Una soluzione fin troppo banale: se il valore di una riga nello spettro campionato dipende da Δf, be'... dividilo per Δf e diventerà indipendente da Δf! E proprio così faremo, con una piccola accortezza: non dividiamo direttamente per Δf. Infatti negli esempi all'inizio di questo capitolo abbiamo visto che il valore della tensione nello spettro (nello specifico a 10 Hz) non varia linearmente con Δf. Se volete vederlo meglio disegniamo ancora la Fig. 8.3 mostrando il valore dello spettro campionato a 10 Hz in funzione di Δf (e non del numero di punti) (Fig. 8.16); i valori sono quelli di Tabella 3.

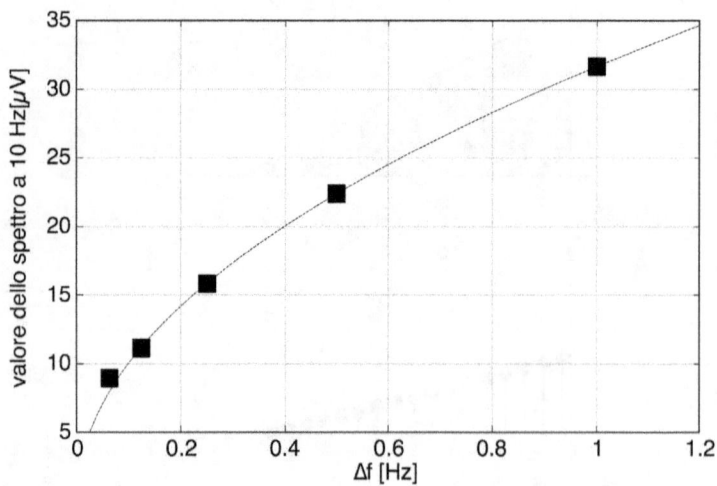

Fig. 8.16 Rumore dell'amplificatore espresso in volt in funzione di Δf (cresce come la radice quadrata di Δf)

Vediamo bene che la tensione nello spettro campionato espressa in volt cresce come la radice quadrata (oddio, qualcuno un po' orbo potrebbe dire che quei punti sono una retta non molto dritta, ma è proprio una radice quadrata, ve l'ho pure disegnata sotto per rendervi la vita più facile).

Allora cosa facciamo? Dividiamo per la radice quadrata di Δf! Oppure calcoliamo il quadrato della tensione nello spettro e poi dividiamo per Δf.

Ed è proprio questo che fa l'analizzatore di spettro? Calcola lo spettro con la DFT e poi corregge matematicamente i valori calcolati **tenendo conto della larghezza della fetta di spettro**. Nello specifico esegue queste operazioni:

– calcola il valore in volt delle armoniche tramite la DFT → [V]

– eleva al quadrato il risultato della DFT: ottieni la potenza dell'armonica → [V²]

– dividi il valore della potenza per la larghezza del bin Δf ottenendo così la potenza "*per hertz*", ossia la densità spettrale di potenza (PSD) → [V²/Hz]

– fa la radice quadrata della densità spettrale di potenza per ritornare a un'unità di misura con volt, ma così facendo gli hertz a denominatore diventano radice di hertz → [V/√Hz]

Quindi il primo passo è calcolare la potenza del segnale, e per ottenerla devo elevare al quadrato lo spetto ottenuto colla DFT. Il passo successivo è dividere il valore della potenza per la larghezza della fetta di spettro Δf, perché in questo modo ottengo un valore indipendente dalla larghezza della fetta. L'ultimo passo, facoltativo, è quello di fare la radice quadrata della densità spettrale di potenza. Prima di vedere il motivo di questa radice quadrata finale devo però fare una precisazione.

8.8 Due precisazioni importanti

Prima. Ovviamente avrete già notato che sono stato un po' leggero nella scelta delle parole. Dire che una tensione al quadrato è una potenza dovrebbe far rizzare i capelli a chiunque. La potenza si misura in W non in V^2, questo spero sia chiaro a tutti. In questo passaggio abbiamo fatto una semplificazione: abbiamo fatto finta che il segnale fosse applicato ad una resistenza R = 1 Ω, ossia una conduttanza G = 1 S. Così facendo la potenza diventa numericamente uguale al quadrato della tensione:

$$P = G \cdot V^2 = 1 \cdot V^2 \equiv V^2 \tag{8.1}$$

Ovviamente dal punto di vista fisico non è così. Non esiste nessun resistore, quindi non dovete pensarla come potenza nel senso fisico del termine. Piuttosto pensatela come potenza del segnale. Una potenza per modo di dire, perché fisicamente non è una potenza. È semplicemente una caratteristica del segnale che chiamiamo potenza perché matematicamente assomiglia molto a una potenza. Per un segnale periodico la potenza del segnale è

$$P = \frac{1}{T} \int_T v^2(t) \, dt \tag{8.2}$$

visto che qui stiamo parlando di armoniche di uno spettro, ossia di sinusoidi, la potenza di ogni armonica equivale al suo valore efficace. Quindi, banalmente la potenza di quell'armonica è il quadrato del valore efficace

$$P = \frac{1}{T} \int_T v^2(t) \, dt = V_{eff}^2 \tag{8.3}$$

Seconda precisazione: vero è che in tutta la trattazione che abbiamo fatto fino a questo punto dalla DFT abbiamo sempre estratto l'ampiezza di ogni singola armonica dello spettro, ossia il suo valore di picco. La potenza invece corrisponde al quadrato del valore efficace. Ma visto che stiamo parlando di armoniche sappiamo che sono sinusoidi, quindi tra valore di picco e valore efficace c'è solo un fattore di scala pari a $\sqrt{2}$. Perciò quando campioniamo il segnale, ne facciamo la DFT e poi eleviamo al quadrato i valori delle armoniche dateci dalla DFT, di fatto non otteniamo la potenza del segnale. Infatti la DFT non ci dà il valore efficace ma il valore di picco della sinusoide. Per avere la potenza propriamente detta del segnale dovremmo elevare al quadrato il valore efficace. Ciò nonostante si trova in giro gente che chiama *potenza* il quadrato dello spettro espresso in volt-picco. Per quanto mi riguarda non è il caso di scandalizzarsi troppo: basta specificare se si sta parlando di volt-rms o volt-picco e poi ci si capisce sempre. Alla fine è solo un fattore di scala.

Ok, fine delle precisazioni. Eravamo rimasti al punto in cui volevamo capire perché alla fine si fa la radice quadrata per passare da V^2/Hz a $V/\sqrt{Hz}$. Il motivo lo trovate nel paragrafo successivo, dove capiamo qual è il significato pratico della densità spettrale di potenza.

8.9 Che informazioni ci dà lo spettro espresso come PSD?

Abbiamo visto che la densità spettrale di potenza si ottiene dividendo la potenza del segnale per Δf in modo da ottenere una quantità indipendente da Δf.

Ok, ora sappiamo che la densità spettrale di potenza non dipende da Δf e siamo contenti: ma che senso fisico ha?

Possiamo vederla in questo modo, è come se facessimo un'approssimazione del limite per $\Delta f \to 0$. Un po' come quando calcoli la velocità: prendi la distanza percorsa ΔS e la dividi per il tempo ΔT ottenendo la velocità media in quell'intervallo di tempo ΔT:

$$v_{media} = \frac{\Delta S}{\Delta T} \tag{8.4}$$

Se poi vuoi la velocità istantanea devi fare il limite per $\Delta T \to 0$

$$v_{inst} = \lim_{T \to 0} \frac{\Delta S}{\Delta T} \tag{8.5}$$

Così ottieni la velocità in m/s, dove sai bene cosa vuole dire quel "al secondo": rozzamente significa quanti metri fai ogni secondo. Così se vuoi la distanza percorsa in un certo intervallo di tempo da t_1 a t_2 devi integrare la velocità in quell'intervallo di tempo:

$$\Delta S_{1 \to 2} = \int_{t_1}^{t_2} v_{inst}(t)\, dt \tag{8.6}$$

Ancora una volta, parlando rozzamente possiamo dire che se integri dei m/s per dei secondi ottieni dei metri.

La stessa cosa vale nel caso dei segnali. Quando prendo il quadrato delle armoniche e lo divido per la larghezza del bin Δf faccio la stessa operazione di quando divido lo spazio percorso ΔS per il tempo Δt. Solo che in questo caso invece che la velocità media ottengo la *densità di potenza* (PSD= *power spectral density*) del segnale in quella fetta larga Δf:

$$PSD_{media} = \frac{V^2}{\Delta f} \qquad (8.7)$$

Ricordiamoci che quel V^2 è in realtà un Δ di potenza, corrisponde all'area della fetta di larghezza $\pm \Delta f/2$ (Fig. 8.12 e Fig. 8.13). Quella che otteniamo in questo modo è solo una rappresentazione approssimata della densità spettrale di potenza. Se volessimo davvero ottenere la densità spettrale di potenza dovremmo calcolare il limite per $\Delta f \to 0$, esattamente come facevamo per la velocità:

$$PSD = \lim_{\Delta f \to 0} \frac{V^2}{\Delta f} \qquad (8.8)$$

ma ovviamente questo non è possibile, possiamo ridurre Δf quanto vogliamo aumentando il tempo di campionamento T ma non avremo ma un Δf nullo.

Ad ogni modo ora avete capito cosa significa quel "per hertz" nell'unità di misura "V^2/Hz". **Questa unità di misura ci dice quanta della potenza del segnale (e quindi del suo valore efficace) è concentrata in un intervallo di frequenza infinitesimale.** Perciò se vogliamo la potenza di un segnale, quella che genericamente avevamo definito in (8.2) dobbiamo integrare la densità spettrale di potenza così come prima integravamo la velocità per ottenere la distanza percorsa:

$$P = \int_{f=0}^{f_{MAX}} PSD(f)\,df \qquad (8.9)$$

Così, integrando la densità spettrale di potenza espressa in V^2/Hz per un intervallo di frequenza in Hz ottengo la potenza del segnale in V^2.

$$[V^2] = \int_{f=0}^{f_{MAX}} \left[\frac{V^2}{Hz}\right] d[Hz] \qquad (8.10)$$

Se volete possiamo anche fare una prova. Prendiamo l'amplificatore di prima e campioniamo di nuovo il suo rumore. Nel dominio del tempo vedremo un segnale[20] tipo questo:

---

20 Aspettate, lo so cosa state pensando: ma non era un rumore? E perché allora lo chiama segnale adesso? Perché cosa è "segnale" e cosa è "rumore" dipende da cosa ti interessa. Mi spiego: quando io ho un amplificatore e voglio che l'uscita sia zero per ingresso nullo tutto ciò che trovo in uscita è un rumore perché è indesiderato. Ma se io voglio misurarlo allora diventa un segnale, perché è proprio quel rumore che mi interessa.

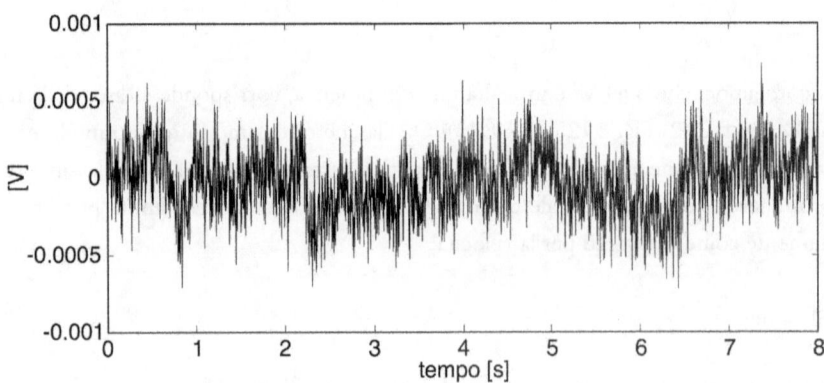

Fig. 8.17 - Rumore in uscita di un amplificatore cortocircuitato all'ingresso.

Ovviamente questo segnale non è sempre uguale, ho preso solo una porzione di 8 secondi a caso. In questi 8 secondi ho calcolato che il valore efficace è 0,2076 mV, se avessi preso un'altra porzione di 8 secondi magari sarebbe stato 0,205 mV, che ne so. Ma siamo lì, per capirci. Ora calcolo la densità spettrale di potenza PSD in V^2/Hz. Lo spettro che ne ricavo è questo[21]:

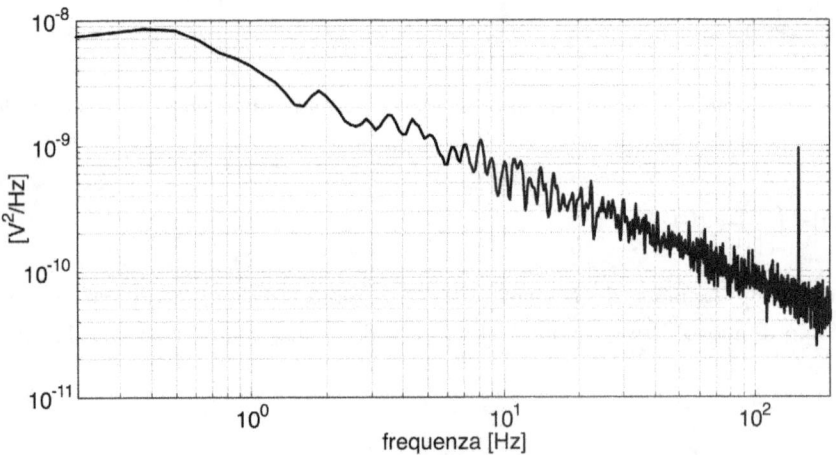

Fig. 8.18 - Densità spettrale di potenza del rumore di Fig. 8.17

Ricordiamoci: per ottenere la PSD in V^2/Hz ho dovuto calcolare la DFT ed elevare al quadrato le armoniche e poi dividere per la larghezza del bin Δf. Ora proviamo a fare

---

21 Altra cosa importante, a differenza di Fig. 8.1 in questo caso ho alimentato l'amplificatore con delle batterie e non con un alimentatore collegato alla rete, per quello non c'è la componente a 50 Hz, non è che è scomparsa nel nulla magicamente.

l'integrale di questa PSD dalla minima frequenza (in questo caso 0,125 Hz) alla massima frequenza (200 Hz):

$$P = \int_{f=0}^{f_{MAX}} PSD(f)\,df \equiv \sum_{f_{min}}^{f_{max}} PSD(f)\cdot\Delta f = \sum_{0.125\,Hz}^{200\,Hz} PSD(f)\cdot 0.125\,Hz = 4{,}2152\ 10^{-8}\ V^2 \qquad (8.11)$$

Ovviamente avendo un numero finito di punti nella PSD in realtà non è un integrale ma una sommatoria. Ebbene, facendo questa sommatoria ottengo che la potenza del segnale è 4,2152 10^{-8} V^2. Se quello che ci siamo detti prima è vero questo valore dovrebbe corrispondere al quadrato del valore efficace del segnale nel tempo, che avevamo calcolato essere 0,2076 mV. Se dunque ne calcoliamo il quadrato otteniamo

$$(0{,}2076\,mV)^2 = (2{,}076\ 10^{-4}\,V)^2 = 4{,}3105\ 10^{-8}\,V^2 \qquad (8.12)$$

che in buona sostanza corrisponde a quei 4,2152 10^{-8} V^2 che avevamo ottenuto facendo l'integrale del valore efficace. Tutto torna.

Abbiamo dunque capito che la densità spettrale di potenza PSD(f) ci dice "quanta potenza" del segnale è dovuta alla frequenza f, così come la velocità istantanea $v_{inst}(t)$ ci diceva "quanto del percorso" era stato percorso all'istante t. Allo stesso modo, così come integriamo la velocità nel tempo per ottenere il percorso totale, così integriamo la PSD nella frequenza per ottenere la potenza del segnale, ossia il quadrato del valore efficace.

L'ultimo passaggio che ci tocca fare adesso è fare la radice quadrata della PSD, operazione che ci fa cambiare unità di misura da V^2/Hz a $V/\sqrt{Hz}$:

$$\sqrt{PSD(f)} \equiv \sqrt{\frac{V^2}{Hz}} = \frac{V}{\sqrt{Hz}} \qquad (8.13)$$

Perché questo? Non era forse sufficiente tenersi il valore in V^2/Hz? Certo, però la gente è abituata a parlare in V non in V^2 e allora si fa la radice quadrata della PSD per riportare l'unità di misura in V (anche se questo comporta che gli Hz diventino $\sqrt{Hz}$). In questo modo risulta più "naturale" a molti confrontare la radice della PSD in $V/\sqrt{Hz}$ con il valore efficace del segnale espresso ovviamente in V. Così la gente può guardare la radice della PSD(f), osservare il valore in $V/\sqrt{Hz}$ in un intervallo di frequenza e dire rozzamente quanti di dei V del valore efficace sono dovuti a quell'intervallo di frequenza.

Attenzione però! Questo non significa che se integro i valori in $V/\sqrt{Hz}$ ottengo il valore efficace del segnale. Per ottenere il valore efficace del segnale devo prima integrare la PSD in V^2/Hz nella banda di frequenza; poi prendo il valore risultante dall'integrale (che sarà in V^2) e ne faccio la radice quadrata. Se inverto le operazioni non ottengo mica lo stesso valore. Non è che posso prima fare la radice della PSD (ottenendo i valori in V/√Hz) e poi integrare. Perché così facendo non ottengo il valore efficace del segnale. Le due operazioni non si possono invertire. Il valore in V/√Hz è usato molto più spesso rispetto al valore in V²/Hz solo perché la gente si trova più a suo agio a vedere l'unità di misura in volt, ma non fatevi ingannare e non pensate che l'integrale della radice della PSD espressa in V/√Hz vi dia il valore efficace. La strada è sempre quell'altra: prima si integra e poi si fa la radice.

A questo punto abbiamo capito che quando scegliamo l'unità di misura in V/√Hz sull'analizzatore di spettro (oppure ce la calcoliamo noi dividendo secondo il procedimento che ho spiegato prima), otteniamo uno spettro che è indipendente dalla larghezza del bin Δf perché ci mostra la densità spettrale di potenza che per come è calcolata (si divide per Δf) è indipendente da Δf. Qualsiasi Δf scegliamo la densità spettrale di potenza sarà la stessa. Certo, con più o meno risoluzione, ma l'ampiezza sarà la stessa.

Se invece scegliamo di mostrare lo spettro in volt otterremo un valore che cambia a seconda della larghezza del bin e quindi di come scegliamo i parametri del campionamento.

8.10 Quando usare lo spettro in V e quando in V/√Hz

Ora qualcuno di voi potrebbe chiedermi perché mai dovrei mostrare lo spettro in V. Che utilità ha una rappresentazione dello spettro in V se dipende da Δf? È ovvio che chiunque opterebbe per uno spettro in V/√Hz, indipendente dai parametri di campionamento. Ma allora perché mai c'è la possibilità di misurare lo spettro in V se è così inutile?

La risposta sta nell'ipotesi da cui siamo partiti e che nel frattempo ci siamo dimenticati. Questo bizzarro fenomeno per cui il risultato della DFT dipende da Δf capita solo quando il segnale ha uno spettro continuo. Solo in questo caso le armoniche dello spettro a righe calcolate colla DFT dipendono da Δf. Infatti, come abbiamo visto nelle Fig. 8.14 e Fig. 8.15 questo fenomeno è dovuto al fatto che ogni armonica dello spettro a righe riassume su di sé l'area di una fetta dello spettro continuo, quindi più larga è la fetta e più alta sarà l'area che un'armonica rappresenterà.

Se invece ho un segnale che non ha uno spettro continuo ma delle componenti a frequenze per precise questo non accade: l'armonica in volt calcolata dalla DFT non dipende dalla larghezza della fetta. Ve lo spiego con un esempio grafico.

Prendere un segnale con spettro continuo: se riduco la larghezza del bin Δf si riduce anche l'area dello spettro in quel bin e di conseguenza si riduce anche l'armonica che rappresenta quel bin. E questo l'avevamo già visto prima.

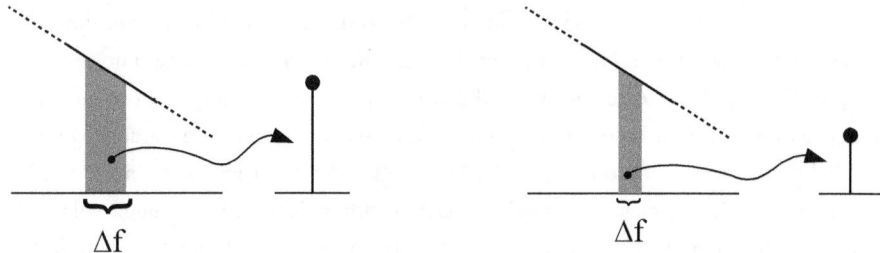

Fig. 8.19 - Campionamento di un segnale con spettro continuo. L'altezza della riga nel segnale campionato dipende dalla larghezza di Δf.

Se però lo spettro ha componenti solo in alcune frequenze le cose cambiano. Pensate a uno degli esempi visti nei capitoli precedenti, in cui il segnale è somma di sinusoidi. Lo spettro avrà quindi delle frequenze isolate e non continue.

Ora, se prendete un segnale con frequenze isolate e calcolate l'area di una fetta di spettro otterrete solo la linea dello spettro compresa in quella fetta, perché tolta quella linea lo spettro non esiste.

Fig. 8.20 - Quando campiono un segnale che ha spettro a righe le varie componenti dello spettro campionato non dipendono da Δf. Hanno la stessa ampiezza sia che Δf sia grande o che sia piccolo. Perché all'interno di un Δf trovo solo una riga e nient'altro. Quindi anche se aumento Δf il totale non cambia, poiché fuori da quella frequenza lo spettro è zero, quindi non aggiungo niente (sempre che Δf non sia così grosso da raggiungere un'altra armonica).

Se volete lo vediamo meglio se ingrandiamo lo spettro e ci concentriamo su di una singola riga di esso. Per capire meglio questo concetto facciamo finta che la riga non sia proprio una riga perfetta con larghezza infinitesima (equivalente a una sinusoide perfetta) bensì una riga un po' più grassottella. In effetti è uno scenario che non è così raro: basta guardare lo spettro molto da vicino e quelle che sembrano componenti ad una singola frequenza in realtà sono una porzione di spettro con una certa larghezza. Piccola quanto si vuole ma mai nulla. Nella realtà questo equivale a una sinusoide che non ha una frequenza *perfettamente* costante ma che cambia un pochino attorno al suo valore medio. Dopotutto nessun sistema avrà una frequenza perfettamente costante: i sistemi elettronici ad esempio sono basati spesso su oscillatori al quarzo che producono una frequenza sì stabile, ma di certo non perfettamente costante.

Bene, quindi abbiamo uno spettro in cui al posto di una riga abbiamo una simil-riga con una piccola larghezza. Ora campioniamo con due valori diversi di Δf, uno grande e uno piccolo (Fig. 8.21). Abbiamo visto che la riga dello spettro campionato equivale all'area della fetta di spettro compresa in un Δf. Ora, se prendiamo un Δf grande o un Δf piccolo, come abbiamo fatto in Fig. 8.21, l'area della fetta non cambia: è sempre quell'area tratteggiata che è uguale in entrambi i casi. Quando il Δf è largo aggiungo solo delle code nulle, che quindi non dànno contributo all'area. A questo punto stringete la larghezza della "simil-riga" a zero e arriverete a una riga ideale come in Fig. 8.20.

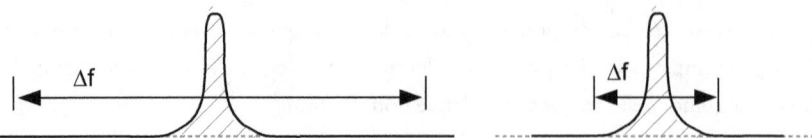

Fig. 8.21 - Variamo Δf: se la componente non nulla dello spettro è condensata in un intervallo sufficientemente stretto, qualsiasi sia il valore di Δf l'area della fetta di spettro non cambia, quindi non cambia la corrispondente altezza della riga nello spettro campionato.

Ma allora anche in questo caso il risultato è indipendente da Δf, e senza necessità di dividere per Δf come facevamo con la densità spettrale di potenza. È indipendente da Δf già da solo, poiché anche variando Δf l'area dello spettro rimane la stessa.

Finalmente (e grazie per la pazienza) siamo arrivati al punto cruciale. Noi vogliamo uno spettro che ovviamente non dipende da Δf, e sta bene. Ma come fare a ottenerlo? dipende dal segnale:

Se il segnale ha **spettro continuo** usa la **densità spettrale di potenza**
[V/√Hz]
Se il segnale ha **spettro discreto** (a linee) usa semplicemente la
tensione che di dà la DFT [V]

Usando questo principio avremo sempre uno spettro (in $V/\sqrt{Hz}$ o in V, a seconda dei casi) che non dipende da Δf, proprio come volevamo.

Quindi la scelta di mostrare uno spettro in $V/\sqrt{H}$ o in V dipende esclusivamente dal tipo di segnale. Ebbene sì, dipende dal segnale.

Non ha senso mostrare lo spettro di un segnale che originariamente era continuo in volt perché l'ampiezza che vedo sullo schermo dipende da Δf, quindi non mi dà alcuna informazione utile. Non posso comparlo con nessun altro spettro di riferimento e dire *"è maggiore! è minore!"* (a meno che non usi sempre lo stesso Δf in tutti i casi). Il numero che ottengo è un numero che non mi dice niente. Se invece do il valore in $V/\sqrt{Hz}$ fornisco un valore confrontabile e universale. Un valore di densità spettrale di potenza che ha un senso fisico: mi dice qual è la potenza dello spettro in un intervallo di frequenza Δf.

Quindi se integro la densità spettrale di potenza da f_1 a f_2 ottengo il quadrato del valore efficace che otterrei con un filtro passa-banda ideale fra f_1 e f_2.

Allo stesso modo non ha senso dare un valore in $V/\sqrt{Hz}$ di uno spettro discreto perché quell'armonica in V già di suo è indipendente da Δf (quindi dividendo per Δf faccio solo danni). Devo rappresentarla quindi in V perché quel valore in volt ha un suo senso fisico: mi dice qual è l'ampiezza (e quindi il valore efficace) della sinusoide a quella frequenza.

Fateci caso, in entrambi i casi il senso fisico del valore dello spettro è direttamente connesso al segnale nel dominio del tempo. Se si tratta di un segnale con spettro discreto lo spettro in V mi dà l'ampiezza delle sinusoidi; se si tratta di un segnale dallo spettro continuo con infinite componenti di frequenza in cui lo spettro in $(V/\sqrt{Hz})^2$ integrato mi dà il quadrato del valore efficace del segnale nel tempo.

Prima di proseguire torniamo un attimo all'esempio che avevo fatto prima con il rumore di Johnson ossia la tensione dovuta ad agitazione termica delle cariche in un resistore. Prima mi sono limitato a dire che il rumore era bianco, ossia aveva ampiezza uguale a qualsiasi frequenza. Vi ho anche detto che dipende dalla temperatura (più la temperatura è alta più le cariche sono agitate e quindi più alto è il rumore). Ma non vi ho detto qual è i valore di questo rumore. Ebbene, il rumore di Johnson di un resistore di resistenza R a temperatura T è

$$v = \sqrt{4 \cdot k_b \cdot T \cdot R} \tag{8.14}$$

dove k_b è la costante di Boltzman in J/K.

Ad esempio un resistore da 100 Ω a 300 K, se sostituire i valori dà 1,3 nV/$\sqrt{Hz}$. Avete notato l'unità di misura? È [nV/$\sqrt{Hz}$], infatti abbiamo:

$$v = \sqrt{4 \cdot k_b \cdot T \cdot R} = \sqrt{\left[\frac{J}{K}\right] \cdot [K] \cdot [\Omega]} = \sqrt{J \cdot \left[\frac{V}{A}\right]} = \sqrt{V \cdot C \cdot \left[\frac{\frac{V}{C}}{s}\right]} = \sqrt{\frac{V^2}{Hz}} = \frac{V}{\sqrt{Hz}} \tag{8.15}$$

È una densità spettrale di potenza, poiché è espressa in $V/\sqrt{Hz}$, proprio come ci aspettavamo dato che sapevamo che lo spettro era continuo (e nello specifico bianco).

Analogamente potere prendere un qualsiasi datasheet di un amplificatore operazionale e cercare il valore di rumore. Ad esempio, prendiamo un OP27, che ci viene venduto come *Low Noise, Precision Operational amplifier*. Ecco, vediamo cosa vuole dire *low noise*. Già dalla prima pagina il *datasheet* ci dice che il rumore è 3,5 nV/$\sqrt{Hz}$ a 10 Hz. Significa che quella è la densità spettrale di potenza a 10 Hz. Se poi guardiamo le tabelle scopriamo che non è uguale per ogni frequenza, a 30 Hz cala a 3,1 nV/$\sqrt{Hz}$ e a 1000 Hz diventa 3 nV/√Hz. In questo caso, come capita tipicamente per gli amplificatori il rumore è maggiore a bassa frequenza. Ma poco importa, la cosa che conta è capire che quello spettro è continuo: per questo non mi dicono che a 10 Hz vale X V, poiché non ha proprio senso per un segnale con spettro continuo il valore il volt ad una frequenza, devi dare il valore della densità spettrale di potenza in V/√Hz, ossia fare il limite di una fetta di spettro per Δf che tende a zero.

8.11 Segnale con spettro misto

Bene, e se invece in segnale è un misto? È una cosa che capita spesso, anzi possiamo dire che è quasi la normalità. Per esempio abbiamo un sensore che ci restituisce un segnale ad una frequenza specifica ma contemporaneamente lo spettro contiene il rumore di tutta l'elettronica di condizionamento che è un rumore a spettro continuo. Pensate anche solo all'amplificatore tipicamente usato per amplificare il segnale di un sensore: per quanto buono possa essere un rumore ce l'avrà, e il rumore è a spettro continuo, proprio come l'amplificatore da cui siamo partiti all'inizio di questo capitolo.

Quindi abbiamo un segnale che ha contemporaneamente uno spettro continuo dovuto al rumore e una componente concentrata in una singola frequenza. Cosa mostrare? Lo spettro in V o in V/√Hz? Be', dipende da cosa siamo interessati a vedere. Se il nostro scopo è scoprire il valore delle varie armoniche concentrate in frequenze ben precise allora mostreremo il valore in V, se invece vogliamo scoprire qual è il valore del rumore allora sceglieremo la densità spettrale di potenza in V/√Hz.

È interessante però capire cosa accade se modifico Δf (modificando i parametri di campionamento) nel caso di un segnale con spettro misto, ossia continuo ma con alcune componenti discrete. Facciamo un esempio concreto: prendiamo una sinusoide generata da un oscillatore reale, che in quanto reale avrà anche un rumore. Quindi abbiamo una armonica a una frequenza specifica e un rumore a spettro continuo.

Ho generato una sinusoide a 10 Hz e con ampiezza molto piccola (40 μV) usando l'oscillatore di un amplificatore *lock-in*. Dopodiché ho misurato lo spettro di questo segnale usando un analizzatore di spettro e ho mostrato il valore il V.

Se quello che ho detto prima è vero la componente del segnale a 10 Hz dovrebbe rimanere immutata se anche cambio la larghezza del bin Δf, perché la sinusoide è concentrata a una specifica frequenza, il segnale è solo lì a 10 Hz, quindi lo mostro in V ed è già indipendente da Δf di per sé.

Per verificare faccio due prove, misuro lo spettro con 1600 e 100 righe tenendo in entrambi i casi la massima frequenza a 25 Hz. Nel primo caso Δf = 15,6 ms mentre nel secondo caso diventa Δf = 250 ms. Cosa ottengo? Lo vediamo in Fig. 8.22.

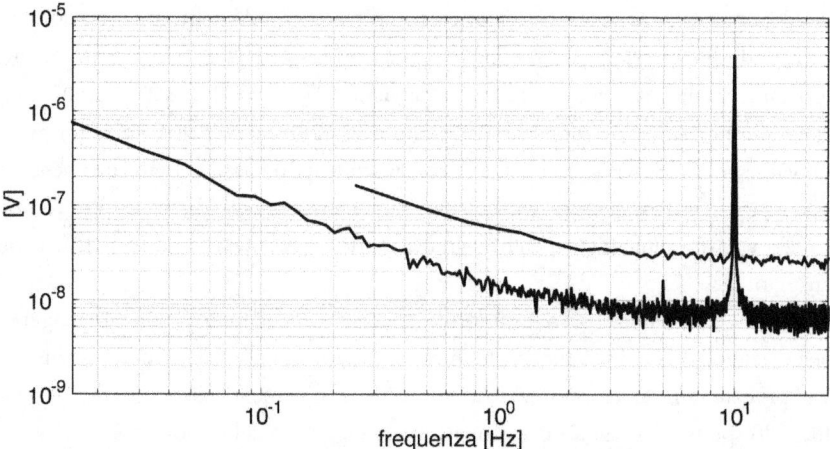

Fig. 8.22 - Spettro di una sinusoide a 10 Hz campionato con Δf di 15,6 ms e 250 ms, espresso in volt. Nel caso di Δf=250ms il rumore di fondo è più alto perché ogni punto dello spettro rappresenta una fetta più larga dello spettro continuo originario (il rumore). Mentre l'ampiezza della componete a 10 Hz non cambia.

Vediamo sì un picco a 10 Hz che corrisponde alla sinusoide che siamo misurando, ma c'è anche un segnale di fondo. È il rumore dell'oscillatore (ovviamente non è perfetto e non genera una sinusoide perfetta): come il rumore dell'amplificatore di prima anche il rumore dell'oscillatore ha spettro continuo. Infatti osserviamo che scegliendo un Δf più alto il valore in V dello spettro cresce. Al contrario il valore a 10 Hz è immutato in entrambe le misure: doveva essere 40 μV e a 40 μV troviamo il picco dei 10 Hz sia con Δf = 15,6 ms sia con Δf = 250 ms. Forse non lo vedete bene in Fig. 8.22 quindi facciamo un ingrandimento attorno a 10 Hz:

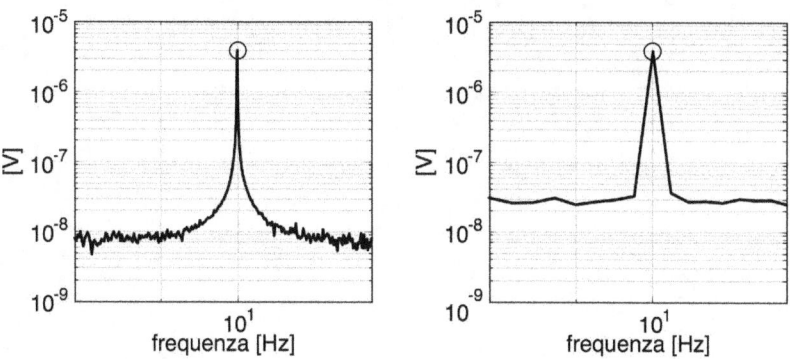

Fig. 8.23 - Ingrandimento della Fig. 8.22 attorno a 10 Hz per vedere meglio che la componente a 10 Hz non cambia ampiezza (ma rumore di fondo sì).

Ora lo vedete benissimo, anche perché in Fig. 8.23 ho evidenziato con un piccolo cerchio il valore a 10 Hz, che è 40 μV in entrambi gli spettri. Al contrario il livello di rumore di fondo ha un valore di circa 7÷8 nV con un basso Δf (Fig. 8.23 sinistra) mentre quando aumentiamo Δf il rumore di fondo raggiunge 25÷30 nV(Fig. 8.23 destra)[22].

La cosa importante da notare è che non cambia la scala del grafico, cambia proprio la forma dello spettro. Se cambiamo Δf e lo scegliamo troppo basso la frequenza ben concentrata a 10 Hz rimane sempre quella, il suo valore è sempre 40 μV, ma le altre componenti dello spettro aumentano perché ognuna rappresenterà una fetta di spettro continuo maggiore.

Al limite se Δf è molto basso il rumore di fondo potrebbe salire fino a raggiungere la frequenza singola a 10 Hz in modo che non sia più nemmeno distinguibile dal rumore. Voi campionate con Δf troppo basso e non riuscite nemmeno più a vedere il segnale perché nello spettro del segnale campionato viene raggiunto del rumore.

Ma attenzione! Questo non accade perché nella realtà c'è davvero quel rumore che copre il segnale, è solo un artifizio dovuto a un pessimo campionamento fatto con Δf troppo basso che porta ogni linea dello spettro del segnale campionato ad essere troppo alta perché rappresenta una fetta di spettro maggiore. Il segnale è lì ed è ben maggiore del rumore, ma sbagliando a campionare rischiamo di non vederlo più.

> Quando campioniamo dobbiamo scegliere Δf sufficientemente elevato non solo per avere una migliore risoluzione di frequenza, ma anche perché se abbiamo uno spettro continuo – tipicamente rumore dell'elettronica) – un Δf troppo basso porta alla crescita del rumore che non mi fa vedere bene il segnale. Al contrario dovrò scegliere Δf basso in modo che il livello del rumore nello spettro campionato risulti basso.

---

22 Ovviamente l'oscillatore e l'analizzatore di spettro non sono sincronizzati, quindi anche la frequenza a 10 Hz non è propriamente concentrata a 10 Hz ma c'è un po' di dispersione ai lati, ma ci siamo capiti: guardate il rumore ai bordi dell'immagine dove l'effetto della mancata sincronizzazione svanisce.

9. Risoluzione in ampiezza

Fino a qui infatti abbiamo analizzato nei dettagli tutto quello che accade quando campioniamo un segnale nel tempo, ossia quando da un tempo continuo passiamo a un tempo discreto (prendendo campioni ogni T_s di tempo). Abbiamo cioè discretizzato nel tempo. Tuttavia non abbiamo ancora detto niente sulla discretizzazione dell'ampiezza. Infatti i campioni non ci vengono regalati dallo Spirito Santo, li otteniamo con un convertitore analogico-digitale (ADC), e questo ha un numero finito di bit; l'ampiezza del segnale sarà dunque codificata in numeri digitali. Questi numeri hanno una risoluzione di 1 LSB, il bit meno significativo (*Least Significant Bit*), ossia la più piccola variazione di tensione che fa cambiare il codice numerico in uscita dal convertitore analogico-digitale. Il valore dell'LSB dell'ADC determina in ultima istanza la risoluzione dei campioni, la loro "approssimazione" in ampiezza.

Facciamo un esempio: prendiamo una sinusoide con f= 4 Hz e valore di picco 1 V e la campioniamo con un convertitore con LSB= 0,2 V oppure con LSB=0,02 V. Otteniamo due rappresentazioni estremamente diverse del segnale (Fig. 9.1 e Fig. 9.2), anche se prendiamo sempre lo stesso numero di campioni per periodo.

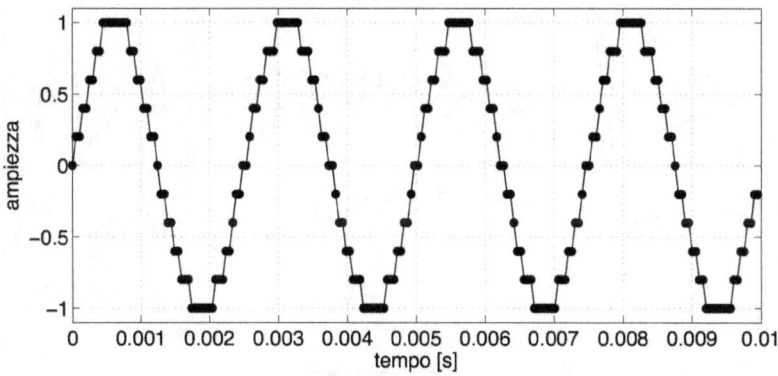

Fig. 9.1 - Sinusoide campionata con risoluzione in ampiezza di 0,2 V.

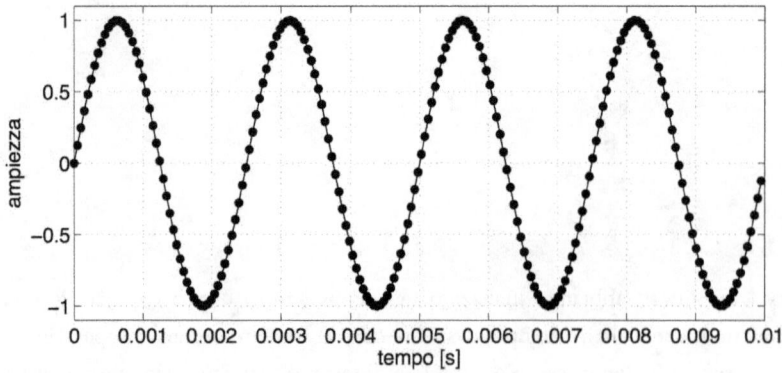

Fig. 9.2 - Sinusoide campionata con risoluzione in ampiezza di 0,02 V.

Se osserviamo il segnale campionato nel dominio del tempo la differenza tra un piccolo LSB e un grande LSB è chiara: lo vediamo al volo che un LSB grande fa in modo che il segnale campionato sia più "rozzo", "a gradoni". Ma che effetto ha questa quantizzazione in ampiezza sullo spettro?

9.1 L'effetto dell'LSB sullo spettro del segnale campionato

Lo vediamo in Fig. 9.3 dove vediamo gli spettri di questi segnali campionati con LSB 0,2 V e 0,02 V.

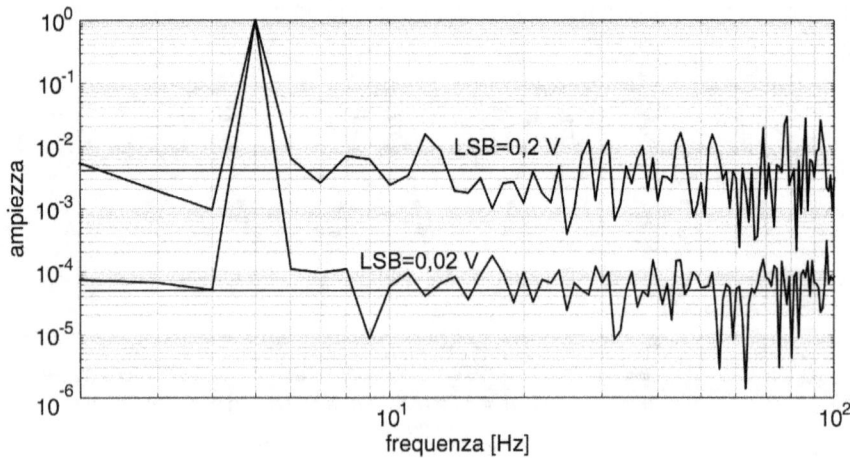

Fig. 9.3 - Spettri dei segnali campionati di Fig. 9.1 e Fig. 9.2. Un alto LSB si traduce in un alto valore bianco.

Un LSB determina un grosso rumore di fondo nello spettro ottenuto facendo la DFT dei campioni. Se i campioni ci fossero stati forniti dallo Spirito Santo con risoluzione infinita avremmo degli zeri al di fuori di 4 Hz, perché solo in 4 Hz ci sarebbe una componente non nulla dello spettro. Le altre componenti dello spettro sarebbero proprio zero. Purtroppo però una quantizzazione c'è sempre. C'è se i campioni li prendiamo con un convertitore analogico-digitale, ma c'è anche se simuliamo i segnali al calcolatore (i campioni verranno calcolati con una precisione non infinita che dipende dal programma di calcolo che usiamo). Quindi ci sarà sempre un rumore di fondo dovuto alla risoluzione in ampiezza.

La domanda ora è: perché un LSB alto fa aumentare il rumore di fondo?

9.2 L'errore introdotto dalla quantizzazione in ampiezza

Prendiamo una sinusoide e campioniamola... anzi no, non la campioniamo. Consideriamo la sinusoide composta da infiniti punti. Solo che il suo valore di questi punti è quantizzato in ampiezza. Dopotutto ora non ci interessa il campionamento nel tempo ma in ampiezza, quindi quello che raccontiamo è valido anche se il segnale non è campionato nel tempo. Quindi ora non ho un numero finito di punti ma una funzione continua nel tempo.

Sicché, prendiamo questa sinusoide di ampiezza 1 e vediamo cosa succede se la quantizzo in ampiezza con un LSB di 0,2.

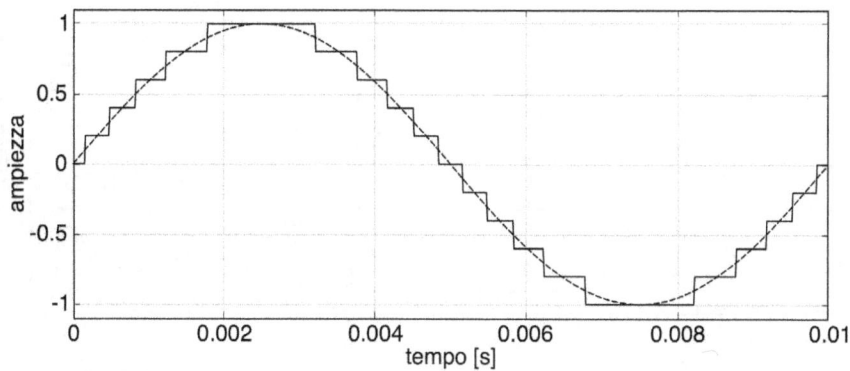

Fig. 9.4 - Una sinusoide perfetta e la sua versione quantizzata in ampiezza.

Come già ci aspettavamo vediamo dei gradini. La versione quantizzata in ampiezza è diversa dalla sinusoide originale, c'è una differenza. Calcoliamo allora questa differenza:

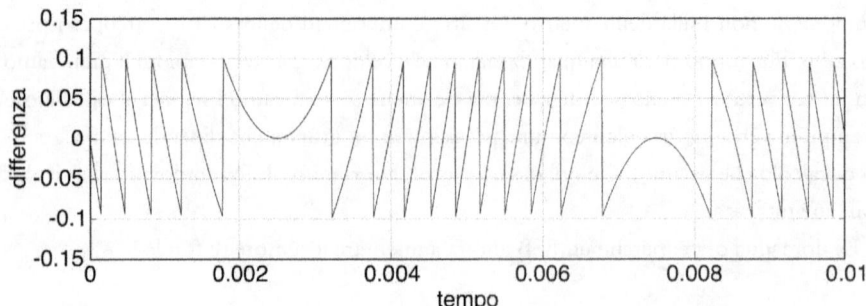

Fig. 9.5 - Differenza tra la sinusoide perfetta e la sinusoide quantizzata in ampiezza, ossia l'errore di quantizzazione.

La differenza è una onda più o meno seghettata tra $-LSB/2$ e $+LSB/2$, ossia da -0,1 a +0,1. Ecco, questo è l'errore che introduciamo facendo una quantizzazione in ampiezza. Possiamo vederla così: la nostra sinusoide quantizzata è il risultato di una sinusoide ideale a cui viene aggiunta l'onda seghettata di Fig. 9.5.

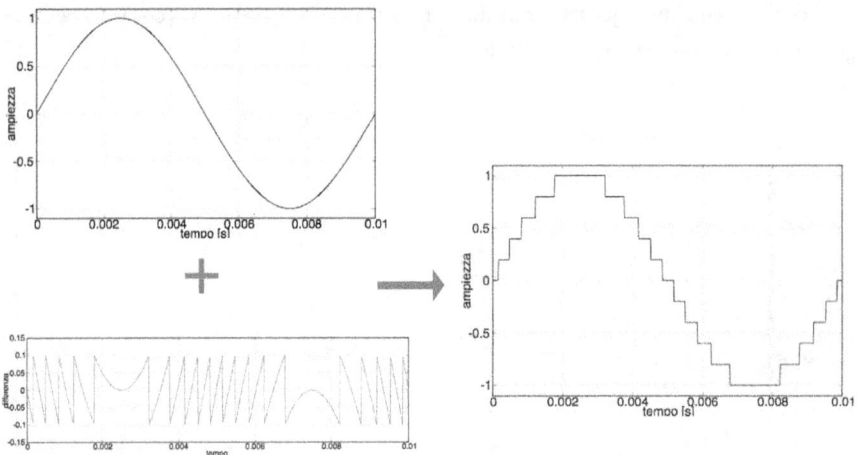

Fig. 9.6 - Un segnale quantizzato in ampiezza può essere visto come la sovrapposizione di un segnale perfetto e una onda seghettata.

Quantizzare in ampiezza dunque equivale ad aggiungere un rumore al segnale ideale, un rumore rappresentato proprio da quell'onda seghettata.

Nello spettro dunque avremo una linea singola corrispondente all'ampiezza della sinusoide perfetta, più lo spettro dell'onda seghettata.

9.3 Calcolo dello spettro dell'errore introdotto con la quantizzazione in ampiezza

A questo punto non ci resta che calcolare lo spettro dell'onda seghettata. Per farlo introduciamo un po' di approssimazioni (ma vedrete che saranno approssimazioni tollerabili). Prima di tutto ipotizziamo che l'onda seghettata sia una perfetta onda a dente di sega. Nella realtà non è così, e lo vedete bene in Fig. 9.5. quando la sinusoide è vicino a zero assomiglia a una retta, quindi l'errore è simile a una retta, molto simile al dente di sega. Alle estremità, positiva e negativa della sinusoide invece l'errore è ben diverso dal dente di sega, bensì è l'apice "arrotondato" della sinusoide.

Noi però facciamo finta che sia un dente di sega perfetto. Anche perché non sappiamo mica se misuriamo una sinusoide, magari è un'altra forma d'onda che come differenza mi dà un'altra forma di errore. In effetti un dente di sega perfetto lo ottengo solo se ho un'onda triangolare quantizzata in ampiezza.

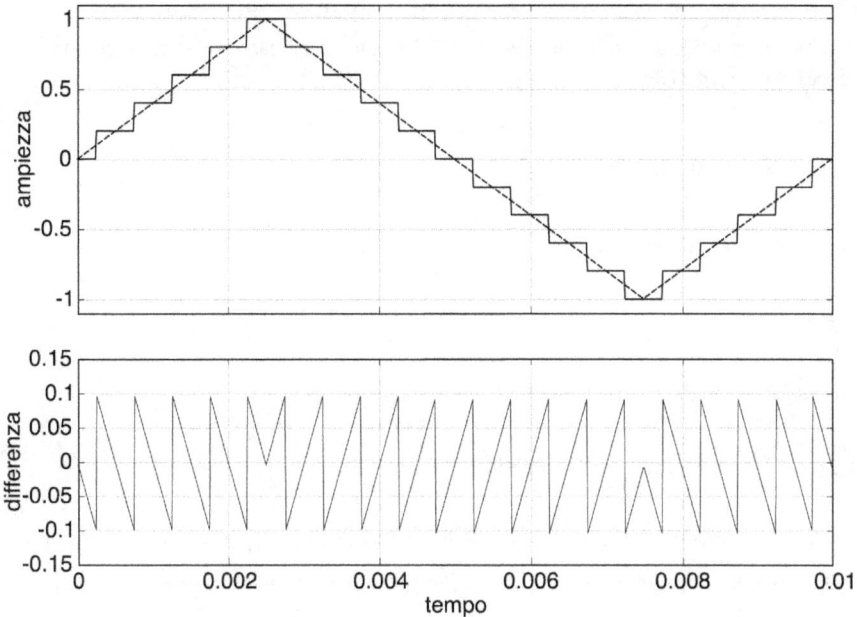

Fig. 9.7 - onda triangolare quantizzata in ampiezza: l'errore di quantizzazione è un dente di sega perfetto.

In tutti gli altri casi l'errore sarà un po' diverso dal dente di sega. Ora, voi potreste dirmi che l'errore di quantizzazione dipende dal segnale stesso che misuro, e sì, teoricamente è così. Poi però vedrete che in totale le cose si compensano e possiamo considerare il dente di sega come una buona descrizione dell'errore introdotto dalla quantizzazione in ampiezza. Diciamo che non sapendo quale sarà il segnale (e quindi l'errore do-vuto alla quantizzazione) prendiamo il dente di sega come approssimazione dell'errore introdotto con la quantizzazione in ampiezza.

Stabilito questo, il primo passo che dobbiamo fare è calcolare lo spettro di questo dente di sega. Usiamo una tecnica poco ortodossa ma vedrete che andrà benissimo per il nostro scopo. Innanzitutto calcoliamo il valore efficace v_{err} del dente di sega definito come in Fig. 9.8.

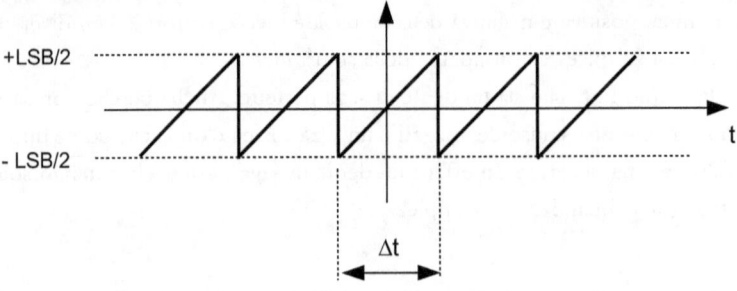

Fig. 9.8 - Dente di sega di periodo Δt e ampiezza $\pm LSB/2$, errore di quantizzazione ottenuto campionando con ri-soluzione in ampiezza di 1 LSB.

$$v_{err}(t)=\alpha \cdot t \quad \text{nell'intervallo} \quad -\frac{\Delta t}{2} < t < +\frac{\Delta t}{2} \qquad (9.1)$$

dove α è la pendenza della retta ossia

$$\alpha=\frac{LSB}{\Delta t} \qquad (9.2)$$

quindi il dente di sega può essere definito dall'equazione

$$v_{err}(t)=\frac{LSB}{\Delta t}\cdot t \quad \text{sempre nell'intervallo} \quad -\frac{\Delta t}{2} < t < +\frac{\Delta t}{2} \qquad (9.3)$$

Calcoliamo il valore efficace v_{eff}, o meglio, il suo quadrato (per non portarci in giro la radice) integrando il quadrato di v_{err} in un periodo e facendone la media:

$$v_{eff}^2 = \frac{1}{\Delta t} \int_{-\Delta t/2}^{+\Delta t/2} v_{err}^2(t) \cdot dt \qquad (9.4)$$

$$= \frac{1}{\Delta t} \int_{-\Delta t/2}^{+\Delta t/2} \left(\frac{LSB}{\Delta t} \cdot t\right)^2 \cdot dt$$

$$= \frac{1}{\Delta t} \cdot \frac{LSB^2}{\Delta t^2} \int_{-\Delta t/2}^{+\Delta t/2} t^2 \cdot dt$$

$$= \frac{LSB^2}{\Delta t^3} \left[\frac{1}{3} \cdot t^3\right]_{-\Delta t/2}^{\Delta t/2}$$

$$= \frac{1}{3} \cdot \frac{LSB^2}{\Delta t^3} \cdot \frac{2}{3} \cdot \Delta t^3 = \frac{LSB^2}{12}$$

se vogliamo il valore efficace non ci resta che farne la radice quadrata, ottenendo

$$v_{eff} = \sqrt{\frac{LSB^2}{12}} = \frac{LSB}{\sqrt{12}} \qquad (9.5)$$

Quindi un dente di sega ideale dovuto a una quantizzazione in ampiezza di 1 LSB avrà un valore efficace pari a quell'LSB diviso la radice di 12.

Interessante, e quindi? Ancora non sappiamo niente del valore del suo spettro. A cosa ci è servito calcolare il suo valore efficace? A far vedere che ci ricordiamo ancora come fare gli integrali?

No, il valore efficace ci serve perché proprio per ottenere lo spettro di $v_{err}(t)$. Se vi ricordate infatti nel capitolo 8 abbiamo visto che integrando la densità spettrale di potenza in un intervallo di frequenza da f_1 a f_2 otteniamo il valore efficace (al quadrato) di quel segnale nel dominio del tempo dopo avergli applicato un filtro passa-banda ideale che lascia passare solo le frequenze da f_1 a f_2. Se perciò integriamo la densità spettrale di potenza di tutto lo spettro otteniamo il suo valore efficace. Ora facciamo l'operazione inversa: conosciamo il suo valore efficace e ricaviamo il valore della densità spettrale di potenza.

La prima cosa da fare è capire qual è la "forma" dello spettro del dente di sega. Per fare questo torniamo al campionamento; alla fine dobbiamo pur sempre campionarlo il segnale (prima abbiamo usato la funzione continua del dente di sega solo per calcolare più facilmente il suo valore efficace).

Così come campioniamo il segnale con un numero di campioni finito così anche il dente di sega sarà rappresentato da un numero di campioni finito:

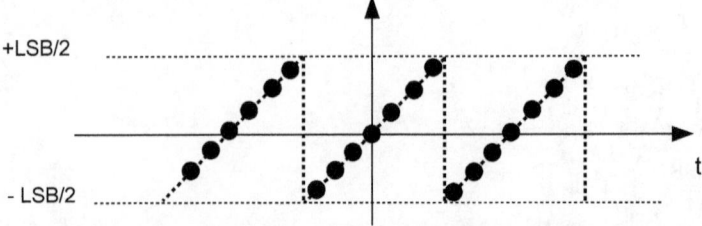

Fig. 9.9 - Errore di quantizzazione in ampiezza che si ottiene campionando nel tempo (ossia: se prendi un numero finito di campioni del tempo anche il dente di sega sarà a campioni)

In questo caso è evidente che siamo in aliasing. Quelle discontinuità (i gradini verticali quando si passa da + LSB/2 a – LSB/2) ci dicono che il dente di sega ha uno spettro composto da infinite frequenze: servono infatti infinite sinusoidi per creare un gradino perfetto.

Prendendo dunque un numero finito di campioni siamo di sicuro in aliasing. Ciò significa che tutte le frequenze superiori a $f_s/2$ ce le ritroviamo ribaltate nella banda da 0 a $f_s/2$ (lo abbiamo visto nel paragrafo 2.4). Dove? Un po' ovunque: a priori non abbiamo motivo per supporre che le componenti dello spettro in aliasing si riversino più da una parte o più dall'altra dello spettro. Possiamo quindi approssimare dicendo che lo spettro del dente di sega avrà più o meno uno spettro con densità spettrale di potenza q costante a tutte le frequenze da 0 a $f_s/2$.

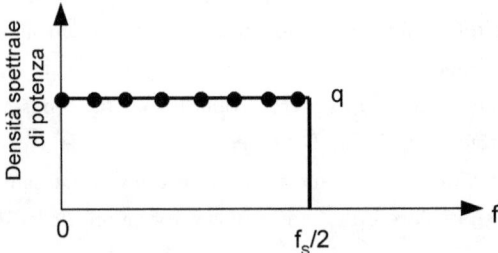

Fig. 9.10 - Spettro dell'errore di quantizzazione in ampiezza: l'ampiezza di ogni frequenza è circa uguale, poiché le frequenze in aliasing si riversano un po' ovunque nello spettro tra 0 e f $_s$/2.

A questo punto l'ultimo passo si fa in un attimo. Sappiamo infatti che la densità spettrale di potenza è costante e di valore q nella banda di campionamento (da 0 a $f_s/2$) e sappiamo che se integriamo questa densità spettrale di potenza (al quadrato) otteniamo il valore efficace v_{eff} al quadrato. L'integrale viene banalmente

$$\int_0^{f_s/2} q^2 \ df = q^2 \cdot \frac{f_s}{2} \qquad (9.6)$$

questo valore è uguale al valore efficace del dente di sega al quadrato. Ricordando che il valore efficace veniva

$$v_{eff} = \frac{LSB}{\sqrt{12}} \tag{9.7}$$

otteniamo che

$$q^2 \cdot \frac{f_s}{2} = \left(\frac{LSB}{\sqrt{12}}\right)^2 \tag{9.8}$$

e infine si ricava che il valore della densità spettrale di potenza q del dente di sega nell'intervallo da 0 a $f_s/2$ è

$$q = \frac{\frac{LSB}{\sqrt{12}}}{\sqrt{\frac{f_s}{2}}} \tag{9.9}$$

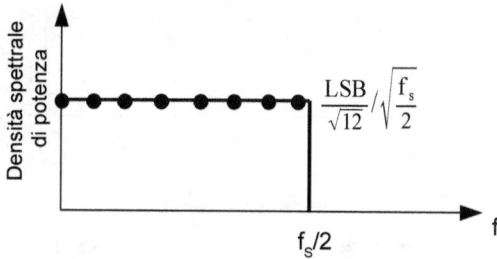

Fig. 9.11 - Spettro dell'errore di quantizzazione in ampiezza: sapendo il valore dell'LSB e la frequenza di campionamento possiamo ricavare quale sarà il livello del rumore bianco dovuto alla quantizzazione in ampiezza.

9.4 Verifica sperimentale

Bello, no? Basta sapere l'LSB e la frequenza di campionamento f_s e con questa formula (9.9) troviamo il rumore di fondo dovuto alla quantizzazione di ampiezza. Non ci credete? Facciamo qualche prova numerica. Campioniamo una sinusoide con frequenza 1 kHz e ampiezza 8 V per 10 ms così da ottenere 10 cicli completi.

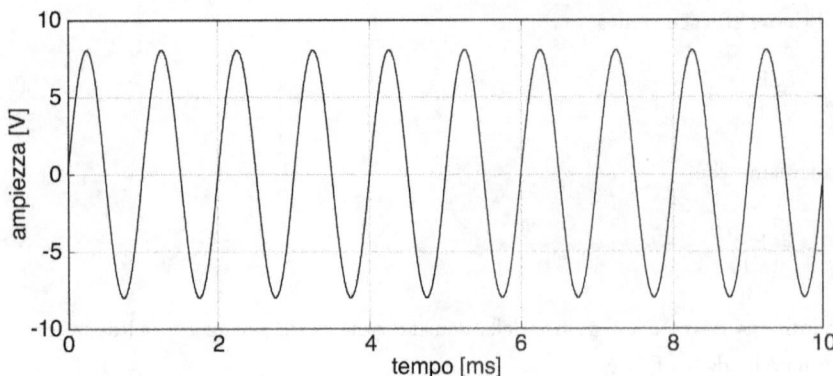

Fig. 9.12 - Sinusoide a 1 kHz campionata per 10 cicli completi

Prendo 2001 punti in questi 10 ms equivalenti a una frequenza di campionamento f_S=200,1 kHz. I campioni sono presi con una quantizzazione in ampiezza di 0,1 V che in Fig. 9.12 ovviamente non vedete questa quantizzazione perché l'LSB è troppo piccolo. Per quelli che non ci credono mostro un ingrandimento intorno all'apice di una sinusoide.

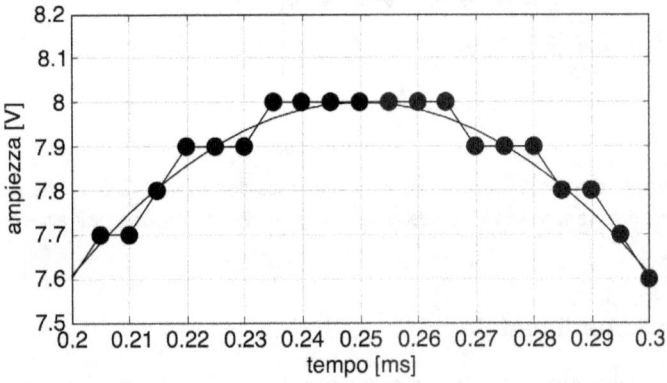

Fig. 9.13 - Ingrandimento di Fig. 9.12 per mostrare che i campioni sono presi con LSB=0,1 V

Ora sì che lo vedete bene che la quantizzazione ha LSB=0,1 V. Bene, ora prendiamo tutti questi campioni e facciamo la DFT. Ne ricaviamo lo spettro del segnale campionato:

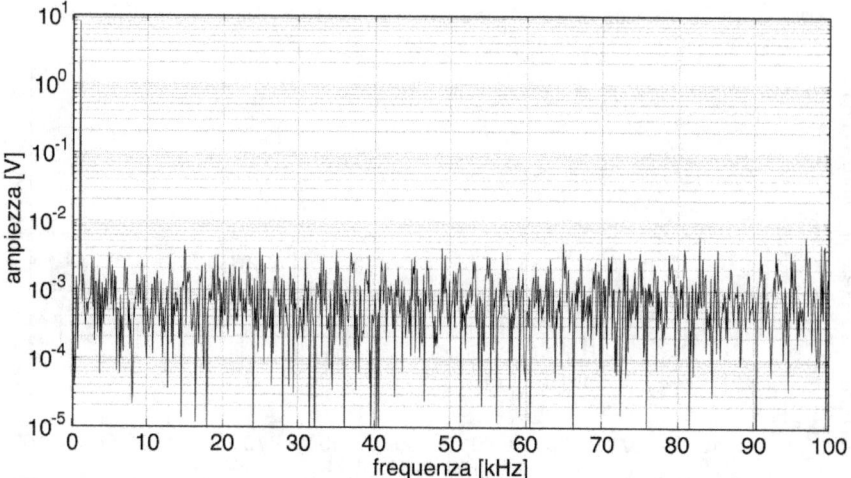

Fig. 9.14 - Spettro del segnale campionato di Fig. 9.12.

Come ci aspettavamo abbiamo una linea a 1 kHz che corrisponde alla sinusoide che abbiamo campionato. La sua ampiezza è 8 V, quindi tutto torna. Notiamo però che abbiamo anche un rumore di quantizzazione in ampiezza. Il suo valore è attorno a 1 mV, ma abbiamo visto che non ha senso mostrarlo in V poiché ha uno spettro continuo, quindi dobbiamo calcolare la densità spettrale di potenza.

Prima di calcolare la densità spettrale di potenza però facciamo una previsione. Se tutto quello che ci siamo detti fino a qua è vero dovremmo essere in grado di prevedere che valore avrà il rumore di quantizzazione.

Sappiamo che l'LSB=0,1 V e che la frequenza di campionamento è f_S=200,1 kHz, perciò possiamo calcolare che il rumore dovuto a questa quantizzazione in ampiezza di 0,1 V sarà:

$$q=\frac{\frac{\text{LSB}}{\sqrt{12}}}{\sqrt{\frac{f_s}{2}}}=\frac{\frac{0.1}{\sqrt{12}}}{\sqrt{\frac{200.100}{2}}}=\frac{0,028868}{316,31}=91\,\frac{\mu V}{\sqrt{Hz}} \qquad (9.10)$$

A questo punto non ci resta che prendere lo spettro di Fig. 9.14, elevarlo al quadrato, dividere per Δf=100 Hz e fare la radice quadrata per ottenere la densità spettrale di potenza:

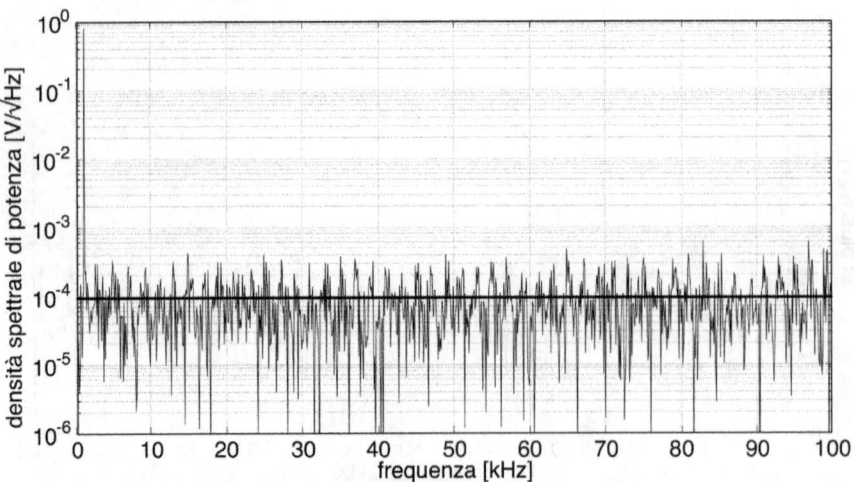

Fig. 9.15 - Densità spettrale di potenza del segnale campionato in Fig. 9.12. Il rumore di fondo dovuto alla quantizzazione in ampiezza di 0,1 V è circa 91 µV/√Hz come avevamo previsto.

Nel grafico di Fig. 9.15 ho disegnato pure una linea orizzontale a 91 µV/√Hz, e come vedete corrisponde all'incirca al livello medio del rumore di fondo.

Non ci credete? Pensate sia un caso? Oppure pensate che tutto sommato quello spettro non è molto uniforme, quindi potevo mettere il livello più o meno dove mi garbava e sarebbe sembrato sempre "all'incirca al livello medio del rumore di fondo"?

Non c'è problema, facciamo un'altra prova. Lasciamo tutti i parametri intatti ma aumentiamo la risoluzione in ampiezza diminuendo l'LSB che scende da 0,1 V a 0,2 mV. Rifacciamo i calcoli di quanto deve venire il rumore di quantizzazione:

$$q = \frac{\dfrac{LSB}{\sqrt{12}}}{\sqrt{\dfrac{f_s}{2}}} = \frac{\dfrac{2 \cdot 10^{-4}}{\sqrt{12}}}{\sqrt{\dfrac{200.100}{2}}} = \frac{5,77 \cdot 10^{-5}}{316,31} = 0,183 \frac{\mu V}{\sqrt{Hz}} \tag{9.11}$$

A questo punto prendiamo i campioni presi con LSB=0,2 mV, calcoliamo la densità spettrale di potenza come abbiamo fatto prima e otteniamo che rumore di fondo è proprio lì, attorno a 0,183 µV/√Hz:

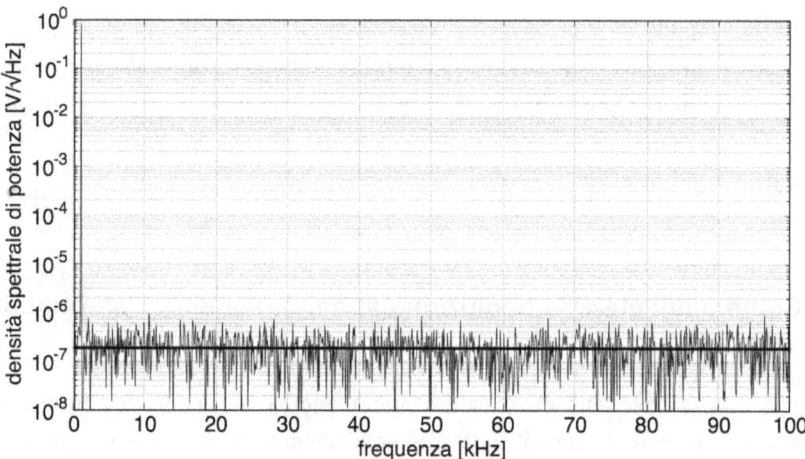

Fig. 9.16 - Spettro di una sinusoide a 1 kHz e con ampiezza 8 V campionata con LSB=0,2 mV. Il rumore di fondo è circa 0,183 µV/√Hz come avevamo previsto. Ridurre l'LSB da 0,1 V a 0,2 mV ha fatto calare il rumore di fondo da 91 µV/√Hz (Fig. 9.15) a 0,183 µV/√Hz.

Come vedete tutto torna. Se volete facciamo un'ultima prova, questa volta aumentiamo la frequenza di campionamento a 2,0001 MHz. Il rumore di quantizzazione (questa volta vi faccio fare i conti da soli) scende a 5,77 nV/√Hz. Come prima, calcolo la densità spettrale di potenza dai campioni ottenuti con LSB=0,2 mV e f_S= 2,0001 MHz e ottengo questo spettro:

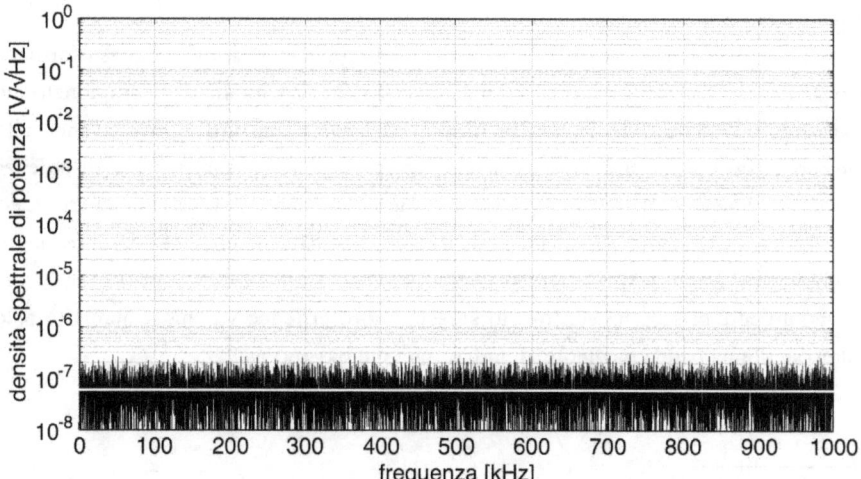

Fig. 9.17 - Spettro di una sinusoide a 1 kHz e con ampiezza 8 V campionata con LSB=0,2 mV ma questa volta con frequenza di campionamento fs=2,0001 MHz. Il rumore di fondo cala a 5,77 nV/√Hz.

Innanzitutto: la linea a 1 kHz non è scomparsa, non la vedete solo perché è compressa a sinistra. Dopodiché, la cosa che ci interessa è che se il livello di 5,77 nV/√Hz ancora una volta si posiziona proprio dove c'è il rumore di fondo dovuto alla quantizzazione in ampiezza. Se non vi fidate ancora fate pure qualche prova voi con il vostro programma di calcolo preferito[23].

Ora però facciamo alcune riflessioni.

9.5 Come aumentare la risoluzione in ampiezza senza però modificare l'LSB

Magari non ci avete fatto caso, ma nell'ultimo esempio abbiamo scoperto una cosa interessante. Il rumore dovuto alla quantizzazione in ampiezza diminuisce se aumentiamo la frequenza di campionamento. La cosa non dovrebbe sorprendervi, visto che abbiamo visto che si calcola prendendo il valore efficace del dente di sega (LSB/√12) e dividendolo per la radice quadrata della banda di campionamento (√f$_S$/2).

$$q = \frac{\dfrac{LSB}{\sqrt{12}}}{\sqrt{\dfrac{f_s}{2}}} \qquad (9.12)$$

Quindi, anche solo **dal punto di vista matematico** lo vediamo bene che la densità spettrale di potenza q dovuta alla quantizzazione in ampiezza cala coll'aumentare della frequenza di campionamento f$_S$.

Ma il discorso fila anche dal punto di vista del significato "fisico" di quella formula. Ricordate? Siamo arrivati a quella formula dicendo che il dente di sega campionato era in aliasing, quindi tutte le frequenze oltre la frequenza massima si rivoltavano sullo schermo. A quel punto avevamo detto che l'integrale della densità spettrale di potenza da 0 a f$_S$/2 doveva darci per forza il valore efficace del dente di sega al quadrato v$_{eff}^2$ = LSB^2/12. Se q è costante, allora l'integrale da 0 a f$_S$/2 è banalmente l'area di un rettangolo di base f$_S$/2 e altezza q^2.

Ora, il dente di sega ha **sempre lo stesso valore efficace** v$_{eff}$ ma se aumento f$_S$ lo spalmo su di una banda maggiore, quindi q^2 sarà più basso (Fig. 9.8).

---

23 Quantizzare in ampiezza un numero con un programma di calcolo è molto semplice. Poniamo che vogliate un LSB=0,01: vi basta moltiplicare i campioni per 100 (l'inverso di 0,01), arrotondarli all'unità con la funzione di arrotondamento che il programma di calcolo di sicuro avrà e dopo averli arrotondati li si divide per 100. Così l'LSB passa dall'unità (a cui avevamo arrotondato) a un centesimo.

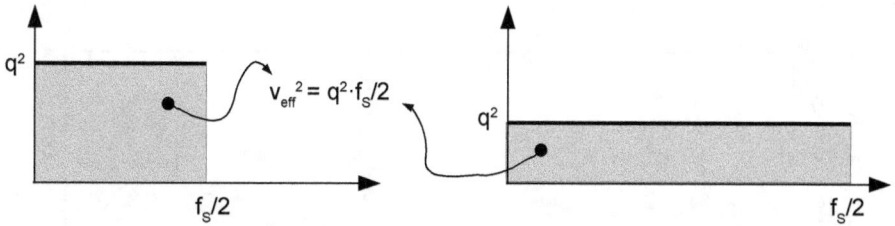

Fig. 9.18 - Se aumentiamo la frequenza di campionamento fs lo stesso valore efficace (corrisponde all'area dello spettro) dell'errore di quantizzazione sarà spalmato un una banda di frequenza più alta così che l'ampiezza della densità spettrale di potenza sarà minore.

Alla fine quello che conta è che il risultato dell'integrale ($q^2 \cdot f_S/2$) sia sempre uguale a v_{eff}^2. Fissato quindi il valore efficace del dente di sega v_{eff}, se aumento f_S ottengo che q diminuisce e l'opposto.

Osservazione banale? Forse. Però questa banalità ci suggerisce un concetto importantissimo: **per aumentare la risoluzione in ampiezza non è necessario diminuire l'LSB**. Tu puoi usare un convertitore analogico-digitale con lo stesso LSB, ma aumenti la frequenza di campionamento e come risultato la risoluzione in ampiezza migliora. Sì, perché è vero che l'LSB è lo stesso, ma quando calcoli lo spettro del segnale campionato vedrai spiccare meglio il segnale. Infatti, aumentando la frequenza di campionamento si abbassa il rumore dovuto alla quantizzazione in ampiezza e quindi il segnale, in proporzione al rumore, si vede meglio (quelli ganzi dicono che aumenta il rapporto segnale-rumore, anzidetto SNR, *Signal-to-Noise Ratio*).

Facciamo un esempio pratico. Prendiamo la sinusoide di ampiezza 8 V e frequenza 1 kHz usata prima e aggiungiamo una piccola sinusoide a 9 kHz e ampiezza 2 mV. Campioniamo tutto con f_S=20,1 kHz e LSB= 22 mV. Lo schermo che otteniamo è quello che vediamo in Fig. 9.19 (anche in questo caso ho disegnato il livello del rumore di quantizzazione q per farvelo notare meglio).

Vediamo senza problemi l'armonica a 1 kHz, ma quella a 9 kHz proprio no. La componente a 9 kHz è semplicemente troppo bassa e viene sovrastata da rumore di quantizzazione q. E grazie al ciuffolo, direte voi: stai campionando con un LSB di 22 mV come speri di vedere un'armonica di ampiezza 2 mV? Ma neanche con tutta la buona volontà di questo mondo riuscirai a vederla! O forse sperate di vedere un'armonica di 2 mV campionandola con un LSB di 22 mV?

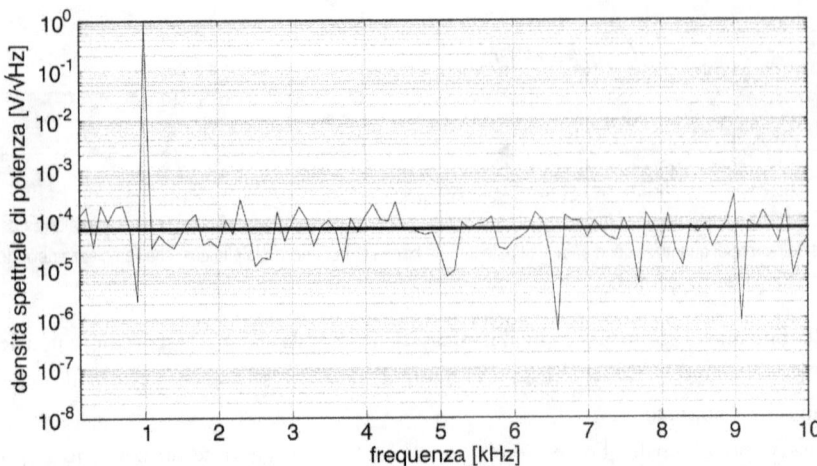

Fig. 9.19 - Spettro di segnale composto da una sinusoide a 1 kHz e con ampiezza 8 V più una piccola sinusoide a 9 kHz con ampiezza 2 mV campionato con LSB=22 mV e fs=20,1 kHz. Vedo solo la componente a 1 kHz perché quella a 9 kHz è troppo piccola e si confonde nel rumore di fondo dovuto all'LSB.

E invece no. Ora vi dimostro che è possibile: basta abbassare il rumore di quantizzazione, e questo possiamo farlo sempre con LSB=22mV ma aumentando la frequenza di campionamento. Aumentiamo dunque la frequenza di campionamento a f_S=2,0001 MHz e lo spettro diventa questo (Fig. 9.20).

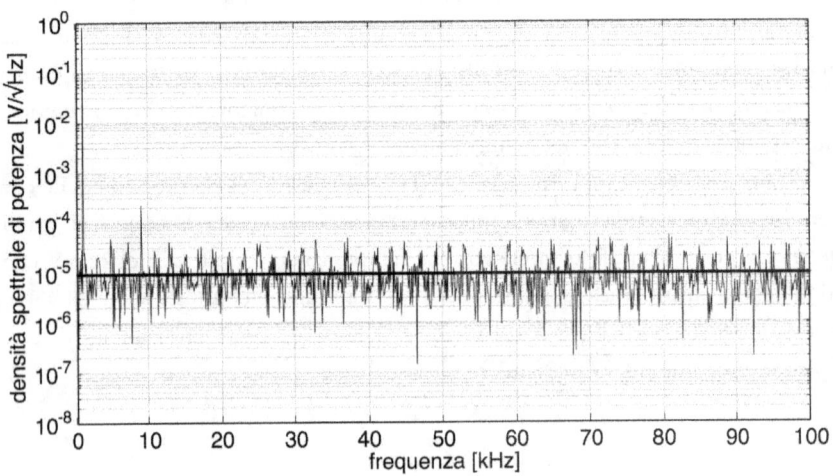

Fig. 9.20 - Spettro di segnale composto da una sinusoide a 1 kHz e con ampiezza 8 V più una piccola sinusoide a 9 kHz con ampiezza 2 mV campionato sempre con LSB=22 mV ma con frequenza di campionamento fs=2,0001 MHz. In questo caso riesco a vedere anche la componente a 9 kHz (benché 10 volte minore dell'LSB) perché aumentando fs ho diminuito il rumore dovuto alla quantizzazione in ampiezza.

Come abbiamo visto il rumore di quantizzazione q è diminuito e ora la componente a 9 kHz emerge chiaramente. È lì a sinistra in Fig. 9.20 (in questo caso non mostro tutto lo schermo – che arriva a 1 MHz – ma solo la porzione fino a 100 kHz perché altrimenti la componente a 9 kHz sarebbe rimasta schiacciata a sinistra e non l'avremmo notata).

Certo, non è enorme, ma la possiamo facilmente distinguere da rumore di quantizzazione q. Infatti, per quanto il rumore di fondo vari un po' attorno al valore teorico, non c'è alcuna componente del rumore che arrivi allo stesso livello della componente a 9 kHz. Possiamo dunque dire con certezza che quella componente è segnale, non rumore.

Vedete allora che siamo riusciti a misurare una sinusoide con ampiezza 2 mV usando un LSB di 22 mV? Non è stato necessario abbassare l'LSB, abbiamo ridotto il rumore di quantizzazione usando l'altra leva, quella della frequenza di campionamento.

Se ci pensate non è così ovvio. Insomma, quando aumenti la frequenza di campionamento agisci sul tempo quindi ti aspetti che l'effetto sia sul tempo, o sul suo reciproco, ossia la frequenza. Infatti lo sappiamo: se aumentiamo la frequenza di campionamento aumenta la banda di frequenza del segnale che possiamo osservare. Ma questo non è l'unico effetto. Se aumento la frequenza di campionamento aumento anche la risoluzione in ampiezza. Detto molto rozzamente: agisco sugli hertz e come risultato ottengo una risoluzione maggiore sui volt!

Questo ha grosse conseguenze, perché a un certo punto uno potrebbe chiedersi: che senso ha diventare matti a progettare un convertitore analogico-digitale con un piccolo LSB? Basta aumentare la frequenza di campionamento e si ottiene lo stesso risultato.

E infatti così è: quando si costruiscono convertitori analogico-digitali ad altissima risoluzione quasi sempre questa risoluzione si ottiene aumentando la frequenza di campionamento, così che il rumore di quantizzazione in ampiezza q diminuisca. Vedremo i dettagli di questa tecnica nel capitolo 10.

9.6 A che cosa serve saper calcolare il rumore di quantizzazione in ampiezza?

Ora sapete calcolare il rumore di quantizzazione del vostro convertitore analogico-digitale. Questo è uno strumento molto importante per progettare il vostro sistema di campionamento. Ad esempio, se calcolate che il vostro convertitore ha un rumore di quantizzazione q di 10 nV/√Hz non ha alcun senso diventare matti cercando un amplificatore con rumore di 1 nV/√Hz. Il rumore di quantizzazione infatti sovrasterà in entrambi i casi il rumore dell'amplificatore, quindi chi se ne frega se l'amplificatore ha rumore di 1 o di 2 nV/√Hz, rispetto ai 10 nV/√Hz dovuti alla quantizzazione in ampiezza sono un dettaglio praticamente trascurabile. Puoi benissimo usare un amplificatore da 6 o 7 nV/√Hz) che costa meno senza impiccarti per cercare di ridurre il rumore inutil-mente, visto che poi il rumore di quantizzazione è comunque maggiore.

Quando progetti il tuo sistema di digitalizzazione devi fare una stima di massima dei vari rumori che ci saranno per sapere quale sarà il rumore finale (e quindi se il tuo siste-ma è sufficiente a basso rumore per quello che ti serve). Tra i vari rumori c'è anche quel-lo di quantizzazione e ora sei capaci di stimarlo.

9.7 L'effetto delle approssimazioni

In tutti questi esempi avete visto che lo spettro non aveva mai un rumore di fondo pari a sempre al valore teorico q. Questo è le effetto di tutte le approssimazioni che ab-biamo fatto prima quando abbiamo calcolato il valore del rumore di quantizzazione q. Approssimazioni utili perché ci hanno fatto calcolare in modo abbastanza preciso il li-vello del rumore di quantizzazione (e abbiamo visto negli esempi pratici che funziona), ma che necessariamente non implicano che ad ogni frequenza il rumore di quantizzazio-ne valga *esattamente* q.

Se vi ricordate abbiamo introdotto una approssimazione dicendo che l'errore dovuto alla quantizzazione era un dente di sega perfetto (e, a meno di campionare un'onda triangolare, non lo è). Abbiamo approssimato poi dicendo che le frequenze in aliasing del dente di sega si riversano ugualmente su tutte le frequenze da 0 a $f_s/2$.

Nella realtà ovviamente non è così: se ripetiamo l'acquisizione del segnale più volte notiamo che il rumore di quantizzazione cambia leggermente forma ogni volta anche se il suo valore medio (quel q che abbiamo calcolato) rimane lo stesso. Nella realtà quindi acquisiamo più volte il segnale, facciamo una media degli spettri e più spettri prendiamo per fare la media e più il rumore di fondo diventerà una bella riga liscia orizzontale di li-vello q.

9.8 Ottimizzare la risoluzione in ampiezza dell'analizzatore di spet-tro

Adesso torniamo all'aspetto pratico di tutta questa trattazione. Uno dei problemi più comuni tra chi usa un analizzatore di spettro è quello di non impostare correttamente lo stadio di ingresso del segnale; di solito collegano il cavo all'ingresso, impostano la fre-quenza massima e minima e appena vedono qualcosa che assomiglia a uno spettro sullo schermo sono contenti. In realtà c'è un altro importante parametro da impostare, che può completamente cambiare il risultato della misura, ed è il *range* del segnale in ingres-so, ossia il massimo valore che può assumere il segnale in ingresso prima di saturare il convertitore analogico-digitale.

Attenzione, il convertitore analogico-digitale di per sé avrà sempre lo stesso *range* e lo stesso LSB, ad esempio un *range* ±10 V con 12 bit dà un LSB circa di 4,88 mV, e questo non cambia. Quando però sull'analizzatore di spettro scelgo un *range* minore, ad esempio ±100 mV, significa che tra l'ingresso e il convertitore analogico-digitale viene inserito un amplificatore, in questo caso di guadagno 100. Poi dopo aver campionato i segnali li divido per 100. In questo modo ho diviso anche l'LSB per 100. Di per sé l'LSB è sempre 4,88 mV ma se amplifico il segnale per 100 l'LSB risulta **in proporzione al segnale** 100 volte più piccolo.

Ciò che dobbiamo fare è amplificare il segnale il più possibile (scegliendo il minor *range* consentito dal segnale) per fare in modo che il segnale sia quanto più grande rispetto all'LSB[24].

Se invece l'LSB è troppo basso perché campioniamo il segnale con un *range* troppo alto, che succede?

Facciamo un esempio concreto così lo vediamo meglio: con un analizzatore di spettro misuro una piccola sinusoide a 10 Hz di ampiezza 3 µV generata con l'oscillatore di un amplificatore lock-in. In questo caso scelgo due diversi *range* per lo stadio di ingresso, ± 12 mV e ± 2,5V.

Mi direte, come mai scegli un *range* di ± 12 mV se il segnale è di solo 3 µV? È un po' alto, no? Le motivazioni sono due: innanzitutto perché l'oscillatore non è ideale e quindi c'è un valore medio (che può essere di qualche centinaia di µV) che si somma ai 3 µV. Ma la ragione principale è che ± 12 mV era il *range* più piccolo selezionabile! Più piccolo di così non si può. Tuttavia questo *range* è sufficiente per vedere anche "a occhio"[25] la sinusoide a 10 Hz. Infatti il convertitore analogico-digitale ha un *range* di ± 12 mV e una risoluzione di 16 bit. ciò significa che l'LSB risulta

$$LSB = \frac{\pm 12\,mV}{2^{16}-1} = \frac{24\,mV}{2^{16}-1} = 0,37\,\mu V \tag{9.13}$$

Quindi posso agilmente misurare la sinusoide a 10 Hz anche se ha ampiezza di 3 µV. Ovviamente non avrò una perfetta visione della sinusoide ma almeno posso riconoscerla. Vedete un esempio del segnale campionato in Fig. 9.21: anche a occhio vedete che l'ampiezza picco-picco è 6 µV.

---

24 Ho usato tre volte il concetto di "*il più possibile*" in questa frase. Cosa significa? Che non posso amplificare all'infinito. Se amplifico troppo poi rischio di sforare il *range* massimo del convertitore analogico-digitale e andare in saturazione.

25 "A occhio" qui sta a significare che possiamo vederlo nel dominio del tempo, anche senza fare la DFT.

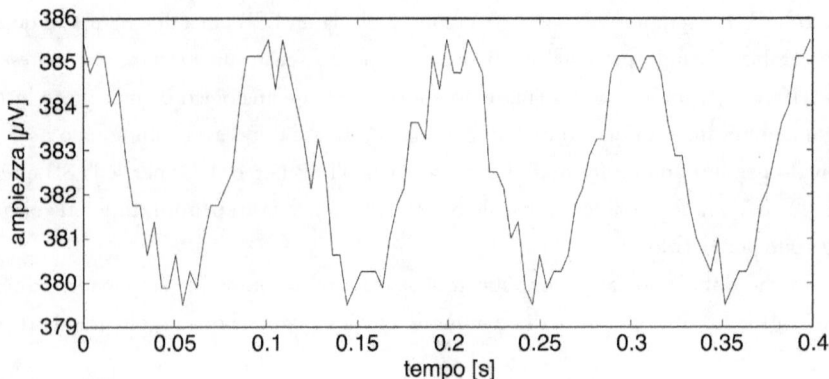

Fig. 9.21 - Sinusoide di 3 µV con frequenza 10 Hz campionata con un basso LSB.

Se invece scelgo il *range* da ± 2,5V l'LSB diventa molto più largo poiché la risoluzione del convertitore è sempre la stessa, ma i suoi bit sono distribuiti su di un intervallo di tensione molto più alto. Nello specifico l'LSB risulta

$$LSB = \frac{\pm 2,5 \, V}{2^{16} - 1} = \frac{\pm 5V}{2^{16} - 1} = 76,3 \, \mu V \tag{9.14}$$

Se dunque campiono il segnale con un *range* di ± 2,5V ottengo qualcosa che varia solo di pochi bit. Non posso nemmeno lontanamente riconoscere una sinusoide in questi campioni. Ho una sinusoide che di 3 µV, come posso sperare di vederla con un LSB di circa 76 µV?

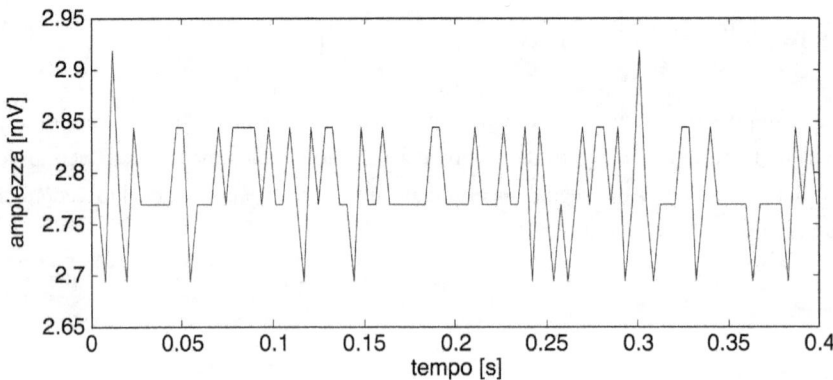

Fig. 9.22 - La stessa sinusoide di Fig. 9.21 campionata però con un LSB molto più grande. Così grande che ho perso traccia della sinusoide.

9.9 Il rischio che corriamo se guardiamo solo lo spettro

Fin qui ci stiamo raccontando cose fin troppo ovvie. Che il *range* di ingresso non debba essere diversi ordini di grandezza maggiore del massimo valore del segnale è scontato per qualsiasi strumento di misura, campionamento a parte. Il problema nasce quando guardiamo lo spettro ottenuto da questi segnali campionati[26]. Proviamo a guardarli insieme.

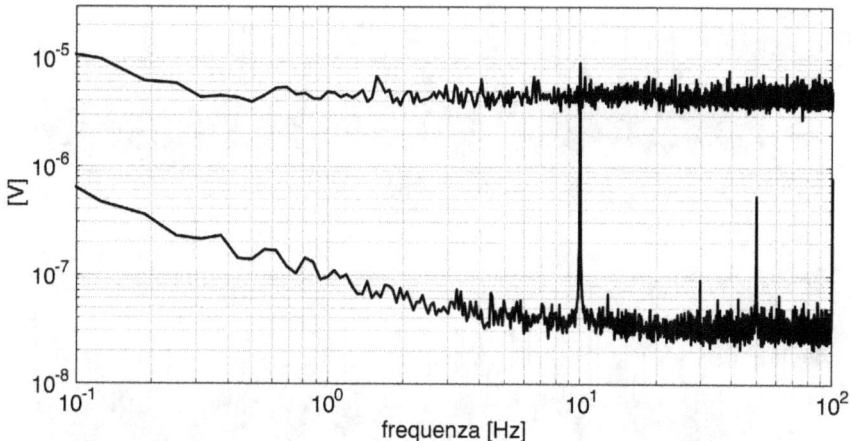

Fig. 9.23 - Spettri dei segnali campionati di Fig. 9.21 con un piccolo LSB (traccia inferiore) e di Fig. 9.22 con un LSB grosso (traccia superiore).

Non ci stupisce che lo spettro del segnale campionato con un larghissimo LSB abbia un grosso rumore bianco, così grosso che praticamente sovrasta l'armonica a 10 Hz. Lo abbiamo visto prima che tanto più è alto l'LSB tanto più alto è il rumore bianco dovuto alla quantizzazione in ampiezza, tanto che copre il segnale.

Quello che però ci dovrebbe far riflettere è la **forma dello spettro** ottenuto campionando con un grosso LSB.

Mi spiego, se voi guardate un segnale campionamento con poca risoluzione di ampiezza come quello in Fig. 9.22 vedete al volo che è stato campionato con bassa risoluzione. Il segnale assume solo tre o quattro valori, anche un orbo si accorgerebbe che stiamo campionando con un LSB altissimo. Nello specifico i campioni assumono solo quattro valori a intervalli regolari. Ora, o siamo stati sfortunati, ma così sfortunati da campionare un segnale che per puro caso assume solo quattro valori che distano uno dall'altro sempre 76 µV, oppure – cosa molto più probabile – quei 76 µV tra un valore e l'altro corrispondono all'LSB.

---

26 Gli spettri sono calcolati su una sequenza di campioni acquisita per 16 secondi, mentre nelle Figg. 9.21 e 9.22 ho mostrato solo i primi 0,4 secondi per consentire di vedere (almeno nella Fig. 9.21) la sinusoide.

Che ci sia un problema di quantizzazione grossolana dovuta all'LSB è quindi eviden-te a occhio. Quando però guardiamo lo spettro tutto cambia: la quantizzazione dovuta a un alto LSB fa apparire un rumore bianco più alto, ma questo è indistinguibile da un grosso rumore alto dovuto ad altre cause. Proviamo a fare un ingrandimento del rumore bianco dei due spettri di Fig. 9.23 nella regione da 20 Hz a 100 Hz.

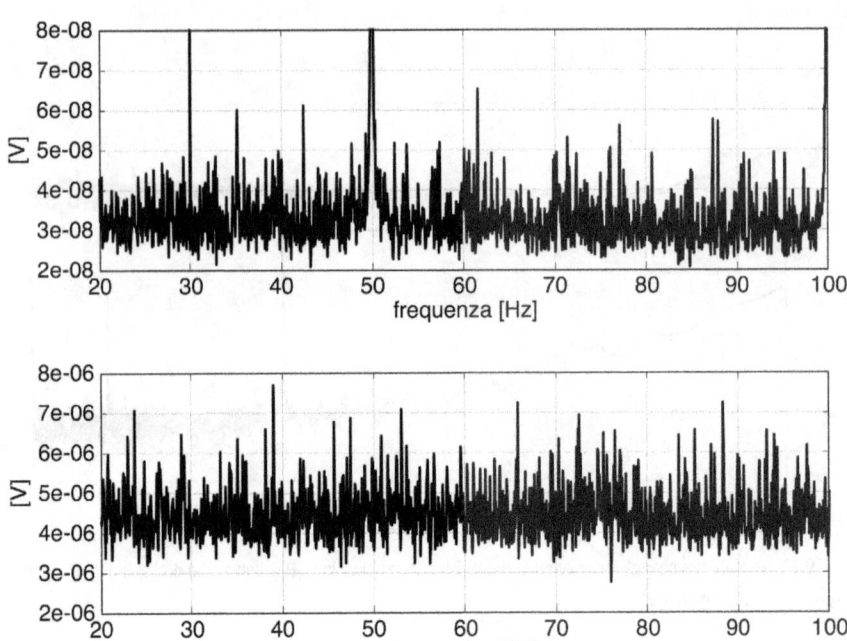

Fig. 9.24 - I due rumori bianchi di Fig. 9.23: quello in alto e il vero rumore bianco che c'era in ingresso allo stru-mento, quello in basso è rumore bianco dovuto ad un povera risoluzione in ampiezza. Di fatto sono indistinguibili.

Come vedete non c'è alcuna sostanziale differenza. L'unica differenza è che il primo è a livello più basso del secondo ($3 \cdot 10^{-8}$ V contro $4,5 \cdot 10^{-6}$ V) ma la variazione attorno a questo livello è molto simile in entrambi i casi, tanto che se non fate caso al livello me-dio le due immagini di Fig. 9.24 vi sembrano del tutto simili.

Nel dominio del tempo lo vedo che il segnale assume solo quattro valori (quindi c'è un grosso LSB), ma quando prendo questi campioni e ne calcolo lo spettro i valori delle armoniche non assumono anch'essi solo quattro valori. Al contrario, lo spettro mostra tanti valori diversi nelle sue componenti. Quindi io se guardo solo lo spettro non mi ac-corgo che c'è stata una rozza quantizzazione in ampiezza, perché una volta che passo dai campioni quantizzati in ampiezza allo spettro la quantizzazione svanisce. O meglio, la quantizzazione in ampiezza si tramuta in rumore bianco, ma le varie componenti di que-sto rumore non sono quantizzate.

Questo è un bel problema, perché se guardo solo lo spettro **rischio di non accorgermi** di avere un grosso LSB e che quindi sto campionando male.

Potreste dirmi: sì, ma ci accorgiamo che è campionato con un grosso LSB perché il rumore bianco è molto alto.

E invece no, perché il rumore bianco così alto può essere sì causato da un grosso LSB ma può essere anche un autentico rumore bianco; magari l'elettronica che usiamo per amplificare il segnale è particolarmente rumorosa. Come fai a distinguere se un grosso rumore bianco è dovuto a un segnale rumoroso o al fatto che stai campionando il segnale con un grosso LSB?

Non puoi, il rumore bianco causato da una povera risoluzione in ampiezza è indistinguibile da un qualsiasi altro rumore bianco della stessa ampiezza. Vi faccio un esempio. In Fig. 9.25 vedete gli spettri di due segnali che ho campionato con un analizzatore di spettro.

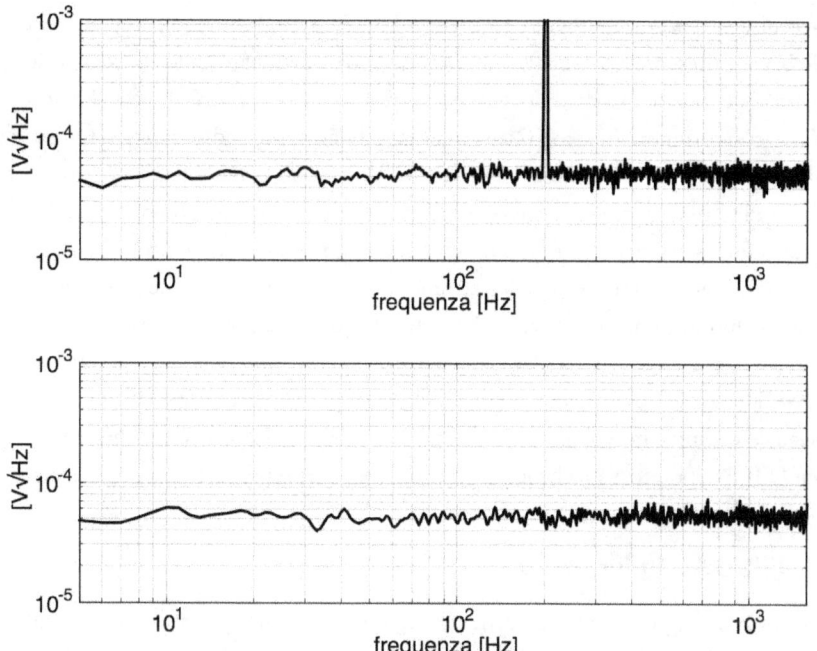

Fig. 9.25 - Figura in alto: lo spettro di un segnale campionato con un grosso LSB, il rumore di quantizzazione è 50 µV/√Hz. Figura in basso: lo spettro di un segnale contenente rumore bianco campionato con un basso LSB. Anche in questo caso il rumore di fondo è 50 µV/√Hz ma non è dovuto alla quantizzazione, è rumore vero.

In entrambi i casi i segnali erano generati da un generatore di forme d'onda. Nel primo caso (figura in alto) il segnale era un sinusoide a 200 Hz di ampiezza 10 mV a 200 Hz, campionata con un grosso LSB. Ho infatti impostato l'intervallo d'ingresso intenzionalmente a 31,6 V – molto più del necessario! - per avere un grosso LSB. Il risultato è che oltre alla sinusoide a 20 Hz vedo un rumore bianco a 50 μV/√Hz circa. Quel rumore bianco è un rumore di quantizzazione: se abbasso LSB scompare! Il vero rumore di fondo del segnale è molto più basso.

Nel secondo caso (figura in basso) invece ho campionato un rumore bianco. Giusto per fare le cose in modo semplice ho generato il rumore usando lo stesso generatore di forme d'onda il quale oltre a seni, onde triangolari e rettangolari ha anche una funzione per produrre rumore. Anche in questo caso il rumore bianco è 50 μV/√Hz, ma non è un rumore di quantizzazione. Il rumore di quantizzazione infatti ora è 100 volte minore visto che ho ridotto l'intervallo d'ingresso a 316 mV. Quel rumore bianco non è più rumore di quantizzazione ma è veramente rumore bianco che fisicamente mi trovo all'ingresso dell'analizzatore di spettro.

Ora, io vi chiedo di osservare i due spettri di Fig. 9.25, in particolare guardate il rumore bianco di fondo. In entrambi i casi vale 50 μV/√Hz, pur tuttavia uno è un rumore bianco di quantizzazione dovuto a un largo LSB il secondo invece è veramente un rumore bianco presente nel segnale. Sareste capaci di individuare (solo guardando lo spettro!) quale dei due deriva da un problema di quantizzazione e quale invece da un segnale con un grosso rumore bianco? Quasi sicuramente no, sono indistinguibili. Questa volta non potete nemmeno che uno è maggiore dell'altro: sono entrambi a 50 μV/√Hz.

Ecco allora che quando usiamo l'analizzatore di spettro non dovremo mai (ripeto, mai) guardare solo lo spettro (come fanno alcuni), poiché potremmo cadere in tranelli come questo: guardiamo lo spettro, vediamo un grosso rumore bianco e pensiamo che il segnale sia molto rumoroso. Invece no, il segnale non è rumoroso è solo che lo sto campionando con un grosso LSB. Per evitare un fraintendimento del genere dobbiamo sempre guardare sia lo spettro sia il segnale nel dominio del tempo, così che se osserviamo un segnale campionato come quello di Fig. 9.22 possiamo riconoscere che stiamo usando un LSB troppo grosso e che lo spettro non ha alcun senso.

9.10 Filtro AC in ingresso

Se l'LSB è troppo grosso è evidente che dobbiamo ridurlo per campionare bene il segnale. Riprendendo l'esempio del paragrafo precedente sembra del tutto ovvio che invece di campionare con un *range* di ± 800 mV dovremo usare il *range* di ± 4 mV, nel mio caso il più piccolo che ho a disposizione sull'analizzatore di spettro. Perché allora non farlo? Perché dovrei essere così stupido da selezionare un *range* maggiore?

Il problema è che spesso il segnale ha un valore medio molto più alto di tutte le armoniche. Prendete questo esempio, ho una tensione di 3 V prodotta da un generatore di tensione costante. Il suo valore medio è 3 V e in teoria non dovrei avere alcuna armonica, ma ovviamente non è così: c'è un po' di rumore a frequenza superiori a 0 Hz, non ho solo il valore medio di 3 V. Uno potrebbe dirmi: e che ti interessa di quelle componenti? Mi interessa eccome! Poniamo che quei 3V mi servano per alimentare l'elettronica di un sensore: il rumore nella tensione d'alimentazione si ripercuote sul segnale d'uscita, quindi vogliamo che l'alimentazione sia quando più possibile costante e senza rumore. Collego dunque questa tensione di 3 V all'ingresso dell'analizzatore di spettro e campiono questo segnale:

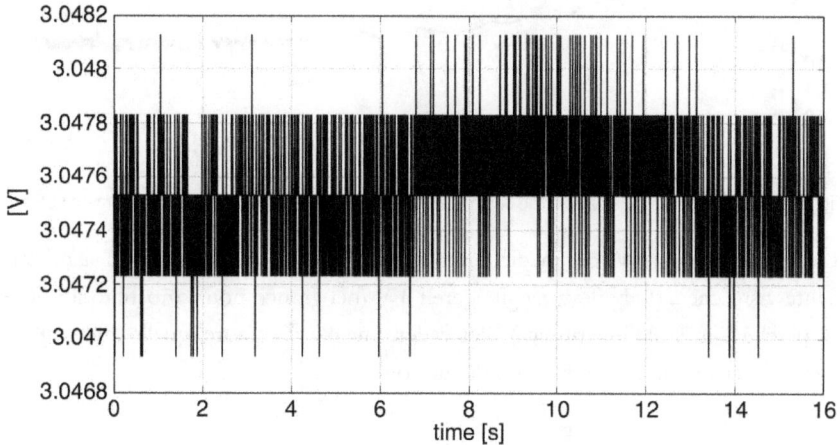

Fig. 9.26 - Un segnale che in teoria dovrebbe essere di 3 V costanti ma che ha un po' di rumore attorno al suo valore medio. Solo che lo campioniamo con un LSB molto alto, quindi non vediamo bene questo rumore.

Come vedete la tensione non è proprio 3 V bensì 3,047 V circa. Ma non è questa la cosa importante. Ciò che ci interessa è osservare che per campionare un segnale di 3 V abbiamo dovuto usare un *range* molto alto (almeno 3,047 V) e così facendo l'LSB risulta grandissimo. Il segnale è quindi campionato con una scarsa risoluzione d'ampiezza, tanto che nei 16 secondi in cui l'abbiamo campionato assume solo cinque valori diversi. Quando osserviamo lo spettro dunque troviamo un alto rumore bianco dovuto al grande LSB come abbiamo visto prima (Fig. 9.27).

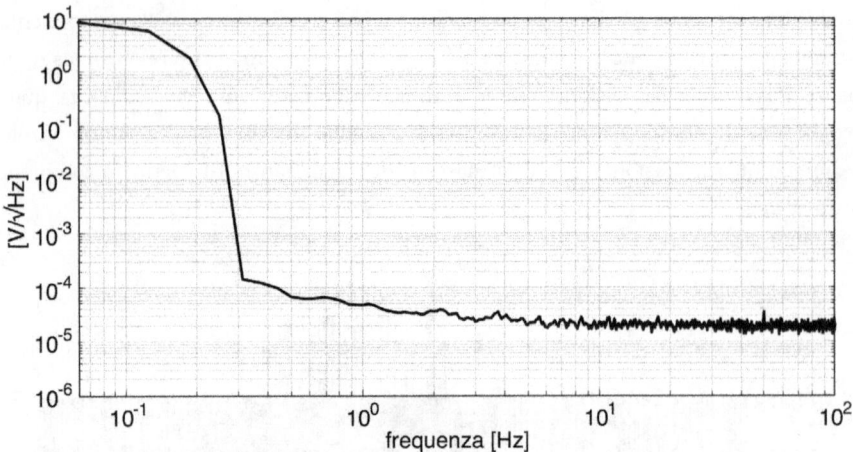

Fig. 9.27 - Spettro del segnale campionato di Fig. 9.26. C'è un elevato rumore bianco dovuto al grosso LSB.

C'è anche un grosso valore medio, tanto che a basse frequenze lo spettro si alza rapi-
damente visto che a 0 Hz deve raggiungere i 3 V (nel grafico non è mostrato il valore a
0 Hz perché è in scala logaritmica). Per vedere meglio il rumore, quello che vogliamo
misurare, facciamo un ingrandimento di questo spettro:

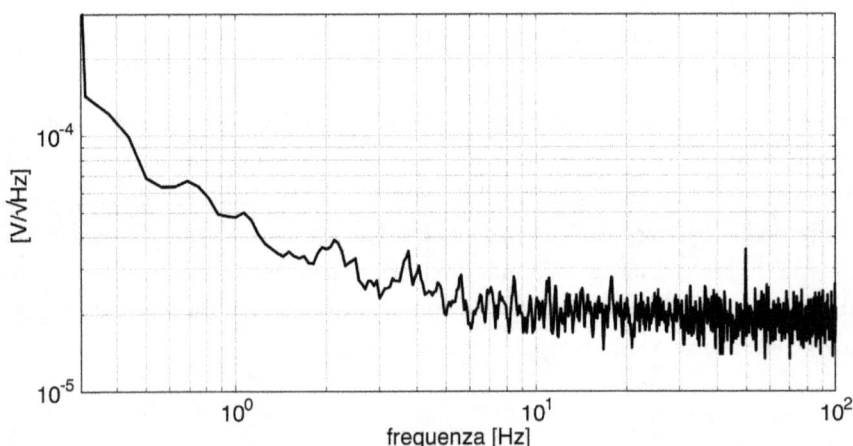

Fig. 9.28 - Ingrandimento di Fig. 9.27 per vedere meglio il rumore bianco causato dalla scarsa risoluzione in ampiezza.

Per frequenze sopra i 10 Hz abbiamo un rumore bianco di circa 20 μV/$\sqrt{\text{Hz}}$. Ma
questo sappiamo che è solo rumore di quantizzazione dovuto al grosso LSB. Non è il
vero rumore del generatore di tensione costante!

Per scoprire il vero rumore del dispositivo dobbiamo aumentare la risoluzione, quindi amplificare il segnale in modo che l'LSB risulti in proporzione più piccolo. Il problema è che non posso amplificare il segnale perché ho 3 V di valore medio. Se amplifico il segnale, poniamo, di 100 volte diventa 300 V e col cavolo che lo posso campionare: 300 V supera di gran lunga il *range* del convertitore analogico-digitale. Se vogliamo una maggiore risoluzione di ampiezza dobbiamo rimuovere il valore medio di 3V e lasciare le componenti a più alta frequenza a cui siamo interessati: solo dopo aver eliminato il valore medio potremo amplificare. Per fare questo dovremo inserire un filtro passa-alto che rimuove il valore medio. Sull'analizzatore di spettro si fa ciò selezionando l'opzione "AC" allo stadio di ingresso. In questo modo viene inserito un filtro passa alto che rimuove il valore medio di 3V. Inseriamo dunque questo filtro e poi riduciamo il *range* a 4 mV. Il segnale che ora campioniamo ha valore medio 0 ma l'LSB è ben minore tanto che ci consente di campionare il segnale molto meglio:

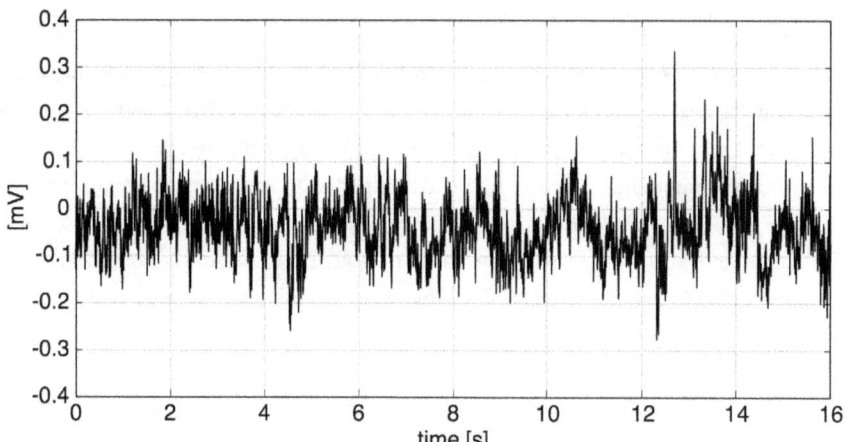

Fig. 9.29 - Stesso rumore di Fig. 9.26 a cui però abbiamo tolto il grosso valore medio di 3 V e poi amplificato per ridurre l'LSB effettivo.

Ora sì che possiamo vedere il rumore di questa tensione attorno ai 3 V di valore medio. Questo di Fig. 9.29 è lo stesso rumore di Fig. 9.26, solo che ora avendo amplificato il segnale (cosa resa possibile dalla rimozione del valore medio) lo riusciamo a vedere meglio.

Se poi osserviamo lo spettro di questo segnale campionato notiamo che non c'è più alcun rumore bianco bensì possiamo vedere benissimo il rumore del generatore di tensione che decresce circa come $1/f$. Prima non potevo vedere questo rumore del generatore perché era sovrastato dal rumore bianco di circa 20 $\mu V/\sqrt{Hz}$ dovuto alla quantizzazione.

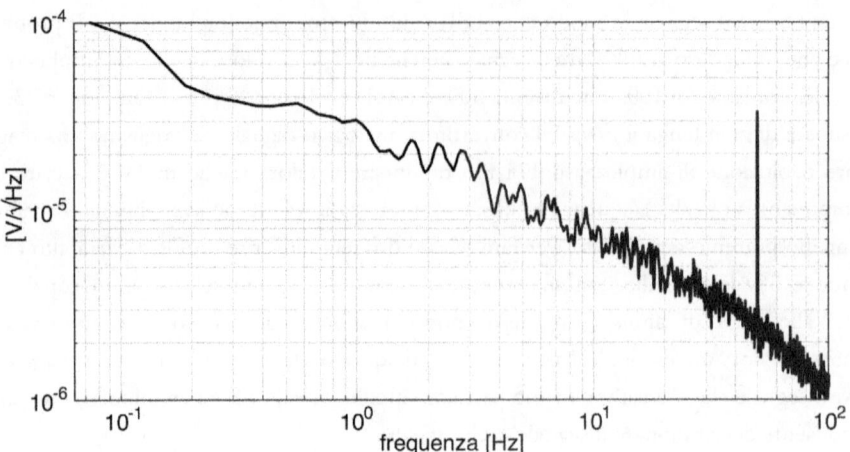

Fig. 9.30 - Spettro del segnale campionato di Fig. 9.29. Ora, con un LSB effettivo più basso è scomparso il rumore bianco di circa 20 μV/√Hz che invece c'era in Fig. 9.28.

Bello, vero? Già, però come al solito quando c'è qualcosa di bello c'è sempre anche l'altro lato della medaglia. Qual è lo svantaggio dell'usare il filtro AC in ingresso? Il problema è che il filtro passa-alto che usiamo non è ideale, non rimuove solo il valore medio ma tutte le componenti sotto la frequenza di taglio. In questo caso l'analizzatore di spettro è equipaggiato con filtro passa alto con una frequenza di taglio di 1 Hz; ciò significa che se andiamo a guardare lo spettro per frequenze inferiori a 1 Hz osserveremo il filtro passa alto in azione. Facciamolo: campiono lo stesso segnale con parametri tali per cui lo spettro ha un intervallo di frequenza da 2 mHz a 3,125 Hz.

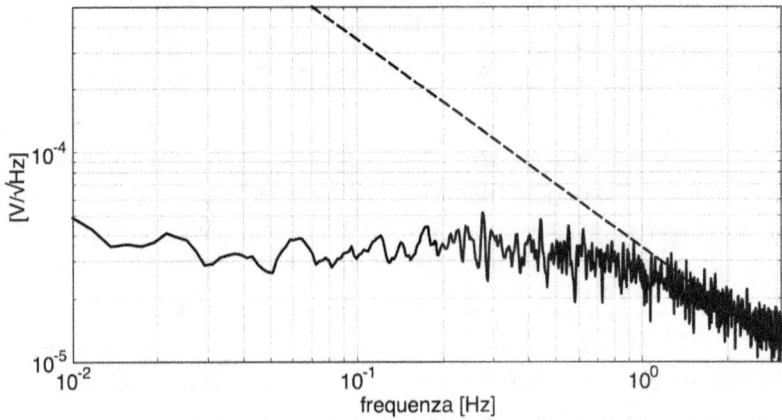

Fig. 9.31 - Spettro ottenuto con un filtro passa-alto in ingresso. Per frequenze minori di 1 Hz l'attenuazione del filtro diminuisce il valore dello spettro che di per sé invece continuerebbe a salire come la linea tratteggiata.

Si nota molto bene che da 3 Hz fino a 1 Hz circa lo spettro cresce come $1/f$, poi però verso 1 Hz smette di crescere e diventa costante. Questo però non significa che il rumore del generatore di tensione smette di crescere per basse frequenze; nossignori, il rumore del generatore continua a crescere come la linea tratteggiata in Fig. 9.31, solo che questa parte dello spettro viene soppressa dal filtro passa alto. In buona sostanza per frequenze sotto 1 Hz lo spettro del segnale campionato risulta costante perché da una parte lo spettro del segnale sale e dall'altra parte la funzione di trasferimento del filtro diminuisce mentre diminuiamo la frequenza e le due cose si compensano.

Selezionare l'opzione AC nello stadio di ingresso dell'analizzatore di spettro per sopprimere il valore medio e usare un *range* minore è dunque una tecnica che va bene se siamo interessati allo spettro nel *range* di frequenze maggiori della frequenza di taglio del filtro passa alto. Sotto la frequenza di taglio quello che misurate non ha più alcun senso perché entra in azione il filtro. E se siete interessati proprio a quell'intervallo di frequenze? Be', a questo punto potete disinserire il filtro passa alto dell'analizzatore di spettro selezionando l'opzione DC al posto di AC e inserire come sostituto un filtro passa alto personalizzato tra il segnale e l'analizzatore di spettro. Ovviamente questo filtro dovrà avere una frequenza di taglio inferiore a quella del filtro già incluso nell'analizzatore di spettro; ad esempio potete usare un filtro con frequenza di taglio 0,02 Hz in sostituzione del filtro da 1 Hz dell'analizzatore di spettro. In questo modo potrete osservare correttamente lo spettro fino a 0,02 Hz anziché 1 Hz. Va da sé che però più è bassa la frequenza di taglio e più a lungo dovrete aspettare affinché il filtro vada a regime eliminando il valore medio.

10.   Metodi per aumentare la risoluzione in ampiezza

- Hai visto che abbiamo un nuovo addetto in officina meccanica?
- Sì, e... ?
- No dico, lavora bene. Guarda qua come mi ha fresato alla perfezione questo pezzo.
- Sì, è molto preciso. Ma non capisco perché te ne sorprendi; ha lavorato tutta una vita tra tornio e frese, sarà pur capace di fresarti un pezzo di ferro come si deve anche se ha passato i settant'anni.
- Forse non hai un buon spirito di osservazione. Gli hai osservato le mani? Hai visto come trema? E non è solo un tremolio da vecchiaia. Come fa ad essere preciso con le mani che gli tremano così?
- È l'effetto del dithering.

A quel punto sono partite grosse risate in dipartimento, e questa conversazione è diventata leggendaria. Se già sapete cos'è il dithering probabilmente avrete riso leggendo le righe qui sopra. Se invece non avete la più pallida idea di cosa sia il dithering mi starete pensando con un misto di commiserazione e compassione. Ma non vi preoccupate, tra poco scoprirete anche voi cos'è il dithering e potrete ridere rileggendo quella conversazione (realmente accaduta).

10.1 Il dithering

Nel capitolo precedente abbiamo visto che non solo la "risoluzione nel tempo" (ossia l'intervallo di campionamento) è importante, ma anche la "risoluzione in ampiezza" (ossia l'LSB) lo è poiché incide sui risultati del campionamento. Infatti se campioniamo con una bassa risoluzione in ampiezza, cioè con un LSB troppo grosso, succede che il rumore bianco dovuto alla quantizzazione in ampiezza può arrivare a sovrastare il segnale. È dunque fondamentale avere una risoluzione in ampiezza quanto migliore possibile. Come fare per ottenere ciò?

La risposta più ovvia è: cambia il convertitore analogico-digitale e prendine uno con un LSB minore. Già, ma non sempre è possibile; ad esempio perché i soldi sono scarsi e chi tiene i cordoni della borsa ci dice *"arrangiati con il convertitore che già hai"*. C'è allora un modo per aumentare la risoluzione in ampiezza senza cambiare il convertitore analogico-digitale, quindi campionando sempre con lo stesso LSB?

Per fortuna sì, ed è il dithering. Questa tecnica è un po' controintuitiva, perché in buona sostanza il dithering si basa su questo principio:

aggiungi del rumore al segnale e campionerai meglio

Possibile? Hai fatto di tutto per generare un segnale pulito, privo di rumore, magari spendendo notti insonni a modificare ogni singolo dettaglio dei circuiti elettronici per sopprimere il rumore... e poi arrivo io a dirti che tutto sommato un po' di rumore non solo non guasta, ma fa persino bene! Eppure è così, per quanto sia controintuitivo un po' di rumore aggiunto al segnale aumenta la risoluzione in ampiezza. Il questo paragrafo vedremo perché.

Innanzitutto prendiamo un convertitore analogico-digitale, e poniamo che misuri segnali da 0 a 10 mV con un LSB di 1 mV (è solo un esempio di fantasia per usare numeri facili da maneggiare). Questo convertitore avrà una caratteristica di questo tipo:

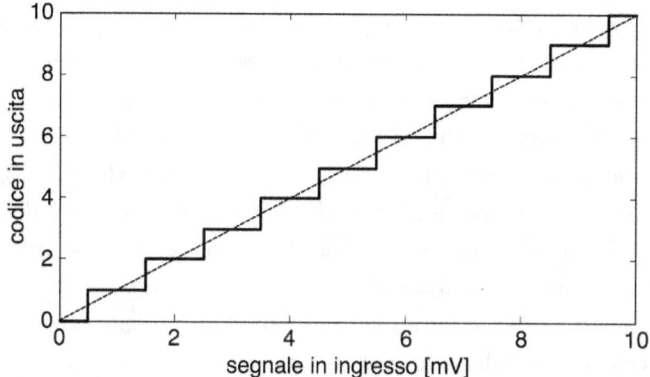

Fig. 10.1 - Caratteristica a gradini di un convertitore analogico-digitale. Per un segnale in ingresso continuo ottengo un codice in uscita discretizzato.

Avendo un LSB di 1 mV la caratteristica del convertitore è fatta a gradini di 1 mV, perciò se la tensione, ad esempio, è compresa tra 3,5 e 4,5 il codice in uscita sarà sempre pari a 4. Giusto per rendere le cose semplici, l'intervallo del segnale in ingresso va da 0 a 10 mV e il codice in uscita va da 0 a 10, quindi se ottenete 4 come codice in uscita sa-pete che corrisponde a 4 mV.

Bene, ora ipotizziamo di avere un segnale in ingresso senza rumore. Un segnale puli-tissimo, senza nemmeno l'ombra del più insignificante rumore. Poniamo che valga 3,6 mV e che rimanga 3,6 mV nei secoli dei secoli, senza mai cambiare. Fisso e costante. Convertiamo questo segnale e in uscita otterremo il codice 4.

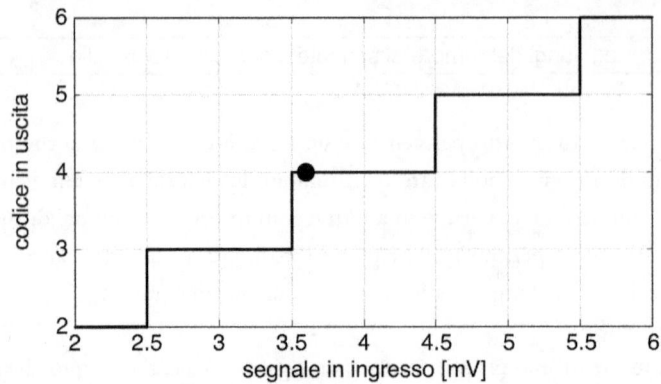

Fig. 10.2 - Se al convertitore analogico-digitale applico una tensione in ingresso di 3,6 mV ottengo in uscita il co-dice 4.

Visto che il segnale è sempre 3,6 mV il codice in uscita è sempre 4, non c'è la benché minima speranza che diventi 3 oppure 5. Ora, che succede se aggiungo del rumore? Non del rumore qualsiasi, ma un rumore di ampiezza 1 mV con distribuzione uniforme. Un rumore cioè con ampiezza variabile tra − 0,5 mV e + 0,5 mV in cui tutti i valori compresi in questo intervallo si manifestano con la stessa probabilità.

Aggiungiamo questo rumore al segnale 3,6 mV e scopriamo che ora il segnale non è più costantemente 3,6 mV ma oscilla tra 3,1 mV e 4,1 mV per effetto del rumore ag-giunto. Il nuovo segnale ha quindi una media di 3,6 mV dettati dal segnale originario e un'oscillazione attorno ad esso di 0,5 mV.

Facciamo un esempio pratico e acquisiamo 100 valori del segnale addizionato col ru-more. Otteniamo una cosa di questo tipo:

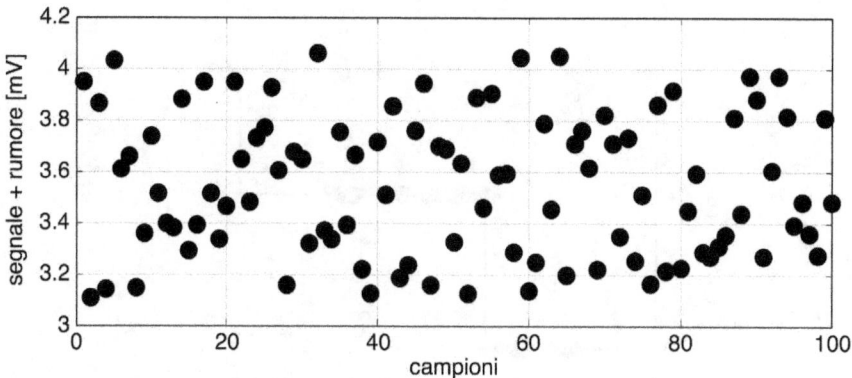

Fig. 10.3 - Al segnale di 3,6 mV aggiungo del rumore che lo fa oscillare tra 3,1 mV e 4,1 mV.

Tra 3,1 mV e 4,1 mV i valori compaiono tutti con la stessa frequenza. Ora proviamo a campionare questo nuovo segnale comprensivo del rumore con lo stesso convertitore analogico-digitale di prima. In questo il codice in uscita non sarà più sempre quattro. Acquisiamo, ad esempio, dieci campioni.

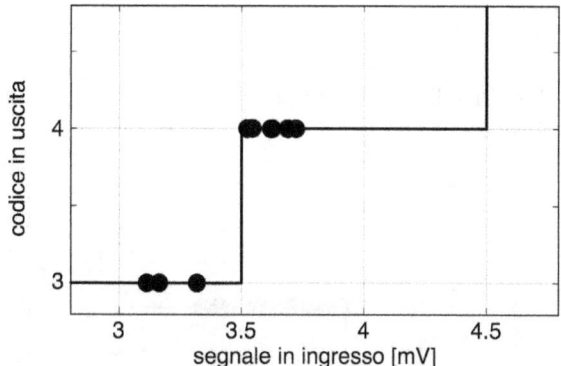

Fig. 10.4 - Se al segnale abbiamo aggiunto del rumore ora il codice in uscita non sarà più solo 4 ma sarà talvolta 3 e talvolta 4, a seconda che che il valore in ingresso cada sopra o sotto i 3,5 mV.

Di questi 10 campioni 3 sono minori di 3,5 mV e quindi dànno in uscita il codice 3, mentre i restanti 7 sono maggiori di 3,5 mV e quindi dànno in uscita il codice quattro. Quindi se noi guardiamo il codice in uscita non otterremo più il codice 4 immutabile, ma otterremo tre volte il codice 3 e sette volte il codice 4. La media?

$$\text{Codice}_{medio} = \frac{3 \cdot 3 + 7 \cdot 4}{10} = 3,7 \qquad (10.1)$$

Adesso invece di 10 campioni ne prendo 30, e ottengo qualcosa di questo tipo:

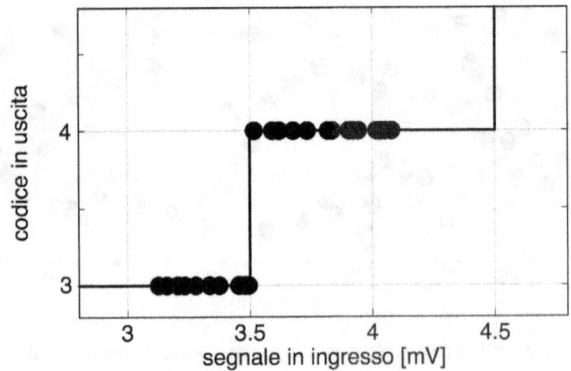

Fig. 10.5 - Come in Fig. 10.4 ma prendiamo 30 campioni anziché 10.

In questo caso i valori che ricadono sotto i 3,5 mV e che quindi ci dànno in uscita il codice 3 sono 10, mentre i valori che restano sopra 3,5 mV dandoci in uscita il codice 4 sono i restanti 30. Ancora una volta facciamo la media e otteniamo:

$$\text{Codice}_{medio} = \frac{10 \cdot 3 + 20 \cdot 4}{30} = 3, \overline{6} \tag{10.2}$$

Vogliamo esagerare? Prendiamo 100 campioni.

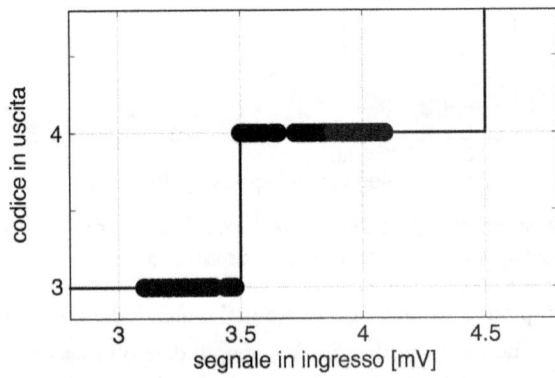

Fig. 10.6 - E ancora una volta come Fig. 10.4 e Fig. 10.5 ma prendendo 100 campioni. Ci avviciniamo sempre più al caso ideale in cui i campioni sono "continui".

In questo caso i campioni che dànno in uscita il codice 3 sono 37 e quelli che dànno in uscita il codice 4 sono 63: la media che risulta 3,63 mV.

$$\text{Codice}_{\text{medio}} = \frac{37 \cdot 3 + 63 \cdot 4}{100} = 3,63 \tag{10.3}$$

Pian piano, aumentando il numero di campioni, convergiamo verso il valore originario del segnale che era 3,6 mV.

Poniamo ora di avere un segnale senza rumore di 3,9 mV e aggiungiamo ad esso il solito rumore uniforme di ± 0,5 mV. Ancora una volta campioniamo il segnale addizionato col rumore con lo stesso convertitore analogico-digitale e prendiamo 100 campioni. In questo caso otteniamo:

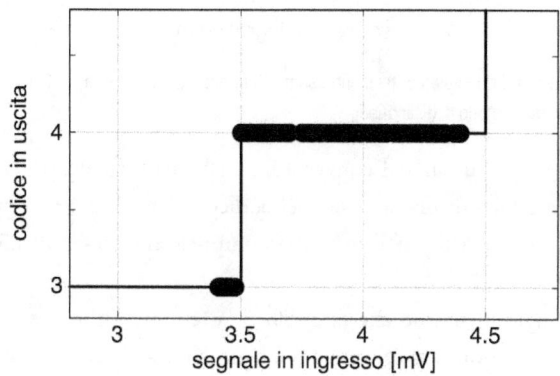

Fig. 10.7 - Ora spostiamo il valore medio del segnale a 3,9 mV pur lasciano l'oscillazione di ± 0,5 mV. Vediamo bene che se ora facciamo la media dei campioni è salita, perché ce ne sono di meno che dànno il codice 3 in uscita. In questo modo possiamo distinguerlo da 3,6 mV che dava una media inferiore.

In ingresso al convertitore trovo ancora una tensione che oscilla di ± 0,5 mV, ma siccome ora il valore medio si è spostato a 3,9 mV i valori che dànno in uscita il codice 3 non sono più 37 come prima ma sono solo 10. Così che se facciamo la media otteniamo:

$$\text{Codice}_{\text{medio}} = \frac{10 \cdot 3 + 90 \cdot 4}{100} = 3,9 \tag{10.4}$$

Ora ripensate da dove siamo partiti. Se non ci fosse stato questo rumore aggiunto avremmo mai potuto distinguere 3,6 mV da 3,9 mV. Infatti entrami i segnali ci avrebbero dato in uscita il codice 4:

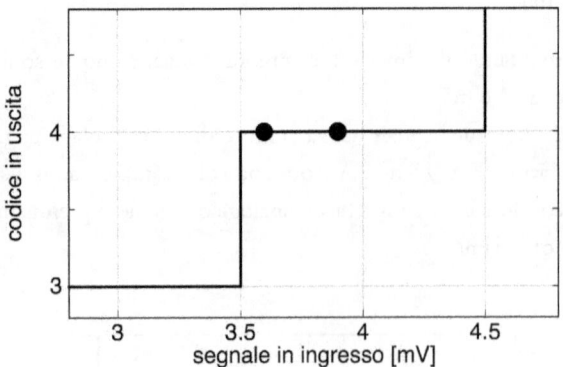

Fig. 10.8 - Senza rumore i due valori di tensione esaminati in precedenza (3,6 mV e 3,9 mV) daranno sempre i codice 4 in uscita e non ci sarà modo di distinguerli.

Ma se tu, guardando l'uscita del convertitore analogico-digitale, ottieni il codice 4 in entrambi i casi come fai a distinguere se quel codice è dato da 3,6 mV piuttosto che da 3,9 mV (o in generale da qualsiasi altro valore compreso tra 3,5 mV e 4,5 mV)? Semplicemente non puoi.

Se invece aggiungi un rumore che fa oscillare la tensione in ingresso al convertitore allora il codice in uscita non sarà sempre 4 ma ogni tanto sarà anche codice 3. Non sempre con la stessa frequenza: se sto convertendo 3,6 mV sono più vicino al bordo dei 3,5 mV quindi il codice 3 uscirà con più frequenza (Fig. 10.6), se invece sto convertendo 3, 9 mV la "nuvola" di campioni si è spostata a destra e cadrà sul gradino che dà il codice 3 meno spesso (Fig. 10.7). In questo modo, misurando cioè quanto spesso cado nel gradino del codice 3, ottengo una indicazione di qual è il valore medio della tensione all'ingresso del convertitore, ed è proprio quello che facevamo prendendo la media dei campioni.

Se prima non ero capace di distingue tra 3,6 mV e 3,9 mV e dovevo approssimare entrambi i valori a 4 ora sono in grado di distinguerli. Ma se siamo in grado di distinguere 3,6 mV da 3,9 mV significa che l'LSB non è più 1 mV, poiché sono in grado di apprezzare frazioni di tensione inferiori di 1 mV. L'LSB è diminuito! Questo è il dithering: aggiungi un rumore e il tuo LSB diminuisce.

Ok, ma quanto diminuisce l'LSB? Dipende dal numero di campioni. Quando faccio la media divido per il numero dei campioni, quindi se ne prendo solo dieci non potrò mai vedere niente di più piccolo di un decimo dell'LSB. Ma ciò non significa che l'LSB necessariamente diminuisce di 10 volte, perché c'è anche da considerare la distribuzione dei campioni. Infatti abbiamo supposto di avere un rumore con una probabilità uniforme, ma questo è vero solo se prendo infiniti campioni. Un po' come quando ti dicono che se lanci un dado a sei facce tutte queste hanno pari probabilità di uscire pari a 1/6: questo non significa che se tiri il dado 6 volte escono necessariamente tutte le facce una volta ciascuna (provateci, magari vi capita ma è una possibilità su 6!). Quando vi dicono che la probabilità di ogni faccia di uscire è 1/6 significa che esce 1/6 delle volte se lanciate il dado *infinite* volte. Più campioni prendo dunque e più la distribuzione di probabilità si avvicina a quella ideale (uniforme).

Se, idealizzando, potessi prendere infiniti campioni e il rumore avesse un rumore perfettamente uniforme di ± ½ LSB nel convertire i 3,6 mV dell'esempio otterremmo una situazione di questo tipo:

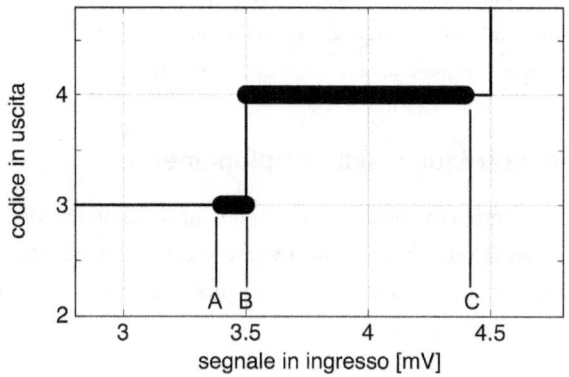

Fig. 10.9 - Generalizzazione per il calcolo del codice medio in uscita.

I campioni sono così fitti che nemmeno si vedono. Essendo infiniti e con distribuzione uniforme creano un continuo tra ± ½ LSB tale per cui la loro media

$$\text{Codice}_{medio} = \frac{\int_A^B 3 + \int_B^C 4}{1\,\text{LSB}} \tag{10.5}$$

si può semplificare[27] in

$$\text{Codice}_{medio} = \frac{3 \cdot (B - A) + 4 \cdot (C - B)}{1\,\text{LSB}} \tag{10.6}$$

nel nostro esempio in cui convertiamo 3,9 mV, ad esempio, ottengo

$$\text{Codice}_{medio} = \frac{3 \cdot (3,5\,\text{mV} - 3,4\,\text{mV}) + 4 \cdot (4,4\,\text{mV} - 3,5\,\text{mV})}{1\,\text{mV}} \tag{10.7}$$

$$= \frac{3 \cdot 0,1\,\text{mV} + 4 \cdot 0,9\,\text{mV}}{1\,\text{mV}} = 3,9$$

---

27 Lo possiamo fare perché la distribuzione dei campioni è uniforme.

Il codice medio corrisponde *esattamente* al segnale da cui eravamo partiti. E questo vale per qualsiasi valore di tensione che voglio convertire. Poniamo pure di voler convertire 3,9123245 mV: quegli integrali si sposteranno a destra di 0,0123245 mV e il codice medio sarà 3,9123245. Fintanto che prendo infiniti campioni e il rumore è esattamente con distribuzione infinita tra $\pm$ ½ LSB la risoluzione in ampiezza diventa perfetta, ossia l'LSB diventa 0.

Ovviamente nella realtà le cose non stanno così, sia perché non posso prendere infiniti campioni, sia perché non posso generare un rumore con distribuzione perfettamente uniforme confinato esattamente tra $\pm$ ½ LSB. Non posso dunque azzerare l'LSB, ma ridurlo quello sì, col dithering posso farlo. Aggiungere del rumore a una mano rendendola tremolante probabilmente non aiuterà a fresare meglio un pezzo di ferro, aggiungere invece del rumore (uniforme e largo $\pm$ ½ LSB) a un segnale prima di convertirlo con un convertitore analogico-digitale invece aumenta la risoluzione.

10.2 Aumentare la frequenza di campionamento

Un modo per migliorare la risoluzione in ampiezza l'avevamo già visto indirettamente nel capitolo precedente quando avevamo trattato il rumore di quantizzazione. Avevamo visto infatti che la quantizzazione in ampiezza provocava un rumore uniforme q per tutte le frequenze tra 0 e $f_s/2$ pari a:

$$q = \frac{\frac{LSB}{\sqrt{12}}}{\sqrt{\frac{f_s}{2}}} \qquad (10.8)$$

Questo perché il rumore di quantizzazione ha un valore efficace pari a LSB/$\sqrt{12}$, quindi la sua potenza è $LSB^2/12$. La potenza di questo segnale (o meglio, di questo rumore di quantizzazione) viene spalmata uniformemente sulla banda del segnale campionato che va da 0 a $f_s/2$. In altre parole, se prendo la un rettangolo di base $f_s/2$ e altezza q^2 l'area corrisponde al valore efficace del rumore (al quadrato).

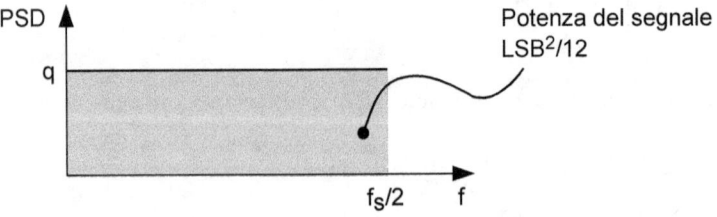

Fig. 10.10 - Il rumore di quantizzazione ha un a densità spettrale di potenza (PSD) q tale per cui nella banda da 0 a fs/2 la potenza del segnale equivale al quadrato del valore efficace, ossia LSB ^{2}/12

Se quindi sappiamo che la potenza del rumore è pari a LSB^2/12 e un segnale campionato con f$_s$ ha banda da 0 a f$_s$/2, ne deriva che la densità spettrale di potenza viene come in (10.8).

A questo punto la soluzione per aumentare la risoluzione in ampiezza consiste nell'aumentare la frequenza di campionamento f$_s$. Può capitare infatti che non sia possibile aumentare un numero di bit del convertitore analogico-digitale, però magari posso aumentare la frequenza di campionamento. Il valore efficace del rumore sarà sempre LSB/$\sqrt{12}$ (perché il valore dell'LSB non cambia), ma la sua densità spettrale di potenza q – calcolata come in (10.8) - diminuisce perché cresce f$_s$. E infatti avevamo visto che alzando sufficientemente la frequenza di campionamento la densità spettrale di potenza q del rumore si abbassava abbastanza da far emergere segnali persino minori dell'LSB. Nel nostro esempio l'LSB era 22 mV ma aumentando riuscivamo a vedere nello spettro un'armonica di 2 mV, dieci volte più piccola dell'LSB. Già, per quanto possa sembrare controintuitivo posso misurare segnali che hanno un'ampiezza ben minore dell'LSB. Basta aumentare la frequenza di campionamento.

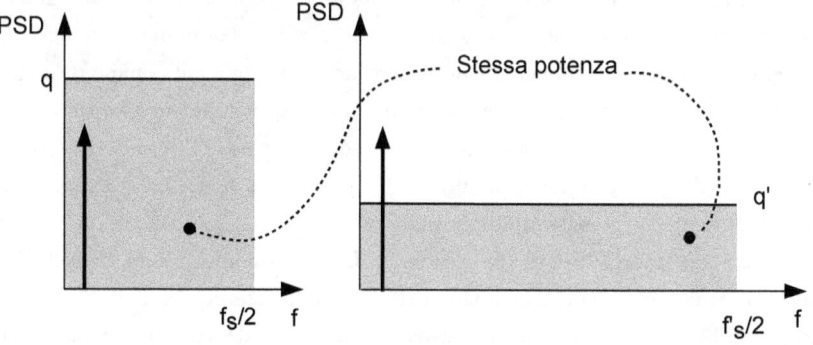

Fig. 10.11 - Se aumento la frequenza di campionamento la potenza del rumore di quantizzazione viene spalmata su di un intervallo di frequenze maggiore quindi la densità spettrale di potenza si abbassa e possono emergere piccole frequenze che prima erano sotterrate sotto il rumore.

Diminuendo la densità spettrale di potenza q del rumore di quantizzazione possono emergere armoniche piccole, anche più piccole di un LSB, che prima non potevamo vedere perché q era troppo alto. Di fatto abbiamo aumentato la risoluzione in ampiezza. Il concetto fondamentale quindi è:

> La risoluzione in ampiezza non dipende solo dall'LSB, ma anche dalla frequenza di campionamento. Campionare più veloce del necessario aumenta la risoluzione in ampiezza.

Nella pratica reale però i segnali non si guardano allo spettro, si guardano nel dominio del tempo. Non che cambi alcunché, lo spettro del segnale contiene le stesse informazioni che riceviamo guardando il segnale nel dominio del tempo (altrimenti non sarebbe il suo spettro). Delle volte conviene la rappresentazione nel dominio del tempo e altre volte conviene guardare lo spettro. Ad esempio, se vogliamo conoscere il valore di un'armonica in particolare conviene guardare lo spettro. Noi umani infatti non abbiamo nel nostro cervello la funzione "DFT" che ci consente di guardare i campioni e scomporli in armoniche con un colpo d'occhio, non è una cosa che noi umani sappiamo fare. Non abbiamo la percezione delle singole armoniche quando sono tutte sommate nel dominio del tempo, quindi dobbiamo calcolare lo spettro e guardare quello se vogliamo capire qual è l'ampiezza di un'armonica in particolare. Alla stessa maniera se guardiamo solo lo spettro vediamo un sacco di armoniche ma non ci rendiamo conto di quello che in pratica avviene nel tempo. Ad esempio, campioniamo un segnale che corrisponde all'uscita di un sensore: nel dominio del tempo quei campioni ci diranno qualcosa di ciò che abbiamo misurato. Per esempio se abbiamo un sensore di intensità luminosa e misuriamo quanta luce abbiamo durante il giorno vedremo il segnale salire durante il dì e calare fino ad azzerarsi la notte. Se quindi guardiamo il segnale nel dominio del tempo sappiamo dire quando è giorno e quando è notte cercano di massimo e il minimo del segnale. Se però guardiamo lo spettro del segnale non siamo capaci di percepire questa informazione "a occhio". Certo, abbiamo ampiezza e fase di ogni armonica in cui il segnale è scomposto, quindi se fossimo dei super fighi di Parigi potremmo fare la DFT inversa nel nostro cervello e trovare il massimo del segnale. Ma dubito che qualcuno sia in grado di farlo al volo. Guardando lo spettro vedo solo le diverse armoniche, non vedo dov'è il massimo del segnale, quindi devo guardarlo nel dominio del tempo.

Ecco, il problema è che se guardo il segnale nel dominio del tempo non vedo il rumore di quantizzazione calare se aumento la frequenza di campionamento. Il suo valore efficace è sempre lo stesso. Cala la sua densità spettrale di potenza, ma quella è una cosa che vedo – appunto – solo nello spettro. Perché nello spettro posso distinguere le armoniche dal rumore di quantizzazione: le posso distinguere perché il rumore di quantizzazione è facilmente identificabile, è quello rumore bianco che sta in basso, mentre le armoniche sono quelle che emergono da esso. Nel dominio del tempo invece non vedo la densità spettrale di potenza, vedo il valore efficace dell'errore di quantizzazione, ma quello non posso distinguerlo dal segnale perché è sommato ad esso, non posso scorporarlo! Come facciamo dunque a migliorare la risoluzione in ampiezza se guardo un segnale nel dominio del tempo?

La tecnica è sempre la stessa, devo aumentare la frequenza di campionamento f_s, oltre al necessario. Se ad esempio il segnale ha armoniche fino alla frequenza fino a f_N servirà una frequenza di campionamento maggiore di $f_N \cdot 2$ per rispettare il teorema del campionamento. Ma noi scegliamo una frequenza di campionamento maggiore; sovra-campioniamo come si dice in gergo. Ad esempio sovracampioniamo con una frequenza di campionamento cinque volte maggiore del necessario:

$$f_S = 5 \cdot (f_N \cdot 2) \tag{10.9}$$

Ciò significa che lo spettro del segnale campionato non finirà più a f_N ma a $5 \cdot f_N$. La densità spettrale di potenza del rumore di quantizzazione q dunque diventerà cinque volte più piccola perché sarà spalmata su di un intervallo di frequenza cinque volte maggiore. A quel punto con un filtro numerico di tipo passa-basso rimuovi la parte di spettro sopra f_N dove hai solo rumore (ricordatevi che lo spettro del segnale finisce a f_N) e così facendo hai eliminato quattro quinti della potenza quel rumore.

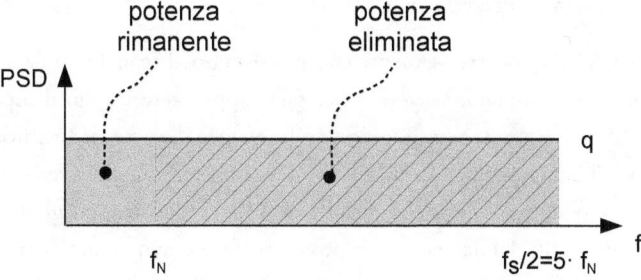

Fig. 10.12 - Principio del sovracampionamento: uso una frequenza di campionamento superiore a quella necessaria (in questo caso 5 volte maggiore) così da abbassare la densità spettrale di potenza del rumore di quantizzazione q. Poi con un filtro passa-basso sopprimo tutto ciò che sta sopra la massima frequenza del segnale f_N e ottengo un rumore di quantizzazione con una potenza inferiore.

Quando ora torni al dominio del tempo il valore efficace del rumore di quantizzazione è diminuito, perché abbiamo tagliato via una consistente fetta della sua potenza.

Facciamo un esempio pratico. Poniamo di avere un segnale che ha frequenza 100 Hz e ampiezza 1; lo campioniamo con un LSB=0,35 V. Otteniamo i campioni di Fig. 10.13:

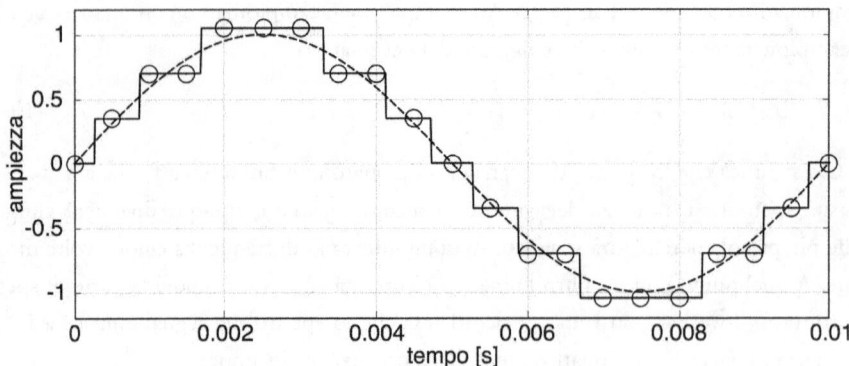

Fig. 10.13 -Una sinusoide a 100 Hz campionata con un LSB di 0,35 V.

In questo caso l'LSB è mostruosamente enorme rispetto al segnale, va da sé. Ma faccio questo esempio volutamente esagerato per farvi apprezzare meglio il meccanismo. In questo caso abbiamo campionato usando una frequenza di campionamento di 2 kHz (ossia un periodo di campionamento di 0,5 ms). Ora vogliamo migliorare la risoluzione in ampiezza perché quei gradoni dovuti all'LSB di 0,35 V sono troppo grandi. Ma non possiamo diminuire l'LSB, l'unica cosa che possiamo fare è aumentare la frequenza di campionamento. Così invece di campionare a 2 kHz campioniamo a 20 kHz, dieci volte più velocemente. I campioni che otteniamo sono mostrati in Fig. 10.14.

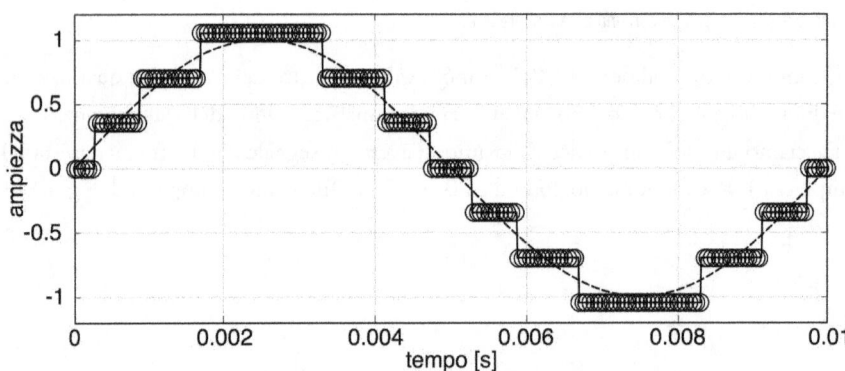

Fig. 10.14 - La stessa sinusoide di Fig. 10.13 ma campionata con una frequenza di campionamento 10 volte superiore. Il valore dell'LSB però è rimasto lo stesso (0,35 V).

I campioni sono sì aumentati, sono sì più frequenti ma i gradoni sono ancora lì perché l'LSB è sempre lo stesso. Cosa è cambiata è la densità spettrale di potenza che è diminuita. Lo vediamo bene nello spettro di questi due segnali campionati (Fig. 10.15):

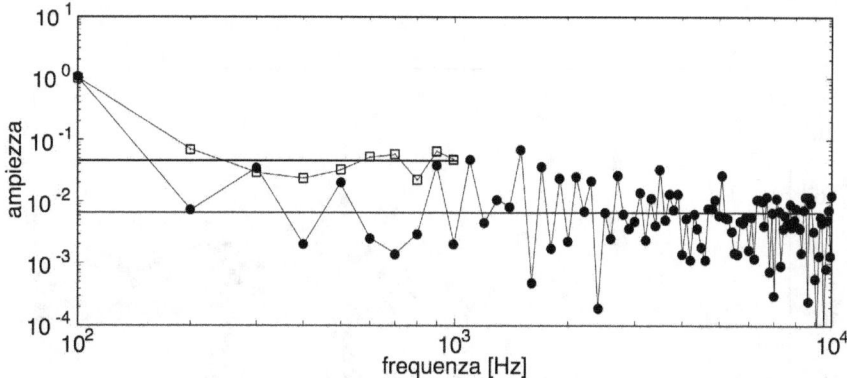

Fig. 10.15 - Lo spettro del segnale campionato di Fig. 10.13 (quadrati) e di Fig. 10.14 (cerchi). Il valore della prima armonica a 100 Hz è uguale, ma aumentando la frequenza di campionamento il rumore di quantizzazione cala.

In questo caso per motivi grafici mostro l'ampiezza dello spetto come linea continua anziché come gambi verticali con un pallino al vertice (così i grafici non si sovrappongono e potete distinguerli); ciò nonostante ricordatevi che stiamo sempre osservando lo spettro di un segnare campionato, quindi ho uno spettro con componenti discrete a distanza $\Delta f = 100$ Hz l'una dall'altra; non è uno spettro continuo! Quando guardate il grafico di Fig. 10.15 dovete far finta che la linea continua non ci sia ma che esistano solo i punti. Fatta questa precisazione osserviamo gli spettri: quando campiono con una frequenza di campionamento di 2 kHz ho un rumore di quantizzazione effettivamente maggiore rispetto a quando la frequenza di campionamento è 20 kHz, come ormai sappiamo a menadito. Abbiamo aumentato la frequenza di campionamento e la potenza del segnale viene spalmata su di una banda dieci volte maggiore così che la densità spettrale di potenza cali. Nel frattempo però il valore delle armoniche del segnale è lo stesso. In questo caso avevamo una prima armonica a 100 Hz che valeva 1 e lì è, all'inizio del nostro spettro, con il suo valore invariato in entrambi i casi.

Ora cosa facciamo? Prendiamo lo spettro ottenuto campionato a 20 kHz ed eliminiamo tutte le frequenze sopra 1 kHz; così facendo eliminiamo solo rumore di quantizzazione. Tanto sopra 1 kHz c'è solo rumore, non segnale (lo sappiamo perché già sapevamo che una frequenza di campionamento di 2 kHz era sufficiente e quando abbiamo campionato a 20 kHz era un sovracampionamento, ossia un campionamento con frequenza dieci volte superiore al necessario).

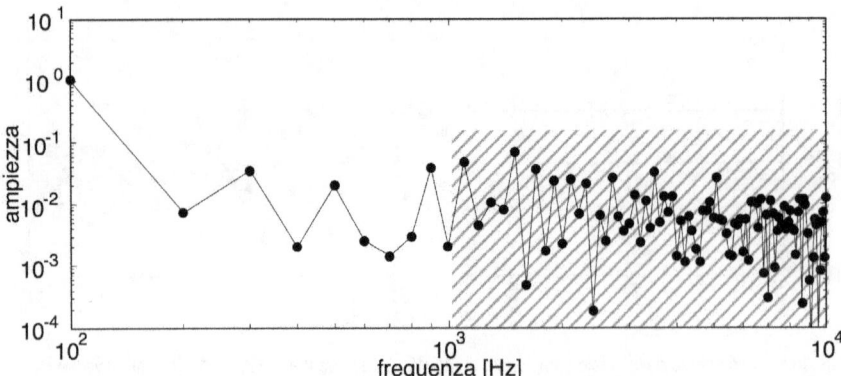

Fig. 10.16 - Prendo lo spettro del segnale sovracampionato di Fig. 10.14 e tolgo la parte di spettro che non ci serve. Sovracampiono di 10 volte (anziché 2 kHz campiono a 20 kHz) e poi elimino la parte di spettro sopra 2 kHz/2 (ossia 1 kHz). La banda ritorna quella di prima ma la potenza del segnale è diminuita.

La banda ritorna quella di prima, quando avevamo campionato a 2 kHz ma il rumore
di quantizzazione è diminuito perché ne abbiamo segato via un bel tocco. Nel frattempo
non abbiamo toccato il valore delle armoniche del segnale (in questo caso avevamo solo
un'armonica a 100 Hz, quindi le informazioni sul segnale sono sane e salve). Allora facciamo così, prendiamo questo spettro ottenuto campionando a 20 kHz e rimuovendo le
componenti, e facciamo la DFT inversa per tornare al dominio del tempo[28]. Provo, e ottengo il segnale di Fig. 10.17.

---

28 Attenzione a non dimenticarvi le frequenze negative! In Fig. 1.16 non sono mostrate per semplicità, ma se
provate a ripetere questo esperimento con il vostro calcolatore dovere tenere presente che la DFT vi dà lo
spettro che contiene frequenze positive e negative come abbiamo visto nei capitoli precedenti. Dovete
quindi eliminare le frequenze sopra 1 kHz sia per le frequenze positive che per quelle negative. Ah, e poi
dovete ricordarvi di aggiustare il coefficiente di normalizzazione della DFT perché ora la DFT ha un numero di elementi diversi.

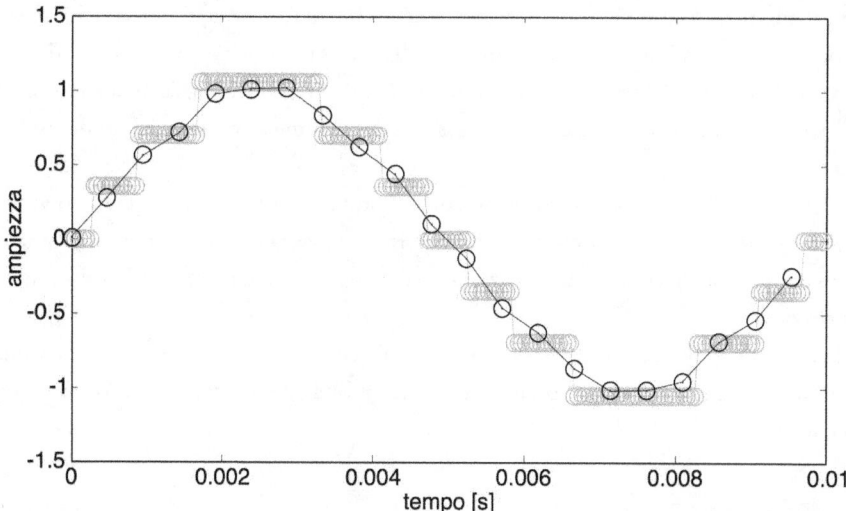

Fig. 10.17 - Dopo aver tolto le frequenze in eccesso (Fig. 10.16) torno nel dominio del tempo e la risoluzione in ampiezza è migliorata.

Come vedete abbiamo meno campioni[29] ma con una risoluzione in ampiezza decisamente migliore. Per darvi un termine di paragone ho disegnato in sottofondo i numerosi campioni che avevo preso prima sovracampionando che però avevano un LSB enorme. Ora quei gradoni dovuti all'LSB sono spariti. O meglio, c'è ancora una risoluzione in ampiezza (mica è diventato perfetto il segnale campionato), ma è decisamente migliorata. Adesso almeno vedete qualcosa che assomiglia a una sinusoide, prima avevate una ziggurat. Se volete una definizione un filino più numerica guardate i diversi livelli che assumono i campioni. Prima avevamo solo 7 diversi livelli nel percorso tra +1 e -1. Ora, nello stesso percorso tra +1 e -1 i campioni assumono 10 livelli diversi.

Il principio quindi funziona. Poteva sembrarvi campato in aria quando facevo discorsi sulla densità spettrale di potenza che si spalma su di una banda maggiore... e poi ne taglio un pezzo... bla bla bla. Tutte cose che sembravano astratte. E invece no, sono cose reali: ho campionato con una frequenza di campionamento 10 volte maggiore, ho tagliato le frequenza che non mi servivano e quando sono tornato al dominio del tempo la risoluzione in ampiezza è migliorata di un bel tocco. Altro che seghe mentali, è la realtà.

---

29 E grazie al piffero, il numero dei campioni equivale al numero degli elementi nello spettro. Se seghiamo via una gran quantità di armoniche dallo spettro come abbiamo fatto in Fig. 10.16 avremo uno spettro con meno righe, quindi quando facciamo la DFT inversa avremo un segnale con meno campioni. Oppure vedetela così: riducendo la massima frequenza dello spettro abbiamo ridotto anche la frequenza di campionamento – lasciando Δf inalterata. Quindi è ovvio che ho meno campioni se ho una frequenza di campionamento minore.

Ovviamente all'atto pratico non si fa quello che ho fatto io con voi qui sopra. Non è che prendo il segnale sovracampionato, ne calcolo la DFT, tolgo le frequenze in eccesso e poi torno al dominio del tempo con la DFT inversa. L'operazione la faccio direttamente nel dominio del tempo. Sovracampiono e poi per togliere quelle frequenze in eccesso applico un filtro numerico passa-basso, senza nemmeno passare dal dominio della frequenza.

Il principio è lo stesso. E forse se guardate il processo nel dominio del tempo vi viene persino più facile (o più intuitivo) capire perché aumentando la frequenza di campionamento – e poi tagliando le frequenze in eccesso – riesco a migliorare la risoluzione in ampiezza.

Pensate di applicare il filtro passa-basso più facile che conoscete, una media mobile, ai campioni di Fig. 10.14. Se si prende una media mobile di lunghezza 10 si ottiene questo risultato:

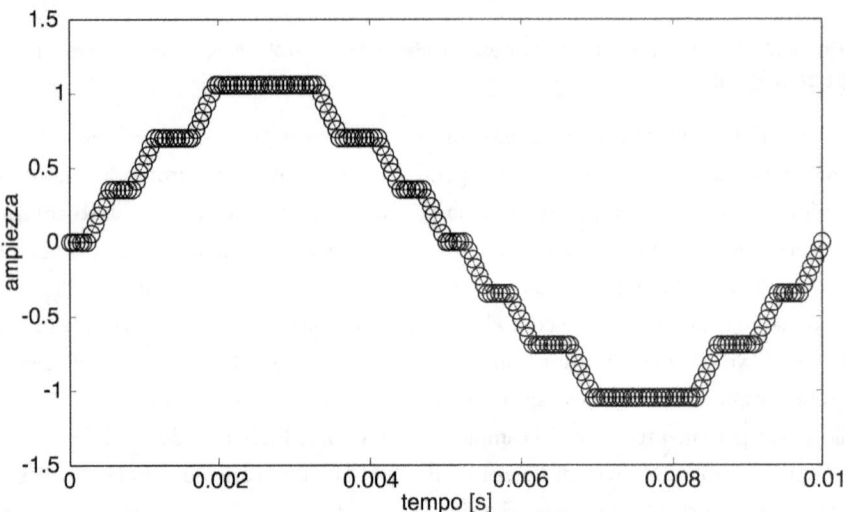

Fig. 10.18 - Il risultato che otteniamo se applichiamo una media mobile di lunghezza 10 ai campioni di Fig. 10.14

Dopodiché dobbiamo decimare il segnale, ossia ridurne artificialmente la frequenza di campionamento prendendo un campione ogni 10 di quelli mostrati in Fig. 10.18. Vi potreste domandare perché dobbiamo fare questa operazione. Il motivo è che con la media mobile abbiamo ancora molti campioni, tanti quanto prima, ma in realtà sono campioni "falsi". Facendo la media mobile abbattiamo le veloci variazione del segnale (ossia seghiamo le alte frequenze) e lasciano passare solo le variazioni lente del segnale. È un filtro passa-basso, e in effetti lo vedete bene, perché invece di avere rapidi gradini tra un livello e l'altro dell'LSB la transizione diventa più lenta e smussata (non ho più gradini ma delle rampe tra un livello e l'altro): ho soppresso le alte frequenze che causavano quel gradino.

Bene, ma se ho un filtro passa-basso significa che ho effettivamente ridotto la banda del segnale, quindi che me ne faccio di una frequenza di campionamento così alta? Sto prendendo troppi punti! Potete vederla così: la media mobile è un filtro passa-basso così come il filtro anti-aliasing. Una volta che avete soppresso le alte frequenze potete abbassare la frequenza di campionamento. Nel nostro caso ciò equivale a ridurre il numero di campioni. Gli altri campioni in eccesso in realtà non ci dànno alcuna informazione aggiuntiva, sono ridondanti.

Così facciamo: prendiamo un campione ogni 10 e otteniamo questo risultato:

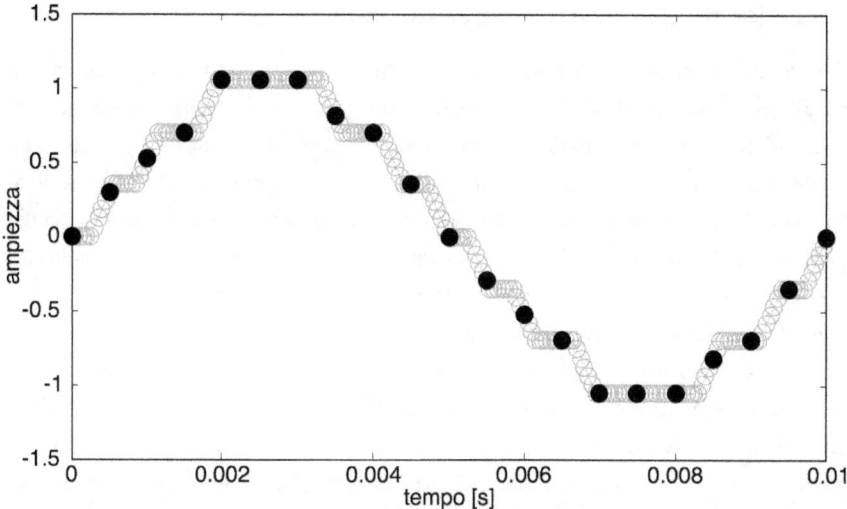

Fig. 10.19 - Decimiamo il risultato della media mobile (Fig. 10.18) prendendo un campione ogni 10. Anche in questo caso la risoluzione in ampiezza è migliorata.

Anche in questo caso abbiamo migliorato la risoluzione in ampiezza. Non di tantissimo, per carità, ma se ancora una volta osserviamo il percorso del segnale a +1 a -1 troviamo che i livelli sono diventati 9 anziché i 7 con l'LSB che c'era prima.

Prendete ad esempio il campione che vale 0,82 circa (lo trovate a 3,5 ms circa). Prima non esisteva perché di necessità i campioni erano o 0,7 (2 volte l'LSB) oppure 1,05 (3 volte l'LSB). In mezzo a 2 o 3 volte l'LSB non c'era niente. Se ora abbiamo questo campione intermedio (che prima non potevamo avere) è perché abbiamo preso molti campioni, poi a un certo punto facendo la media mobile ci siamo trovati in un punto in cui facevamo la media di un gruppo di campioni in cui un po' di campioni stava sul gradino pari a 3 LSB e un po' di campioni stavano sul gradino successivo, ossia 2 LSB.

Vi ricorda qualcosa tutto questo? Tanto più questo gruppo di campioni su cui faccio la media mobile è vicino a 3 LSB tanto più la media risulterà vicino a 3 LSB, e l'opposto per 2 LSB. La media dunque mi dirà se il gruppo di campioni che sto valutando è più vicina a 2 LSB o a 3 LSB. Se ci pensate due secondi non è così dissimile da quello che avevamo fatto col dithering.

Se pensate dunque a cosa state facendo nel dominio del tempo la cosa non risulta poi così bizzarra. Aumentate la frequenza di campionamento mantenendo lo stesso LSB, però poi "smussando gli angoli" con un filtri passa-basso riuscite a ottenere dei campioni con valori intermedi che prima non potevate avere. Quello "smussare gli angoli" vi consente di ottenere qualcosa più vicino al segnale originale perché elimino i gradoni.

10.3 La (scarsa) efficienza di questo sistema

Se non avete mai sentito parlare di questo sistema nella vostra vita vi sembrerà fantastico. Sì, insomma, al di là delle seghe mentali sullo spettro e la densità spettrale di potenza... qui avete un campionatore che vi converte il segnale con un LSB grosso, voi aumentate la frequenza di campionamento e come risultato diminuite l'LSB. Anche se a livello fisico l'LSB sempre quello è! Non so a voi, ma io lo trovo semplicemente geniale. Superiamo un limite fisico del campionatore con uno stratagemma così semplice. Ma non solo è semplice, è anche inaspettato: per migliorare la risoluzione sull'asse verticale aumenti la risoluzione sull'asse orizzontale!

Se però ci fermiamo un attimo a riflettere ci accorgiamo che questo sistema non è molto efficiente. Vediamo quanto cala il rumore di quantizzazione se aumentiamo la frequenza di campionamento. Perché abbiamo visto che cala... ma quanto?

Riprendiamo in mano le equazioni. Avevamo visto che il rumore di quantizzazione ha un valore efficace pari a

$$v_{eff} = \frac{LSB}{\sqrt{12}} \tag{10.10}$$

La sua potenza è dunque il quadrato:

$$v_{eff}^2 = \frac{LSB^2}{12} \tag{10.11}$$

Questa potenza viene spalmata su di una banda da 0 a $f_S/2$ per ottenere la densità spettrale di potenza

$$q^2 = \frac{\dfrac{LSB^2}{12}}{\dfrac{f_s}{2}} \tag{10.12}$$

Se ora aumento la f_s allora la densità spettrale di potenza diminuisce. Poniamo che aumenti la f_s di 10 volte: la nuova densità spettrale di potenza (chiamiamola q^2_{nuova}) sarà di 10 volte minore:

$$q^2_{nuova} = \frac{\dfrac{LSB^2}{12}}{10 \cdot \dfrac{f_s}{2}} \quad \text{quindi} \quad q^2_{nuova} = \frac{q^2}{10} \tag{10.13}$$

A questo punto devo semplicemente togliere la porzione di spettro in eccesso con un filtro passa-basso come ho fatto prima così che lo spettro torni ad avere una banda da 0 a $f_s/2$, ma con q^2_{nuova} anziché q^2. In questo modo quando integro q^2_{nuova} nella banda da 0 a $f_s/2$ ottengo una potenza che è dieci volte più piccola (come in Fig. 10.12).

Ma quella potenza del segnale equivale al valore efficace al quadrato del rumore di quantizzazione. Il nuovo errore di quantizzazione avrà dunque un valore efficace quadrato che è di 10 volte inferiore.

$$v^2_{eff-nuovo} = \frac{v^2_{eff}}{10} \tag{10.14}$$

E qui attenzione perché viene il bello. Se ora guardiamo il valore efficace – e non il suo quadrato, ossia la potenza – del rumore di quantizzazione ci accorgiamo che è diminuito solo di $\sqrt{10}$:

$$v_{eff-nuovo} = \frac{v_{eff}}{\sqrt{10}} \tag{10.15}$$

Dunque anche il nuovo LSB sarà l'LSB vecchio diviso $\sqrt{10}$

$$LSB_{nuovo} = \frac{LSB}{\sqrt{10}} \tag{10.16}$$

Quindi cosa abbiamo fatto? Abbiamo aumentato di 10 volte la frequenza di campionamento ma l'LSB è diminuito solo di $\sqrt{10}$ (ossia di 3,16 volte circa). Non è che sia molto efficiente. Se voglio dimezzare l'LSB mi tocca aumentare la frequenza di campionamento non di due volte, ma di quattro volte. Se voglio ridurre l'LSB a un decimo devo aumentare la frequenza di campionamento di ben 100 volte!

Tutto questo perché ciò che seghiamo via nello spettro è la potenza del segnale, e la potenza del segnale corrisponde al quadrato del valore efficace, non al valore efficace.

Non fatevi ingannare dal fatto che delle volte la densità spettrale di potenza viene espressa in V^2/Hz e delle volte (meno propriamente) in $V/\sqrt{Hz}$. Non è che se esprimete q in $V/\sqrt{Hz}$ e tagliate lo spettro della q anziché della q^2 cambia qualcosa. Tra i volt e gli hertz c'è sempre un rapporto quadratico, comunque lo esprimiate.

Ecco allora che siamo arrivati a una conclusione: il sistema funziona sì, ma non è molto efficiente. Per diminuire l'LSB di un fattore k bisogna aumentare la frequenza di k^2 volte. Questo non sempre è possibile (mantenendo lo stesso LSB). Non è che la frequenza di campionamento viene via gratis. Un convertitore analogico-digitale ha una frequenza di campionamento massima, non è che si può aumentare all'infinito. Non basta aumentare il *clock* del convertitore per ottenere i campioni più alla svelta senza che niente cambi. Per ottenere quei campioni ci sono diverse tecnologie e diversi metodi ognuno dei quali si basa su componenti fisici che hanno dei loro tempi per prendere un segnale analogico e convertirlo in un numero digitale. Tendenzialmente tanto più è veloce il convertito tanto è minore il numero di bit che puoi sperare di ottenere (quindi tanto più alto è l'LSB). Non stiamo qui a entrare nei dettagli tecnici del perché questo accade. Ci limitiamo a sapere che ogni convertitore analogico-digitale a una massima frequenza di campionamento. Quindi non è che posso fare il brillante e dire "vabbe', che problema c'è? Vuoi diminuire l'LSB di 100 volte? Aumenta la frequenza di campionamento di 10 mila volte! Che ci vuole?". C'è che col piffero puoi aumentare la frequenza di campionamento di 10 mila volte con lo stesso LSB.

No, se vogliamo aumentare sensibilmente la risoluzione in ampiezza dobbiamo usare una diversa strategia. O meglio, il metodo è lo stesso, ma applicato in modo più efficace. Questo è ciò che fa il convertitore Sigma-delta.

10.4 Il convertitore Sigma-delta

Fino a questo punto abbiamo fatto tutte le nostre discussioni partendo sempre da un dato di fatto: il rumore di quantizzazione è un rumore bianco, ossia ha una densità spettrale di potenza uniforme da 0 a $f_s/2$. Era prima un'ipotesi che avevamo fatto quando avevamo osservato che l'errore di quantizzare era un segnale a dente di sega, un segnale con molte discontinuità. Ma sappiamo che le discontinuità equivalgono ad alte frequenze (solo sommando infinite sinusoidi puoi ottenere dei gradini netti!). Se campioniamo con una f_s finita queste frequenze saranno in aliasing, ossia finiranno per ribaltarsi nella banda da 0 a $f_s/2$. Siccome in generale non so dove andranno a finire posso ipotizzare con facilità che finiscano un po' ovunque, dando quindi un rumore costante per ogni frequenza.

Quando poi abbiamo fatto delle prove sul campo ci siamo accorti che non era solo un'ipotesi: davvero il rumore di quantizzazione era uniforme nello spettro da 0 a $f_s/2$ e avevamo visto che corrispondeva pure al valore che potevamo calcolare a mano secondo la teoria che avevamo sviluppato (il cui il rumore di quantizzazione era bianco). Certo, oscillava un po' attorno a quel valore, ma questo era effetto delle approssimazioni.

10.4.1 Strategia

Ora, sarebbe bello se il rumore di quantizzazione invece di essere uniforme fosse concentrato più ad alte frequenze, quelle che elimino dopo aver sovracampionato. In altre parole invece di avere una situazione come in Fig. 10.20-a cerco di spingere quanta più potenza del rumore di quantizzazione ad alta frequenza (Fig. 10.20-b), così quando sopprimo le frequenze sopra $f_s/2$ ne tolgo di più. In alternativa potete così: se spingo la potenza ad alte frequenze il valore tra 0 e $f_s/2$ (che invece rimane) è più basso, quindi il rumore di quantizzazione rimanente usando questo metodo è minore.

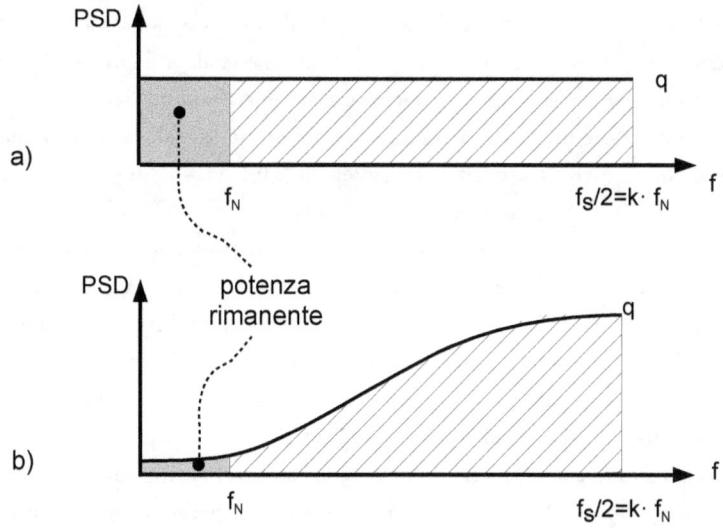

Fig. 10.20 - a) classico metodo di sovracampionamento; campioni a frequenza maggiore del necessario e poi sopprimo la banda in eccesso; b) questo è invece lo spettro del rumore di quantizzazione che ci piacerebbe avere in sovracampionamento: la potenza è spostata più ad alte frequenze, così quando poi elimino la parte tratteggiata ne sopprimo di più. Notate che in entrambi i casi la potenza totale è la stessa: nel caso b) la spostiamo solo ad alte frequenze.

Meno potenza dell'errore di quantizzazione rimane nell'intervallo da 0 a $f_s/2$ e minore sarà l'LSB equivalente.

Già, ma come fare a ottenere un rumore di quantizzazione che abbia uno spettro di questo tipo? Ebbene, c'è un dispositivo che si comporta proprio così, ed è il convertitore sigma-delta. Di seguito vi spiegherò come funziona e perché riesce in questa impresa di campionare con un rumore di quantizzazione non uniforme ma spostato verso le alte frequenze.

10.4.2 Struttura

Innanzitutto analizziamo la struttura del convertitore analogico-digitale sigma-delta. Purtroppo è un po' noioso capire come funzione (ho detto noioso, non difficile) ma vedrete che è utile capire come è fatto. Quindi seguitemi nelle spiegazioni anche se sarà noioso e lungo. La struttura è illustrata in Fig. 10.21 e di per sé non è niente di speciale. Abbiamo un segnale in ingresso V_{in}, un blocco in cui gli viene sottratto il valore di riferimento V_{ref} o il suo opposto $-V_{ref}$ in modo da ottenere la differenza u. Questa differenza viene poi integrata e il risultato dell'integrale g è comparato con 0. Se g è maggiore di 0 l'uscita del comparatore è un segnale digitale 1, mentre se g è minore di 0 ottengo un segnale digitale 0. E già qui vediamo che siamo passati dal mondo analogico a quello digitale. Fino al comparatore era tutto analogico: avevamo un segnale in ingresso analogico, gli sottraevamo un segnale anch'esso analogico e facevamo l'integrale analogico della differenza. Dal comparatore in avanti invece non ho più un un segnale analogico bensì digitale non so più distinguere se il risultato dell'integrale è 0,1 o 0,43, ho solo due stati: positivo o negativo, 1 o 0. Sono passato al digitale dunque.

Bene, andiamo avanti. Questo segnale digitate D però non va subito in uscita, prima c'è un flip-flop. Se sapete già cos'è bene. Se invece non sapete cos'è un flip-flop non preoccupatevi. Per quanto ci riguarda qui ci basta sapere che è un dispositivo che prende un segnale digitale in ingresso D e lo porta in uscita Q solo quando gli arriva un fronte di salita al clock. Niente di speciale: è un dispositivo per cui se anche gli cambi l'ingresso questo aggiorna l'uscita solo al prossimo impulso del clock.

E fino ad ora abbiamo visto come siamo passati dall'ingresso analogico V_{in} all'uscita digitale Q. Ma non è tutto. Per funzionare ha bisogno anche di una retroazione. L'uscita digitale Q infatti viene presa e convertita in analogico dal DAC. In realtà è una conversione digitale-analogica molto rozza: Q ha solo due stati digitali, 1 e 0 e il DAC a seconda del valore di Q sceglie se generare in uscita un segnale analogico di valore $+V_{ref}$ o $-V_{ref}$. Questo valore viene poi sottratto, come abbiamo visto prima, all'ingresso V_{in} e il cerchio (o meglio, la retroazione) si chiude.

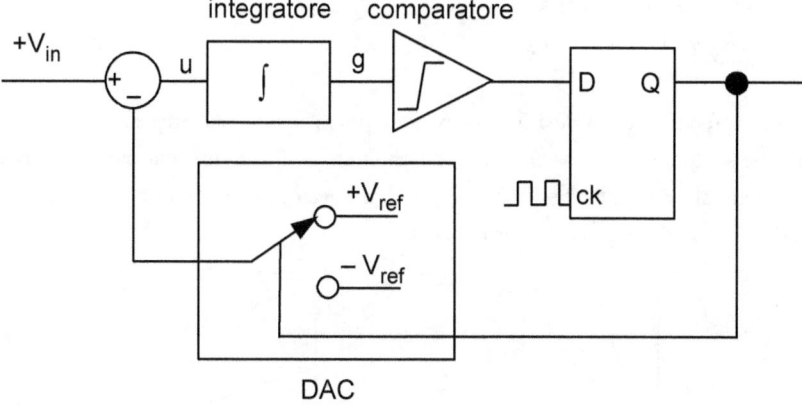

Fig. 10.21 - Struttura del convertitore sigma-delta

Affinché sia assolutamente chiaro in Fig. 10.22 ho evidenziato le due sezioni del convertitore sigma-delta, quella analogica e quella digitale in Fig. 10.22. Così vedete bene dove, nella struttura ho dei segnali analogici e dove invece ho un segnale digitale (a 1 solo bit).

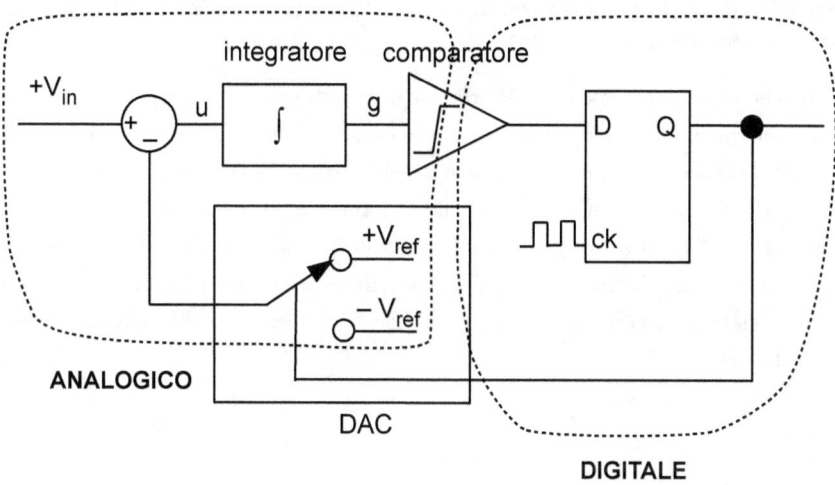

Fig. 10.22 - Struttura del convertitore sigma-delta con evidenziazione della parte analogica e di quella digitale.

Ora però cerchiamo di capire come funziona, e lo facciamo con un esempio concreto. Poniamo che il valore in ingresso valga $V_{in} = 0,5$ e che i valori che gli vengono sottratti siano $V_{ref} = +1$ e $-V_{ref} = -1$.

Il valore della differenza u sarà dunque

$u = V_{in} + V_{ref} = 0,5 + 1 = \mathbf{1,5}$ se Q = 0
$u = V_{in} - V_{ref} = 0,5 - 1 = \mathbf{-0,5}$ se Q = 1

Questa differenza, che vale 1,5 o – 0,5 viene poi integrata dall'integratore. Sapete benissimo che se integro una costante ottengo una rampa. Una rampa che avrà un pendenza equivalente alla costante che integro. Perciò, in questi due casi se integro +1,5 e – 0,5 l'uscita del comparatore g si comporterà così:

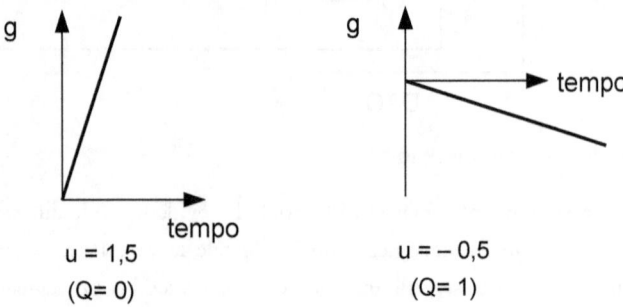

Fig. 10.23 - L'uscita dell'integratore nei due possibili casi. La pendenza dipende dalla differenza u tra il segnale d'ingresso e il valore di riferimento.

Ora che sappiamo come si comporta g in entrambi i casi proviamo a fare una prova di cosa succede passo-passo nel tempo. Partiamo da un valore negativo arbitrario dell'integratore e supponiamo che Q = 0 perciò u = 1,5: l'uscita dell'integratore g cresce.

Adesso guardiamo cosa succede al valore D mentre g sta crescendo: fintanto che g rimane sotto 0 l'uscita del comparatore D è 0 digitale; quando però g diventa positiva D si tramuta in 1 digitale. Nonostante D sia passata da 0 digitale a 1 digitale Q rimane a zero. Sì, perché l'uscita del flip-flop per cambiare deve aspettare che arrivi un fronte di salita del clock.

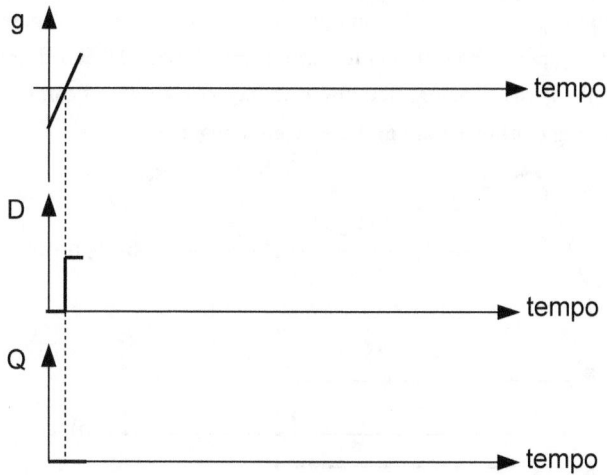

Fig. 10.24 - Diagramma di funzionamento del convertitore sigma-delta nel tempo – parte 1

Quindi abbiamo questa situazione in cui g sta crescendo, ha superato ormai lo 0 ma continua a crescere perché Q non è ancora cambiata di stato rimanendo a 0. A un certo punto però arriva il fronte di salita del clock, quindi il flip-flop prende il valore di D e lo porta all'uscita Q. Così anche Q diventa 1 digitale.

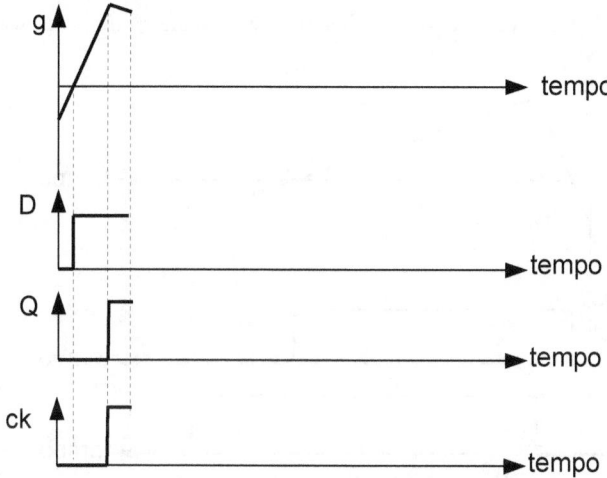

Fig. 10.25 - Diagramma di funzionamento del convertitore sigma-delta nel tempo – parte 2

Ma se Q diventa 1 digitale allora u = − 0,5 rendendo la pendenza di g negativa (Fig. 10.23). L'integratore inizia dunque a calare, ma lo fa più lentamente di quando invece aumentava, nello specifico lo fa tre volte più lentamente. In questo periodo D e Q rimangono 1 digitale.

A un certo punto però, a furia di diminuire, g arriva a zero e il comparatore cambia lo stato di D in 0 digitale. Ma esattamente come prima l'uscita del flip-flop Q non cambia e resta 1 digitale. Perciò il valore di u non cambia e con esso non cambia la pendenza di g. Come risultato g continua a diminuire e diventa negativo.

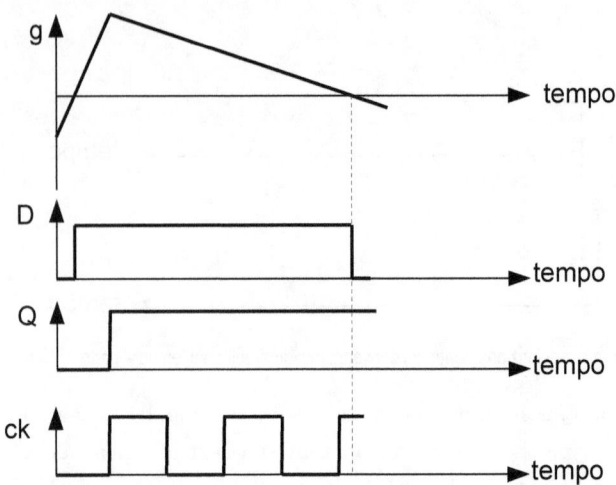

Fig. 10.26 - Diagramma di funzionamento del convertitore sigma-delta nel tempo – parte 3

Quando poi il fronte di salita del clock arriva D=0 viene trasferito in uscita e anche Q diventa 0.

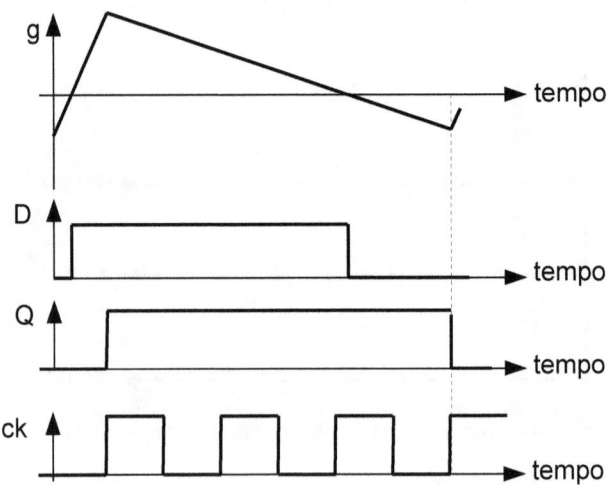

Fig. 10.27 - Diagramma di funzionamento del convertitore sigma-delta nel tempo – parte 4

Nel momento in cui Q diventa 0 il valore di u diventa di nuovo +1,5 e g torna a salire. Da lì in poi il gioco si ripete: g sale fino a diventare positivo, il comparatore commuta D da 0 digitale a 1 digitale e poi si aspetta il clock affinché anche Q commuti.

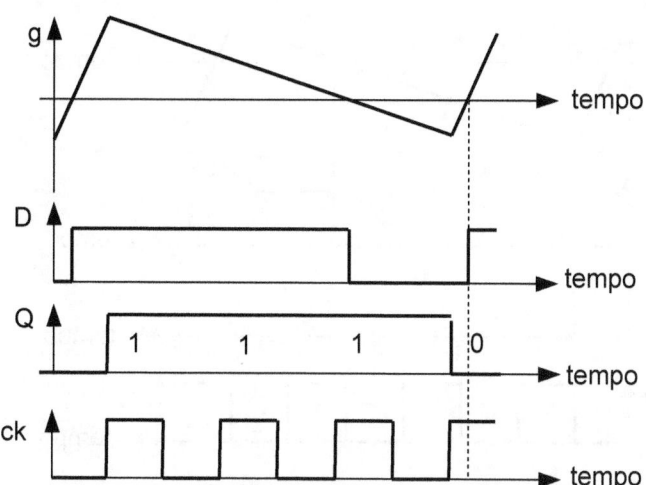

Fig. 10.28 - Funzionamento convertitore sigma-delta con V_{in}= +0,5 in ingresso e un intervallo massimo d'ingresso da – 1 a + 1.

Osserviamo bene la Fig. 10.28: in uscita dal convertitore sigma-delta abbiamo un treno di valori digitali Q a un solo bit, uno alla volta ad ogni impulso del clock. In questo caso abbiamo 1 1 1 0 … Ho tre volte 1 e una volta 0. Perché mi capita più volte di vedere 1 rispetto allo 0?

Perché il convertitore ha uno sbilanciamento dei due valori di u: + 1,5 e – 0,5 che determinano la pendenza di g. Quando u è negativo cala molto più lentamente quindi ci mette più tempo a raggiungere 0 e a invertire il segno del comparatore. In questo tempo fanno tempo a starci tanti impulsi del clock che così butta fuori dal convertitore tanto 1. Al contrario quando u è positivo la pendenza è maggiore quando ci mette un attimo a tornare a 0. In quel poco tempo ci sta solo un impulso del clock quindi nel treno d'impulsi troverò solo un valore Q=0. La ragione per cui in uscita ho più valori Q=1 rispetto a Q=0 è semplicemente questo disequilibrio tra le due pendenze e la conseguente diversità di tempo che ci mette l'integratore a scaricarsi.

Cosa succede dunque se in ingresso invece di avere V_{in}= 0,5 ho V_{in}= –0,5? Facile, i valore delle differenze si invertono e diventano:

$u=V_{in} + V_{ref} = -0,5 + 1 = $ **0,5**   se Q = 0

$u=V_{in} - V_{ref} = -0,5 - 1 = $ **– 1,5**   se Q = 1

Quindi, in questo caso quando u è negativa risulta tre volte più grande (in valore assoluto!) di quando è positiva. La pendenza delle due rampe quindi è invertita:

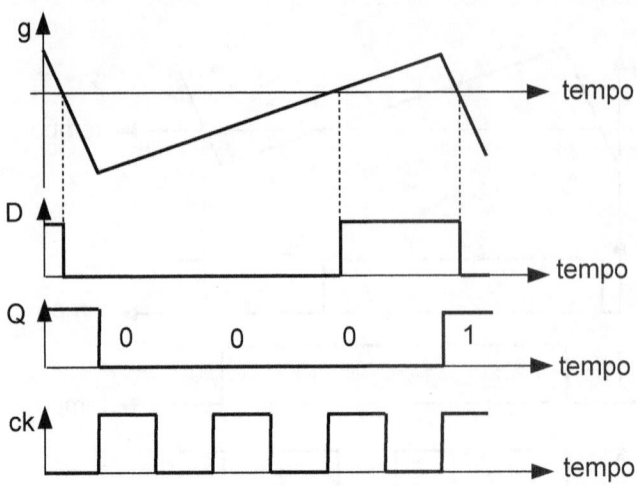

Fig. 10.29 - Funzionamento del medesimo convertitore ma con $V_{in} = -0,5$ in ingresso.

Il funzionamento è lo stesso, solo che questa volta è la pendenza positiva ad essere più piccola (u=+0,5) quindi g passa più tempo sotto lo zero. Come risultato in uscita avrà un treno di valori digitali Q che conterrà più Q=0 che Q=1.

Se proviamo a visualizzare questi due risultati otteniamo una situazione in cui ho un intervallo che va da + 1 a –1 (valori definiti da V_{ref}) e all'interno di questo intervallo se converto V_{in}= 0,5 ottengo un treno di impulsi del tipo ...1110..., il quale ha un valore medio che è il 75% del valore massimo ottenibile se l'uscita fosse composta solo da valori 1 (ossia un treno di impulsi ...1111...). Se invece converto V_{in}= –0,5 ottengo un treno di impulsi del tipo ... 0001... che equivale al 25% del massimo.

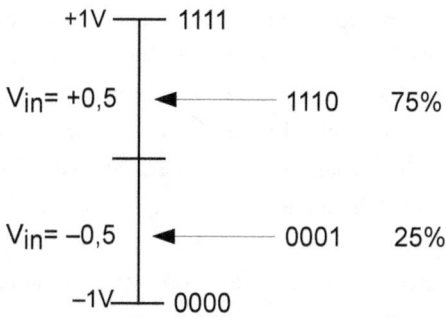

Fig. 10.30 - Diagramma di conversione da ingresso analogico in uscita digitale per un convertitore sigma-delta. L'ingresso analogico può variare da – 1 a +1, se converto +0,5 sono a ¾ della scala quindi l'uscita ha tre volte 1 e una sola volta 0 in modo che la media sia ¾ . Se converto – 0,5 invece la situazione è ribaltata: tre volte 0 e un solo 1 così che la media viene ¼.

A questo punto avete capito come funziona. In uscita dal convertitore analogico-digitale avrò un treno di valori digitali Q a un bit il cui valore medio rappresenta il valore in ingresso al convertitore. Quanto più il valore in ingresso è basso (ossia vicino a $-V_{ref}$) tanti più saranno gli zeri in uscita, mentre tanto più il valore in ingresso è alto (ossia vicino a $+V_{ref}$) tanti più saranno gli uno in uscita. Il passo successivo è quindi prendere questo treno d'impulsi e calcolare il valore medio ottenendo così il valore digitale in uscita.

Di solito viene detto che il convertitore sigma-delta è – nella sua struttura centrale che ho spiegato qui sopra – un convertitore a un solo bit. In effetti in ingresso ha un se- gnale analogico e in uscita ha un segnale digitale a un solo bit, Q. Dire che è un converti- tore analogico-digitale a un bit può essere però fuorviante. Se uno mi dice che è un con- vertitore a un bit io intendo che mi dà in uscita un valore digitale 0 o 1 a seconda che l'ingresso sia maggiore o minore di una soglia. Che poi è quello che fa il comparatore. Ecco, il comparatore è sì un convertitore analogico-digitale a un bit. Ma il convertitore sigma-delta non è solo un comparatore, ha anche un integratore, una retroazione, una differenza... Il segnale in uscita è sì un solo bit ma si comporta in maniera diversa. L'uni- co bit in uscita non mi dice se l'ingresso è maggiore o minore di una soglia. Quel bit, da solo e preso una volta sola, non mi dice niente. Devo prenderlo più volte di seguito e calcolarne il valore medio. È infatti il valore medio del bit che mi dice quanto vale il se- gnale in ingresso (l'informazione non sta nel *valore di Q* ma nel *valore di Q nel tempo*). State quindi attenti quando sentite dire che il convertitone sigma-delta è un convertitore a un solo bit perché nel dire questo si sottintende che l'uscita ha un valore digitale sì a un bit ma che si comporta diversamente perché l'informazione sta nel suo *duty cycle*.

Benissimo, fino a questo punto abbiamo visto come funziona il convertitore analogi- co-digitale di tipo sigma-delta. Ancora però non vi ho mostrato come fa ad avere un rumore di quantizzazione con spettro spostato verso le alte frequenze (come mostrato in Fig. 10.20-b). Perché è quello ciò che ci consente di tagliare via gran parte del rumore di quantizzazione e quindi di aumentare la risoluzione in ampiezza.

Innanzitutto vediamo se è vero che il rumore di quantizzazione si è spostato ad alta frequenza. Per far questo provo a simulare il comportamento di un convertitore sigma-delta. Faccio la simulazione perché il più delle volte quando compri uno di questi convertitori in uscita ti trovi già il codice digitale decodificato a più bit, quello che ottieni filtrando il treno di valori digitali a un bit di Q. Purtroppo però il valore di Q spesso non è accessibile: è dentro il convertitore ma dall'esterno non possiamo accedervi. Allora ricreiamo il funzionamento del convertitore sigma-delta al calcolatore. Anzi, consiglio di farlo pure voi; tanto sapete come funziona, avete lo schema, potete dunque creare un algoritmo con il programma di calcolo che più preferite che simuli il funzionamento del convertitore sigma-delta, così potete analizzare come funziona l'uscita di Q (ma anche delle altre grandezze all'interno del ciclo di retroazione). Qui sotto trovate un esempio; ho preso un segnale di ampiezza 2 e frequenza 3 Hz e ho simulato il comportamento di un convertitore sigma-delta che ha un intervallo di ingresso proprio da -2 a +2. In Fig. 10.31 vediamo il segnale in ingresso e contemporaneamente il valore di Q. Notiamo bene che Q ha un *duty cycle* che corrisponde al valore del segnale in quel momento. Quando il segnale è vicino al minimo (ossia – 2) Q vale quasi sempre 0 (il treno di bit è quindi ...0 0 0...); quando invece il segnale è vicino al massimo (ossia +2) il valore di Q è quasi sempre 1. Nel mezzo invece, quando in segnale è vicino allo zero il valore di Q oscilla con un *duty cycle* circa del 50%. E fin qui tutto torna con quello che avevamo visto in precedenza.

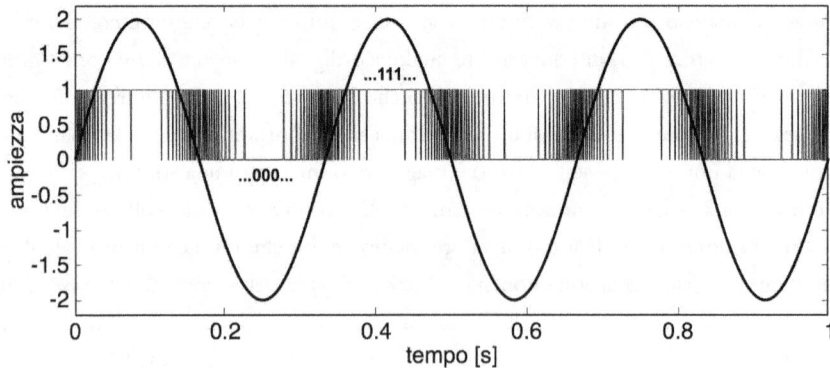

Fig. 10.31 - Segnale a 3 Hz e ampiezza 2 assieme al valore di Q ottenuto convertendo questo segnale con un convertitore sigma-delta

Ora prendiamo questo treno di valori digitali Q e ne calcoliamo lo spettro attraverso la DFT. Il risultato lo vediamo in Fig. 10.32. Anche in questo caso per motivi grafici ho dovuto disegnale lo spettro come linee continue ma ricordatevi che è sempre lo spettro di un segnale campionato (Q esce un valore alla volta per ogni impulso del clock, più campionato di così!).

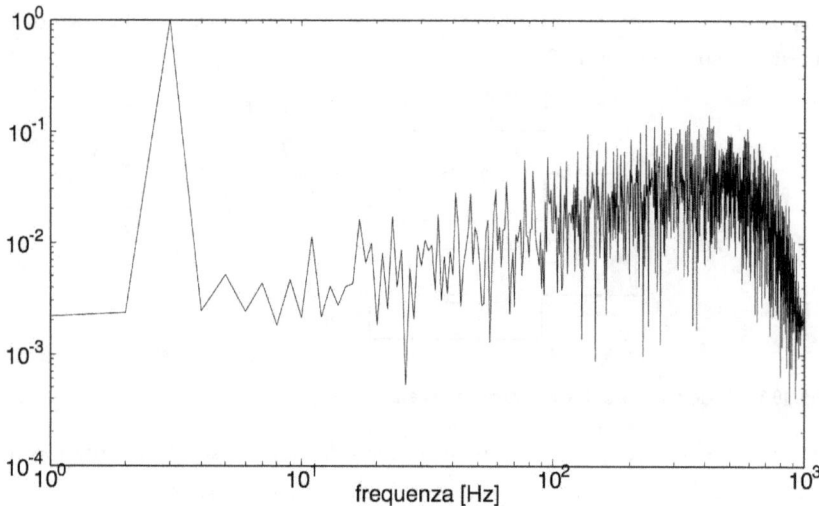

Fig. 10.32 - Spettro del treno di valori digitali a un bit Q di Fig. 10.32

Vediamo che c'è una componente a 3 Hz, come è logico che sia: è lì e spicca bene nello spettro. Poi c'è il rumore di fondo, che in questo caso è di necessità il rumore di quantizzazione visto che il segnale è creato artificialmente al calcolatore quindi non ci può essere altra forma di rumore. Bene, il rumore di fondo non è più uniforme per tutte le frequenze ma come vedete bene è "squilibrato": è più alto ad alte frequenze, proprio come volevamo. Infatti notiamo che nell'area dello spettro che ci interessa, dove c'è il segnale da 3 Hz il rumore di fondo è quasi due ordini di grandezza inferiore al rumore che c'è a più alte frequenze. A questo punto potremmo semplicemente tagliare lo spettro a 10 Hz ed eliminare tutta quella parte di rumore, esattamente come avevamo fatto prima quando il rumore di quantizzazione era uniforme, con la differenza però che qui elimi- niamo molto più rumore. Siamo riusciti a ottenere quello che volevamo, ossia spostare il rumore di quantizzazione ad alta frequenza.

Ora però cerchiamo di capire perché abbiamo ottenuto questo risultato. Di seguito darò due spiegazioni. La prima è la classica spiegazione che trovate praticamente ovun- que e si basa sull'analisi in frequenza. A questa aggiungo una mia spiegazione nel domi- nio del tempo che sarà sicuramente più rozza ma spero più intuitiva.

10.4.3 Analisi in frequenza

Per capire com'è lo spettro in uscita dal convertitore sigma-delta cerchiamo di calcolare il suo comportamento nel dominio della frequenza. La cosa non è semplice quindi useremo un sistema approssimato che normalmente viene chiamato modello lineare. Qua entriamo in un campo minato: ci sono persone che dedicano molto tempo a studiare questi modelli, quindi se avete voglia di approfondire il tema sappiate che materiale da studiare non vi mancherà. Per quanto ci riguarda ci limitiamo a trattare il classico modello lineare mostrato in Fig. 10.33.

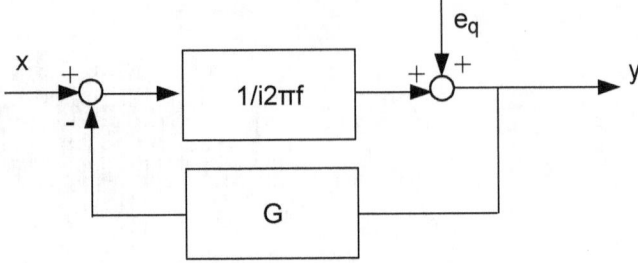

Fig. 10.33 - Modello lineare di un convertitore sigma-delta

Prima di analizzare questo schema cerchiamo di capire cosa rappresenta e come ci siamo arrivati. L'ingresso x è il segnale che vogliamo convertire mentre y è il risultato che ci fornisce il convertitore, e fin qui dovrebbe essere chiaro. Un po' più complicato è capire cos'è quell'e_q: in buona sostanza abbiamo sostituito la quantizzazione introdotta dal comparatore con un segnale di rumore e_q con le stesse caratteristiche. In pratica facciamo finta che invece di esserci un blocco che quantizza il segnale ci sia un rumore che viene aggiunto (un po' come avevamo fatto in Fig. 9.6) al segnale. Se questo rumore ha le stesse caratteristiche dell'errore introdotto dal quantizzatore allora siamo a cavallo.

Dopodiché, l'integratore è un integratore, niente di anomalo, quindi la sua funzione di trasferimento è la classica funzione di trasferimento di un integratore, che già sapete essere $1/(i2\pi f)$. Per quanto riguarda il DAC è semplicemente un blocco che prende un bit (0 o 1) e lo converte in due valori ($-V_{ref}$ e $+V_{ref}$). Può sembrare qualcosa di digitale, "discreto", ma in realtà potete vederlo benissimo come qualcosa di lineare. Il valore del bit può essere visto come un segnale analogico che assume valore 0 e 1 e il DAC può essere visto come un guadagno che amplifica questi valori per farli arrivare alla tensione di riferimento. Nello specifico il DAC prende in segnale in ingresso (0 o 1), sottrae 0,5 così che il segnale diventi ($-0,5$ o $+0,5$) e poi moltiplica per un valore pari a $V_{ref}/0,5$. Nello schema avrei dovuto aggiungere dunque questo guadagno, ma per semplicità l'ho omesso e ho tirato una riga al posto del DAC come se il guadagno fosse 1. Tanto non cambia molto (almeno per quello che vogliamo dimostrare qui).

Bene, ora abbiamo un semplice schema a blocchi; se avete studiato la teoria dei controlli sapete calcolare al volo la funzione di trasferimento. Anzi, le funzioni di trasferimento, perché qui ce ne sono due: quella che va dall'ingresso all'uscita e quella che va dal rumore di quantizzazione e_q all'uscita. Vediamo di calcolarle. La funzione di trasferimento (f.d.t) dall'ingresso x all'uscita y è molto semplice: come ogni volta in cui abbiamo un sistema in retroazione negativa dobbiamo calcolare la f.d.t. di andata (ossia cosa mi trovo tra l'entrata e l'uscita fregandomene della retroazione) e la f.d.t. dell'anello (ossia la funzione di trasferimento che ottengo tagliando in un punto qualsiasi l'anello e andando da un capo all'altro di questo taglio). Nel nostro caso la f.d.t. d'andata è semplicemente l'integratore

$$f.d.t._{\text{andata}} = \frac{1}{i2\pi f} \tag{10.17}$$

Per la f.d.t. dell'anello invece abbiamo il prodotto dell'integratore e del guadagno del DAC:

$$f.d.t._{\text{anello}} = G \cdot \frac{1}{i2\pi f} \tag{10.18}$$

La funzione di trasferimento totale da x a y risulta dunque

$$\frac{Y}{X} = \frac{f.d.t._{\text{andata}}}{1 + f.d.t._{\text{anello}}} = \frac{\frac{1}{i2\pi f}}{1 + \frac{G}{i2\pi f}} = \frac{1}{G + i2\pi f} \tag{10.19}$$

Se la osservate bene questa è la funzione di trasferimento di un filtro passa-basso, visto che per frequenza molto bassa l'uscita equivale all'ingresso (a parte un guadagno $1/G$) mentre per alte frequenze l'uscita diminuisce fino ad arrivare a 0 per $f \to \infty$.

E va bene, abbiamo visto che il segnale passa dall'ingresso all'uscita se è a frequenze basse. La cosa ci sta bene, visto che siamo sovracampionando quindi alla fine tagliamo via una parte di spettro ad alte frequenze: che lì in segnale sia già soppresso dal fatto che ho un "filtro passa-basso equivalente" non mi crea alcun disturbo, anzi.

Piuttosto, guardiamo a cosa succede alla f.d.t. da e_q a y, che è quella che ci interessa di più perché ci dice che fine fa il rumore di quantizzazione in uscita. Anche in questo caso abbiamo una retroazione, ma per facilitare il calcolo della f.d.t. ridisegno lo schema di Fig. 10.33 in modo che sia più chiara la f.d.t. di andata:

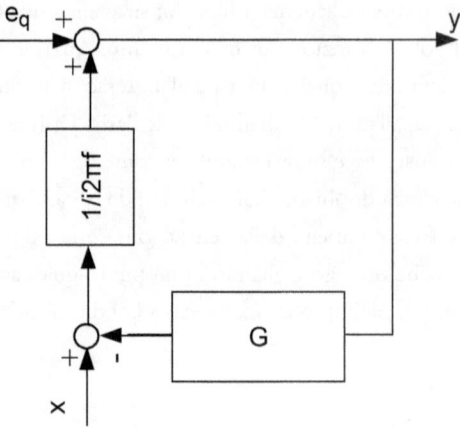

Fig. 10.34 - Modello lineare di un convertitore sigma-delta disegnato mettendo in evidenza la linea di andata tra l'errore di quantizzazione e l'uscita

Lo schema è esattamente lo stesso, l'ho solo disegnato diversamente. La f.d.t. d'anello è la stessa (perché l'anello non è cambiato); la f.d.t. d'andata in questo caso però è 1 visto che l'andata ora è da e_q a y. La f.d.t. totale tra il rumore di quantizzazione e l'uscita diventa dunque

$$\frac{Y}{e_q} = \frac{\text{f.d.t.}_{\text{andata}}}{1 + \text{f.d.t.}_{\text{anello}}} = \frac{1}{1 + \dfrac{G}{i\,2\,\pi\,f}} = \frac{i2\pi f}{G + i2\pi f} \qquad (10.20)$$

Questa funzione di trasferimento descrive invece un filtro passa-alto. Infatti per frequenze basse vale zero mentre per frequenze alte tende a uno. Nell'uscita del convertitore sigma-delta il rumore di quantizzazione seguirà dunque l'andamento di un filtro passa-alto .

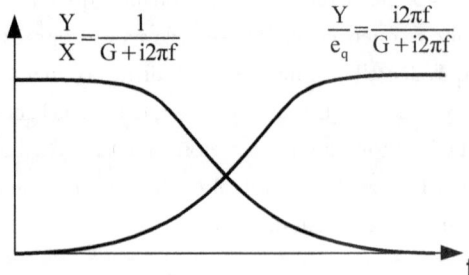

Fig. 10.35 - Funzioni di trasferimento in un convertitore sigma-delta tra l'ingresso e l'uscita (passa-basso) e tra l'errore di quantizzazione e l'uscita (passa-alto)

Abbiamo dunque ottenuto quello che volevamo. Nell'uscita troveremo il segnale che passa indisturbato a bassa frequenza mentre il segnale di quantizzazione è spostato a frequenze più alte. Tutto torna.

A questo punto vale la pena accennare al fatto che possiamo enfatizzare questo effetto creando una doppia retroazione nella struttura del convertitore sigma-delta che così diventerà del secondo ordine. Ciò equivale ad avere un filtro passa-alto del secondo ordine che ovviamente sarà più efficiente nel combattere il rumore di quantizzazione. Volendo possiamo aumentare ancora di più l'ordine del convertitore sigma-delta (senza esagerare però, altrimenti rischia di diventare instabile).

10.4.4 Analisi nel dominio del tempo

Nel paragrafo precedente ho spiegato come mai il rumore di quantizzazione è concentrato ad alte frequenze nel convertitore sigma-delta usando il metodo che viene proposto un po' da tutti. Questo perché analizzare un sistema del genere nel dominio della frequenza è molto comodo per un convertitore sigma-delta che in effetti ha un comportamento un po' difficile da analizzare nel dominio del tempo.

Nonostante ciò penso sia utile guardare anche a cosa succede nel dominio del tempo, visto che per noi umani il dominio del tempo risulta più famigliare e meno astratto. Propongo quindi questa spiegazione nella speranza che possa aiutare chi non è rimasto pienamente soddisfatto dall'analisi in frequenza. La spiegazione che propongo qui magari non sarà formale ed elegante ma magari riesce a dare meglio l'idea di cosa succede in un convertitore sigma-delta.

Partiamo dal treno di valori digitali Q a un bit che esce dal convertitore sigma-delta. Avevamo visto qual è il significato di questi bit. Il segnale d'ingresso può variare da $+V_{ref}$ a $-V_{ref}$: se il segnale d'ingresso è vicino a $+V_{ref}$ in uscita avrò un treni di bit in cui ci saranno più 1 che 0, al contrario se il segnale in ingresso è più vicino a $-V_{ref}$ allora ci saranno più 0 che 1. Se poi il segnale in ingresso vale zero in uscita mi troverò lo stesso numero di 0 e di 1 visto che sono a metà strada tra $+V_{ref}$ e $-V_{ref}$. Bene, poniamo di avere un convertitore sigma-delta con $V_{ref}=2$: l'ingresso può variare da -2 a $+2$. Ora lo usiamo per convertire un segnale in ingresso che vale $+1$. L'uscita sarà qualcosa di simile:

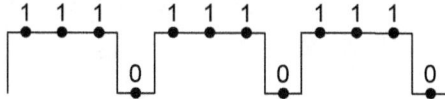

Fig. 10.36 - treno di bit in uscita da un convertitore sigma-delta con ingresso 1 su di un massimo intervallo da -2 a $+2$

Il valore d'ingresso, ossia 1, è infatti a ¾ della strada dell'intervallo d'ingresso, ossia da −2 a +2, perciò in uscita avrà ¾ di uni e ¼ di zeri. Bene, ora cerchiamo di capire dove sta in questo sistema l'errore di quantizzazione. Poniamo di prende un certo numero di bit in uscita e farne poi la media. Se prendiamo quattro bit di sicuro avremo una media che è *esattamente* 0,75, quindi non abbiamo alcun errore di quantizzazione. Il risultato infatti corrisponde esattamente a 1 nell'intervallo da −2 a +2. Questo vale sempre, potete iniziare a prendere i bit dove volete nel treno di bit, ma se ne prendete quattro bit consecutivi di sicuro tre saranno 1 e uno sarà 0.

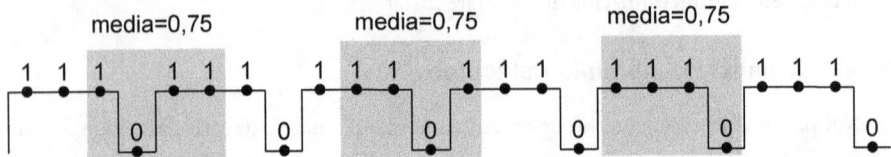

Fig. 10.37 - Selezionando quattro bit presi a piacere in un qualsiasi punto del treno di bit ottengo sempre una media pari a 0,75

Lo stesso vale se prendete anche se prendete un numero di bit multiplo di quattro, ovviamente. In questi casi l'errore di quantizzazione è nullo. Dobbiamo guardare allora dove l'errore di quantizzazione non è nullo, ossia quando prendete un numero di campioni diverso da quattro e suoi multipli. Poniamo di prendere cinque bit:

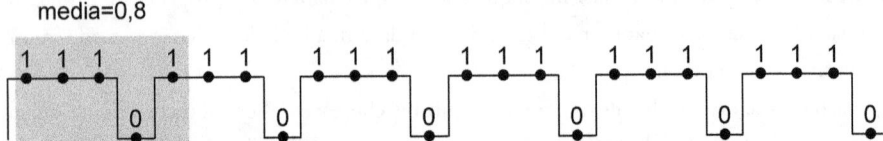

Fig. 10.38 - Prendendo cinque bit nel treno di bit e faccio la media ottengo 0,8 ossia 0,05 in più del valore medio ideale (0,75)

In questo caso la media è 0,8 ossia un po' più del valore esatto di 0,75. Quello 0,05 in più è l'errore di quantizzazione. Ora chiediamoci: cosa succede se invece di prendere cinque bit ne prendo 10? Oppure 15, 20... Proviamo:

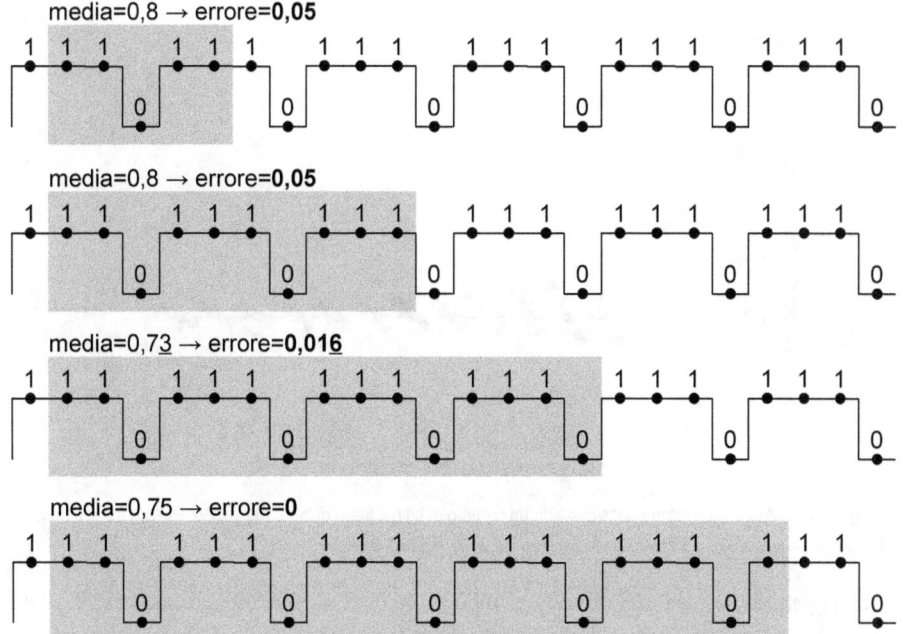

Fig. 10.39 - Selezionando un numero sempre maggiore di bit la media si avvicina sempre di più al valore ideale

Man mano che aumento il numero di bit che prendo in considerazione la media si avvicina sempre di più a 0,75 quindi l'errore diminuisce. Addirittura per venti bit la media viene proprio 0,75 ossia ho un errore nullo. Ma non illudetevi, non è finita qui: se prendete 25 bit l'errore risale un po'; tuttavia se continuate abbastanza scoprirete che più bit prendete più l'errore si riduce. Lo vedete bene in Fig. 10.40 dove mi sono divertito a disegnare la media di un gruppo di bit sempre più numeroso. Ovviamente l'errore è zero per 20 bit (perché multiplo di quattro) così come per 40 bit, 60 bit e tutti i multipli di quattro. La cosa più interessante è che per gli altri valori, quelli non multipli di quattro, la differenza con 0,75 si riduce sempre di più. Le "oscillazioni" intorno a 0,75 diventano sempre più piccole.

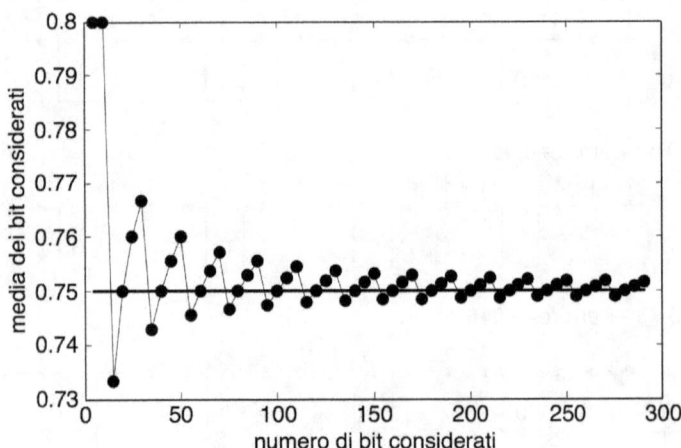

Fig. 10.40 - Media che ottengo considerando un numero di bit nel treno di bit di Fig. 10.36. Più grande è il numero di bit che considero e più la differenza con il valore ideale 0,75 diminuisce

Se ci pensate la cosa non dovrebbe stupirvi più di tanto. Prendete un numero casuale di bit k maggiore di 4. All'interno potete vedere dei multipli di quattro, più un eventuale resto. Ad esempio, per 22 abbiamo quattro multipli di 4 più 2 di resto.

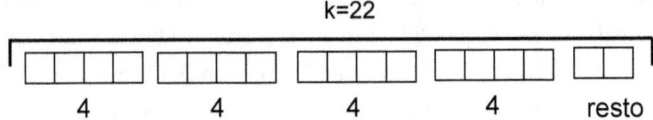

Fig. 10.41 - Per un generico numero di bit k avrò sempre un numero multiplo di quattro e del resto che può variare da 1 a 3, ma che sul totale conta sempre meno tanto più k è grande

E fin qui non ho detto niente di speciale: si tratta di saper fare le divisioni col resto come abbiamo imparato in terza elementare. Ora, quel resto sarà sempre un valore compreso tra 0 e 3. Se è zero l'errore di quantizzazione è nullo, va da sé; se invece il resto vale 1, 2 o 3 allora l'errore vale il resto diviso il numero totale k di bit considerati. È evidente quindi che tanto più è alto k tanto meno varrà l'errore, perché il resto è sempre quello (varia da 1 a 3) mentre k cresce. In altra parole, se faccio la media su k=55 bit un paio di uni in più contano poco, se faccio la media su 15 bit un paio di uni in più contano tanto.

A questo punto uno potrebbe dirmi: vabbe', chi se ne frega, facciamo la media su di un numero di bit multiplo di 4 e siamo a posto, l'errore di quantizzazione è zero. Sarebbe bello, ma non funziona così. Questa periodicità di 4 vale solo adesso che convertiamo un segnale d'ingresso che vale 1. Non sempre è così. Proviamo ad esempio a convertire 1,5 anziché 1. L'uscita sarà un treno di bit con valore medio 7/8 (controllate pure, 1,5 sta a 7/8 dell'intervallo da −2 a +2); quindi in uscita ho un treno di bit che ha 7 uni e 1 zero, ossia:

1 1 1 1 1 1 1 0 1 1 1 1 1 1 1 0 1 1 1 1 1 1 1 0 1 1 1 1 1 1 1 0

In questo caso la periodicità è su otto bit, non su quattro. La periodicità può diventare anche più complessa, per cui ottengo il giusto rapporto tra interi usando più cicli, non uno solo. Ma non entriamo nei dettagli, la cosa che ci interessa è che la periodicità varia a seconda del segnale in ingresso. E noi, attenzione, non sappiamo qual è il segnale in ingresso, quindi non possiamo mica sapere qual è la periodicità e di conseguenza non possiamo prendere il numero giusto di bit per avere un errore di quantizzazione nullo. Dal punto di vista statistico ci capiterà di avere un errore di quantizzazione che è tanto più piccolo quanto più grande è il numero di bit che prendiamo in considerazione.

Adesso fate attenzione: cosa significa prendere pochi o tanti bit in uscita e calcolare su di essi la media? Se prendo quattro bit e ne calcolo la media significa che in uscita avrò un numero digitale corrispondente all'ingresso ogni quattro bit. Se dal convertitore i bit escono con una frequenza di 100 kHz e faccio la media ogni quattro in definitiva il convertitore mi dà un valore in uscita con una frequenza di 25 kHz. Se invece faccio la media su 50 bit i valori escono molto più lentamente, nello specifico con una frequenza di 2 kHz, perché devo aspettarne ben 50 prima di calcolare un singolo valore da buttare fuori. Calcolare la media su pochi bit significa campionare ad alta frequenza (butto fuori valori medi spesso), mentre calcolare la media su molti bit significa campionare a bassa frequenza.

Ricapitolando:

faccio media su	→	alta frequenza
pochi bit	→	alto errore di quantizzazione
faccio media su	→	bassa frequenza
molti bit	→	basso errore di quantizzazione

Quindi se guardiamo al treno di bit in uscita a bassa frequenza avremo un basso errore di quantizzazione (perché prendo molti pochi bit), mentre ad alta frequenza avremo un alto errore di quantizzazione (perché pochi bit). Ma non è quello che abbiamo visto in Fig. 10.32? L'errore di quantizzazione è più alto alle alte frequenza e più basso alle più basse frequenze, proprio come ci aspettavamo. Tutto torna.

Come vedete anche nel dominio del tempo se ci fermiamo a riflettere possiamo osservare che il rumore di quantizzazione è più alto alle frequenze più alte e l'opposto a basse frequenze. Se volete potete pure pensare cosa succede a frequenza zero: l'errore di quantizzazione è nullo perché prendo infiniti bit e quindi ho una media perfetta. Ma stiamo idealizzando qui.

Ovviamente il discorso che ho fatto qui è poco formale e molto intuitivo. Per fare un discorso formale dovrei tirare in ballo un po' di statistica, descrivere come matematicamente come si comporta l'errore di quantizzazione su tutto l'intervallo disponibile da $-V_{ref}$ a $+V_{ref}$, un po' come avevamo fatto quando avevamo calcolato l'errore di quantizzazione con un normale convertitore analogico-digitale. Ma tutto sommato chi se ne frega, lo scopo qui era farvi capire perché il rumore di quantizzazione in un convertitore sigma-delta è maggiore ad alta frequenza, e anche da questa semplice spiegazione intuitiva e poco formale lo avete potuto capire.

11. Ricostruire un segnale campionato

Nei capitoli precedenti abbiamo visto che se campioniamo correttamente riusciamo ad ottenere tutte le informazioni di un segnale. Campionare correttamente significa che rispettiamo il teorema del campionamento e il segnale è sincrono con la frequenza di campionamento. Dire che "abbiamo tutte le informazioni sul segnale" non è roba da poco, significa che possiamo dire tutto di quel segnale. Volete sapere quanto vale a t=10 ms? Potete calcolarlo. Volete sapere quanto vale a t=13,532 ms? Potete calcolarlo. Avete tutte le informazioni sul segnale, quindi sapete tutto del segnale. In qualche modo potete quindi calcolare il valore di quel segnale in qualsiasi istante di tempo.

Ora, sappiamo che se campioniamo bene abbiamo tutte le informazioni su segnale, sappiamo che possiamo calcolare il suo valore in qualsiasi istante di tempo... ma in pratica come si fa?

11.1 Ricostruzione dal dominio della frequenza

La via più elementare viene da sé: prendiamo 2N+1 campioni, calcoliamo la DFT e otteniamo ampiezza A e fase φ di ogni componente oltre al valore medio. Dopodiché ricostruiamo il segnale sommando le armoniche di cui abbiamo calcolato ampiezza e fase.

campioni		ampiezza	fase	Ricostruzione di y(t)
y_1	DFT	A_0		$\rightarrow$
y_2	$\rightarrow$	A_1	φ_1	$y(t)=A_0+\sum_{n=1}^{N} A_n\cdot\cos\left(n\cdot 2\pi t+\varphi_N\right)$
y_3		A_2	φ_2	
...		...	...	
...		A_N	φ_N	
...				
y_{2N+1}				

Una volta che sappiamo tutte le ampiezze e tutte le fasi, oltre al valore medio, possiamo ricostruire la formula di y(t) e calcolare il valore di y per qualsiasi t. Magari prendo i campioni ogni 10 ms, ma una volta che ottengo la formula di y(t) posso calcolare y per qualsiasi istante.

E fin qui ci eravamo già arrivati. Quello che però magari non abbiamo evidenziato abbastanza è che dietro questa ricostruzione c'è l'ipotesi che il segnale sia periodico. Quando facciamo la DFT su quei 2N+1 campioni diamo per assodato che i successivi 2N+1 campioni siano identici. Questa precisazione è importante.

11.2 Ricostruzione nel dominio del tempo

Il meccanismo che ho descritto nel paragrafo precedente appare in effetti un po' farraginoso. Sì, insomma, prima devi calcolarti una DFT passando al dominio della frequenza e poi devi tornare indietro al dominio del tempo calcolandoti tutta la sommatoria delle sinusoidi. Non c'è una formula che mi consente di fare tutto questo senza dover passare nel dominio della frequenza per poi tornare indietro?

Ebbene sì, c'è una formula che ci consente di ricostruire il segnale restando nel dominio del tempo. Qualcuno la chiama formula di interpolazione di Shannon. È una formula che a partire dai campioni y_n presi con frequenza di campionamento f_s consente di calcolare ogni valore y(t) per qualsiasi istante di tempo t. La formula è questa

$$y(t) = \sum_{n=-\infty}^{+\infty} y_n \cdot \text{sinc}\left(\frac{t - nT_s}{T_s}\right) \tag{11.1}$$

dove y_n sono i campioni e T_s è il periodo di campionamento (ossia l'inverso della frequenza di campionamento). State attenti anche alla funzione sinc, che in questo caso è normalizzata, ossia

$$\text{sinc}(x) = \frac{\sin(\pi x)}{\pi x} \tag{11.2}$$

Ciò significa che sinc(x) diventa nulla per x intero. Non confondetela con la funzione classica definita come sinc(x)=sin(x)/x perché questa ha gli zeri per x multiplo di π.

Vediamo se funziona davvero con qualche esempio pratico. Come al solito prendiamo un segnale semplice, una sinusoide con frequenza 100 Hz. Tutto quello che ci diremo vale ovviamente anche per segnali composti da più armoniche diverse, ma con una sinusoide semplice diventa tutto più chiaro da capire. Abbiamo quindi la nostra sinusoide a 100 Hz con ampiezza 1 e fase 0 e la campioniamo.

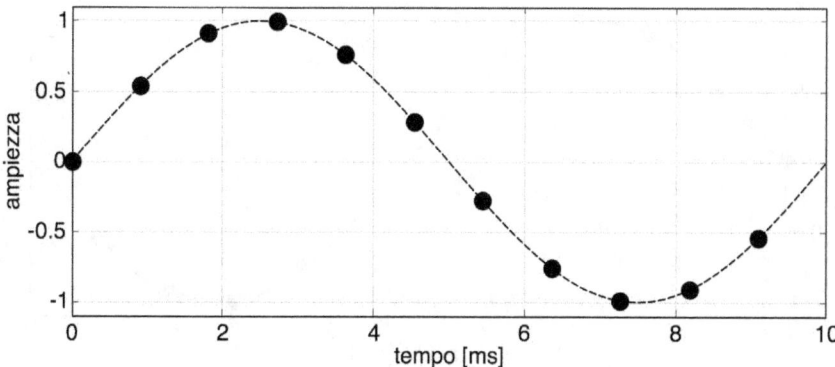

Fig. 11.1 - Un banalissimo esempio di segnale campionato.

In questo caso abbiamo preso 11 campioni per un periodo, molti più di quanti sarebbe stato necessario prendere. Sappiamo infatti che se abbiamo solo una sinusoide nel segnale N=1 quindi bastano 3 campioni per periodo. Ma tant'è, abbiamo voluto strafare e ne abbiamo presi undici. Ora applichiamo la formula di interpolazione (11.1). Innanzitutto notiamo una cosa importante: la formula di interpolazione ci dice di fare la sommatoria per n che va da n = − ∞ a n = + ∞, ma noi questo non lo possiamo fare. I campioni non sono infiniti, sono solo 11. E qui c'è il primo inghippo. Non possiamo applicare quella formula sul serio, siamo obbligati a limitare la sommatoria da − 5 a + 5 e usare gli 11 campioni che abbiamo a disposizione. Attenzione, ciò non significa che non sappiamo come sono i campioni precedenti e successivi; siamo partiti dal fatto che il segnale è periodico, quindi volendo potrei ripetere quegli 11 campioni prima e dopo, così da riempire tutta la sommatoria da − ∞ a + ∞. Solo nei miei sogni bagnati però posso farlo, perché a livello pratico non posso fare una sommatoria infinita. A un certo punto devo fermarmi. Vediamo dunque cosa succede quando applichiamo la (11.1) anziché da − ∞ a + ∞ da − 5 a + 5.

Facciamolo dunque, e calcoliamo la y(t) con gli 11 campioni y_n di Fig. 11.1 che mettiamo della formula (11.1) dove T_S=10ms/11 (non dimenticatevi che Ts in questa formula è il periodo di campionamento! Ho visto persone che usavano il periodo del segnale anziché il periodo di campionamento e si domandavano come mai la formula non funzionasse). Ora che abbiamo la y(t) ottenuta con la formula di interpolazione proviamo a disegnarla sopra al segnale originale.

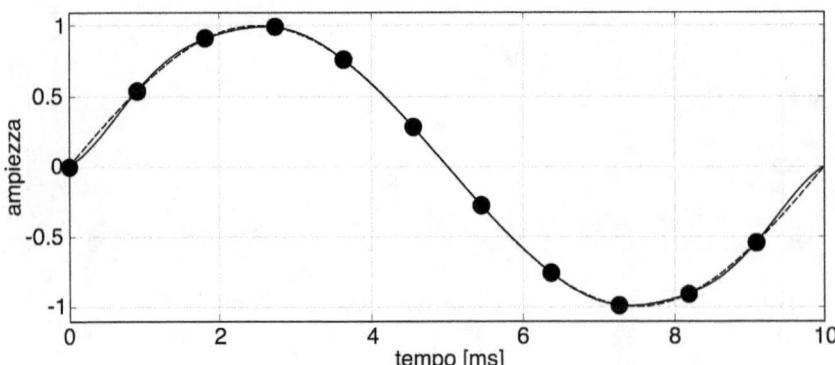

Fig. 11.2 - Segnale originario (linea tratteggiata) e segnale ricostruito con la formula (11.1) partendo dai campioni.

Vedete bene che in Fig. 11.2 il segnale ricostruito (linea continua) è molto simile al segnale originario (tratteggiato), ma non è identico. In particolare, se osservate meglio noterete che nella parte centrale del segnale, attorno a 5 ms, il segnale ricostruito è molto simile a quello originario, tanto che quasi non riusciamo a vedere alcuna differenza. Se invece osserviamo l'inizio e la fine del periodo la differenza si fa più notevole. Per farvela notare meglio faccio un ingrandimento della parte iniziale del segnale.

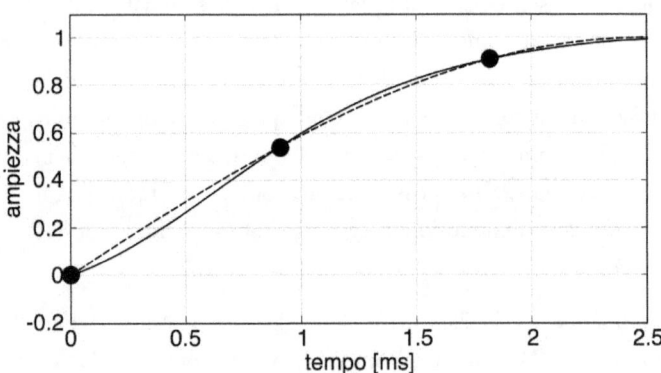

Fig. 11.3 - Un ingrandimento della parte iniziale di Fig. 11.2

11.2.1 L'errore introdotto

Per vedere meglio questo effetto calcoliamo allora la differenza tra il segnale origina-rio e il segnale ricostruito, ossia l'errore che facciamo nella ricostruzione del segnale, e poi lo disegniamo in funzione del tempo.

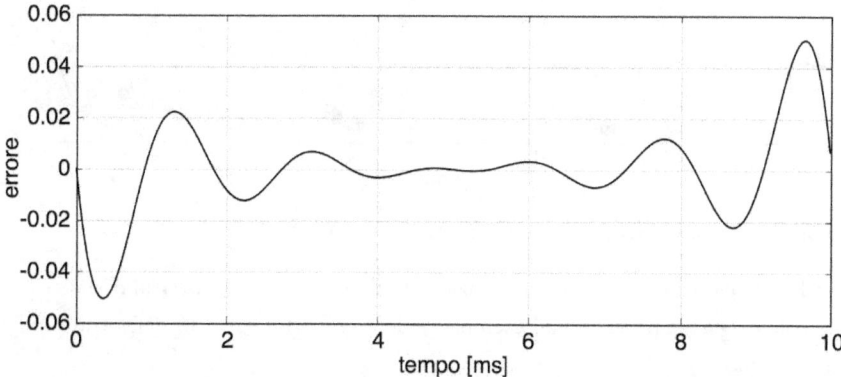

Fig. 11.4 - L'errore introdotto dalla formula ((11.1) con cui abbiamo ricostruito il segnale, ossia la differenza tra se-gnale originario e segnale ricostruito.

Come vedete l'errore è massimo ai bordi del segnale e decade quanto più ci spostia-mo al centro. Con questo abbiamo dunque capito un principio fondamentale: a livello pratico se limitiamo la sommatoria a un numero finito di campioni questa formula di in-terpolazione non ci consente di ricostruire il segnale perfettamente, ma introduce un er-rore. Questo errore non è uniforme lungo tutto il periodo ma è maggiore ai bordi del segnale e minore al centro.

Come facciamo allora a minimizzare questo errore? Perché è vero che non potrò mai sbarazzarmene del tutto, ma è pur sempre lecito cercare di diminuirlo fino a quando di-venta trascurabile. Ripensiamo al principio che abbiamo osservato prima: l'errore è mas-simo ai bordi e minimo al centro. Per minimizzare l'errore dunque possiamo campionare tre periodi anziché uno. Usiamo la stessa frequenza di campionamento, prendiamo sem-pre 11 campioni per periodo, però prendiamo tre periodi anziché uno così otterremmo 33 campioni. Poi applichiamo la formula di interpolazione e ricostruiamo il segnale. Se disegniamo il segnale ricostruito insieme a quello originale (e ai campioni) otteniamo una cosa di questo tipo:

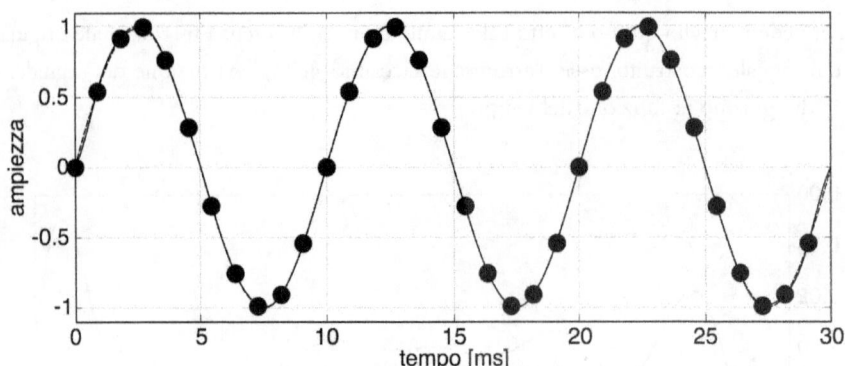

Fig. 11.5 - Segnale originario e ricostruito con tre periodi

Anche in questo caso, se notate, l'inizio e la fine del segnale ricostruito si scostano dal segnale originale; possiamo ad esempio vedere un ingrandimento dell'inizio per osservarlo meglio:

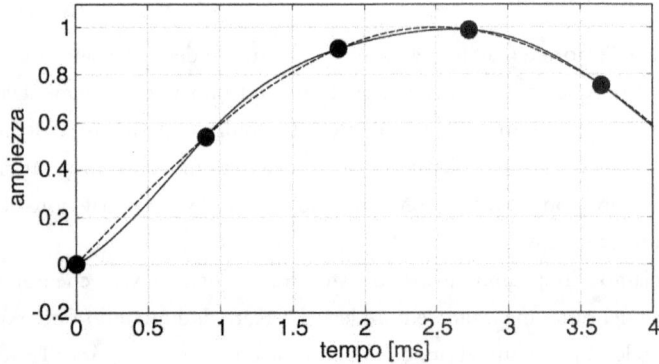

Fig. 11.6 - Parte iniziale di Fig. 11.5

Tuttavia a noi questo non interessa più di tanto. Infatti scartiamo l'inizio e la fine del segnale ricostruito e teniamo solo il periodo centrale, quello che va da 10 ms a 20 ms. Se osserviamo il segnale ricostruito in questo intervallo notiamo che l'errore ora è decisamente minore, tanto che "a occhio" non riusciamo nemmeno a osservare una differenza sostanziale tra il segnale originale e quello ricostruito.

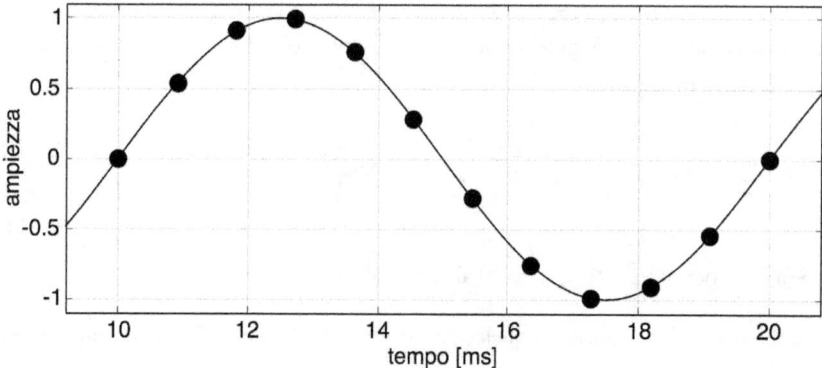

Fig. 11.7 - Segnale originario e ricostruito con tre periodi: periodo centrale.

Ovviamente una differenza c'è e la vediamo meglio se, come abbiamo fatto prima calcoliamo l'errore (Fig. 11.8). Ora vediamo bene che mentre l'errore è decisamente alto nel primo periodo (da 0 a 10 ms) e nel terzo periodo (da 20 ms a 30 ms), l'errore diventa molto basso nel periodo centrale (da 10 ms a 20 ms).

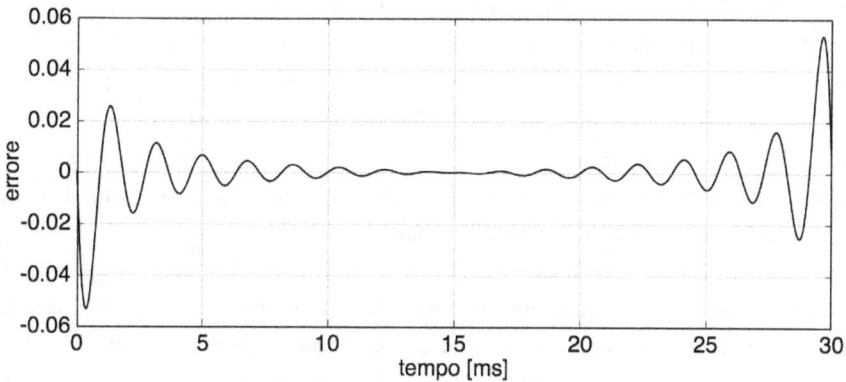

Fig. 11.8 - Differenza tra il segnale originario e il segnale ricostruito con tre periodi del segnale.

11.2.2 Da dove proviene l'errore

Se ci pensate bene la cosa ha senso. Perché otteniamo questo errore? Perché non facciamo la sommatoria infinita ma la tronchiamo su 11 campioni. Fare la sommatoria non da – 5 a + 5 di fatto di fatto equivale a fare la sommatoria (11.1) da – ∞ a + ∞ ma non dei campioni y_n bensì dei campioni y_n moltiplicati per una finestra rettangolare[30] da – 5

---

30 Ossia una finestra che vale 1 da – 5 a + 5 e zero altrove.

a + 5. In altre parole: prendi gli y$_n$, li moltiplico per la finestra rettangolare e poi siccome la finestra vale 0 prima di − 5 e dopo + 5 quando applico la (11.1) posso restringere la sommatoria dal − 5 a + 5, poiché tutti i termini prima di − 5 e dopo + 5 danno contributo nullo alla sommatoria

$$y(t) = \sum_{n=-\infty}^{+\infty} y_n \cdot \text{sinc}\left(\frac{t - nT_s}{T_s}\right) = \sum_{n=-5}^{+5} y_n \cdot w(n) \cdot \text{sinc}\left(\frac{t - nT_s}{T_s}\right)$$

(11.3)

dove w(n)= 1 per −5≤ n ≤ 5, w(n)=0 altrove

Il problema deriva proprio da quella finestra rettangolare e dalla discontinuità che introduce ai suoi bordi. Ora, se io prendo tre periodi l'errore è minore al centro perché sono più lontano dai bordi dove evidentemente c'è la discontinuità introdotta dalla finestra. Idealmente quindi più aumento i periodi e più l'errore cala al centro perché sono sempre più lontano da quei bordi e dalle relative discontinuità.

11.2.3 Come minimizzare l'errore

Abbiamo visto nell'esempio di Fig. 11.5 che l'errore diventa minore nel periodo centrale. Ciò non significa però che diventa zero. Lo vediamo bene specialmente subito dopo 10 ms e subito prima 20 ms che ancora ho un errore non nullo (Fig. 11.8).

Purtroppo l'errore non si annulla mai. Però cala se aumenta i periodi. Allora facciamo una prova: disegno l'errore in scala semilogaritmica per due casi, il primo in cui abbiamo 4 periodi e il secondo in cui campioniamo ben 40 periodi. Uso la scala logaritmica così vedete bene come cala e non vi fate ingannare pensando che sia zero al centro quando in realtà non si è azzerato ma è solo diminuito.

Ovviamente in questo caso disegniamo il valore assoluto dell'errore perché in scala semilogaritmica non posso mostrare valori negativi, ma questo non è un problema visto che dell'errore non ci interessa se è positivo o negativo, bensì quanto è grande.

Fate attenzione, quando mostriamo l'errore nel caso di 40 periodi sembra esserci un'area nera continua anziché una linea come nel caso di 4 periodi, ma è solo un effetto ottico dovuto al fatto che il grafico è così denso che le linee si "toccano" tra di loro. In ogni caso l'importante è osservare il valore dell'involuzione dell'errore. Quando abbiamo 4 periodi nella parte centrale otteniamo un errore di circa 0,004 mentre quando usiamo 40 periodi nella parte centrale l'errore scende a 0,0004 ossia è un ordine di grandezza più piccolo.

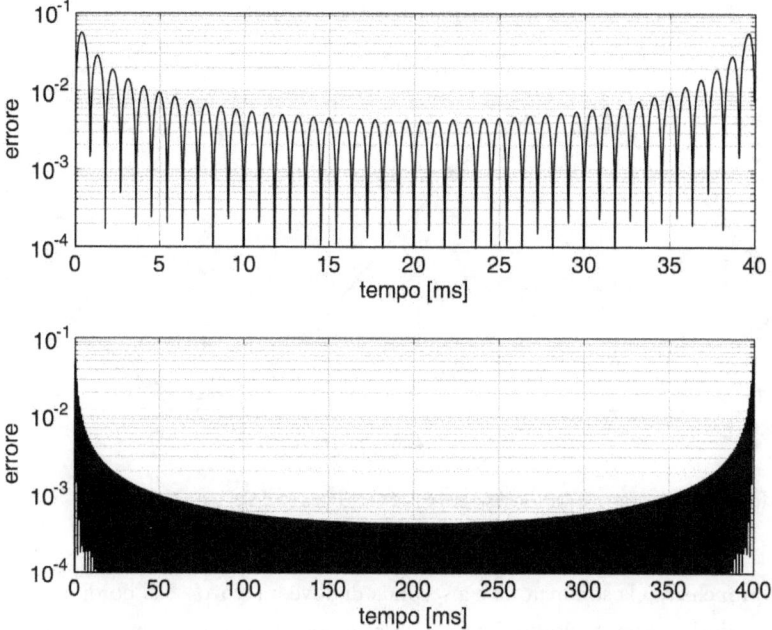

Fig. 11.9 - Valore assoluto dell'errore tra segnale originario e segnale ricostruito prendendo 4 (sopra) o 40 (sotto) periodi del segnale

È successo proprio quello che abbiamo visto nel paragrafo precedente: più allarghiamo la sommatoria e più la parte centrale si trova lontana di bordi della finestra. In altre parole si avvicina di più alla situazione ideale in cui la finestra è infinita. Per quello l'errore cala.

La domanda ora è: fin quando dobbiamo spingerci? È evidente che non arriveremo mai a un errore nullo, a un certo punto dobbiamo fermarci. Sulla carta rimarrà sempre un errore, ma nella realtà c'è un errore che è tollerabile. Dobbiamo ricordarci infatti che i campioni nel mondo reale sono ottenuti tramite dei convertitori analogico-digitali che hanno un loro rumore di quantizzazione di cui avevamo già parlato nel capitolo 9. Se l'errore che commettiamo applicando la regola di interpolazione è sufficientemente inferiore all'errore di quantizzazione allora possiamo anche trascurarlo. Per esempio, se ho un convertitore analogico-digitale con intervallo d'ingresso di ± 2 V e 8 bit ottengo un LSB di $4V/2^8 = 15{,}6$ mV. A quel punto se anche l'errore di quantizzazione è massimo 4 mV posso trascurarlo.

Adesso facciamo un passo indietro, c'è un altro fatto da considerare. Avete probabilmente osservato che il segnale ricostruito con la formula di interpolazione coincide sempre perfettamente col segnale originario nei campioni. Probabilmente lo vediamo meglio se diminuiamo il numero di campione a 5 per periodo.

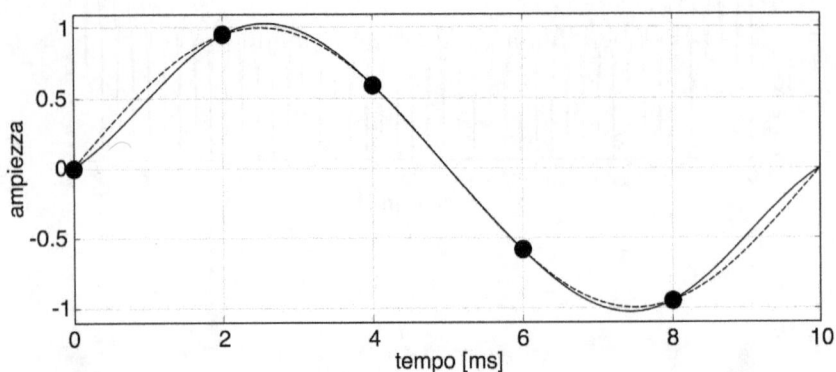

Fig. 11.10 - Segnale originario (linea tratteggiata) e ricostruito (linea continua) con cinque campioni.

Fuori dai campioni l'errore è quello che è, grande o piccolo che sia a seconda di quando tronchiamo la sommatoria e a seconda di dove mi trovo, se ai bordi o al centro. Notate però che al punto esatto dove c'è un campione lì l'errore è zero, il segnale ricostruito incrocia il segnale originale, poi l'errore cambia segno. In pratica il segnale ricostruito "ondeggia" attorno al segnale originale cambiando posizione per ogni campione, prima gli sta sotto, poi gli sta sopra, poi torna sotto...

Quei punti in cui ho un campione corrispondono agli zeri di Fig. 1.19. Vi ricorda qualcosa? Già, lo spettro della finestra rettangolare, quella che ho usato per troncare gli y_n e rendere la sommatoria finita.

Aggiungere punti significa imporre punti fissi che inchiodano il segnale che per forza deve passare da lì, così che tra un punto e l'altro hanno meno possibilità di scappare e generare un grosso errore.

Se volete proviamo a fare l'esperimento inverso. Pendiamo pochi campioni, solo 3 per periodo (che pur sappiamo essere sufficienti). Ancora una volta notate che il segnale ricostruito con la formula di interpolazione incontra il segnale originale nei (tre soli) campioni, mentre si discosta da esso altrove introducendo così un errore. Ma notate anche che l'errore è più grande che nel caso procedente.

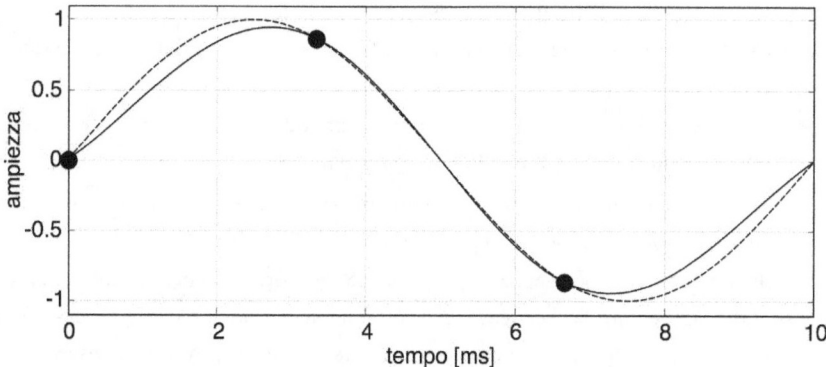

Fig. 11.11 - Segnale originario (linea tratteggiata) e ricostruito (linea continua) con solo tre campioni. Lì l'errore è nulla, ma fuori dai campioni l'errore è molto elevato.

Se vi ricordate gli esempi che avevamo fatto all'inizio del capitolo (Fig. 11.2) quando prendevamo 11 campioni l'errore era visibilmente minore. Aumentando dunque il numero di campioni per periodo l'errore di interpolazione diminuisce. Aggiungere campioni significa aggiungere del punti fissi attraverso cui il segnale ricostruito deve passare (e dove l'errore è nullo). Se questi punti fissi sono molto densi l'errore diminuisce perché tra un punto e l'altro il segnale ricostruito non fa in tempo a scostarsi troppo dal segnale originale. Facciamo una prova ricostruendo il segnale partendo da ben 41 campioni. Per chiarezza mostro soltanto i primi 6 campioni:

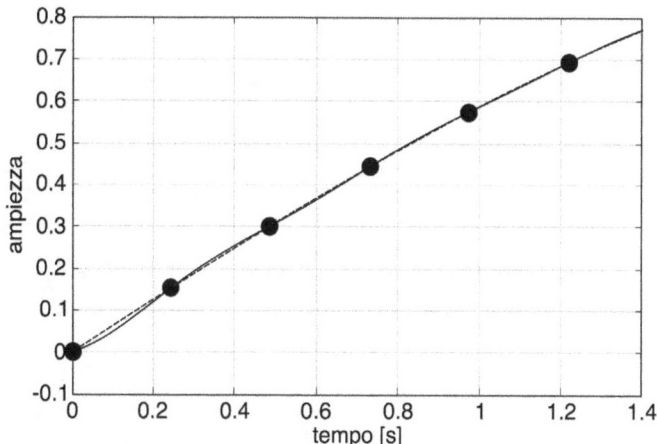

Fig. 11.12 - Segnale originario (linea tratteggiata) e ricostruito (linea continua) a partire da ben 41 campioni (primi sei campioni mostrati nell'immagine). Essendo molto densi l'errore tra un campione e l'altro è più basso.

Il segnale ricostruito è vincolato a passare così spesso dal segnale originale che nella strada tra un campione e l'altro gli sta necessariamente vicino.

Se vogliamo dunque ridurre l'errore di interpolazione possiamo dunque usare queste due strade:

- tenere costante il numero di campioni per periodo e prendere più periodi (scartando quelli ai bordi e tenendo il periodo centrale);
- acquisire solo un periodo ma aumentare la frequenza di campionamento in modo da avere più campioni per periodo.

La scelta dipende da cosa avete a disposizione. Se il vostro sistema di campionamento consente di aumentare la frequenza di campionamento potete scegliere la seconda strada, così ottenete più campioni per periodo e ottenere alla svelta il risultato (non dovete aspettare di acquisire molti periodi). Alcuni convertitori analogico-digitali come i sigma-delta però perdono in risoluzione se si aumenta la frequenza di campionamento. Se la risoluzione è per noi importante e non abbiamo fretta possiamo acquisire più periodi senza aumentare la frequenza di campionamento e poi scartare i periodi ai bordi.